国家科学技术学术著作出版基金资助出版
"十二五"国家重点图书出版规划项目

21世纪先进制造技术丛书

特种旋压成形技术

夏琴香　著

科学出版社

北 京

内 容 简 介

本书在简要介绍旋压技术的发展及应用、金属旋压成形中的创新与创造,以及对传统旋压技术及特种旋压技术进行分类的基础上,首先对传统旋压成形技术中的拉深旋压、剪切旋压、流动旋压工艺过程及成形机理进行了阐述及分析;然后重点对无芯模缩径旋压成形技术、三维非轴对称零件旋压成形技术、非圆横截面零件旋压成形技术、多楔带轮旋压成形技术及杯形薄壁内齿轮旋压成形技术进行了全方位的介绍,并包含了目前旋压类指导书籍未曾提及的旋压成形数值模拟理论基础与实际操作细则,理论与实践并重。在分析旋压成形技术共性和普遍性规律的同时,阐述了不同旋压技术的个性及特殊性成形规律,读者通过对本书的学习能对整个旋压成形技术形成较为清晰的认识,达到触类旁通的目的。

本书适于有一定旋压成形技术基础的专业工程技术人员阅读,也可以作为高等院校机械学科研究生的教材。

图书在版编目(CIP)数据

特种旋压成形技术/夏琴香著. —北京:科学出版社,2017

("十二五"国家重点图书出版规划项目:21世纪先进制造技术丛书)

ISBN 978-7-03-051163-8

Ⅰ.①特… Ⅱ.①夏… Ⅲ.①旋压-可塑成型 Ⅳ.①TG386

中国版本图书馆 CIP 数据核字(2016)第 318210 号

责任编辑:裴 育 罗 娟 / 责任校对:桂伟利
责任印制:徐晓晨 / 封面设计:蓝 正

科 学 出 版 社 出版
北京东黄城根北街 16 号
邮政编码:100717
http://www.sciencep.com

北京建宏印刷有限公司 印刷
科学出版社发行 各地新华书店经销

*

2017 年 3 月第 一 版 开本:720×1000 1/16
2021 年 1 月第三次印刷 印张:29 1/2
字数:564 000

定价:198.00 元
(如有印装质量问题,我社负责调换)

作 者 简 介

夏琴香,湖北黄梅人,1964 年 4 月出生于江西九江市,博士,留学归国人员。现为华南理工大学机械与汽车工程学院教授、博士生导师,兼任中国机械工程学会塑性工程分会理事,中国塑性工程分会旋压学术委员会常委,广东省机械工程学会锻压分会理事长,广东省模具工业协会专家委员会主任委员,《锻压技术》、《模具技术》、《模具工业》、《精密成形工程》编委等。

长期从事金属旋压成形工艺与设备、模具数字化设计与制造等方面的研究工作,取得了多项创新性成果,如 XPD 型数控旋压成形机床的研制及应用、三维非轴对称零件旋压成形理论及方法研究、海红旗导弹发射筒前盖的研制、高强度钢板件精密级进模虚拟制造技术及产业应用、船舶工业用大型锻件锻造减量化及余热能源利用技术研究与产业应用等。

近年来,先后主持完成国家自然科学基金(50275054、50475097、50775076、51075153、51375172),教育部高校博士点基金(20130172110024)等 17 项;合作主持完成广东省教育部产学研结合项目(2006D90304021、2010B090400094、2010B080701101),广东省重大科技专项(2011A080402012、2009A080304004),粤港关键领域重点突破项目(2007168206),广东省中科院全面战略合作项目(2012B091100251、2009B091300019)等 20 余项;主持完成企事业单位委托科技开发项目"精密旋压成形技术研究及设备研制"等 30 余项。发表研究论文 200 余篇,其中被三大索引收录 90 余篇,任国际著名刊物 *International Journal of Machine Tools & Manufacture*、*Journal of Materials Processing Technology* 等 20 余种杂志特约审稿人。获国家发明专利授权 20 余件、计算机软件著作权 4 件。出版教材 2 部、专著 2 部、标准 4 部。

《21世纪先进制造技术丛书》编委会

主　编: 熊有伦(华中科技大学)

编　委: (按姓氏笔画排序)

《21世纪先进制造技术丛书》序

21世纪，先进制造技术呈现出精微化、数字化、信息化、智能化和网络化的显著特点，同时也代表了技术科学综合交叉融合的发展趋势。高技术领域如光电子、纳电子、机器视觉、控制理论、生物医学、航空航天等学科的发展，为先进制造技术提供了更多更好的新理论、新方法和新技术，出现了微纳制造、生物制造和电子制造等先进制造新领域。随着制造学科与信息科学、生命科学、材料科学、管理科学、纳米科技的交叉融合，产生了仿生机械学、纳米摩擦学、制造信息学、制造管理学等新兴交叉科学。21世纪地球资源和环境面临空前的严峻挑战，要求制造技术比以往任何时候都更重视环境保护、节能减排、循环制造和可持续发展，激发了产品的安全性和绿色度、产品的可拆卸性和再利用、机电装备的再制造等基础研究的开展。

《21世纪先进制造技术丛书》旨在展示先进制造领域的最新研究成果，促进多学科多领域的交叉融合，推动国际间的学术交流与合作，提升制造学科的学术水平。我们相信，有广大先进制造领域的专家、学者的积极参与和大力支持，以及编委们的共同努力，本丛书将为发展制造科学，推广先进制造技术，增强企业创新能力做出应有的贡献。

先进机器人和先进制造技术一样是多学科交叉融合的产物，在制造业中的应用范围很广，从喷漆、焊接到装配、抛光和修理，成为重要的先进制造装备。机器人操作是将机器人本体及其作业任务整合为一体的学科，已成为智能机器人和智能制造研究的焦点之一，并在机械装配、多指抓取、协调操作和工件夹持等方面取得显著进展，因此，本系列丛书也包含先进机器人的有关著作。

　　最后，我们衷心地感谢所有关心本丛书并为丛书出版尽力的专家们，感谢科学出版社及有关学术机构的大力支持和资助，感谢广大读者对丛书的厚爱。

熊有伦

华中科技大学

2008 年 4 月

序

　　锻压(塑性)成形是制造技术的重要组成部分,在传世三千余年的希腊神话中就出现了为诸神打造兵器、用具和饰品的锻压之神(火神)赫淮斯托斯(Hephaestus)。旋压是锻压领域中一颗闪亮的明珠,根据文献记载,陶瓷的制坯方法可能为金属旋压提供了工艺的雏形。我国早在三千五百年到四千年前的殷商时代,就已经会使用陶轮(或陶车)制作陶瓷制品。这种制陶工艺发展到10世纪初就孕育出了金属普通旋压工艺,并于13世纪传入欧洲。在普通旋压工艺基础上发展起来的强力旋压工艺,于第二次世界大战前后开始应用于欧洲的民用工业,并迅速在火箭、导弹和宇航领域得到广泛应用。20世纪60年代,强力旋压工艺传入中国,带动了我国旋压事业的蓬勃发展。

　　我国旋压技术的现代化进程始于20世纪60年代中期,至80年代中期的前20年为初创期。在60年代中期,国内开始研究强力旋压技术并用以制造航空和特殊冶金制品。随后,此技术又被陆续推广到兵器、核能、电子等行业。热旋压过程还在粉末烧结材料与铸造材料的开坯以及钨、钼、铌、锆、钛等难熔金属制品的成形中发挥了重要作用。在这一时期,我国旋压技术的发展以强力旋压为主,并以军工产品为主线。自80年代中期至今是我国旋压技术的转型和发展期。在这个时期,我国旋压技术的发展由以强力旋压为主转为强力旋压和普通旋压并重,由以军工为主线转为军民兼顾。而旋压设备的控制,则由液压控制转为数字控制。

　　目前,随着旋压可加工零件范围的不断扩展,旋压成形技术也获得不断发展。传统的旋压技术是用于成形薄壁空心回转体零件的,不论普通旋压还是强力旋压,经旋压成形后的工件壁厚沿圆周方向均匀分布。而汽车上使用的各种皮带轮、轮毂、车轮、排气歧管、离合器及变速箱齿轮等的旋压成形,已超出了传统旋压成形技术的定义范围,形成了独特的三维非轴对称件旋压成形技术、非圆截面件旋压成形技术及齿形件旋压成形技术等。由于这些新型旋压成形技术的塑性变形方式与传统旋压技术有较大的不同,所以迫切需要对其变形机理进行全面的理论分析和试验研究,对于深入了解、推广和应用这些新的旋压工艺技术具有重要意义。华南理工大学夏琴香教授的这本学术新著适时地满足了这方面的需求,填补了国内外对该技术领域的了解和认知上的一些空白。书中明确提出了特种旋压成形技术的概念,并围绕具体的特种旋压成形工艺,从成形方法、成形机理、数值模拟建模关键技术及成形试验等方面进行了详细阐述,综合反映了作者在该领域的科研成果及国内外最新的研究动向。在理论分析中充分运用先进的有限元分析软件,选择数值模拟和主应力法等,有针对性地开发了多种数值模拟建模技术和相应的数值模拟模型,对于理论分析结果均进行了严格的试验研究加以验证。同时,自主研发了相关旋压设备,并进行了旋压力的测量;对设备关键零部件进行了优化设计,并建立了相应的仿真模型。在详细阐述成形机理的同时,充分结合生产和工程应用,展示了一目了然的产品图片,并深入浅出地提出了生产指导意见。这本新著是夏琴香教授近三十年来投身于旋压事业,集科研、教学、生产等所付出的心血和取得的丰硕成果的结晶,也是作者及其团队对多项国家自然科学基金投入的一个负责任的交代。衷心祝福这本新著的问世,相信该书有助于特种旋压成形技术在我国的推广应用以及我国在特种旋压领域技术水平和竞争力的提高。同时,希望该书能为相关企业、院校的技术人员和师生提供启迪和支持。

第一至九届全国旋压学术委员会副主任

2016 年 2 月

前　　言

金属旋压成形是一门古老的技术,起源于我国古代的制陶工艺,因其具有成形力低、成形工具简单、材料利用率高、成本低、制品性能优,且易实现产品的轻量化和制造的柔性化等特点,现已广泛应用于航空、航天、军械、车辆、造船、电子、家电等领域。

传统旋压技术是指借助于旋轮的进给运动,加压于随芯模沿同一轴线旋转的金属毛坯,使其产生连续的局部塑性变形而成为所需空心零件的一种塑性成形方法,所成形的零件均为回转体轴对称、横截面上壁厚相等(简称等壁厚)及渐变壁厚产品。而随着工业产品朝着几何形体复杂化和成形质量的高精度化方向发展,新的旋压成形技术不断涌现,传统旋压技术仅用于成形薄壁空心轴对称、圆形横截面、等壁厚产品的局限不断被突破。用于旋制三维非轴对称零件、非圆横截面零件、齿形零件等的特种旋压技术的出现,拓宽了传统旋压技术的理论范畴和应用领域。对于上述特种旋压成形技术,很难用传统的旋压分类方法及机理进行归类及解释。针对目前国内旋压专业书籍种类少,对旋压技术的介绍仍仅停留在薄壁空心回转体、等壁厚及渐变壁厚产品层面的现状,特撰写本书,以对近年来新出现的特种旋压工艺进行分类,并对其技术原理进行全面剖析,力求为从事旋压成形技术研究和生产的科技人员提供有力帮助,进而推动我国旋压制造水平的进一步提升。

本书首先简要介绍旋压技术的发展、旋压技术的应用及金属旋压成形中的创新与创造,并对传统旋压技术及特种旋压技术进行分类;其次对传统旋压成形技术中的拉深旋压、剪切旋压、流动旋压工艺过程及工艺参数进行阐述及分析;在此基础上,重点对无芯模缩径旋压成形技术、三维非轴对称零件旋压成形技术、非圆横截面零件旋压成形技术、多楔带轮旋压成形技术及杯形薄壁内齿轮旋压成形技术,分别从成形方法、成形工艺、成形机理、成形质量控制、旋压力的求解及测试、工艺试验及优化等方面进行全方位的介绍。金属旋压成形过程是一个非常复杂的弹塑性大变形过程,既存在材料非线性、几何非线性,又存在复杂的边界接触条件的非线性,这些因素使其变形机理非常复杂,难以用准确的数学关系式进行描述,往往需要借助于有限元数值模拟手段进行分析。本书对上述旋压过程中的有限元数值模拟关键技术进行详细的介绍,包括计算模型的建立、材料性能的描述及边界条件的设立等。

本书是作者在总结多年科学研究、技术开发、教学和生产实践经验的基础上撰写而成的,包含作者及研究团队近三十年的研究成果及专利技术,并参考了国内外的相关专著和科技论文,理论与实践并重。相关工作获得多项国家自然科学基金、广东省自然科学基金、广东省教育部产学研合作项目、广东省工业科技计划项目等的资助。相关研究成果已在上海宝山钢铁股份有限公司、陕西晟泰机械制造有限公司、宁波创科旋压机械科技有限公司、中山中炬精工机械有限公司、揭阳市兴财金属制品有限公司、广东康宝电器有限公司、江门市浩盈不锈钢制品有限公司等多家企业获得推广应用。本书试图在对所述旋压技术进行机理分析的基础上,对其成形方法、成形理论、成形工艺及工装设备进行全面的剖析,对推动上述特种旋压技术的实际生产应用及丰富旋压技术理论,均具有重要的实践意义和学术价值。

本书由华南理工大学夏琴香教授撰写,博士研究生肖刚锋参与了本书部分章节的修订工作。全书的插图绘制工作分别由博士研究生肖刚锋、朱宁远、徐腾、渠聚鑫等及硕士研究生王孟飞、杜飞等负责完成,排版工作由硕士研究生王孟飞负责完成,插图及排版校对工作由博士研究生肖刚锋负责完成。

在此感谢团队的博士研究生孙凌燕、赖周艺、肖刚锋、盛湘飞及硕士研究生梁佰祥、杨明辉、陈家华、陈依锦、潘东升、胡昱、冯万林、王玉辉、尚越、谢世伟、李小龙、王甲子、詹欣溪、王映品、张鹏、袁玉军、黄成龙、时丰兵、曾超、周宇静、罗杜宇、张帅斌、吴小瑜、任晓龙、何艳斌、张赛军等,他们的研究工作为本书奠定了良好的基础。

感谢华南理工大学的阮锋、丘宏扬、张世俊、叶邦彦等教授对本书部分章节研究工作的指导。

感谢广州民航职业技术学院程秀全教授对本书研究工作的指导及对本书的技术校对。

特别感谢我国旋压技术开拓者之一、航空报国奖获得者、北京航空制造工程研究所陈适先研究员为本书作序,并对本书提出宝贵的修改意见。

感谢国家自然科学基金(50275054、50475097、50775076、51075153、51375172),教育部高校博士点基金(20130172110024),广东省工业科技计划项目(2006B11901001、2003C102013),广东省自然科学基金重点项目(04105943),广东省自然科学基金(020923,10151040301000000),广东省教育部产学研结合项目(2006D90304021),广东省精密装备与制造技术重点实验室项目(PEMT1202)等对本书研究工作的资助。

感谢国家科学技术学术著作出版基金对本书出版的资助。

由于作者水平有限,书中难免出现疏漏和不足之处,殷切期望读者提出宝贵意见。

作　者
2016 年 2 月

目　　录

《21世纪先进制造技术丛书》序

序

前言

主要符号表

第1章　绪论 …………………………………………………………………………… 1

　1.1　旋压技术的发展 ……………………………………………………………… 1

　1.2　旋压技术的应用 ……………………………………………………………… 3

　　1.2.1　旋压技术在汽车零件成形制造中的应用 ………………………………… 3

　　1.2.2　旋压技术在民用产品制造中的应用 ……………………………………… 6

　　1.2.3　旋压技术在国防中的应用 ………………………………………………… 8

　　1.2.4　其他应用 …………………………………………………………………… 12

　1.3　金属旋压成形中的创新与创造 ……………………………………………… 12

　　1.3.1　三维非轴对称件旋压成形技术 …………………………………………… 13

　　1.3.2　非圆横截面件旋压成形技术 ……………………………………………… 15

　　1.3.3　齿形件旋压成形技术 ……………………………………………………… 16

　1.4　旋压成形技术的分类 ………………………………………………………… 19

　　1.4.1　传统旋压成形技术的分类 ………………………………………………… 19

　　1.4.2　特种旋压成形技术的分类 ………………………………………………… 22

　1.5　本章小结 ……………………………………………………………………… 24

　参考文献 …………………………………………………………………………… 25

第2章　旋压成形基础工艺及其原理 ……………………………………………… 29

　2.1　普通旋压 ……………………………………………………………………… 29

　　2.1.1　工艺过程 …………………………………………………………………… 29

　　2.1.2　工艺参数 …………………………………………………………………… 30

　2.2　剪切旋压 ……………………………………………………………………… 60

　　2.2.1　工艺过程 …………………………………………………………………… 60

　　2.2.2　工艺参数 …………………………………………………………………… 62

　　2.2.3　柔性旋压 …………………………………………………………………… 70

　2.3　流动旋压 ……………………………………………………………………… 73

　　2.3.1　工艺过程 …………………………………………………………………… 73

　　2.3.2　工艺参数 ·· 74

　　2.3.3　错距旋压 ·· 81

2.4　对轮旋压 ·· 89

2.5　本章小结 ·· 96

参考文献 ·· 97

第3章　无芯模缩径旋压成形技术 ·· 100

3.1　缩径旋压成形特点 ·· 100

3.2　弹塑性有限元基本理论及建模关键技术 ·· 102

　　3.2.1　旋压成形数值模拟建模理论基础 ·· 103

　　3.2.2　无芯模缩径旋压数值模拟关键技术 ······································ 109

3.3　无芯模缩径旋压成形机理分析 ··· 118

　　3.3.1　成形机理分析 ·· 118

　　3.3.2　不同工艺参数对旋压力的影响规律 ······································ 121

　　3.3.3　不同工艺参数对旋压件壁厚分布规律的影响 ························· 123

　　3.3.4　不同工艺参数对旋压件外径尺寸的影响 ······························· 126

3.4　无芯模多道次缩径旋压模拟分析 ·· 127

　　3.4.1　往返程旋压成形工艺特点 ··· 127

　　3.4.2　工件应力应变分布规律 ·· 129

　　3.4.3　多道次旋压成形质量分析 ··· 132

3.5　试验研究 ·· 133

　　3.5.1　材料力学性能试验研究 ·· 133

　　3.5.2　单道次旋压工艺试验研究 ··· 137

　　3.5.3　旋压力的电测试验研究 ·· 139

　　3.5.4　多道次旋压工艺试验研究 ··· 144

　　3.5.5　成形缺陷分析 ··· 146

3.6　本章小结 ·· 147

参考文献 ··· 148

第4章　三维非轴对称零件旋压成形技术 ··· 151

4.1　三维非轴对称管件缩径旋压成形方法 ·· 152

　　4.1.1　三维非轴对称零件旋压成形原理 ··· 153

　　4.1.2　HGPX-WSM型数控旋压机床的研制 ·································· 157

4.2　三维非轴对称管件缩径旋压力的解析解 ··· 161

　　4.2.1　旋压力求解常用的理论方法 ·· 162

　　4.2.2　主应力法的基本假设和工件受力分析 ··································· 163

　　4.2.3　旋压力计算公式的推导 ·· 164

4.2.4 非轴对称管件缩径旋压力的变化规律 …………………… 169

4.3 非轴对称管件缩径旋压三维数值模拟关键技术 …………………… 173

4.4 非轴对称管件单道次缩径旋压成形机理 …………………… 179

4.4.1 单道次缩径旋压有限元模型的建立 …………………… 179

4.4.2 单道次缩径旋压过程的应力应变分布规律 …………… 182

4.4.3 工艺参数对缩径旋压成形质量的影响 ………………… 189

4.4.4 三维非轴对称管件缩径旋压力的有限元数值模拟 …… 198

4.5 非轴对称管件多道次缩径旋压成形机理 …………………… 203

4.5.1 多道次缩径旋压有限元模型的建立 …………………… 203

4.5.2 多道次缩径旋压过程的应力应变分布规律 …………… 206

4.5.3 旋压道次对非轴对称管件缩径旋压成形质量的影响 … 211

4.6 三维非轴对称管件缩径旋压的试验研究 …………………… 213

4.6.1 非轴对称单道次缩径旋压的试验研究 ………………… 214

4.6.2 非轴对称多道次缩径旋压的试验研究 ………………… 217

4.6.3 三维非轴对称管件缩径旋压力的试验研究 …………… 221

4.6.4 三维非轴对称旋压件显微组织的变化 ………………… 228

4.7 本章小结 …………………………………………………… 231

参考文献 …………………………………………………………… 232

第5章 非圆横截面空心零件旋压成形技术 ………………………… 235

5.1 非圆横截面空心零件旋压成形工艺 ……………………… 236

5.1.1 非圆横截面件旋压成形工艺及分类 …………………… 236

5.1.2 变形难易程度分析 ……………………………………… 243

5.2 非圆横截面件旋压成形数值模拟关键技术 ……………… 245

5.2.1 非圆截面件旋压成形数值模拟模型 …………………… 245

5.2.2 数值模拟运算效率与精度对比研究 …………………… 252

5.3 非圆横截面件旋压成形机理研究 ………………………… 254

5.3.1 不同类型横截面空心零件旋压成形机理研究 ………… 254

5.3.2 三边形横截面空心零件旋压成形旋压力变化规律 …… 266

5.3.3 工艺参数对三直边圆角形零件旋压成形质量的影响 … 272

5.4 三边形零件旋压成形试验研究 …………………………… 279

5.4.1 试验设备与靠模研制 …………………………………… 279

5.4.2 三直边圆角形零件旋压成形试验研究 ………………… 281

5.4.3 三边圆弧形零件旋压成形试验研究 …………………… 289

5.5 本章小结 …………………………………………………… 295

参考文献 …………………………………………………………… 297

第6章　多楔带轮旋压成形技术 ··· 301

　6.1　钣制带轮旋压成形技术及工艺特点 ···································· 302

　　6.1.1　带轮制造方法 ·· 302

　　6.1.2　带轮旋压技术 ·· 304

　　6.1.3　多楔带轮旋压成形原理及工艺分析 ························ 307

　6.2　多楔带轮旋压成形有限元实现方法及模型建立 ············· 316

　　6.2.1　多楔带轮旋压成形有限元建模关键技术 ················ 316

　　6.2.2　模型简化与假设 ·· 319

　　6.2.3　模拟分析模型 ·· 320

　6.3　多楔带轮旋压成形数值模拟结果分析 ··························· 321

　　6.3.1　预成形 ·· 321

　　6.3.2　腰鼓成形 ·· 327

　　6.3.3　增厚成形 ·· 331

　　6.3.4　预成齿 ·· 335

　　6.3.5　整形 ··· 341

　6.4　试验成形装置设计及调试 ··· 342

　　6.4.1　旋轮座设计方案 ·· 343

　　6.4.2　旋轮组结构分析与设计 ··· 346

　6.5　多楔带轮旋压工艺试验研究 ·· 350

　　6.5.1　试验条件 ·· 350

　　6.5.2　带轮旋压件成形质量评价 ·· 364

　　6.5.3　多楔带轮成形缺陷分析 ··· 366

　6.6　本章小结 ··· 370

　参考文献 ··· 371

第7章　杯形薄壁内齿轮件旋压成形技术 ································· 374

　7.1　内齿轮加工成形方法及其比较 ····································· 375

　　7.1.1　内齿轮切削加工方法 ··· 377

　　7.1.2　内齿轮塑性成形方法 ··· 378

　　7.1.3　内齿轮常用加工及成形方法的比较 ························· 379

　7.2　杯形薄壁内齿轮旋压成形方法研究 ······························ 380

　　7.2.1　内齿轮旋压成形工艺的拟定 ····································· 380

　　7.2.2　内齿轮旋压成形建模关键技术 ·································· 381

　　7.2.3　内齿旋压成形方法的有限元分析 ······························ 388

　7.3　杯形薄壁内齿旋压成形机理研究 ·································· 396

　　7.3.1　应力应变分布情况 ·· 396

7.3.2　材料变形特点及流动规律分析 ……………………………… 400
7.3.3　几何参数和工艺参数对材料充填情况的影响 …………… 405
7.4　杯形薄壁内齿轮旋压的试验研究 ………………………………… 415
7.4.1　试验条件 ……………………………………………………… 415
7.4.2　数值模拟结果的验证 ………………………………………… 418
7.4.3　内齿轮旋压成形关键问题讨论 ……………………………… 420
7.4.4　内齿轮旋压件显微组织和硬度的变化 …………………… 432
7.5　内齿轮旋压成形工艺的优化 …………………………………… 434
7.5.1　渐开线内齿轮成形的工艺优化 ……………………………… 435
7.5.2　渐开线内齿轮成形工艺参数的优化 ………………………… 436
7.6　本章小结 …………………………………………………………… 442
参考文献 ………………………………………………………………… 444

主要符号表

符号	含义	单位	符号	含义	单位
应力和应变					
ε	真实应变	—	σ	真实应力	MPa
$\bar{\varepsilon}$	等效应变	—	$\bar{\sigma}$	等效应力	MPa
ε_a	轴向应变	—	$\bar{\sigma}'$	平均变形抗力	MPa
ε_b	横向应变	—	σ_a	轴向应力	MPa
ε_l	纵向应变	—	σ_{fr}	摩擦应力	MPa
ε_r	径向应变	—	σ_r	径向应力	MPa
ε_t	厚向应变	—	σ_θ	切向应力	MPa
ε_θ	切向应变	—	$\Delta\bar{\sigma}$	工件内外表面平均等效应力差	MPa
$\Delta\bar{\varepsilon}$	工件内外表面平均等效应变差	—			
材料参数					
E	杨氏模量（弹性模量）	GPa	μ'	摩擦系数	—
G	剪切模量	GPa	ρ	材料密度	kg/m³
K	强化系数	—	ρ'	电阻系数	Ω·m
n	硬化指数/转速	—/(r/min)	σ_b	抗拉强度	MPa
ν'	厚向异性指数	—	σ_s	屈服强度	MPa
μ	泊松比	—	υ	摩擦因子	—
工件参数					
A	横截面直边长边长度	mm	$d_f(r_f)$	齿根圆直径（半径）	mm
B	横截面直边短边长度	mm	d_m	芯模直径	mm
b'	齿槽宽	mm	e	偏心距	mm
D_0	板坯或管坯直径	mm	G'	夹紧力	N
d	工件内径	mm	H	工件高度	mm
d'	半成品直径	mm	H'	相对高度	—
d_0	工件中径	mm	h_0	理论高度	mm
d_1	工件外径	mm	$\bar{h}$	成形轮齿的平均高度	mm
d_e	内齿轮外径	mm	N	旋轮数目	—

续表

符号	含义	单位	符号	含义	单位
工件参数					
R'	相对圆角半径	—	Δt	壁厚偏差	mm
R'_s	工件内外表面与旋轮接触面积差值的绝对值	mm^2	Z	齿数	—
r	圆角半径	mm	α	锥形件半锥角	(°)
r'	底部圆角半径	mm	α'	齿形角	(°)
r_a	齿顶圆半径	mm	α_f	临界半锥角	(°)
r_p	分度圆半径	mm	$\Delta\alpha$	回弹角	(°)
S_r	齿轮饱和度	—	γ	公转角度	(°)
s	齿厚	mm	λ	相对齿高	%
t	工件壁厚	mm	ξ	齿顶不均匀度	—
t_0	板坯或管坯厚度	mm	ρ_m	芯模圆角半径	mm
t_{avg}	均值壁厚	mm	φ	三维非对称件倾斜角	(°)
t_f	工件实际壁厚	mm	φ'	带轮成形角	(°)
t_t	工件理论壁厚	mm			

符号	含义	单位	符号	含义	单位
旋压工艺参数					
a	轴向错距	mm	Δ	压下量	mm
b	径向错距	mm	Δ_n	名义压下量	mm
C	起皱系数	—	Δ_s	瞬时压下量	mm
c	旋轮与芯模之间的间隙	mm	δ	偏移量	mm
c'	毛坯与芯模间隙	mm	δ'	旋轮底面与下模间隙	mm
Δc	旋轮与芯模之间的相对间隙	%	θ	旋轮仰角	(°)
f	进给比	mm/r	θ_0	旋轮首道次仰角	(°)
m	旋压系数	—	θ_i	后期道次中工件的仰角	(°)
m'	名义拉深比	—	Ψ_n	道次减薄率	%
p	道次间距	mm	Ψ_t	壁厚减薄率	%
$\Delta t'$	偏离率	%	Ψ_{tmax}	最大壁厚减薄率	%
w	凸缘宽度	mm	ω	角速度	rad/s
β_b	坯料弯曲角	(°)			

续表

符号	含义	单位	符号	含义	单位
旋轮参数					
D_i	内旋轮直径	mm	S	旋轮公转平面到基准平面的距离	mm
D_o	外旋轮直径	mm	S'	旋轮位移	mm
D_R	旋轮直径	mm	α_ρ	成形角	(°)
h_ρ	成形段台阶高度	mm	α_ρ'	旋轮接触角	(°)
l_ρ	光整段长度	mm	β'	旋轮安装角	(°)
r_ρ	旋轮圆角半径	mm	β_ρ	压光角	(°)
r_ρ'	旋轮大圆弧半径	mm	γ_ρ	趋近角	(°)
$r_{\rho 2}$	引导段与成形段的转角半径	mm	δ_ρ	退出角	(°)
其他					
A_r	径向投影面积	mm²	P_r	径向旋压力	N
A_z	轴向投影面积	mm²	P_t	厚度方向旋压力	N
A_θ	周向投影面积	mm²	P_z	母线方向旋压力	N
a'	渐开线基圆半径	mm	P_θ	切向旋压力	N
$e_{椭}$	椭圆度	mm	q_0	端面收缩率	—
$e_{直}$	直线度	mm	R_a	粗糙度	μm
F	相对矢高	—	U	电压值	V
h'	弧高	mm	x_m	回转中心与芯模端面的距离	mm
l	上模下压位移	mm	y_m	回转中心与芯模侧面的距离	mm
P	旋压力	N	κ	齿高不饱和度	—
P_a	轴向旋压力	N	υ	上模的下压速度	mm/s

第1章 绪 论

旋压是先进制造技术的重要组成部分,也是航空航天、造船、汽车、工程机械等行业中应用广泛的制造工艺方法,它可以生产更接近最终形状(净性)的金属零件。传统的旋压属于回转塑性成形技术,旋轮在回转运动中对毛坯加压,使毛坯产生局部且连续的塑性变形。近年来,随着旋压成形理论的进一步完善和计算机技术的快速发展,突破了旋压技术传统意义上只能用于生产轴对称、圆形横截面、等壁厚产品的限制,诸如三维非轴对称零件、非圆横截面零件、齿形零件等一些新的特种旋压成形工艺的出现拓宽了旋压技术的理论范畴和应用领域[1]。旋压成形时旋轮与坯料之间的接触面积很小,近似点接触,因此单位压力大,可达 $250\sim350\text{kgf/mm}^2$ ($1\text{kgf}=9.80665\text{N}$),而所需总变形力较小,从而使消耗功率也大大降低;旋压通常可实现无废料或少废料成形,因此具有明显的节材节能效果,与通常的板材冲压成形工艺相比,材料利用率可提高 $10\%\sim30\%$;采用旋压工艺加工零部件时,金属纤维走向与产品外形相适应,保持了纤维的完整性与连续性,因此经旋压成形后,金属制品的力学性能(硬度、抗拉强度和屈服强度)大大提高;在旋压过程中,旋轮不仅对旋压的金属有压延作用,而且还有整平的作用,因此旋压制品具有较高的尺寸精度和表面光洁度[2];此外,旋压成形是一种连续静载加压过程,不产生冲击,因此振动噪声也大大减弱,这对于改善劳动环境、实现清洁化生产十分有利。目前世界上加工技术发达的国家已广泛采用旋压技术来成形航空航天、兵器、船舶、汽车、工程机械中各种类型的薄壁中空形状零部件。

1.1 旋压技术的发展

根据文献记载,陶瓷的制坯方法可能为金属旋压提供了工艺的雏形。我国早在三千五百年到四千年前的殷商时代,就已经会使用陶轮(或陶车)制作陶瓷制品。这种制陶工艺发展到 10 世纪初就孕育出了金属普通旋压工艺。当时已可将金属(如银、锡和铜等)薄板旋压成各种瓶、罐、壶和盘等容器、器皿及装饰品。又过了许多年,直到 13 世纪,这种技术才传到英国和欧洲各国。1840 年前后,旋压技术由约旦(Jordan)传到美国。在 18 世纪 60 年代末期,德国才出现了第一个金属旋压的专利[2]。

普通旋压工艺在国内外长期处于落后状态,最古老的旋压设备由人力驱动,成形所需的旋转驱动力是由与之相连的巨大的转轮提供的,由第一个操作工人手工转动转轮,由第二个操作工人使用棒形工具使坯料成形(图 1-1)[3]。后来,旋压机又借助水力和蒸汽动力驱动。随着工业技术的进步,尤其是电动机的出现,旋压机的主轴逐步采用电机驱动,旋压工具也由木质擀棒逐渐改用金属旋轮。在电动旋压机出现前的很长时期,旋压技术始终赶不上模具冲压技术的发展,因此其应用范围有限,即只用于小批量生产和成形较软金属材料的零件。在电动旋压机出现之后,旋压技术有了重大的突破,其应用范围和成形能力大大扩大和提高了[4]。

图 1-1　采用木质旋盘的手工旋压成形

在 20 世纪中叶以后,普通旋压有了如下三个方面的重大进展[2]:一是普通旋压设备逐渐实现机械化,在 50 年代出现了模拟手工旋压的设备,即采用液压助力器等驱动旋轮往复移动,以实现进给和回程,因而减轻了操作工的劳动强度;二是在 60～70 年代出现了能单向多道次进给的、电气液压程序控制的半自动旋压机;三是由于电子工业的发展,于 60 年代后期,国外(首先是联邦德国莱弗尔德公司)在自动旋压机的基础上,发展了数控系统(NC 和 CNC 系统)和录返系统(PNC 系统)的旋压机。这些成就使普通旋压技术突破了小批量生产的限制,从而应用于中批量和大批量生产中。普通旋压工艺发展到目前为止,其成形零件种类繁多、应用范围极其广泛,通过采用形式多样的旋轮运动轨迹,可成形形状复杂的零件。

在普通旋压技术基础上发展起来的强力旋压技术,比普通旋压技术发展迅速。与普通旋压工艺相比,强力旋压时成形区在多向压应力的作用下,其成形性以及产品的精度与性能都大大提高。这种强力旋压技术开始于第二次世界大战前后,主要用于欧洲(瑞典、德国)的民用工业(成形锅皿等容器)[5]。1952 年美国普拉特惠特尼(Pratt Whitney)航空发动机公司从一件瑞典出品的小型民用产品得到启发,与洛奇西普来(Lodge Shipley)机床公司合作在 1953 年研制出首批三台专用强力旋压机床,初次成功地将这种方法推行到航空产品的制造中[6]。此后,随着火箭、导弹和宇航技术的迅速发展,强力旋压技术已在许多国家得到惊人的发展和广泛的应用。近半个世纪以来,国外金属旋压技术发展很快,已日趋成熟。国外旋压制件尺寸范围已可达到直径 5~5000mm、壁厚 0.2~150mm,长度与直径之比达 20以上、直径与壁厚之比大于 750;旋压筒形件最大直径为 7600mm、最大质量为 60t[7]。

我国旋压技术的现代化进程始于 20 世纪 60 年代中期,至 80 年代中期的前20 年为初创期。在 60 年代中期,国内开始研究强力旋压技术并用以制造航空和特殊冶金制品。接着此技术又被陆续推广到兵器、核能、电子等行业。在这一时期,我国旋压技术的发展以强力旋压为主并以军工产品为主线[5]。自 80 年代中期至 21 世纪的后 20 年是我国旋压技术的转型和发展期。在这个时期,我国旋压技术的发展由以强力旋压为主转变为强力旋压和普通旋压并重,由以军工产品为主线转为军民兼顾[8]。

进入 21 世纪以来,随着国防军事工业的发展,国内旋压技术趋于完善。国内旋压产品的尺寸范围为直径 20~5200mm、壁厚 0.5~100mm,长度与直径之比达10 以上、直径与壁厚之比大于 650;封头最大直径为 9000mm[7]。我国目前旋压的超高强度钢圆筒和钛合金圆筒最大直径 2700mm、最大长度 3500mm、壁厚 5~10mm;旋压成形的 2219 铝合金共底已成功应用于日本 H2B 液体发动机燃料储箱,其直径为 5200mm。

1.2　旋压技术的应用

金属旋压成形技术在使多品种、小批量生产的合理化和降低成本方面具有很高的价值。形状复杂的零件或高强度难变形的材料,以传统工艺很难甚至无法成形,用旋压技术却可以方便地成形出来。

1.2.1　旋压技术在汽车零件成形制造中的应用

随着人们生活水平的提高和现代化建设的迅速发展,汽车已成为生活中必不可少的交通运输工具。由于旋压属于无切削成形工艺,利用该技术生产的汽车零部件具有晶粒致密、强度高、壁厚分布均匀、均衡性好等特点,特别适合重型、性能好、档次高的汽车和各类机动车辆使用。

目前汽车上所使用的旋压零件主要有:各种排气歧管、离合器、变速箱齿轮、气瓶、底盘、消声器、传动轴、催化器外壳、减振管、电池盒、驱动盘、各种皮带轮及轮毂、车轮等(图 1-2)[9]。

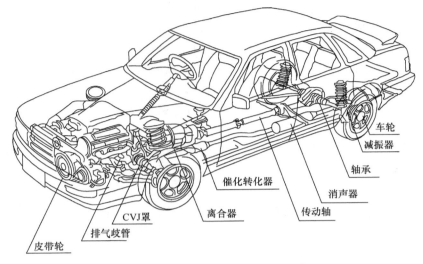

图 1-2　汽车上使用的主要旋压成形产品

1) 排气歧管

随着全球经济的快速发展,我国汽车工业突飞猛进,人们的环保意识也逐渐加强,三元催化器是汽车排气系统中必不可少的机外净化环保部件,其需求面临广阔的市场前景,为了确保汽车排放尾气的净化效果,要求三元催化器不能出现泄漏及尾气排放不达标等情况。因此,国内相关质检部门对三元催化器壳体提出了较高的质量要求。

通常,三元催化器壳体多采用咬口制件与封盖相结合的方法加工制造,或者采用冲压与焊接相结合的成形方法,图 1-3 为传统工艺生产的三元催化器壳体[10]。通常传统工艺生产的三元催化器壳体存在以下两个方面的缺陷与不足:一方面,焊接时产生的热变形使产品质量难以保证,壳体表面粗糙且密封性差等;另一方面,因生产工序的增加,需要进行多次装夹,造成加工精度低,且导致所需的生产工人与生产设备增加,从而提高了加工成本。若三元催化器壳体采用旋压技术一次成形加工,则可以提高坯料的塑性成形极限及管坯的缩径率。与其传统加工工艺相比,可以大幅度减少零件的加工工序,使零件的加工工序数由 5 个减少到 1 个。该方法显著提高了三元催化器壳体的尺寸精度、气密性和耐压性等性能,图 1-4 为采用旋压技术生产的三元催化器[10]。

基于金属旋压成形技术的优势,当前汽车用三元催化器壳体生产逐渐实现了从传统工艺向旋压工艺的转变。

图 1-3　传统工艺生产的三元催化器壳体　　图 1-4　旋压工艺生产的三元催化器壳体

2）离合器、变速箱组件

离合器和变速箱内齿轮组件等齿类件是汽车传动的重要零件（图 1-5）[9]，其性能和品质的好坏对整车有着举足轻重的影响。传统的齿类件通常是采用模锻制坯或直接采用棒料进行机械加工，为了保证齿面质量，加工齿轮的常规工艺路线为滚齿、剃齿、热处理、磨齿等，传统的加工方法原材料浪费大、生产率低。采用旋压成形工艺加工齿类件，不但减少了原材料消耗、提高了劳动生产率、降低了产品的生产成本，而且金属经旋压成形后能使晶粒细化、成分均匀、组织致密、保持流线、提高强度，故可承受重载荷及具有良好的抗冲击载荷的能力，特别适合重型、性能好、档次高的各类机动车辆使用。

3）带轮毂的传动零件

轮毂是用于将皮带轮和传动零件安装在传动轴上的零件（图 1-6）[9]，一般是先在车床上将金属棒料切削加工后，焊接在皮带轮或传动零件上。而采用旋压成形方法，则可将轮毂与皮带轮或传动零件加工为一个整体件。所加工出来的轮毂中心孔的尺寸公差可直接满足连接所需的紧配合要求。此外，还可直接在孔内成形出各类键槽。

图 1-5　离合器、变速箱组件　　　　　　　图 1-6　带轮毂的传动零件

4) 车轮、轮盘和轮辋

劈开式旋压法是使用具有硬质尖角的旋轮,以足够大的旋压力,对旋转毛坯的边缘截面逐渐径向挤入的旋压方法[9]。这种方法一般用于成形轻型车轮(图1-7),材料通常为加热条件下的软钢或铝合金。轮盘和轮辋(图1-8)的毛坯壁厚在成形过程中从底部到口部需要产生连续均匀的减薄,该减薄过程可以用强力旋压方法获得。由于轮辐或车轮的壁厚从底部到口部存在连续均匀的减薄,从而有利于节省原材料、提高零件的强度和耐磨性等。

图1-7　采用复合旋压法生产的整体轮毂

图1-8　轮盘和轮辋

1.2.2 旋压技术在民用产品制造中的应用

1) 大型封头

大型封头在石化、动力锅炉、冶金建筑、纺织等行业应用广泛(图1-9)。大型封头的旋压成形技术,包括一步法成形和二步法成形,在节省大型模具、缩短生产周期等方面有很大的优越性,得到了大规模应用,取代了传统的热压和拼焊[11]。

用旋压法加工大、中型封头具有其他加工方法无可比拟的优越性。封头旋压通常采用板料成形,变形前后壁厚无变化或者变化极小;直径变化较大,收缩或扩大,旋压时较易失稳或局部拉薄;包括单向前进旋压和往复摆动多道次逐步旋压(图1-10)两种方式。产品要素为封头外形轮廓度、直径、高度、壁厚等。

图1-9　大型封头旋压产品

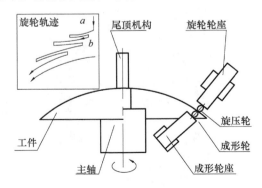

图1-10　封头旋压成形原理图

目前国内外在封头冷旋压成形中主要采用两种方法：一步法，即板坯在旋压机上一次旋压成形；二步法，即板坯在压鼓机上沿板坯展面逐点压制成球冠形，然后在旋压机上翻边。一步法成形封头，其工作效率远远高于二步法成形封头，产品质量较好。现阶段一步法成形封头已处于主导地位，并已发展成熟。封头的旋压成形分冷旋、温旋、热旋。冷旋是指在常温下对毛坯板料进行旋压成形，受材料塑性限制，能采用冷旋成形的封头材料并不多。封头温旋成形技术主要用于中厚板封头和一些难于冷变形材料的封头成形。

2）各类气瓶、过滤瓶

气瓶作为一种气体储存容器，已广泛应用于工业、矿业、军事、医药、潜水、汽车等领域（图 1-11（a））。传统的气瓶是采用冲压工艺，分别成形出上、下两个封头部件后，再采用焊接的方法制成。采用旋压技术生产的气瓶从根本上消除了传统气瓶生产中与焊缝有关的不连续、强度降低、脆裂和拉应力集中等缺陷，使气瓶的气密性和耐压性能有了大幅度提高。另外，为了保证气瓶的强度和安全，在口颈处的壁厚都有一定的增厚要求，用普通的冲压成形方法则难以满足，若采用旋压成形技术，则可以达到满意的壁厚增厚效果[12]。

(a) 潜水用气瓶　　　　　　　　　　(b) 空调过滤瓶

图 1-11　气瓶及空调过滤瓶等旋压产品

气瓶旋压成形用坯料有管坯和板坯两种，瓶身部分采用三旋轮强力旋压成形工艺制备[2]。气瓶收口或封底时不使用芯模，为无芯模旋压，可采用单旋轮多道次或摩擦工具旋压法成形。气瓶一般采用热旋压成形，依据所使用的材料来选择成形温度[12]。铝合金气瓶的成形温度为 350～500℃，钢气瓶的成形温度为 900～1000℃。

另外，随着空调、冷柜和冰箱等家电产品的发展，需要大量的纯铜和黄铜制造的过滤瓶及管接头。由于这类零件的端部形状复杂、缩径量比较大，采用一般的缩径成形工艺，不但会因为零件形状的微小改变而需要更换整套的工装模具，而且对于壁厚不能产生增厚和缩径量比较大的零件，很难通过传统的缩径成形工艺来实现。如果采用无芯模普通旋压成形方法，则只需利用一个通用的旋轮便可完成如图 1-11（b）所示的所有形状零件的成形[13]。

3) 厨房用品

利用三滚轮旋压机床可以生产如图 1-12 所示的薄壁不锈钢锅、铝锅等普通锅或高压锅类产品。用这种方法生产出来的零件不但具有良好的内外表面质量,且能节省多达 50% 的材料[14]。

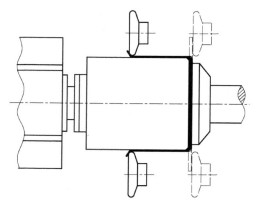

图 1-12　深锅的旋压成形

采用强力旋压的方法可以生产一般家庭、餐馆或医院常用的不锈钢器皿,如碗、大口杯、沙拉碟、调味瓶,医院用的桶、过滤器、水壶、量具等。采用普通旋压的方法可以生产铝壶、点心盒、勺、平底锅等用品[14]。

对某些经过冲压或强力旋压成形后的工件有时还需要进行缩径旋压成形,如茶壶、咖啡壶、糖罐、花瓶等。真空双层不锈钢保温容器是 20 世纪 90 年代初期开发成功的一种新型的高科技民用产品,其内胆及外壳均采用不锈钢制造、口部及底部采取氩弧焊工艺焊合、中间层通过抽真空进行绝热保温。此类保温容器具有不会破碎、易清洗、保温效果好等优点,其内胆及外壳颈部的成形是产品制作过程中的一道关键技术,采用旋压成形方式可以有效地解决这一技术难题(图 1-13)[15]。

有的不锈钢锥形件由于工件半锥角太小,不能直接采用强力旋压的方法来加工,如香槟桶等,通常是采用对冲压成形预制坯进行强力旋压成形的方法来获得。

1.2.3　旋压技术在国防中的应用

旋压成形薄壁回转体零件具有较高的制造精度、材料利用率和低的加工成本,特别是提高材料力学性能的事实,使得旋压工艺有别于其他大直径薄壁回转体成形方法。传统的卷焊大直径薄壁壳体的焊缝容易发生脆裂和应力集中,不适应大型壳体减薄壁厚、减轻重量、提高强度、减少环焊缝、消除纵焊缝的要求;旋压成形可弥补其不足,因此旋压技术在火箭、武器装备、导弹、宇航等国防工业中得到广泛应用(表 1-1)[2]。

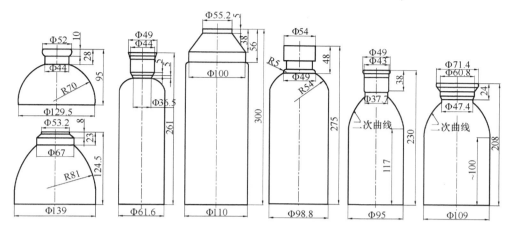

图 1-13 真空不锈钢保温容器外壳及内胆示意图(单位:mm)

表 1-1 旋压件在国防工业中的应用

装备领域	部件名称
飞机发动机	机匣,火焰筒零件,尾喷口,加力燃烧室,进气锥,喷管,内锥体,隔热套等
飞机	机头罩,油箱罩,作动筒体等
火箭	火箭发动机壳体,内衬,鼻锥等
武器装备	药形罩,鱼雷壳体,潜望镜外罩,尾管,火箭弹壳体,炮管,药筒等
导弹	发动机壳体,封头,喷管,鼻锥,头部等

1) 航空航天工程用零部件

最初制造火箭发动机壳体是采用卷焊法,壳体的纵向焊缝通过火箭发动机的高应力区,会发生焊缝开裂。采用旋压技术能够生产整体无纵焊缝壳体和其他工艺难以成形的零件,如航天飞机、火箭及航空发动机的内衬、壳体、鼻锥、火焰收敛段及扩散段等(图 1-14)。图 1-15 为采用旋压技术制造的某航天飞机助推器,壳体材料 D6AC,旋压件直径 3.71m,壁厚 13mm,长 35m。

2) 武器装备用零部件

采用旋压技术制造回转体壳体零件不仅能提高材料利用率,降低制造成本,而且能提高制件的精度和性能,因此旋压技术在武器装备领域得到广泛应用。如与空心装药的凹形表面紧密配合的药形罩(图 1-16(a)),是破甲战斗部或自锻弹丸战斗部的主要功能元件,由于其精度要求较高,一般采用旋压的方法制造。此外还有火箭弹壳体、炮管、鱼雷壳体、潜望镜外罩,直升机上采用高温合金制造的机匣、火焰筒(图 1-16(b))、隔热环及声呐保护罩(图 1-16(c))[16]等零部件。

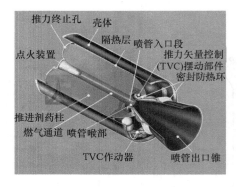

(a) 固体火箭发动机

(b) 航空发动机

图 1-14　火箭上的壳体零件

图 1-15　航天飞机助推器

(a) 药形罩

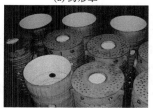

(b) 火焰筒

(c) 声呐保护罩壳体旋压件及毛坯

图 1-16　武器装备上的旋压件

3）导弹用零部件

在航天产品中应尽量避免焊缝，在制造整体无纵焊缝壳体时，旋压工艺具有明显的优势，因此旋压技术在航天领域应用非常广泛，如大力神火箭助推器、民兵Ⅲ导弹、北极星潜地战略导弹、C-300ПМУ系列防空导弹、航天飞机助推器等都大量采用旋压件。例如，导弹的鼻锥、头部、稳定裙的金属结构部分；用高强度钢制造的固体发动机封头、固体发动机壳体，液体箱的封头、箱体，金属喷管的内外壁等（图1-17）[2]。

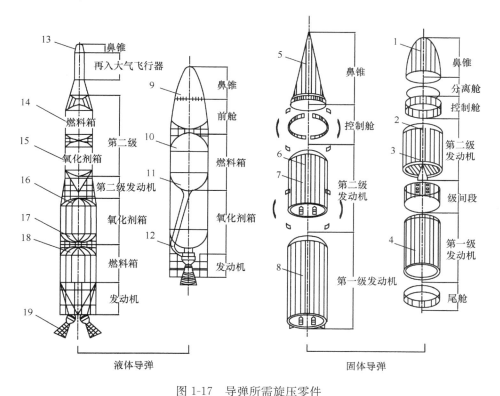

图1-17 导弹所需旋压零件

1、5、9、13-鼻锥、头部、稳定裙的金属结构部分；2、6-用高强度钢制的固体发动机封头；

3、4、7、8-用高强钢制的固体发动机壳体；10、11、12、16、17、18-液体箱的封头；

14、15-箱体；19-金属喷管内外壁

图1-18（a）为采用旋压技术制造的美国Polaris北极星潜地战略导弹（A1/A2），其长2.8m、直径1.37m、壁厚5.1mm，采用两级发动机，壳体材料为AMS6434；图1-18（b）为采用旋压技术制造的俄罗斯C-300ПМУ系列防空导弹发动机壳体，材料为В-96Ц3高强度铝合金，其长3.55m、直径0.51m、壁厚9mm；图1-18（c）为Minuteman Ⅲ（民兵3）型导弹，是美国多弹头的洲际弹道导弹，1970年

装备美国空军,壳体材料为 D6AC 钢,直径 1.68m、壁厚 3.7mm、长 7.37m。

(a) Polaris北极星潜地战略导弹　　(b) C-300ΠMУ系列防空导弹　　(c) Minuteman III(民兵3)型导弹

图 1-18　采用旋压技术制造的各种导弹壳体

1.2.4　其他应用

　　燃气轮机是用于推动汽车及轮船运行和驱动发电机发电的动力装置,广泛应用于石化、轻纺、交通运输、舰船等领域,其燃烧器含有的大量锥形件和筒形件均可采用高温合金旋压成形的方式制造。相比传统的卷焊工艺,旋压成形不仅消除了焊缝,提高了产品的质量,而且免除焊前准备、焊后修磨、焊缝检查等许多工序,从而极大地提高了工效[17]。

　　旋压件由于其精度高、性能优、省材等诸多优点,在工程机械上得到广泛应用。例如,用于机车中的制动缸可采用旋压成形的方法制造,通过拉深旋压预成形,强力旋压成形,可加工高精度制动缸体;用于矿道的液压缸属于筒形件旋压工件,旋压成形简单;波形炉胆是锅炉中的重要部件,用旋压成形替代模压组焊成形,可提高波形炉胆的使用寿命[18]。

　　旋压技术在轴流风机制造中应用范围广泛,例如,轴流风机中的轮毂、法兰、筒体加强肋等典型零件均可采用旋压成形。轴流风机中的轮毂采用旋压成形,零件强度提高约 30％、工时降低 60％,轴流风机的质量显著提高[19]。

1.3　金属旋压成形中的创新与创造

　　创新是以新思维、新发明为特征的一种概念化过程,是推动科技进步和社会发展的不竭动力[20]。随着工业生产向着精密化、绿色化及可持续化的方向发展,高精度、高性能、低成本、低能耗已成为未来制造业的发展趋势[21]。通过技术创新,突破传统制造技术的局限,是实现工业生产精密化、绿色化及社会、经济可持续发展的重要手段。

　　旋压是借助于旋轮的进给运动,加压于随芯模沿同一轴线旋转的金属毛坯,使其产生连续的局部塑形变形而成为所需空心零件的一种近净精密塑性成形方法[22]。金属旋压成形是一门古老的技术,起源于我国古代的制陶工艺;传统的金属旋压工艺主要用于成形薄壁回转体空心零件[23]。近年来,随着旋压理论的不断完善和旋压技术的不断创新,旋压成形技术已取得了较快的发展,如三维非轴对称零件[24]、非圆截面空心零件[25]及齿轮零件[26]旋压技术的出现,突破了旋压技术传统意义上只能生产轴对称、圆形截面、等壁厚产品的限制;此外,还提出将强力旋压技术用于制备具有纳米/超细晶结构的筒形件[27]。

1.3.1　三维非轴对称件旋压成形技术

三维非轴对称零件可分为偏心和倾斜两大类[1]。当零件的各部分轴线间相互平行时称为偏心类零件;当零件的各部分轴线成一定夹角时称为倾斜类零件[28~30]。汽车排气歧管是典型的三维非轴对称类零件(图 1-19),图 1-19(a)所示零件的右端成形机理属于倾斜类,左端成形机理为偏心类[31]。

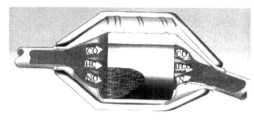

(a) 车用排气歧管示意图　　　　　　(b) 非轴对称旋压件

图 1-19　各种形状的排气歧管

传统的旋压技术在成形零件时是将毛坯固定在机床主轴上与主轴一起旋转的,因此只能加工成形轴对称回转体零件。作者等提出了使毛坯避开回转状态而由旋轮绕毛坯公转的三维非轴对称零件旋压成形新工艺和新方法[32]。

其成形机理为:在成形零件的偏心部分时,使不同道次旋压成形时的工件轴线保持平行;每道次成形前先将工件沿旋轮公转轴线的垂直方向在水平面内进行平移(如图 1-20 中运动 5 所示),然后在成形时将工件沿着旋轮公转的轴线方向做进给运动(如图 1-20 中运动 3 所示);直至各道次成形后的轴线偏移总量达到所需要的数值 δ(图 1-21(a))[33,34]。

在成形零件的倾斜部分时,每道次成形前先将工件轴线相对于旋轮公转轴线在水平面内偏转一定角度(如图 1-20 中运动 4 所示),然后使装卡在机床工作台上的毛坯沿着旋轮公转的轴线方向做进给运动(如图 1-20 中运动 3 所示);这样每道次旋压后,毛坯已变形部分相对于未变形部分便倾斜了一定的角度。经过多道次旋压成形,便可获得所要求的总的倾斜角度 φ(图 1-21(b))[35,36]。

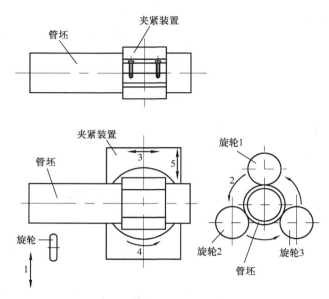

图 1-20　非轴对称零件旋压成形原理

1-旋轮径向进给；2-旋轮旋转运动；3-旋轮座轴向进给；

4-工作台旋转运动；5-工作台径向平移

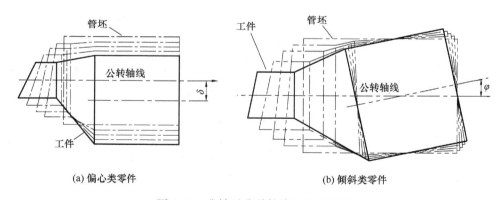

(a) 偏心类零件　　　　　　　　　　(b) 倾斜类零件

图 1-21　非轴对称零件旋压成形过程

依据上述偏心及倾斜类零件旋压成形方法,实现了汽车排气歧管类三维非对称零件的完整制造(图 1-19)[37,38]。

三维非轴对称零件旋压成形技术是对传统旋压成形技术的创新,利用该项技术可整体成形出各部分轴线间相互平行或成一定夹角的偏心及倾斜类薄壁空心零件。这种旋压技术可用于生产航空航天、兵器、造船、车辆、机械、建筑及日用工业品上的具有一定曲率、一定角度和形状的三维非回转体薄壁空心零件,如各类排气歧管、消声器等。日本、美国、德国等已研制出生产偏心及倾斜类零件的数控旋压机床(如日本 Spindle 公司生产的 VF-SR150-CNC2-T3 型数控旋压机床),并已成功应用于汽车排气歧管、消声器的生产[31]。在国内,华南理工大学对三维非轴对称类零件旋压成形理论、方法、工艺及设备开展了全面的研究,提出了具有自主知识产权的三维非轴对称类零件旋压成形工艺及方法[32],并研制出具有自主知识产权的 HGPX-WSM 型数控旋压机床[39],在此基础上成功开发出非轴对称偏心及倾斜类汽车排气歧管样件。

1.3.2 非圆横截面件旋压成形技术

在工业设计中,经常会把构件的结构设计成一些特殊的形状,使得构件横截面形状呈现为非圆形(零件外轮廓至横截面几何中心的距离是变化的)。传统的旋压成形技术在加工零件任一横截面时,旋轮与芯模回转中心的距离保持不变,因此只能加工圆形横截面件。作者等提出基于靠模驱动旋轮径向高频进给的非圆横截面旋压成形新工艺和新方法,实现了非圆横截面件的旋压成形[40]。

在基于靠模驱动的非圆横截面件旋压成形中,变形金属通过尾顶 2 夹紧在芯模 1 上;芯模 1 与靠模 7 通过齿轮副 9 传动实现相同角速度旋转;安装在横向工作台 5 上的旋轮座在靠模 7 的驱动下做高速往复直线运动,进而实现旋轮 4 的往复进给;纵向工作台 3 在伺服电机的驱动下沿机床纵向进给(图 1-22)[41,42]。

图 1-22 基于靠模驱动的旋压成形装置
1-旋压芯模;2-尾顶;3-纵向工作台;4-旋轮;
5-横向工作台;6-靠轮;7-靠模;8-导轨;9-齿轮副

在非圆横截面件旋压成形过程中,工件随芯模(主轴)旋转一周时,为了保证旋轮与芯模之间的间隙不变,旋轮必须随零件边缘轮廓到芯模中心距离的增加而高速径向后退;反之,则须高速径向前进(图 1-23)[43,44]。图 1-24 为依据上述所提出的非圆横截面件旋压成形技术旋制出的各种形状的非圆横截面空心零件[45,46]。

非圆横截面件旋压成形技术是对传统旋压成形技术的又一创新,打破了传统旋压成形技术只能生产回转体构件的局限。日本、德国等对非圆横截面件的旋压成形方法展开了系列研究,如德国开姆尼茨工业大学的 Awiszus 等,已成功研制

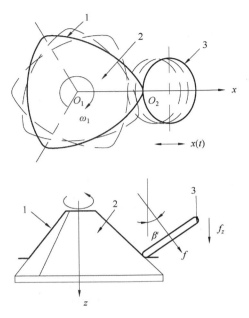

图 1-23　非圆截面旋压成形原理图

1-工件；2-芯模；3-旋轮

(a) 三直边圆角形　　(b) 三边圆弧形　　(c) 四边圆弧形　　(d) 五直边圆角形

图 1-24　非圆横截面件旋压

出横截面形状为凹三边形及凹四边形的零件[47]；日本先进工业科学与技术国家研究院 Arai 等，已成功研制出了横截面形状为四直边圆角形的零件[48]。在国内，华南理工大学对非圆横截面件旋压成形理论、方法、工艺及设备开展了系统的研究，创新性地提出采用基于靠模驱动旋轮径向进给的旋压成形方法，研制出了基于靠模驱动的旋压成形装置，在此基础上成功研制出三直边圆角形、三边圆弧形、四边圆弧形和五直边圆角形等非圆横截面件(图 1-24)[49,50]。

1.3.3　齿形件旋压成形技术

齿形零件是指沿轴向或周向壁厚呈周期性增厚和减薄的零件，可分为横齿类零件(如带轮)和纵齿类零件(如内齿轮)[1]。对于此类零件,作者等提出采用与零件外轮廓相对应的齿形旋轮或与零件内轮廓相对应的齿形芯模,实现了齿形零件的旋压成形[51,52]。

带轮是典型的横齿类零件。以六楔带轮为例,首先采用拉深工序获得如图 1-25(a)所示的预制坯;然后以拉深预制坯为基础,设计出五工步旋压成形工艺。五工步旋压成形工艺如下:预成形工步(预成形旋轮 2 与上模 1 联动进给,使筒壁成微"鼓"形,如图 1-25(b)所示);压鼓成形工步(上模 1 单独下压预成形件与下模 3 贴合,成形增厚成形所需的鼓形件,如图 1-25(c)所示);增厚成形工步(增厚旋轮 2 进给,将腰鼓压平,实现壁部增厚,保证旋齿所需厚度,如图 1-25(c)所示);预成齿工步(预成齿旋轮 2 进给,成形初步齿形,如图 1-25(d)所示);整形工步(整形旋轮 2 进给,精整壁部齿形,如图 1-25(e)所示)[53~55]。目前国内车用皮带轮的旋压成形也已形成大规模生产,工艺已经相当成熟,基本取代了传统的铸造-车削工艺。从劈开式、折叠式到多楔式乃至其中两种的组合式(图 1-26),年产量达数百万套[56]。

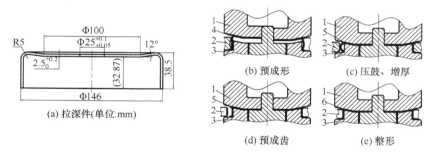

(a) 拉深件(单位:mm)

(b) 预成形

(c) 压鼓、增厚

(d) 预成齿

(e) 整形

图 1-25　带轮旋压成形原理

1-上模;2-旋轮;3-下模;4-坯料;5-半成品;6-带轮旋压件

(a) 劈开式

(b) 折叠式

(c) 多楔式

图 1-26　采用旋压成形技术生产的 V 形槽皮带轮

成形纵齿类零件时,将具有外齿廓的芯模安装在机床主轴上,杯形预制坯同心地夹紧在芯模和尾顶块之间,并随主轴一起旋转;变形金属在120°均匀分布的三个旋轮作用下,其内壁材料因受芯模外齿廓的约束产生径向塑性流动而形成齿形(图 1-27)[57,58]。

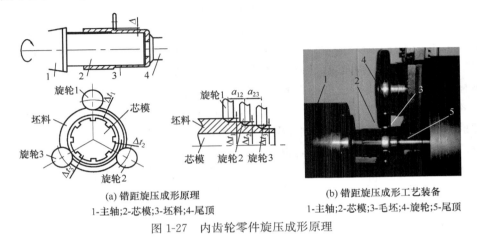

(a) 错距旋压成形原理　　　　　　　　　(b) 错距旋压成形工艺装备
1-主轴;2-芯模;3-坯料;4-尾顶　　　　　1-主轴;2-芯模;3-毛坯;4-旋轮;5-尾顶

图 1-27　内齿轮零件旋压成形原理

图 1-28 为依据上述纵齿零件旋压成形技术旋制出的各种形状齿轮件,实现了内齿轮零件无切削精密旋压成形[57,59]。

(a) 梯形内齿轮　　　　　　　　　　　(b) 渐开线形内齿轮

图 1-28　薄壁内齿轮旋压件

目前采用旋压技术成形齿轮件已逐渐成为一个新兴的研究课题。齿轮设计和制造技术的质量和水平直接影响了汽车的生产和使用,汽车齿轮的选材、润滑、齿形修整、接触面传动质量等的研究对汽车生产质量起着十分重要的作用。现代汽车关键结构中,如离合器外壳、差速器、同步器和变速箱组件等,都可能使用内啮合齿轮(一般称内花键)[60]。目前,我国仅有华南理工大学对齿轮旋压成形技术进行了初步理论分析和试验研究;而日本、美国、德国等工业发达国家已经开发出系列

CNC 数控旋压机床(如德国 WF 公司的 WF VSTR 400/3、WF HDC 350、WF HDC 600 等),并成功用于生产汽车上离合器或变速箱组件的内、外齿轮件(图 1-5)。但是由于追求巨额利润,多数齿轮旋压知识被机床制造公司所掌握,很少见到有关其理论分析和试验研究方面的公开报道。

1.4　旋压成形技术的分类

1.4.1　传统旋压成形技术的分类

传统旋压成形技术分类方法主要以金属材料变形特征、旋轮与毛坯的相对位置、有无芯模、是否加热等为依据[2]。

按照所旋零件金属材料变形特征分类,可分为普通旋压与强力旋压(变薄旋压)[22]。在普通旋压过程中,金属毛坯产生直径上的收缩或扩张,而壁厚不变或有少许变化;在强力旋压过程中,不但金属毛坯形状发生改变,而且壁厚也显著地发生改变(减薄)。

普通旋压的基本成形方式有:拉深旋压、缩径旋压、扩径旋压、局部成形、旋压制梗、旋压分离等。每一种成形方式根据成形工艺的不同还可往下细分,例如,拉深旋压又可分为简单拉深旋压与多道次拉深旋压;缩径旋压又可分为端部缩口旋压、端部封口旋压与中部缩径旋压;扩径旋压又可分为端部扩口旋压、中部扩径旋压与翻边旋压;局部成形又可分为压槽与压筋等。普通旋压的主要分类如图 1-29 和图 1-30 所示[61]。

强力旋压按变形特征和工件形状可分为锥形件剪切旋压和筒形件流动旋压[62]。强力旋压的主要类别如图 1-31 和图 1-32 所示。根据成形时使用的毛坯不同可将锥形剪切旋压分为板料剪切旋压(图 1-32(a))与预制料剪切旋压(图 1-32(b));根据旋轮与材料的流动方向、旋轮之间在轴向或径向是否错开一定距离及旋压工具可将筒形流动旋压分为正旋压(图 1-32(c))与反旋压(图 1-32(d)),错距旋压(按

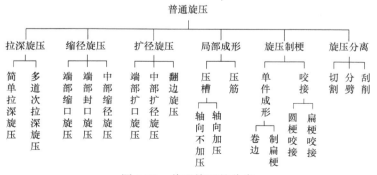

图 1-29　普通旋压的分类

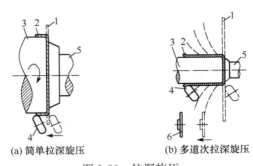

(a) 简单拉深旋压　　　　　　(b) 多道次拉深旋压

图 1-30　拉深旋压

1-毛坯;2-工件;3-芯模;4-旋轮;5-尾顶;6-反推辊

径向是否有错距又可分为分层与不分层两种)与等距旋压,旋轮旋压、滚珠旋压及对轮旋压。图 1-27(a)为三旋轮分层错距旋压简图;图 1-33 为对轮旋压简图[63]。

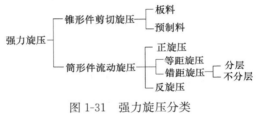

图 1-31　强力旋压分类

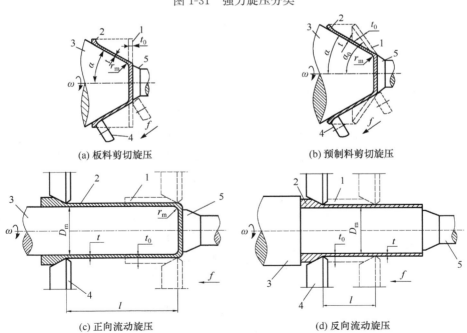

(a) 板料剪切旋压　　　　　　(b) 预制料剪切旋压

(c) 正向流动旋压　　　　　　(d) 反向流动旋压

图 1-32　典型强力旋压简图

1-毛坯;2-工件;3-芯模;4-旋轮;5-尾顶

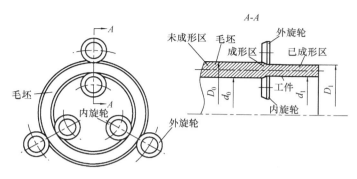

图 1-33　对轮旋压示意图

按照旋轮与毛坯的相对位置分类,可分为内旋压与外旋压(图 1-34)[17]。传统的旋压法都是把芯模置于工件里面,旋轮从工件的外部旋压,使之变形,故称为外旋压法。但是,在一些特殊情况下,需要将芯模和旋轮相对工件的位置加以替换,于是构成了内旋压法,如扩径旋压、扩口旋压、翻边旋压等。

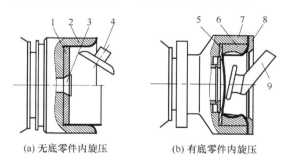

(a) 无底零件内旋压　　　　　　　(b) 有底零件内旋压

图 1-34　扩径旋压示意图

1-支撑板;2-外芯模;3-锁紧锥头;4-旋轮;5-推料板;6-组合芯模;7-卡盘;8-压板;9-旋轮臂

按照旋压时是否需要芯模,可分为有芯模旋压和无芯模旋压(图 1-35)[2]。传统旋压成形时坯料被尾顶夹紧在旋压芯模上并随主轴转动,芯模的形状与最终产品的内轮廓相对应,因此传统的旋压成形需要特定的旋压芯模,故称为有芯模旋压。无芯模缩径旋压主要用于工件开口端直径较小或缩径量很大直至将工件端口封闭的情况(图 1-35(a))[64];有时也用内旋轮来代替旋压芯模(图 1-35(b))[65]。

按照旋压过程中是否加热,可分为冷态旋压(室温旋压)与加热旋压[66]。一般的金属材料均可在室温下进行旋压成形,金属材料经冷旋成形后工件的力学性能增强,表现为断裂强度、疲劳强度、屈服点和硬度值的显著提高,但塑性降低。加热旋压主要用于旋压一些常温塑性差的难变形金属,如钛、钨、钼等金属及合金[67]。其目的是减小金属旋压的变形抗力,提高其旋压性能,扩大旋压机的加工能力。此

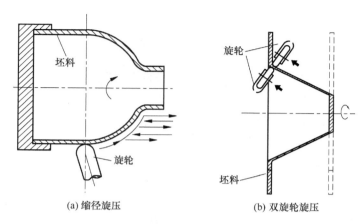

(a) 缩径旋压　　　　　　　　　　(b) 双旋轮旋压

图 1-35　无芯模旋压

外,有些特种旋压工艺,如气瓶收口、封底等必须在加热条件下进行[12]。加热旋压的主要方法有火焰加热、电磁感应加热、激光加热及气体对流加热等形式[67]。

综合上述四种分类方法,给出了如图 1-36 所示的传统旋压技术的分类简图。

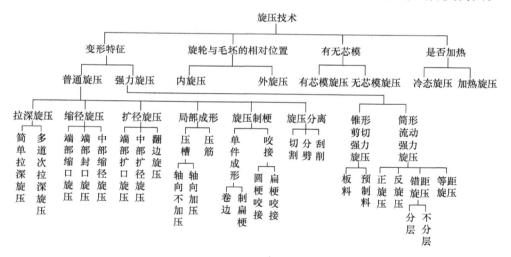

图 1-36　传统旋压技术的分类

1.4.2　特种旋压成形技术的分类

特种旋压成形技术的分类方法主要以所旋零件回转轴相对位置、所旋零件横截面形状及所旋零件壁厚分布情况等为依据[1]。

按照回转轴的相对位置,可分为轴对称旋压件(图 1-37(a))与非轴对称旋压件(图 1-37(b))两大类[1];非轴对称旋压又可分为偏心(图 1-21(a))及倾斜

（图 1-21（b））两大类[24,32~36]。偏心类零件的各部分轴线相互平行、倾斜类零件的各部分轴线间成一定夹角，而且偏心与倾斜的结构也可以组合在一个零件上（图 1-19（b）、图 1-37（b））[37,38]。

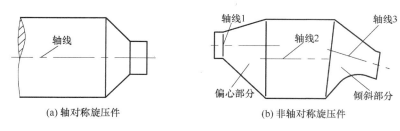

(a) 轴对称旋压件　　　　　　　　　　(b) 非轴对称旋压件

图 1-37　轴对称与非轴对称旋压成形

按照所旋零件的横截面形状，可分为圆形横截面零件旋压（图 1-38（a））和非圆横截面零件旋压（图 1-38（b））两大类[1]，其中非圆横截面旋压又可分为椭圆形横截面旋压和多边形横截面旋压。非圆横截面是指零件外轮廓至截面几何中心的距离是变化的横截面；而圆形横截面则是指零件外轮廓至截面几何中心距离为恒定值的横截面[25,41~50]。

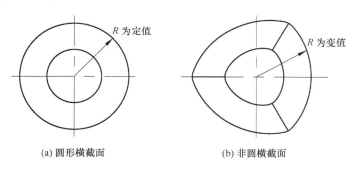

(a) 圆形横截面　　　　　　　　　　(b) 非圆横截面

图 1-38　圆形横截面与非圆横截面旋压成形

按照零件旋压后壁厚分布情况，可分为等壁厚件旋压和齿形件旋压，其中齿形件旋压按齿形方向又可分为横齿旋压（图 1-39（a））与纵齿旋压（图 1-39（b））[1]。横齿旋压是指零件壁厚在旋压成形过程中沿轴向呈局部增厚和局部减薄分布（即传统的皮带轮旋压成形）[51,53~56]；纵齿旋压是指零件壁厚在旋压成形过程中沿径向呈局部增厚和局部减薄分布（即新兴的内齿轮旋压成形）[26,57~59]。

综合上述三种分类方法，给出了如图 1-40 所示的特种旋压技术的分类简图。

传统旋压技术的分类体系比较庞大，除了按本章中四种依据进行分类，还可以按照可旋材料、旋压设备类型等进行分类。通过对近几年新出现的三维非轴对称零件、非圆横截面零件、齿形件旋压技术分类的补充，本章所提出的旋压技术分类方法已经能够概括其主要的体系结构。

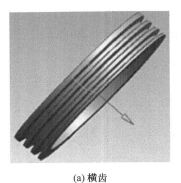
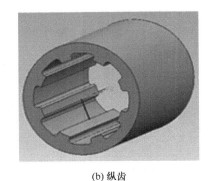

(a) 横齿　　　　　　　　　　　　　　　(b) 纵齿

图 1-39　横齿与纵齿旋压成形

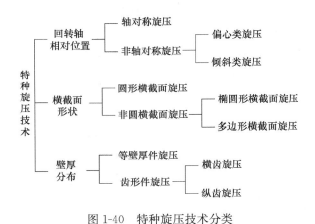

图 1-40　特种旋压技术分类

1.5　本章小结

　　旋压是先进制造技术的重要组成部分,广泛应用于航空航天、船舶、核工业、化工、汽车、民用等行业薄壁空心零件的制造,许多金属材料都适用于旋压成形。本章简要介绍了旋压技术的发展、旋压技术的应用及金属旋压成形中的创新与创造,并对传统旋压技术及特种旋压技术进行了分类。传统旋压技术的分类体系比较庞大,成形工艺除了按本章中四种方法进行分类,还可以按照可旋材料、旋压设备类型等进行分类。通过对近几年新出现的三维非轴对称零件、非圆横截面零件、齿形件旋压技术分类的补充,本章所提出的旋压技术分类方法已经能够概括其主要的体系结构。同时随着旋压技术理论研究水平的不断提高和生产应用技术的不断发展,旋压成形研究体系将会越来越完善,成形方法也必将越来越成熟和复杂。

参 考 文 献

[1] Xia Q X, Xiao G F, Long H, et al. A review of process advancement of novel metal spinning. International Journal of Machine Tools & Manufacture, 2014, 85:100-121.

[2] 王成和, 刘克璋. 旋压技术. 北京: 机械工业出版社, 1986.

[3] Runge M. Spinning and flowing forming. Leifeld GmbH, Werkzeugmaschinenbau/Verlag Moderne Industrie AG, D-86895, Landsberg/Lech, 1994:1-10.

[4] Wong C C, Dean T A, Lin J. A review of spinning, shear forming and flow forming processes. International Journal of Machine Tools & Manufacture, 2003, 43(14):1419-1435.

[5] 赵云豪. 旋压技术现状. 锻压技术, 2005, (5):95-97, 100.

[6] 陈适先. 强力旋压及其应用. 北京: 国防工业出版社, 1966.

[7] 赵云豪, 李彦利. 旋压技术与应用. 北京: 机械工业出版社, 2008.

[8] 陈适先. 我国旋压事业的发展与展望. 锻造与冲压, 2005, (10):20-25.

[9] 夏琴香, 陈依锦, 丘宏扬. 旋压技术在汽车零件制造成形中的应用. 新技术新工艺, 2003, (9):29-30.

[10] 时丰兵. 卧式普通旋压机床结构优化设计及整机研制. 广州: 华南理工大学硕士学位论文, 2013.

[11] 赵琳瑜, 韩冬, 张立武, 等. 旋压成形技术和设备的典型应用与发展. 锻压技术, 2007, (6):18-25.

[12] 梁佰祥, 杨明辉, 阳意惠, 等. 气瓶旋压成形技术. 机电工程技术, 2004, 33(10):12-13.

[13] 夏琴香, 阮锋. 空调用过滤瓶数控旋压成形工艺研究. 金属成形工艺, 2003, (1):4-6, 9.

[14] 夏琴香, 任晓龙, 陈保仪, 等. 民品旋压技术的应用. 新技术新工艺, 2002, (12):34-35.

[15] 夏琴香, 张淳芳, 梁淑贤, 等. 真空不锈钢保温容器旋压成形工艺. 金属成形工艺, 1997, (4):1-3.

[16] 周宇静, 程秀全, 夏琴香. 细长薄壁筒形件错距旋压成形工艺研究. 轻合金加工技术, 2011, 39(8):30-34.

[17] 陈适先, 贾文铎, 曹庚顺, 等. 强力旋压工艺与设备. 北京: 国防工业出版社, 1986.

[18] 何天荣. 小型燃油锅炉波形炉胆旋压成形工艺. 金属成形工艺, 2003, 21(1):10, 14.

[19] 何志伟, 余世久. 旋压技术在轴流通风机制造方面的应用与发展. 风机技术, 2005, (1):42-44.

[20] 李喜桥. 创新思维与工程训练. 北京: 北京航空航天大学出版社, 2005.

[21] 洪慎章. 塑性成形技术的现状及发展趋势. 模具技术, 2003, (1):1-3.

[22] 夏琴香. 冲压成形工艺及模具设计. 广州: 华南理工大学出版社, 2004.

[23] 夏琴香, 肖刚锋, 程秀全. 金属旋压成形中的创新与创造. 锻造与冲压, 2014, (12):16-20.

[24] 夏琴香. 三维非轴对称零件旋压成形机理. 机械工程学报, 2004, 40(2):153-156.

[25] Xia Q X, Lai Z Y, Zhan X X, et al. Research on spinning method of hollow part with triangle arc-type cross section based on profiling driving. Steel Research International, 2010, 81(9):994-997.

[26] 夏琴香,杨明辉,胡昱,等. 杯形薄壁矩形内齿轮成形数值模拟与试验. 机械工程学报, 2006,42(12):192-196.

[27] 夏琴香,程秀全. 纳米晶/超细晶碳钢筒形件的强力旋压成形方法:中国,ZL201210273832. 1,2014-11-12.

[28] 夏琴香. 三维非轴对称偏心及倾斜管件缩径旋压成形理论及方法研究. 广州:华南理工大 学博士学位论文,2006.

[29] Xia Q X,Cheng X Q,Long H,et al. Finite element analysis and experimental investigation on deformation mechanism of non-axisymmetric tube spinning. The International Journal of Advanced Manufacturing Technology,2012,59(1-4):263-272.

[30] Xia Q X,Liang B X,Zhang S J,et al. Finite element simulation on the spin-forming of the 3D non-axisymmetric thin-walled tubes. Journal of Materials Science & Technology,2006, 22(2):261-268.

[31] 夏琴香. 三维非轴对称零件旋压成形工艺及设备. 新技术新工艺,2003,(12):33-35.

[32] 夏琴香. 一种旋压成形方法及其装置:中国,ZL02114937.2,2004-12-29.

[33] 夏琴香,张赛军,梁佰祥,等. 三维非轴对称偏心类管件旋压成形时的变形力分析. 机械工 程学报,2005,41(10):200-204.

[34] Xia Q X,Feng W L,Hu Y,et al. Orthogonal analysis of offset tube neck-spinning based on numerical simulation. The 3rd China-Japan Conference on Mechatronics,Fuzhou:Fujian Science & Technology Publishing House,2006:330-333.

[35] 夏琴香,尚越,张帅斌,等. 倾斜管件多道次缩径旋压成形的数值模拟及试验. 机械工程学 报,2008,44(8):78-84.

[36] 夏琴香,梁佰祥,程秀全,等. 倾斜类管件单道次缩径旋压过程的数值模拟. 华南理工大学 学报,2006,34(5):115-121.

[37] Xia Q X,Xie S W,Huo Y L,et al. Numerical simulation and experimental research on the multi-pass neck-spinning of non-axisymmetric offset tube. Journal of Materials Processing Technology,2008,206(1-3):500-508.

[38] Xia Q X,Cheng X Q,Hu Y,et al. Finite element simulation and experimental investigation on the forming forces of 3D non-axisymmetrical tubes spinning. International Journal of Mechanical Sciences,2006,48(7):726-735.

[39] 夏琴香. 一种多功能旋压成形机床:中国,ZL02149794.X,2005-2-16.

[40] 夏琴香,程秀全. 非圆截面零件的旋压成形方法及其设备:中国,ZL200810219517.4,2010- 9-1.

[41] Xia Q X,Lai Z Y,Long H,et al. A study of the spinning force of hollow parts with triangular cross sections. The International Journal of Advanced Manufacturing Technology,2013, 68(9-12):2461-2470.

[42] Cheng X Q,Lai Z Y,Xia Q X. Investigation on stress and strain distributions of hollow-part with triangular cross-section by spinning. International Journal of Materials and Product Technology,2013,47(1-4):162-174.

[43] Xia Q X, Wang Y P, Yuan N, et al. Parameters analysis of solving complex space tracks based on ADAMS. The International Conference on Electrical and Control Engineering, Wuhan, 2010: 143-146.

[44] Lai Z Y, Xia Q X, Huang Z, et al. Research on the roller feed track during spinning of hollow part with triangle cross-section. The Second International Conference on Mechanic Automation and Control Engineering, Inner Mongolia, 2011: 649-652.

[45] 夏琴香, 吴小瑜, 张帅斌, 等. 三边形圆弧截面空心零件旋压成形的数值模拟及试验研究. 华南理工大学学报(自然科学版), 2010, 38(6): 100-106.

[46] Xia Q X, Wang Y P, Yuan N, et al. Study on spinning of pentagonal cross-section hollow-part based on orthogonal experiment design. Advanced Materials Research, 2011, 314-316: 783-788.

[47] Awiszus B, Hartel S. Numerical simulation of non-circular spinning: A rotationally non-symmetric spinning process. Production Engineering, 2011, 5(2): 605-612.

[48] Arai H. Robotic metal spinning-forming non-axisymmetric products using force control. Proceedings of the IEEE International Conference on Robotics and Automation, Barcelona, 2005: 2691-2696.

[49] Xia Q X, Zhang P, Wu X Y, et al. Research on distributions of stress and strain during spinning of quadrilateral arc-typed cross-section hollow part. International Conference on Mechanical, Industrial, and Manufacturing Engineering, Melbourne, 2011: 17-20.

[50] 赖周艺, 夏琴香, 徐腾, 等. 三边圆弧形模截面空心零件旋压成形应变网格实验. 华南理工大学学报(自然科学版), 2011, 39(8): 7-12.

[51] 夏琴香, 程秀全. 一种带轮旋压成形方法及设备: 中国, ZL200710031162.1, 2009-6-3.

[52] 夏琴香. 一种齿轮旋压成形方法及其装置: 中国, ZL200510036018.8, 2007-11-7.

[53] Cheng X Q, Wang J Z, Xia Q X, et al. Research on forming quality of poly-wedge pulley spinning. Proceedings of the 11th International Conference on Manufacturing Research, Bedfordshire, 2013: 269-274.

[54] 夏琴香, 王甲子, 王映品, 等. 多楔带轮旋压增厚成形阶段金属流动规律分析. 锻压技术, 2009, 34(6): 101-106.

[55] 夏琴香, 王映品, 王甲子, 等. 多楔带轮旋压成形预成形工艺参数对腰鼓成形的影响. 模具工业, 2010, 36(1): 26-30.

[56] 夏琴香, 谢世伟, 叶小舟, 等. 钣制带轮近净成形技术及应用前景. 现代制造工程, 2007, (5): 131-134.

[57] Cheng X Q, Sun L Y, Xia Q X. Processing parameters optimization for stagger spinning of trapezoidal inner gear. Advanced Materials Research, 2011, 189-193: 2754-2758.

[58] 夏琴香, 胡昱, 孙凌燕, 等. 旋轮型面对矩形内齿旋压成形影响的数值模拟. 华南理工大学学报, 2007, 35(80): 1-6.

[59] Xia Q X, Sun L Y, Cheng X Q, et al. Analysis of the forming defects of the trapezoidal inner-gear spinning. International Conference on Industrial Engineering and Engineering Manage-

ment, Hong Kong, 2009：2333-2337.

[60] 尚越,夏琴香,谢世伟. 旋压技术在复杂形状零件成形中的应用. 广东有色金属学报,2006,
16(4)：261-266.

[61] 梁炳达. 冷冲压工艺手册. 北京：北京航空航天大学出版社,2004.

[62] 中国机械工程学会锻压学会. 锻压手册(冲压). 2 版. 北京：机械工业出版社,2002.

[63] 曾超. 对轮旋压制备纳米/超细晶筒形件方法及试验研究. 广州：华南理工大学硕士学位论
文,2014.

[64] 陈家华. 单旋轮无芯模缩径旋压成形的数值模拟与工艺研究. 广州：华南理工大学硕士学
位论文,2006.

[65] Shima S, Kotera H, Murakami H. Development of flexible spin-forming method. Journal of
the Japan Society for Technology of Plasticity, 1997, 38(440)：814-818(in Japanese).

[66] Music O, Allwood J M, Kawai K. A review of the mechanics of metal spinning. Journal of
Materials Processing Technology, 2009, 210(1)：3-23.

[67] 朱宁远,夏琴香,肖刚锋,等. 难变形金属热强旋成形技术及研究现状. 锻压技术,2014,
39(9)：42-47.

第 2 章　旋压成形基础工艺及其原理

　　金属旋压是一种成形薄壁空心零件的工艺方法,在毛坯(或旋压工具绕毛坯)旋转过程中,旋压工具(或毛坯)进给,使毛坯受压并产生连续的局部变形。按照旋压技术的发展历程,可将旋压工艺分为传统旋压技术和特种旋压技术[1]。在传统旋压成形过程中,由于毛坯绕机床主轴做回转运动,所以加工出来的零件必然为轴对称(回转体)空心零件[2]。近年来,随着旋压成形理论的进一步完善和计算机技术的快速发展,旋压技术取得了较快发展,如三维非轴对称零件[3]、非圆横截面零件[4]、横齿件(皮带轮)[5]及纵齿件(内齿轮、带内筋筒形件)[6,7]旋压成形工艺的出现,突破了旋压技术传统意义上用于生产轴对称、圆形横截面、等壁厚产品的限制,拓宽了旋压技术的理论领域和应用范畴。对于上述旋压成形工艺,很难用传统的分类方法来进行归类。传统旋压成形技术分类方法主要以金属材料变形特征、旋轮与毛坯的相对位置、有无芯模、是否加热等为依据[7];第 1 章提出根据所旋零件回转轴相对位置、所旋零件横截面形状、所旋零件壁厚分布情况等方面对近年来出现的三维非轴对称零件、非圆横截面零件及齿形件旋压工艺进行分类。但依据金属材料的变形特征,管形坯料三维非轴对称零件旋压成形与多道次缩径旋压成形类似[8];平板坯料拉深旋压非圆横截面空心零件的旋压变形方式与常规圆截面旋压一致,某种程度上包含有剪切旋压的成分,成形初期实际上为剪切旋压,成形中后期则是同时兼有剪切旋压和拉深旋压的复合变形[9];内齿轮的旋压需要在杯形毛坯的内侧成形出复杂的齿形,齿槽部分的成形类似于流动旋压,壁厚减小[10]。为此,本章对传统旋压成形技术中的拉深旋压、剪切旋压及流动旋压成形原理及成形工艺进行阐述及分析。

2.1　普通旋压

2.1.1　工艺过程

　　在旋压过程中,改变毛坯的形状、直径增大或减小,而其厚度不变或有少许变化者称为普通旋压[7]。

　　普通旋压的变形特征是金属毛坯在变形中主要产生直径上的收缩或扩张,直径收缩为缩径旋压,直径扩张为扩径旋压,由此带来的壁厚变化是从属的。由于直径上的变化容易引起失稳或局部减薄,故普通旋压一般分多道次进给逐步完成[11]。

按旋轮进给方向,普通旋压有往程旋压与返程旋压之分。旋轮进给方向顺敞口端为往程旋压;反之,为返程旋压。在旋压过程中,在旋轮下方产生一局部塑性变形区。由于旋压属于局部变形,与传统的压力加工设备相比,其成形时所需的动力要小很多,故所需的设备和工具吨位较小[12]。

图 2-1 为旋轮进给方向不同时工作区的受力情况[13]。当旋轮为往程旋压运动时,变形区材料承受轴向拉应力和切向压应力。变形区金属在拉应力作用下沿着芯模方向流动并使材料变薄,该变薄现象又由压应力产生的增厚效应来补偿(图 2-1(a))。当旋轮沿相反方向运动(即返程旋压)时,在旋轮的前方产生金属的堆积,从而使得在旋轮和芯模之间的材料承受轴向和径向压应力的作用。正是压应力的作用,迫使变形金属朝着芯模方向运动(图 2-1(b))。

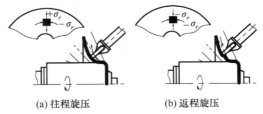

(a) 往程旋压　　　　　(b) 返程旋压

图 2-1　普通旋压时工作区的变化及应力状态

图 2-2 为普通旋压成形时常见的缺陷类型[14]。在普通旋压成形过程中,当变形区材料承受过大的切向压应力或径向拉应力时,会导致褶皱或周向开裂的产生;在已有严重褶皱的情况下继续成形可能会导致径向开裂的产生。因此,普通旋压往往需要多道次成形来完成。

(a) 切向应力引起的起皱　　(b) 径向拉应力引起的周向开裂　　(c) 切向压应力和弯曲应力引起的径向开裂

图 2-2　普通旋压成形时常见的缺陷类型

2.1.2　工艺参数

在实际生产中用得最多而且具有代表性的成形技术就是拉深旋压[14]。它是以径向拉深为主体而使毛坯(板材或预制件)直径减小的成形工艺。根据工件可否一次成形又可分成简单(单道次)拉深旋压成形和多道次拉深旋压成形。当毛坯直径 D_0 较小时只能制出直径为 d(旋压后工件内径)的短圆筒件,但是成形非常容易,只需采用简单拉深旋压即可(图 2-3)。图中,ρ_m 为芯模圆角半径,D_R 为旋轮直径，r_ρ 为旋轮圆角半径，d_m 为芯模直径，D_0/d 称为拉深比。简单拉深旋压与传统的拉深冲压成形类似，但不是用凸模和凹模，而是用芯模和旋轮来成形工件。由于是通过旋轮碾压坯料使其成形，与冲压工艺相比，其成形的自由度更大，也就能制造形状更复杂的零件。

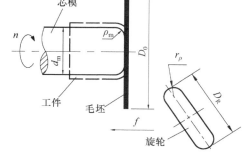

图 2-3　简单拉深旋压示意图

1. 简单拉深旋压

1）变形过程分析

（1）应力应变分布情况。

在杯形件的单道次拉深旋压成形工艺中，为使毛坯容易变形并防止工件产生起皱现象，采用了如图 2-4 所示的具有两个圆弧工作面的旋轮进行工艺试验[15]，r'_ρ、r_ρ 分别为相应的型面Ⅰ及圆角Ⅱ的圆弧半径。旋压成形时，旋轮型面Ⅰ首先接触毛坯的外边缘，随后旋轮与毛坯之间的接触面朝着毛坯的中心逐渐增加，同时伴随着毛坯直径的减小和厚度的增加。当旋轮圆角Ⅱ接触到毛坯后，旋轮与毛坯之间的接触面逐渐减小，该区域的毛坯厚度由于轧压和弯曲的作用开始减小。这样，随着毛坯直径的减小和工件高度的增加，逐渐形成杯形件。

图 2-5 为旋压过程中某一时刻毛坯所承受的应力和应变状态。其中，σ_a 和 ε_a 分别表示毛坯的轴向应力与应变；σ_r 和 ε_r 分别表示毛坯的径向应力与应变；σ_θ 和 ε_θ 分别表示毛坯的切向应力与应变。根据毛坯各部分的应力与应变状态，参照冲压拉深成形工艺，可将其分为五个区域[15]。

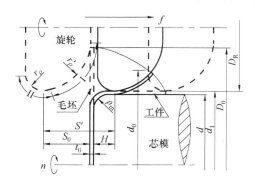

图 2-4　杯形件的单道次拉深旋压成形过程简图

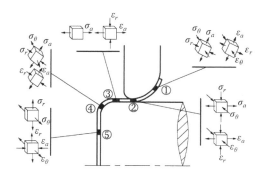

图 2-5　旋压过程毛坯的应力、应变状态

① 凸缘部分。该处的材料只与旋轮型面Ⅰ接触，主要产生拉深变形。它承受轴向拉应力 σ_a、切向压应力 σ_θ 和径向压应力 σ_r 的作用，为两向拉伸、一向压缩的体

积应变状态。

② 旋轮圆角部分。该处的材料与旋轮圆角Ⅱ及芯模相接触,主要产生轧压和弯曲变形。它承受轴向拉应力 σ_a 和切向压应力 σ_θ 的作用,同时在厚度方向由于旋轮的压力和弯曲而受压应力 σ_r 的作用,为一向拉伸、两向压缩的体积应变状态。

③ 杯壁部分。该处为已变形区,主要产生拉伸变形。在轴向拉应力 σ_a 的作用下,处于轴向伸长、厚度减薄平面应变状态。

④ 芯模圆角部分。该处材料与芯模圆角部分接触,主要产生弯曲和拉伸变形。该处材料承受轴向和切向拉应力 σ_a 和 σ_θ 的作用,同时还承受由芯模圆角的压力和弯曲作用而产生的径向压应力 σ_r 的作用。变形的情况是:经过芯模时,材料受到弯曲和拉伸的作用而被拉长和变薄。

⑤ 杯底部分。这一部分材料受平面拉伸,旋压前后的厚度变化甚微,可忽略不计。

(2)旋压力的变化特征。

图 2-6 为 3mm 铝($f=0.29$mm/r、$m'=1.47$、$n=83$r/min、$\triangle c=0$)在单道次拉深旋压成形过程中的径向和轴向旋压分力的变化情况,其中 f 为旋轮进给比、m' 为名义拉深比($m'=D_0/d_t,d_t=(d+d_1)/2,d_1=d+2t_0,d_0$、$d$、$d_1$ 分别为工件的中径、内径和外径)、n 为芯模转速、$\triangle c$ 为旋轮与芯模之间的相对间隙($\triangle c=(c-t_0)/t_0,c$ 为旋轮与芯模之间的间隙)[16]。

试验时所使用的旋轮材料为工具钢(SKD11)、旋轮直径 D_R(图 2-4)为 100mm、r_ρ' 和 r_ρ 分别为 30mm 和 5mm;芯模直径 d_m 为 55.5mm、芯模圆角半径 ρ_m 为 5mm;毛坯材料为工业纯铝(O 态,Al)以及软钢(SPCC,St),相应的毛坯厚度 t_0 分别为 2.0mm 及 3.0mm;名义拉深比 m' 的变化范围为 1.3~1.64;旋轮进给比 f 的变化范围为 0.1~0.65mm/r;芯模转速 n 的变化范围为 83~275r/min;试验采用 68♯机油作为润滑剂,采用工具测力仪来测量旋压力的变化[16]。

图 2-6 中,P_r 和 P_a 分别代表径向和轴向旋压分力,横坐标为旋轮位移 S'(零点为与毛坯刚接触时的旋轮位置,如图 2-4 所示)。由图 2-6 可见,拉深旋压时旋压力的变化规律与冲压拉深成形力的变化规律基本一致[17]:即前期变形力增加,后期变形力降低。此外,拉深旋压时的变形力还具有以下几个特点。

① 在旋压变形的前期轴向旋压力较大,而在旋压变形的后期径向旋压力较大。这说明在旋压变形的前期是以拉深成形为主的,而在旋压变形的后期则是以轧压变形为主的。

② 轴向旋压分力在变形末期表现为负数。由图 2-7 所示的变形末期旋轮所受轴向分力的方向可见,由于变形区的位置由旋轮的右侧转移到了左侧,P_a 作用方向改变,从而在数据上表现为负值。

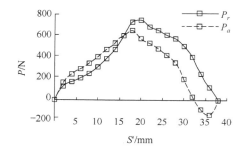

图 2-6　3mm 铝的旋压力变化情况
（$f=0.29\text{mm/r}$、$m'=1.47$、$n=83\text{r/min}$、$\Delta c=0$）

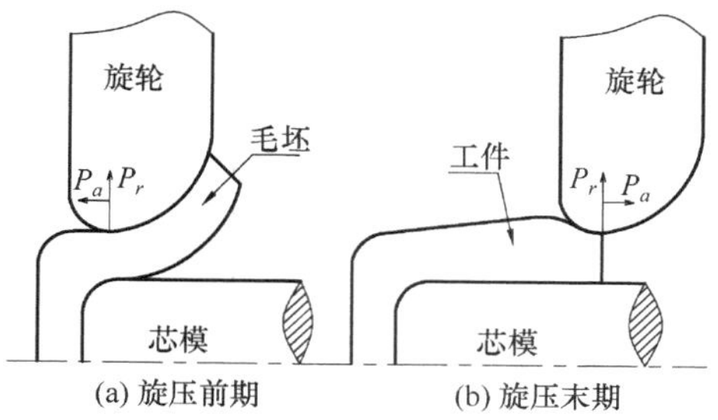

图 2-7　旋压末期旋轮轴向受力方向比较

图 2-8 为 2mm 铝（$f=0.29\text{mm/r}$、$m'=1.47$、$n=83\text{r/min}$、$\Delta c=0$）在旋压成形过程中的径向和轴向旋压分力的变化情况。由图可见，在相同的工艺参数下，2mm 铝旋压力的变化与 3mm 铝不同，在旋压过程的中期，P_r 出现先下降再上升的现象。这是因为在拉深旋压成形时，与普通的冲压拉深一样，也会在工件底部圆角附近形成一个危险断面[15]。由于 2mm 铝的变形抗力较小，当材料所承受的变形抗力超过某一极限值时，在危险断面处首先会产生明显的缩颈，从而形成卸载效应，这时变形力将呈下降趋势。在变形力的下降过程中，轴向分力也随之下降，当 P_a 下降到一定程度时，缩颈便会停止。由于前期的拉深作用，工件的厚度大于毛坯的厚度，在轧压的作用下，P_r 再次升高[18]。

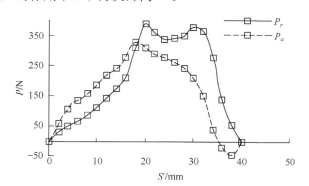

图 2-8　2mm 铝的旋压力变化情况
（$f=0.29\text{mm/r}$、$m'=1.47$、$n=8\text{r/min}$、$\Delta c=0$）

（3）厚度应变分布。

虽然普通旋压时旋压件的壁厚在理论上不产生变化，与毛坯厚度相同，但旋压过程中毛坯的各个区域所承受的应力和应变状态不同，使得旋压件的实际壁厚 t 与毛坯厚度 t_0 存在偏差。厚向应变 ε_t 是指壁厚变化量与毛坯原始厚度 t_0 之比，

$\varepsilon_t = (t - t_0)/t_0$，$t$ 为工件测量点的实际厚度[19]。图 2-9 为厚度应变 ε_t 沿工件高度 H（零点在工件的底部）的分布情况（毛坯材料为 3mm 铝，$m' = 1.6$，$\Delta c = 0$）、$H = S' - (S_0 + t_0)$（图 2-4），S_0 约为 44mm；此时试验所使用的旋轮直径 D_R 为 200mm、小圆弧圆角半径 r_ρ 为 10mm、大圆弧圆角半径 r'_ρ 为 45mm；芯模直径 d_m 为 118mm、圆角半径 ρ_m 为 3mm；毛坯材料为 3mm 工业纯铝（O 状态）、直径 D_0 为 192mm；名义拉深比 m' 为 1.6；旋轮进给比 f 的变化范围为 0.1～1.5mm/r。试验采用螺母成型油为润滑剂，利用 NR-1000 KEYENCE 数据采集系统来测量旋压力；以下试验条件均与此试验条件相同[19]。

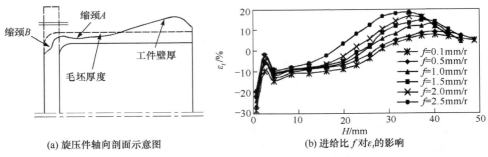

(a) 旋压件轴向剖面示意图　　　　　(b) 进给比 f 对 ε_t 的影响

图 2-9　厚度应变 ε_t 沿工件高度 H 的变化

(3mm Al，$m' = 1.6$，$\Delta c = 0$)

由图 2-9 可见，除工件口部附近位置之外，ε_t 的分布情况与普通冲压拉深时的分布情况非常相似[20]。由图 2-9(a) 可见，工件的 A、B 两个部位的壁厚明显偏小，出现了缩颈现象，而 B 处的缩颈比 A 处更显著。这是由于芯模圆角部分的弯曲半径较小（芯模圆角半径 ρ_m 为 3mm，仅等于料厚；按照冲压模具设计原则，芯模圆角半径 ρ_m 相当于凸模圆角半径，最好大于 $(2 \sim 3)t$[12]），从而在工件的底部产生了较大的弯曲拉应力。与普通冲压拉深不同的是，在旋轮旋压力的作用下，杯形件口部附近的壁厚反而减小。

（4）成形性。

成形性是指金属材料在塑性成形过程中对成形工艺的适应能力，即金属材料在塑性成形时能够顺利成形并满足精度要求的能力。杯形件单道次拉深旋压成形时的主要缺陷是起皱、缩颈和破裂等[19]。图 2-10 为试验中观察到的名义拉深比 m' 对成形性的影响（毛坯材料为 2mm 钢，$\Delta c = 0$；其余试验条件与前述（1）中③杯壁部分相同），图中"○"表示旋压顺利进行、"△"表示出现起皱、"×"表示在 B 处产生破裂、"▲"表示出现缩颈（B 处的 ε_t 小于 -30%）。该图表明，当 m' 较大时，较大的轴向拉应力的存在，使得破裂和缩颈更容易产生。由于较小的芯模半径 ρ_m 所导致的应力集中，破裂仅发生在工件底部附近（图 2-9(a)）。当 $\Delta c = 0$ 时，对 2mm 软钢板而言，旋压能够顺利进行的条件是 $m' < 1.7$[19]。

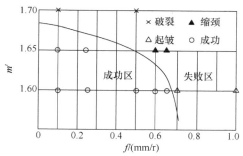

图 2-10　名义拉深比 m' 对成形性的影响

(2mm St, $\Delta c = 0$)

2）旋压工艺参数

在进行简单拉深旋压时，需要考虑下面几个因素。

（1）旋轮形状。

旋轮形状在旋压成形过程中起着非常重要的作用，不同的旋轮形状对旋压成形质量的影响非常大。一般选用直径为 D_R、圆角半径为 r_ρ 的圆弧形标准旋轮[14]（图 2-11）。从极限旋压比来看，可以说旋轮直径 D_R 几乎没有影响，而旋轮圆角半径 r_ρ 越大，壁厚就不容易减薄或产生缩颈。因此，一般认为采用大的圆角半径比较好，常用值是 $r_\rho/t_0 > 5$。

为了降低拉深旋压成形因旋轮圆角半径过大容易使坯料发生起皱、旋轮圆角半径过小容易使坯料变薄甚至拉裂的风险，文献[15]提出采用如图 2-12 所示的复合型面旋轮。旋轮的轮廓分成两个部分：Ⅰ及Ⅱ，r'_ρ 及 r_ρ 分别是它们的半径。与旋轮的区域Ⅰ相接触的毛坯部分主要产生拉深变形，而与旋轮的区域Ⅱ相接触的毛坯部分主要产生轧压变形。

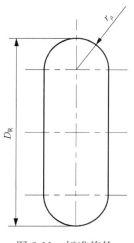

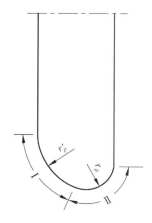

图 2-11　标准旋轮　　　　　　　　图 2-12　复合型面旋轮示意图

图 2-13 为不同大圆弧半径 r'_ρ 时轴向旋压分力 P_a 及径向旋压分力 P_r 的变化情况[15]。图中，横坐标 S' 为旋轮位移量，零点为旋轮与毛坯刚接触的位置（图 2-4）；大圆弧圆角半径 r'_ρ 分别为 45mm 及 90mm，$f=1.5$mm/r；芯模直径 d_m 为 118mm，芯模圆角半径 ρ_m 为 3mm；毛坯材料为 3mm 工业纯铝（O 状态），直径 D_0 为 192mm；名义拉深系数 m' 为 1.6；旋轮与芯模之间的间隙 $c=3$mm；旋轮进给比 f 的变化范围为 0.1～1.5mm/r。试验采用螺母成型油为润滑剂，利用 NR-1000 KEYENCE 数据采集系统来测量旋压力。

由图 2-13 可见，不论采用何种型面的旋轮，在旋压成形的初期（从旋轮型面部分接触毛坯开始，到旋轮圆角部分接触毛坯为止），P_a 总是大于 P_r，说明该阶段以拉深变形为主；而在旋压中后期（从旋轮圆角部分接触毛坯开始，到旋压过程结束），则 P_r 大于 P_a，说明该阶段以轧压和弯曲变形为主。

图 2-13 还表明，在旋压中后期 $r'_\rho=45$mm 旋轮具有较大的径向旋压分力 P_r，而 $r'_\rho=90$mm 旋轮具有较大的轴向旋压分力 P_a。由图 2-14 所示的两种不同型面旋轮的形状比较可以看出，对 $r'_\rho=45$mm 的旋轮而言，旋轮型面倾角 α_1 较大，有利于金属的流动，减少摩擦阻力和弯曲变形阻力。因此，在前期拉深的作用下，工件的增厚效应较大，使得 P_r 较大；反之，$r'_\rho=90$mm 的旋轮由于旋轮型面倾角 α_2 较小，旋轮圆角部分比较尖锐，金属流动时的摩擦阻力和弯曲变形阻力较大，使得 P_a 较大。

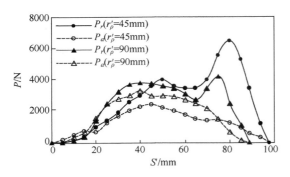

图 2-13　不同型面半径 r'_ρ 时旋压力的比较

（3mm Al，$f=1.5$mm/r，$m'=1.6$，$\Delta c=0$）

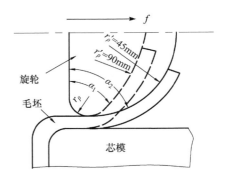

图 2-14　不同型面半径 r'_ρ 时
旋轮形状的比较

图 2-15 为不同大圆弧半径 r'_ρ 时厚度应变 ε_t 沿工件高度 H（零点在工件的底部）的分布情况，$f=1.5$mm/r。由图可见，当 $r'_\rho=45$mm 时，ε_t 的分布情况与普通冲压拉深时的分布情况非常相似，整个旋压件强度最薄弱的地方即"危险截面"处于工件壁部与底部转角处稍上一点的地方（如图 2-15 中 a 点所示），但由于旋轮的轧压作用，工件口部的 ε_t 反而减小[19]。而当 $r'_\rho=90$mm 时，危险截面沿旋轮进给方

向偏移至工件中部附近(如图 2-15 中 b 点所示)。这是因为对 $r'_p=90$mm 的旋轮而言,旋轮圆角部分比较尖锐,毛坯在旋压力的作用下变薄严重,整个旋压件强度最薄弱的地方处于旋轮圆角处,随着旋轮的进给,工件最薄的位置也随之移动。然而,杯形件的形成伴随着毛坯直径减小和工件厚度增加的过程,当工件厚度增加到一定程度时,将会部分抵消轧压变形所造成的减薄效应,使得 ε_t 在变形后期出现增加现象。

图 2-16 为试验所观察到的不同大圆弧半径 r'_p 时的旋压成形性能。由图可见,与采用 $r'_p=45$mm 的旋轮相比,采用 $r'_p=90$mm 的旋轮时工件更容易出现破裂,并且破裂在工件壁部产生,这是由于此处材料受到较大的拉伸变薄(图 2-15)。该图还表明,当旋轮进给比较小时容易产生裂纹,这与传统旋压成形工艺相似[14]。

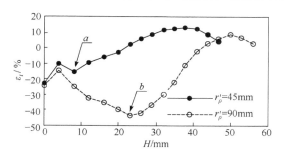 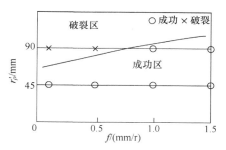

图 2-15 不同型面半径 r'_p 时厚度应变 ε_t 的比较　图 2-16 不同型面半径 r'_p 时成形性的比较

(2) 旋轮进给比。

主轴每旋转一圈时旋轮沿工件母线移动的距离称为进给比 f[14]。进给比的大小,对旋压过程影响很大,与零件的尺寸精度、表面光洁度、旋压力的大小等都有密切关系。加大旋轮的进给比工件容易起皱;反之,进给比太小,在成形终了之前毛坯与旋轮的旋转接触次数增加,使毛坯同一处的摩擦次数增多而易导致壁部的破裂。

图 2-17 为进给比 f 对轴向旋压分力 P_a 和径向旋压分力 P_r 的影响(2mm Al,$m'=1.37$,$n=83$r/min,$\Delta c=0$;其余条件同前述(1)中②旋轮圆角部分)[16]。由图可见,随着 f 的增加,P_a 和 P_r 均增加。这是因为 f 增加时,单位时间内变形金属的体积增加,从而导致变形功率增加,所以两向旋压分力都将增加。

从图 2-9(b)可以看出,进给比 f 对厚度应变 ε_t 的影响。由图 2-5 可见,当旋轮沿工件轴向进给时,毛坯凸缘部分的材料将承受径向拉应力和轴向、切向压应力的作用,从而导致切向压缩变形和厚度的增加。当进给比增加时,P_a 和 P_r 都在增加(图 2-17),毛坯凸缘部分的切向压缩变形也随之增加,因此厚度应变 ε_t 增加。

(3) 主轴转速。

要判定所采用的转速 n 能否完成加工,总要与旋轮的进给比联系起来考虑[14]。如前面(1)中②旋轮圆角部分所述,可以在旋轮进给比不变的条件下改变转速,或者在转速不变的条件下改变旋轮的进给比。主轴转速对旋压过程的影响不显著,但提高转速,可以改善零件表面的光洁度并提高生产效率。

图 2-18 为芯模转速 n 对轴向旋压分力 P_a 和径向旋压分力 P_r 的影响($2mm$ St, $f=0.1mm/r$, $m'=1.30$, $\Delta c=0$;其余条件同前面(1)中②旋轮圆角部分)[16]。由图可见,在进给比一定的情况下,芯模转速 n 对 P_a 和 P_r 几乎不产生影响。这是因为在其他参数不变的情况下,仅改变芯模转速时,旋轮与毛坯之间的接触面积仍保持不变,因此对旋压力的大小不会产生影响。

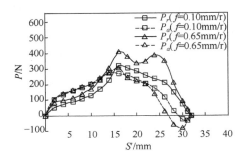

图 2-17　进给比 f 对旋压力的影响
($2mm$ Al, $m'=1.37$, $n=83r/min$, $\Delta c=0$)

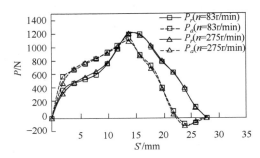

图 2-18　芯模转速 n 对旋压力的影响
($2mm$ St, $f=0.1mm/r$, $m'=1.30$, $\Delta c=0$)

（4）芯模形状。

一般情况下芯模是圆柱形的,其直径为 d_m,端部拐角处的圆角半径为 ρ_m(图 2-4);在其他情况下,芯模的形状随旋压件的形状而异。在芯模端面的圆角处成形时,难以使旋轮在行进中沿着圆角接触板坯。若芯模圆角半径 ρ_m 大,则工件容易起皱;反之,圆角太尖,即 ρ_m 过小,工件就会断裂。芯模直径 d_m 可以从它与毛坯直径 D_0 及其厚度 t_0 的关系上进行讨论。t_0/D_0 越大,极限拉深比就越大,即板材越厚越不容易产生起皱现象;t_0/D_0 大有利于防皱,但在成形终了阶段材料有可能向旋轮背面反流,致使工件出现鼓凸[14]。

（5）旋轮与芯模之间的间隙。

一般情况下,旋轮与芯模之间的间隙 c 设置为等于毛坯厚度 t_0。但即使将间隙 c 设置为等于毛坯厚度 t_0,也会因壁厚增厚使之比 t_0 大而出现减薄现象。在 $c/t_0<1$,即间隙小于毛坯厚度的情况下,既有拉深又有减薄,就成了拉深变薄旋压。这时工件会加长、极限拉深比也会增大一些。因此,简单拉深旋压时,可将间隙取为小于毛坯厚度 t_0,从而在带有减薄作用的条件下成形[14]。

图 2-19 为相对间隙 Δc($\Delta c=(c-t_0)/t_0$)对轴向旋压分力 P_a 和径向旋压分力 P_r 的影响(毛坯材料为 $2mm$ Al, $f=0.25mm/r$, $m'=1.6$;其余试验条件同前述

（1）中③杯壁部分）[19]。由图可见,随着 Δc 的减小,P_a 和 P_r 均增加。这是因为当 Δc 减小时,施加在工件上的旋压力增加。

图 2-20 为相对间隙 Δc 对厚度应变 ε_t 的影响（毛坯材料为 2mm Al,$f=0.25mm/r,m'=1.6$；其余试验条件同前述（1）中③杯壁部分）[19]。由图可见,ε_t 明显地随着 Δc 的增加而增加；Δc 越小则 ε_t 越均匀,这是因为材料的加工硬化效果随着 ε_t 的减小而增加。

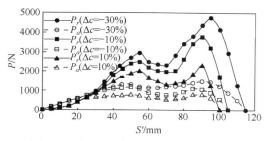 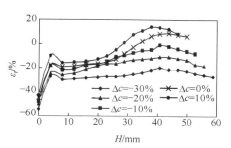

图 2-19　相对间隙 Δc 对 P_a 和 P_r 的影响　　　图 2-20　相对间隙 Δc 对 ε_t 的影响
（2mm Al,$f=0.25mm/r,m'=1.6$）　　　　　　（2mm Al,$f=0.25mm/r,m'=1.6$）

（6）毛坯的尺寸和性质。

拉深比 D_0/d_0 或毛坯的相对厚度 t_0/d 是拉深旋压能否顺利进行的重要参数（d_0 为工件中径；若毛坯的厚度 $t_0<1mm$,以外径和外高或内部尺寸来计算,毛坯尺寸的误差不大；若毛坯的厚度 $t_0\geqslant1mm$,则各尺寸应以零件厚度的中线尺寸进行计算）。至于毛坯的材料,一般认为硬料和半硬料不适于拉深旋压,所以多选用软料[14]。

图 2-21 为名义拉深比 m' 对轴向旋压分力 P_a 和径向旋压分力 P_r 的影响（毛坯材料为 2mm St,$f=0.5mm/r,\Delta c=0$；其余试验条件同前述（1）中③杯壁部分）[19]。由图可见,随着 m' 的增加,P_a 和 P_r 也增加,该规律与普通冲压拉深工艺相同。

图 2-22 为名义拉深比 m' 对厚向应变 ε_t 的影响（毛坯材料为 2mm St,$f=0.5mm/r$,$\Delta c=0$；其余试验条件同前述（1）中③杯壁部分）[19]。由图可见,ε_t 随着 m' 的增加而减小。这是因为当 m' 增加时,轴向拉力增加,较大的轴向拉应力导致 ε_t 减小。

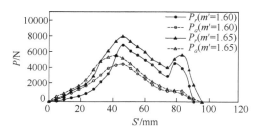 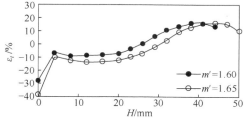

图 2-21　名义拉深比 m' 对 P_a 和 P_r 的影响　　　图 2-22　名义拉深比 m' 对 ε_t 的影响
（2mm St,$f=0.5mm/r,\Delta c=0$）　　　　　　（2mm St,$f=0.5mm/r,\Delta c=0$）

图 2-23 为不同毛坯材料及厚度时的旋压力变化情况（$f=0.29\text{mm/r}$，$m'=1.47$，$n=83\text{r/min}$，$\Delta c=0$；其余条件同前述（1）中②旋轮圆角部分）[16]。由图可见，虽然随着毛坯厚度或者材料强度的增加，轴向旋压分力 P_a 和径向旋压分力 P_r 均增加，但由于材料抵抗变形能力的不同，仅有最薄弱的 2mm Al 开始出现缩颈现象。

图 2-24 为试验观察到的工业纯铝（$m'=1.6$、$\Delta c=0$；其余条件同前述（1）中③杯壁部分[19]）在不同的毛坯厚度 t_0 和旋轮进给比 f 时的成形极限。该图表明，当 t_0 较小或者 f 较大时，容易出现起皱现象。这是因为 t_0 越小，毛坯越容易发生切向失稳；而 f 越大，则毛坯法兰部分的切向压缩变形越大，因此也越容易出现起皱现象。当 $m'=1.6$，$\Delta c=0$ 时，对工业纯铝板而言，旋压能够顺利进行的条件为 $t_0>1.0\text{mm}$。

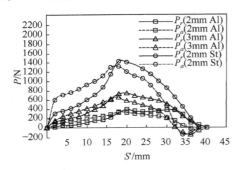

图 2-23　毛坯材料对旋压力的影响
（$f=0.29\text{mm/r}$，$m'=1.47$，$n=83\text{r/min}$，$\Delta c=0$）

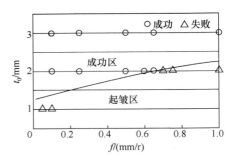

图 2-24　不同毛坯厚度时铝板的成形极限
（$m'=1.6$，$\Delta c=0$）

2. 多道次拉深旋压

当旋压系数较小（旋压比较大）时，需要采用多道次拉深旋压（图 2-25）。图 2-25

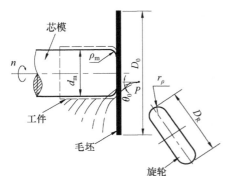

图 2-25　多道次拉深旋压示意图

中，D_0 为毛坯直径，d_m 为芯模直径，ρ_m 为芯模圆角半径，D_R 为旋轮直径，r_ρ 为旋轮圆角半径。多道次旋压拉深次数根据旋压系数 m、缩径后的毛坯直径 d 和管坯厚度 t_0 来确定。

与简单拉深旋压相比，多道次拉深旋压的加工行程加长了，使成形时间也相应地有所延长。多道次成形的关键是旋轮运动轨迹的构成及与此相关联的旋轮运动轨迹制定的原则。在进行多道次拉深旋压过程中，需要考虑下面几个因素。

1) 可旋性

实践表明,拉深旋压时金属的可旋性与其可拉深性大致相同,因此可用旋压系数 m 来表示,$m=1/m'=D_0/d$。m 值取决于被旋压金属的力学性能和状态、毛坯原始厚度和直径、旋压工具的形状以及旋压工艺参数等,旋压系数 m 的选取可参考拉深系数。其值大时旋轮只需沿芯模移动一次即进行一道次拉深旋压就能成形;为区别于多道次拉深旋压而称它为简单拉深旋压。当旋压系数 m 较小时,需要采用多道次拉深旋压。

对于常用的铝板和钢板,如果坯料相对厚度 $t_0/d>0.03$(t_0—坯料厚度),极限拉深比小于 $1.8\sim1.85$,就能够进行简单拉深旋压。由此可见,满足简单拉深旋压成形的成形极限十分小,为提高坯料成形极限更多的是采用多道次拉深旋压来完成。

如果毛坯要分几道次旋压,则各道次的旋压系数 m 为

$$m_1=d_{f1}/D_0,m_2=d_{f2}/d_{f1},\cdots,m_n=d_{fn}/d_{f(n-1)}$$

式中,$d_{f1},d_{f2},\cdots,d_{fn}$ 为第一次旋压、第二次旋压、$\cdots$、第 n 次旋压后半成品直径;D_0 为毛坯直径。

2) 旋轮的形状

多道次拉深旋压时旋轮圆角半径 r_ρ 对零件成形质量影响很大。由于在多道次拉深旋压成形过程中,坯料在很长一部分时间都处于悬空状态(图 2-1),在坯料贴模之前主要是靠旋轮对坯料施加压力使其成形。在成形过程中,若坯料能形成环节,则能有效防止起皱的发生。在进行第一道次旋压时,采用较大的 r_ρ 比用小的 r_ρ 容易起皱,这与简单拉深旋压的情况相反[21]。而且如果 r_ρ 取得过大,则即使在第二道次以后开始形成圆筒侧面时还有可能起皱。因此,通常在第二道次以后,使旋轮的圆角部分在毛坯上形成环节,使凸缘在变形中保持稳定而不必担心起皱(图 2-26)[14]。环节的形成与旋轮的进给速度有关,更与旋轮圆角半径 r_ρ 的大小直接有关。当旋轮圆角半径 r_ρ 较小时,坯料与旋轮接触处容易产生环节;反之,当旋

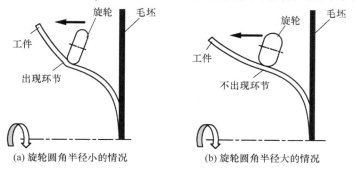

(a) 旋轮圆角半径小的情况　　　　(b) 旋轮圆角半径大的情况

图 2-26　环节产生的情况

轮圆角半径 r_ρ 较大时,环节则难以产生。而当旋轮圆角半径过小时,会使材料流动困难,旋压成形阻力过大,甚至会使坯料拉裂;当旋轮圆角半径过大时,虽然有利于材料流动,但是过大的旋轮半径在旋压过程中容易使坯料发生起皱,而且对工件与芯模的贴模不好。因此,选择适当的旋轮圆角半径很重要,表 2-1 为部分旋轮圆角半径的选取范围[14]。

表 2-1　旋轮圆角半径的选用实例　　　　　　　　（单位:mm）

材料	工件直径	
	$d<150$	$150<d<300$
铝材 黄铜板	6~8	12~15
普通冷轧钢板 冷轧不锈钢板	6~8	10

表 2-1 中的数据是根据经验选用的,考虑了板坯厚度 t_0 增大时与 r_ρ 的关系。如果 t_0/r_ρ 增大,则前述的环节将变得过大,将它推向工件外缘所受的阻力增大而容易使工件破裂。

为了降低多道次拉深旋压成形因旋轮圆角半径过大容易使坯料发生起皱、旋轮圆角半径过小容易使坯料变薄甚至拉裂的风险,文献[22]提出在多道次拉深过程中采用如图 2-12 所示的复合型面旋轮。复合旋轮型面由两个不同半径的圆弧面组成,大圆弧半径有利于材料流动、小圆弧半径则主要用于形成环节,通过复合型面旋轮这种方式将旋轮大圆弧半径和旋轮小圆弧半径的优势结合起来。对于复合型面旋轮,旋轮小圆弧半径 r_ρ 可以参考表 2-1 进行选取。而对旋轮大圆弧半径 r_ρ' 而言,r_ρ' 越小,旋轮的仰角 θ(图 2-27)越小,材料流动阻力也会越小,更有利于材料的流动,降低壁厚减薄率;而随着旋轮型面仰角减小,旋轮与坯料的接触面积将有所增加,这将会导致旋压力增加。

文献[22]以直径为 200mm、厚度为 1.8mm 的 1060-O 纯铝板为研究对象,按照图 2-12 所示复合型面旋轮的特点,根据表 2-1 选取 r_ρ 的值为 12mm,而 r_ρ' 则由于其圆弧半径的增大使得其仰角不断增大(图 2-28)。根据仰角的依次增大选定 r_ρ' 的值为 25mm、30mm 和 45mm(图 2-29)。采用四个不同型面的旋轮利用商用有限元数值模拟软件 MSC. MARC 进行模拟,其中一个为单型面旋轮 R12mm,其余三个为复合型面旋轮。

旋压成形过程中,被芯模和尾顶夹住的部分坯料基本上不变形,因此在划分网格时将这部分直接去掉,以减少网格数量,提高计算效率。在模型中坯料被视为变

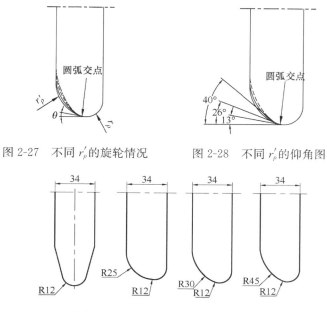

图 2-27　不同 r'_ρ 的旋轮情况　　　　图 2-28　不同 r'_ρ 的仰角图

图 2-29　不同型面的旋轮（单位：mm）

形体,采用八节点六面体壳单元对其进行网格划分,划分后的网格数量为 22320个,节点总数为 45360 个(图 2-30);而芯模、旋轮和尾顶则都视为刚体,不对其进行网格划分;所建立的有限元模型如图 2-31 所示。为了与实际旋压情况一致,模型中设置坯料随芯模和尾顶转动、旋轮沿径向和轴向做进给运动。

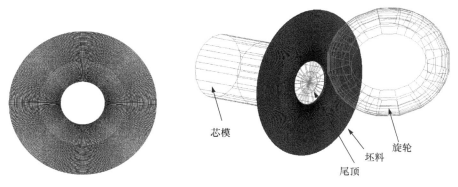

图 2-30　坯料网格划分图　　　　图 2-31　三维有限元模型

　　由于多道次拉深旋压成形时,首道次旋压对多道次旋压零件的最终壁厚有着决定性的影响,由于旋压成形道次通常较多,若对全部道次都进行模拟,则耗时过长;且由于后续道次的相似性,故不需要对全部道次进行模拟,因此选择对首道次成形进行模拟研究;为研究旋轮型面对多道次拉深旋压成形的影响,在模拟完首道次后继续以第二道次为研究对象进行模拟。模拟所采用的旋轮首道次仰角 θ_0 为 $60°$(图 2-25)、旋轮进给比 f 为 2.5mm/r、芯模转速 n 为 500r/min、旋轮直径 D_R 为 160mm。

表 2-2、表 2-3 为第一、二道次旋压成形后的壁厚情况。从第一道次的结果来看,采用复合型面旋轮 R30-12 的壁厚减薄率是最低的,其次是 R25-12,最后是 R45-12 和 R12。这是由于第一道次时坯料还处于平板状态,对 R25-12 和 R30-12 来说旋轮与毛坯接触的位置基本上都在 r'_ρ 的范围内(图 2-32),这时仍然是相当于采用单型面旋轮 r'_ρ 进行旋压;此时 r'_ρ 越大,越有利于降低减薄率,故此时旋轮 R30-12 的效果要比旋轮 R25-12 的效果好。随着 r'_ρ 的增大,r_ρ 部分型面与坯料的接触越来越多,而 r'_ρ 与坯料的接触越来越小,大到一定程度之后 r'_ρ 甚至不与坯料相接触,这时就相当于采用单型面旋轮 r_ρ 进行旋压,这也就是采用旋轮 R45-12 和旋轮 R12 的壁厚偏差相差不大的原因。

表 2-2　第一道次模拟壁厚数据

旋轮型面	壁厚最小值/mm	最大减薄率/%	壁厚偏差 Δt/mm	壁厚平均值/mm
R12	1.652	8.22	0.154	1.737
R25-12	1.679	6.72	0.129	1.749
R30-12	1.689	6.17	0.119	1.753
R45-12	1.654	8.11	0.152	1.741

表 2-3　第二道次模拟壁厚数据

旋轮型面	壁厚最小值/mm	最大减薄率/%	壁厚偏差 Δt/mm	壁厚平均值/mm
R12	1.500	16.67	0.335	1.661
R25-12	1.590	11.67	0.251	1.693
R30-12	1.559	13.33	0.282	1.689
R45-12	1.520	15.56	0.320	1.675

从第二道次壁厚结果来看,采用复合型面旋轮 R25-12 的壁厚减薄率是最低的,其次是 R30-12,最后是 R45-12 和 R12。结果和第一道次不同,随着道次的推进,旋轮 R25-12 的效果要比旋轮 R30-12 的效果好。这是因为随着坯料逐渐被压下,型面 r_ρ 与坯料的接触面积逐渐增加,此时 r'_ρ 与 r_ρ 同时作用于坯料,r'_ρ 的主要作用是将坯料往下压,r_ρ 使坯料成形,这就要求在复合型面旋轮中 r'_ρ 的仰角 θ(图 2-28)尽量平缓,降低材料的流动阻力,这样更有利于降低旋压零件的壁厚减薄率。

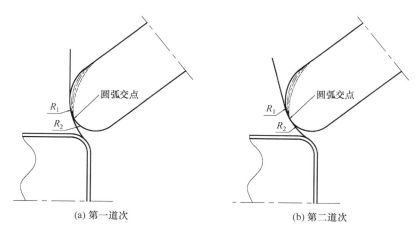

(a) 第一道次　　　　　　　　　　　　(b) 第二道次

图 2-32　旋轮与坯料接触情况

　　由此可见,采用由两个不同半径圆弧面组成的复合型面旋轮有利于减少多道次拉深旋压成形过程中的壁厚减薄现象。

　　3) 旋轮运动轨迹

　　多道次拉深旋压成形的关键是旋轮运动轨迹的构成及与此相关联的旋轮运动轨迹制定的原则[23]。旋压道次、道次间距以及每一道次旋压件的形状都是由旋轮运动轨迹决定的,旋轮轨迹的设计是确定旋压道次的主要影响因素;同时,旋轮轨迹的选择对旋压的变形量分配、成形极限及成形件质量都有极其重要的影响,所以一直是多道次拉深旋压成形中迫切需要解决的关键问题。

　　(1) 旋轮轨迹外缘线的确定。

　　在多道次拉深旋压过程中,旋轮在每一道次中都要从旋压起点运动到旋压终点、再从旋压终点回到旋压起点。旋轮轨迹过长,会增加旋轮的空走行程、降低生产效率;旋轮轨迹过短,会使坯料边缘立起、形成凸缘,导致工件拉裂。因此,在旋压过程中需要明确旋压终点的位置,以便通过程序给旋轮下达相应的指令,使旋轮运动轨迹的终点刚好越过坯料的边缘[24]。

　　旋轮轨迹外缘形状大体能用椭圆方程表示(图 2-33),在 X 轴上任意点的半成品直径 d' 为[14]

$$d' = D_0 \{1 - [1 - (d/D_0)^2] X^2 / H^2\}^{1/2} \tag{2-1}$$

式中,D_0 为毛坯直径;d 为工件直径;H 为工件高度。

　　该方程实际上即为以毛坯半径 $D_0/2$ 为短轴、经过点 B 的椭圆轨迹,椭圆方程为

$$x^2/a^2 + y^2/b^2 = 1 \tag{2-2}$$

式中,$b = D_0/2$,将点 $B(H, d/2)$ 代入式(2-2)即可得出式(2-1)。

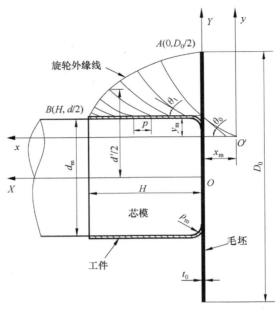

图 2-33　多道次拉深旋压中过渡外缘的确定及渐开线形旋轮轨迹

在多道次拉深旋压过程中,如果旋轮轨迹比坯料实际边缘更长,则对旋压效果影响不大;但如果旋轮轨迹未能越过坯料实际边缘,则容易形成凸缘,产生破裂。

（2）旋轮轨迹形式的确定。

旋轮运动轨迹的形式有凹曲线、凸曲线和直线三种[25]。在实际生产过程中,多道次拉深旋压成形时最常用的旋轮运动轨迹形式是凹曲线轨迹[14]。凹曲线类型众多,包括渐开线形、圆弧线形和 Bessel 线形等[26]。文献[27]的研究表明,采用直线形轨迹时的最大等效应变明显大于圆弧形轨迹与渐开线形轨迹,而圆弧形轨迹的最大等效应变稍小于渐开线形轨迹,但区别不太大。文献[26]以工件内径偏差和减薄率作为指标,通过试验分析了旋轮轨迹形式对多道次拉深旋压成形质量的影响。结果表明,渐开线形、Bessel 线形和圆弧线形的旋轮运动轨迹区别不大,但其成形效果都比直线形轨迹更好。在旋压成形过程中,采用往返程交替的旋轮轨迹,可以有效地提高生产效率,并能控制工件壁厚减薄率。文献[28]通过试验研究发现,道次曲线轨迹在多道次拉深旋压成形过程中,对工件的壁厚分布有着非常重要的影响,其中有返程旋压比无返程旋压所获得的旋压件壁厚更加均匀;同时采用返程旋压时,凸曲线和双凹曲线所获得旋压件的壁厚最均匀。

对于一些数控系统,由于无法直接编写出渐开线形和 Bessel 线形轨迹,而圆弧形运动轨迹的数控程序的编写最为简便,故建议采用往返程圆弧形双凹曲线运动轨迹[24]。

（3）旋轮轨迹的确定。

前文已经确定了旋轮运动轨迹为往返程圆弧形双凹曲线,接下来需要进一步确定每一道次具体的旋轮轨迹,而旋轮轨迹又分为往程旋轮轨迹和返程旋轮轨迹。

① 往程旋轮轨迹的确定。

确定往程旋轮轨迹时,首先需要确定渐开线形轨迹,然后将渐开线形轨迹拟合成经过旋轮起点和终点的圆弧形轨迹,对于旋轮轨迹为渐开线形的多道次拉深旋压,在渐开线基圆半径 a'、旋轮轨迹首道次仰角 θ_0 和道次间距 p 一定的前提下,为了确定旋轮轨迹,文献[7]提出以下方法:当旋轮轨迹为渐开线时,为了确定旋压过程中的旋轮轨迹,需要先确定旋轮轨迹回转中心 O' 的位置(图 2-34), x_m 为回转中心 O' 与芯模端面的距离, y_m 为 O' 与芯模侧面的距离。确定 x_m、y_m 这两个值时需要考虑以下几点[14]。

（a）适当选取开始拉深旋压时初期道次(即首道次)的仰角 θ_0。

（b）适当选择其后各道次(即后期道次)的道次间距 p。

（c）适当选择后期道次中工件的仰角 θ_i。

（d）适当选择旋轮的进给速度。

如果不注意以上几点,工件将会出现起皱或破裂等缺陷,导致不能顺利成形。选取了合适的 θ_0 之后,根据下式即可求出 x_m、y_m 的值,确定回转中心 O' 的位置[15]。

$$x_0 = \bar{x}_m + \bar{\rho}_m (1 - \sin\theta_0) \tag{2-3}$$

$$y_0 = \bar{y}_m - \bar{\rho}_m (1 - \cos\theta_0) \tag{2-4}$$

$$\frac{\bar{y}_m}{a'} = 0.085 \tag{2-5}$$

$$\theta_0' = 0.485 \left[\left(\frac{x_0}{a'} \right)^2 + \left(\frac{y_0}{a'} \right)^2 \right]^{0.2569} + \arctan\left(\frac{y_0}{x_0} \right) \tag{2-6}$$

式中

$$\bar{\rho}_m = \rho_m + t_0, \quad \bar{x}_m = x_m - t_0, \quad \bar{y}_m = y_m + t_0 \tag{2-7}$$

求解过程为:先把基圆半径 a' 代入式(2-5)求出 $\bar{y}_m$,将 $\bar{y}_m$ 值代入式(2-4)求出 y_0;适当选取 $\bar{x}_m$ 的值,代入式(2-3)求出 x_0;接下来将 x_0、y_0 代入式(2-6)求出 θ_0'。若 $\theta_0' > \theta_0$ 则稍加大 x_m 再迭代计算,直到 $\theta_0' = \theta_0$ 时为止。渐开线基圆半径 a' 可以根据芯模直径 d_m 确定,文献[7]中提出 a' 与 d_m 要满足条件:$a'/d_m \geq 3$。 x_m 和 y_m 就这样由芯模圆角半径 ρ_m、渐开线基圆半径 a' 及板材厚度 t_0 联系起来而确定,对于一个具体零件,这些参数都是一定的。因此,选定一个首道次仰角 θ_0 后,就可以确定唯一的旋轮轨迹回转中心。

回转中心确定后,使渐开线绕着回转中心旋转,并保证一定的道次间距,即可得到渐开线形的各道次旋轮轨迹。确定了渐开线形旋轮轨迹后,将渐开线拟合成经过旋轮轨迹起点和终点的圆弧形曲线。旋轮轨迹行程较小时,用同一曲率半径的圆弧(即一条圆弧曲线)拟合就能保证精度;若旋轮轨迹行程较大,则可用多个圆弧曲线拟合。图 2-34 为文献[24]采用一条圆弧曲线拟合的轨迹。由图可见,拟合的圆弧形曲线与渐开线形曲线基本重合;并且越到旋压后期,旋轮轨迹行程越短、重合程度越高。

至此,只要确定了首道次仰角 θ_0 和道次间距 p,就能确定圆弧形往程旋轮轨迹。

② 返程旋轮轨迹的确定。

跟往程旋轮轨迹一样,返程旋轮轨迹也有起始点和终点。由于旋轮轨迹形式为往复式轨迹,返程旋轮轨迹起始点即为上一道次往程旋轮轨迹的终点,而其终点为下一道次往程旋轮轨迹的起始点(图 2-35)。

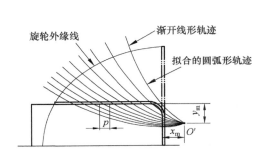

图 2-34　利用渐开线形轨迹拟合圆弧形轨迹

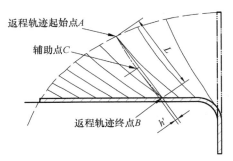

图 2-35　返程旋压旋轮轨迹的确定

由于返程旋轮轨迹是圆弧形的,起始点和终点确定后,只需再确定其曲率半径就能确定整个返程旋轮轨迹。返程旋压过程中旋轮轨迹曲率半径的选择也非常重要,曲率半径过大,返程旋压压下量小,导致返程旋压效果不明显,工件壁厚减薄严重;曲率半径过小,返程旋压压下量大,形成的环节过大,容易导致下一道次往程旋压产生破裂。文献[7]针对返程旋轮轨迹的确定给出了如下方法(图 2-35):图中点 A 为返程旋轮轨迹的起始点、点 B 为返程旋轮轨迹的终点,连接 A、B 两点形成线段 AB,作线段 AB 的中垂线,在其中垂线上选一点 C,使其满足 $h' = 0.04L \sim 0.05L$,其中 h' 为点 C 到 AB 的距离,L 为线段 AB 的长度,过 A、B、C 三点,确定一条圆弧曲线(图中虚线),该曲线即为返程旋轮轨迹。

至此,只要确定了旋轮轨迹首道次仰角 θ_0 和道次间距 p,就能确定包括往程和返程旋轮轨迹在内的整个旋轮轨迹。

③ 首道次仰角 θ_0 和道次间距 p 的确定。

多道次拉深旋压过程中,坯料边缘容易失稳起皱,尤其是在首道次旋压过程中。要防止工件起皱,首道次的仰角 θ_0 就必须选取合适的值,该值的选取跟旋轮进给比有关,对于不同的旋轮进给比,其对应的 θ_0 值也不同。如图 2-36 所示,当 θ_0 值在虚线上面时,工件将不会起皱,如果旋轮进给比加大,θ_0 也随之有所增大。如果能采用防皱措施,如利用反推板等,这条虚线可以取消[14]。图中的实线是后期道次的间距 p 为 5mm 时,为防止工件壁部破裂所能取的首道次仰角 θ_0 的上限。若采用更大的 θ_0,必须把后期道次间距 p 定在 5mm 以下,否则工件就会破裂。

图 2-37 给出的是将道次间距 p 改为 4mm、5mm 和 6mm 时可以采用的首道次仰角 θ_0 的上限[14]。p 为 6mm 时,θ_0 的上限线与起皱临界线重叠,此时若不采取防皱措施则不能顺利成形。如果加大旋轮圆角半径 r_ρ,则 θ_0 就能取大值。这说明旋轮圆角半径增大,工件壁部就较难破裂。旋轮进给速度取得太低,会降低生产效率,所以 θ_0 应取为 50°～60°。θ_0 如果再小,工件就容易起皱,如果再大壁部就容易开裂,而间距就必须取小值,导致道次数增大、生产效率降低[14]。

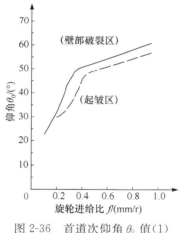
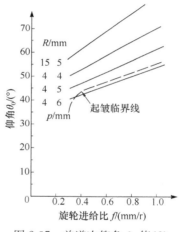

图 2-36　首道次仰角 θ_0 值(1)　　　　　　图 2-37　首道次仰角 θ_0 值(2)

A) 首道次仰角对成形质量的影响。

a) 试验条件及成形质量评价指标。

根据前文对多道次拉深旋压成形工艺参数的分析,选取旋轮进给比 $f=2.5$mm/r、道次间距 $p=6$mm,其他参数按表 2-4 确定,而首道次仰角 θ_0 按等差数列取 50°、55°、60°、65°、70°五组数据,分别进行旋压成形试验[24]。

表 2-4　多道次拉旋成形工艺参数

旋压工艺参数	毛坯			旋轮			芯模		润滑剂
	直径/mm	厚度/mm	材料	直径/mm	圆角半径/mm	安装角/(°)	主轴转速/(r/min)	圆角半径/mm	
符号	D_0	t_0	—	D_R	r_ρ	β'	n	ρ_m	拉深油
取值	200	1.8	1050 铝	140	12	45	700	12	

当 θ_0 取不同值时,旋轮轨迹回转中心 O' 的位置也不同,按照前文的方法经计算可得,$O'(x_m,y_m)$ 与 θ_0 对应关系如表 2-5 所示。再根据 $p=6mm$,即可以确定各组试验的旋轮轨迹。按照各自的旋轮轨迹,分别进行多道次拉深旋压成形试验,其试验结果如图 2-38 所示。由图可以看出,在 $f=2.5mm/r$ 的条件下,θ_0 取 50°时会导致坯料在首道次成形中起皱。

表 2-5　旋轮轨迹回转中心 O' 的位置与 θ_0 的对应关系

$\theta_0/(°)$	50	55	60	65	70
$O'(x_m,y_m)/mm$	(22,23.5)	(17.7,23.5)	(14.3,23.5)	(11.6,23.5)	(9.3,23.5)

图 2-38　不同首道次仰角 θ_0 时的旋压件

如图 2-39 所示,沿旋压件的轴向等间隔取 16 点、圆周方向每隔 90°取一个点,即取图 2-39(b)中的 A、C、E、G 共四个点进行测量,以这四个点处壁厚的均值 t_{avg} 作为工件该截面处的壁厚。

(a) 轴向测量点位置分布

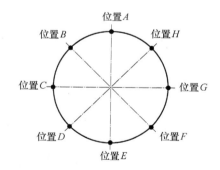

(b) 切向测量点位置分布

图 2-39　旋压件壁厚测量点示意图

零件成形质量用平均壁厚 t_{avg}、最大壁厚减薄率 $\varPsi_{t max}$、椭圆度 $e_{椭}$ 和直线度 $e_{直}$ 四个指标评价[29,30]。其中,最大壁厚减薄率 $\varPsi_{t max}$ 为所有测量点中(包括轴向和切向)壁厚最小值相对于板坯厚度的减薄率,即 $\varPsi_{t max}=(t_0-t_{min})/t_0$;椭圆度的计算方法为先算出 16 组测量点处各自的椭圆度(工件在各测量点处截面的最大外径与最小外径之差),再取其中的最大值作为工件的椭圆度,即 $e_{椭} = \max(D_{imax} - D_{imin})$;直线度为被测筒形件任意外表面母线位于距离最小的两平行平面之间的距离,即 $e_{直} = (D_{max} - D_{min})/2^{[31]}$。直线度可以表示工件回弹量的大小,直线度越大,其回弹量也越大,如图 2-40 所示。

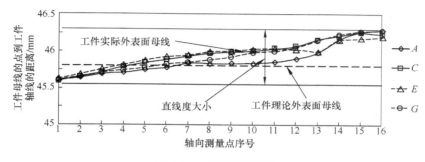

图 2-40　直线度的计算

b) 壁厚及外径的分布规律。

图 2-41 为不同首道次仰角 θ_0 时的壁厚分布情况。由图可见,不论首道次仰角 θ_0 取多大,旋压件壁厚分布的整体规律是一致的,根据工件在轴向上的壁厚分布情况,可将其分为 Ⅰ、Ⅱ、Ⅲ 三个区域。

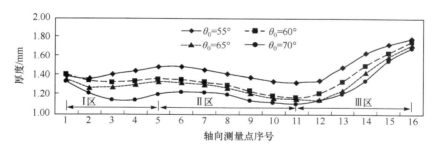

图 2-41　不同首道次仰角 θ_0 对旋压件壁厚分布的影响

Ⅰ区是指 1~5 测量点范围内,在该区域内工件壁厚偏小,出现了缩颈现象。这是由于该区域内的坯料靠近芯模圆角,需要转移的材料较少,受变形的程度小,加工硬化程度低,而又不受芯模圆角处有益摩擦的作用,从而导致该区域内产生缩颈。该壁厚分布情况与普通冲压成形时的情况类似。

Ⅱ区是指 5~11 测量点范围内,在该区域内工件壁厚逐渐减小。这是因为在多道次拉旋成形过程中,坯料的成形区受到切向压应力和轴向拉应力,压应力使坯料增厚,而拉应力使坯料减薄。在该区域内,一方面,待成形区的坯料对旋轮的运动起着阻碍作用,导致轴向减薄严重;另一方面,待成形区的坯料对成形区坯料的减径起着抑制作用,导致切向增厚效果减弱。所以,该区域内轴向拉应力对坯料的减薄效果大于切向压应力对坯料的增厚效果。而且该区域内越往外的坯料,其变形程度就越大,壁厚减薄的效果也就越严重,因此该区域内工件壁厚逐渐减小。

Ⅲ区是指 11~16 测量点范围内,在该区域内工件壁厚急剧增大。这是由于在该区域内轴向拉应力对坯料减薄的效果远小于切向压应力对其增厚的效果。一方面,越靠近坯料外缘部分,坯料直径减小程度就越大,导致切向压应力增大;另一方面,当旋轮运动到离坯料边缘一定距离的位置时,即当凸缘宽度小于一定程度时,凸缘对旋轮运动的阻碍作用急剧减小,导致坯料受到的轴向拉应力也急剧减小。因此,综合这两方面因素,导致Ⅲ区内工件壁厚急剧增大。

由图 2-41 还可以看出,在合理范围内,不论首道次仰角 θ_0 取值如何,工件壁厚分布规律相同。在不起皱的情况下,随着首道次仰角 θ_0 的减小,壁厚减薄率减小。

对工件外径的测量结果表明,首道次仰角 θ_0 对工件外径分布影响不大。

c) 首道次仰角对成形质量的影响规律。

图 2-42 为不同首道次仰角 θ_0 时的各成形质量指标。由图 2-42(a)可知,工件壁厚均值 t_{avg} 随着首道次仰角 θ_0 的增大而减小。这是因为当首道次仰角增大时,首道次成形后坯料会更"陡",在其后续旋压过程中,坯料对旋轮的阻碍作用会更大(图 2-43(a)),从而使变形区受到更大的轴向拉应力,所以工件壁厚均值逐渐减小。因此,为了得到更大的工件平均壁厚,应在首道次不起皱的前提下,尽可能采用小

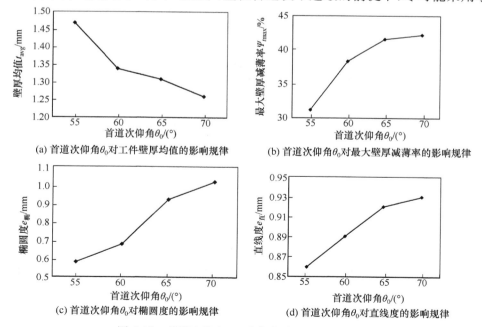

(a) 首道次仰角 θ_0 对工件壁厚均值的影响规律

(b) 首道次仰角 θ_0 对最大壁厚减薄率的影响规律

(c) 首道次仰角 θ_0 对椭圆度的影响规律

(d) 首道次仰角 θ_0 对直线度的影响规律

图 2-42　首道次仰角 θ_0 对成形质量的影响规律

的首道次仰角。由图 2-42(b)可知,随着首道次仰角 θ_0 的增大,最大壁厚减薄率 $\Psi_{t\max}$ 也逐渐增大。这是因为首道次仰角增大使工件壁厚减薄,相应地,工件壁厚最小值也随着减小,所以最大壁厚减薄率 $\Psi_{t\max}$ 随首道次仰角 θ_0 的增大而增大。由图 2-42(c)和(d)可知,工件的椭圆度 $e_{椭}$ 和直线度 $e_{直}$ 随着首道次仰角 θ_0 的减小而减小。这是因为首道次仰角 θ_0 越大,工件首道次成形之后坯料形状就越"陡",甚至会在后续返程旋压过程中使坯料发生翘曲,如图 2-43(b)所示;在后续成形过程中旋轮又将翘曲的坯料压平,使坯料发生弯曲和扭转,从而导致工件椭圆度 $e_{椭}$ 和直线度 $e_{直}$ 增大;而首道次仰角 θ_0 越小,坯料可以更快地倾倒,使后续的旋压成形过程更平稳。因此,工件的椭圆度 $e_{椭}$ 和直线度 $e_{直}$ 也就随之减小。其中,当首道次仰角 θ_0 变化时,直线度 $e_{直}$ 的变化范围不大,直线度最大值与最小值的绝对差值为 0.07mm,相对差值为 7.53%,即首道次仰角 θ_0 对直线度 $e_{直}$ 的影响效果不显著。

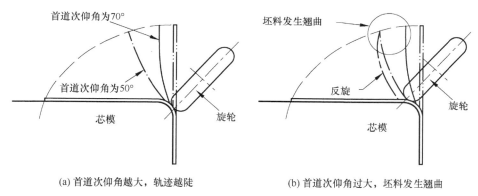

图 2-43　首道次仰角 θ_0 对旋轮轨迹的影响

由此可知,首道次仰角越小,工件的成形质量越好,所以在坯料不起皱的前提下,应尽可能采用小的首道次仰角。

B) 道次间距对成形质量的影响规律。

a) 试验条件。

选取旋轮进给比 $f=2.5$mm/r、首道次仰角 $\theta_0=60°$,其他参数按表 2-4 确定,道次间距 p 按等差数列选取 3mm、4.5mm、6mm、7.5mm、9mm 五组数据。

当 θ_0 一定时,旋轮轨迹回转中心 O' 也随之确定,各组试验首道次的轨迹也就确定了。随着道次间距 p 的不同,后期各道次的旋轮轨迹各不相同,根据 p 值,即可确定各组试验的旋轮轨迹。按照各自的旋轮轨迹,分别进行多道次拉深旋压成形试验,其试验结果如图 2-44 所示。

b) 壁厚及外径的分布规律。

图 2-45 为不同道次间距 p 时的壁厚值分布情况。由图可见,在该组试验条件

图 2-44　不同道次间距 p 时的旋压件

下,旋压件的壁厚分布规律与前文所述的一致,都可以将工件沿轴向分为三个区域,其形成原因在前文已阐述。对比分析不同道次间距时工件壁厚分布可知,在合理范围内,工件壁厚随着道次间距 p 的增大而减小。这是因为道次间距 p 越大,成形时旋轮压下量也越大,坯料对旋轮的阻碍作用加剧,从而导致坯料受拉严重,壁厚减薄增大(图 2-46),图中实线为往程旋轮运动轨迹、虚线为返程旋轮运动轨迹。

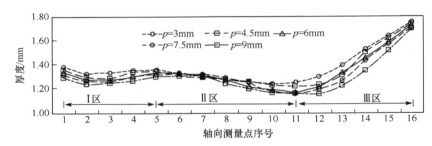

图 2-45　不同道次间距 p 对旋压件壁厚分布的影响

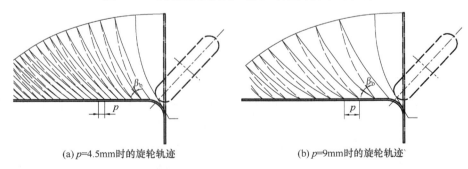

(a) $p=4.5$mm时的旋轮轨迹　　　(b) $p=9$mm时的旋轮轨迹

图 2-46　不同道次间距 p 对旋轮轨迹的影响

图 2-47 为不同道次间距 p 时工件外径的分布情况。由图可见,道次间距 p 越大,工件外径越大。由图 2-46 可以看出,旋轮轨迹道次间距 p 越大,相当于坯料的弯曲角 β_b 越大,导致工件回弹量增大,从而造成工件外径增大。

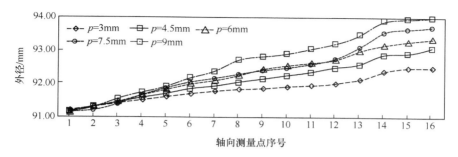

图 2-47　不同道次间距 p 对旋压件外径分布的影响

c）道次间距对成形质量的影响规律。

图 2-48 为道次间距 p 对成形质量各指标的影响规律。由图 2-48（a）可见，随着道次间距 p 的增加，工件壁厚均值 t_{avg} 逐渐减小，这与图 2-45 揭示的规律一致。由图 2-48（b）可知，随着道次间距 p 的增加，最大壁厚减薄率 Ψ_{tmax} 也逐渐增大。这是因为道次间距越大，工件壁厚整体减薄越严重，相应地，最大壁厚减薄率 Ψ_{tmax} 也随之增大。由图 2-48（c）和（d）可知，工件的椭圆度 $e_{椭}$ 和直线度 $e_{直}$ 随着道次间距 p 的增大而增大。这是由于道次间距 p 越大，工件回弹越严重，其贴模效果也就越差，导致工件的椭圆度 $e_{椭}$ 和直线度 $e_{直}$ 增大。

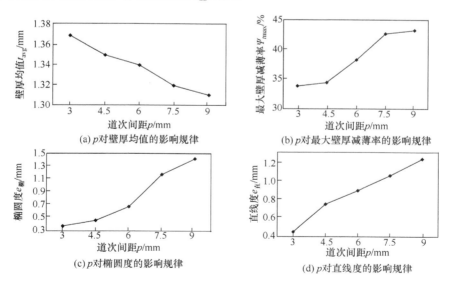

图 2-48　道次间距 p 对成形质量的影响规律

由此可知，道次间距越小，工件成形质量越好，但旋压道次数也随之增加，导致生产效率降低。因此，要综合考虑成形质量和生产效率，合理选择道次间距。

　4）旋压道次

　　根据成形材料性能、毛坯厚度和设备加工能力等不同,拉深旋压(拉旋)分为冷拉深旋压(冷拉旋)和热拉深旋压(热拉旋)两种成形方法[7]。冷拉旋所用的设备及辅助工具简单且容易掌握,但对于厚壁毛坯(一般大于10mm)不易成形;热拉旋则相反。

　　在冷拉旋时,如果工件有较大程度的变形,则会造成加工硬化现象,因此在旋压道次中有时需进行中间退火处理,以恢复塑性。加工硬化随着变形程度增加而增加。例如,10F钢旋压为深筒形件硬度增加40%～50%、锥形件增加30%～40%、半球形件增加12%～15%。

　　由薄板毛坯旋压不同形状工件所需道次数,可以用工件长度(高度)与直径之比 H/d 来确定,列于表2-6[7]。

表2-6　10F钢拉旋道次　　　　　　　　　　　　　　　(单位:mm)

H/d	不同形状零件的道次			H/d	不同形状零件的道次		
	筒形	半球形	锥形		筒形	半球形	锥形
1	1	1	1	2.6～3.5	3～4	2～3	2～3
1.1～1.5	1～2	1	1	3.6～4.5	4～5	3	3～4
1.6～2.5	2～3	1～2	1～2	4.6～6.0	5～6	4	4

　　在拟定旋压工艺时,应设法采用最少的道次而获得符合质量要求的零件,其目的是在每道工序中充分利用金属的塑性(包括加热)。

　　拉旋毛坯的直径可按冲压时所用的公式计算。但是拉旋时金属会发生减薄现象,特别是在折边弯曲半径处,因而引起表面积增加,有时比初始毛坯增大20%～30%;而对浅形零件的拉旋时变化较小。因此,由冲压公式计算的旋压毛坯,直径可比理论值小3%～5%。

　5）旋轮的进给比

　　旋轮的进给比 f 是多道次拉深旋压中的重要参数。对于一定的工件形状和毛坯材料可以根据毛坯每转的移动量判断成形情况。

　　旋轮的进给比大可提高工效,但是工件容易起皱;进给比小有助于改善表面粗糙度,但过小易造成壁部减薄,不贴模。在不起皱的前提下,应尽量选用大的旋轮进给比。常用的选择范围是 $f \approx 0.3 \sim 3\text{mm/r}$ [32]。

　　第一道次旋压成形时,工件容易起皱,这时应采用较小的旋轮进给比。进给比小对获得良好的成形表面有利。由于旋轮的进给速度过小会使生产率降低,所以应在允许的范围内加大毛坯转速,在保持旋轮进给速度不变的情况下,使毛坯每转的进给量下降,即减小进给比。提高转速使工效提高,但要避免机床振动。毛坯转速可在较大范围选择,如表2-7所示[32]。

表 2-7　铝板拉深旋压转速

毛坯直径 D_0/mm	<100	100~300		300~600		300~900	
毛坯厚度 t_0/mm	0.5~1.3	0.5~1.0	1.0~2.0	1.0~2.0	2.0~4.5	1.0~2.0	2.0~4.5
转速 n/(r/min)	1100~1800	850~1200	600~900	550~750	300~450	450~650	250~500

　　为了研究旋轮进给比对成形质量的影响,而忽略其他因素的作用,文献[24]通过对多道次拉深旋压成形工艺参数的分析,选取首道次仰角 $\theta_0=60°$、道次间距 $p=6$mm,其他参数按表 2-4 确定,而旋轮进给比 f 按等差数列取 1mm/r、1.75mm/r、2.5mm/r、3.25mm/r、4mm/r 五组数据,分别进行旋压成形试验。

　　根据多道次拉旋旋轮轨迹确定规范可知,选定一个确定的首道次仰角 θ_0 后,可以确定唯一的旋轮轨迹回转中心。由于首道次仰角 θ_0 已选定为 60°,根据式(2-3)~式(2-7)及渐开线基圆半径 $a'=300$mm,可以确定回转中心的位置,求解过程如下:

$$\bar{y}_m=0.085a'=0.085\times300=25.5\text{mm},\quad \bar{\rho}_m=14\text{mm}$$

先取 $x_m=15$mm,则 $\bar{x}_m=13$mm,故

$$x_0=\bar{x}_m+\bar{\rho}_m(1-\sin\theta_0)=13+14(1-\sin60°)=14.876\text{mm}$$
$$y_0=\bar{y}_m-\bar{\rho}_m(1-\cos\theta_0)=25.5-14(1-\cos60°)=18.5\text{mm}$$

则

$$\theta_0'=0.485\left[\left(\frac{x_0}{a'}\right)^2+\left(\frac{y_0}{a'}\right)^2\right]^{0.2569}+\arctan\left(\frac{y_0}{x_0}\right)=7.55°+51.2°=58.75°<60°$$

所以 x_m 需要减小,取 $x_m=14.3$mm,重新代入计算得

$$\theta_0'=7.48°+52.54°=60.02°$$

所以 $x_m=14.3$mm,$y_m=23.5$mm。

　　由此,可以确定回转中心为 $O'(14.3,23.5)$。确定回转中心后,即可确定首道次的旋轮轨迹,再根据道次间距 $p=6$mm,按照旋轮轨迹确定规范,就可以确定整个多道次拉深旋压成形过程的旋轮轨迹(图 2-34 和图 2-35)。这五组试验的旋轮轨迹相同,不同之处在于其各组试验的旋轮进给比。多道次拉深旋压成形试验结果如图 2-49 所示。由图可见,随着旋轮进给比 f 的增大,旋压件的高度逐渐减小,表面粗糙度逐渐增大。

图 2-49　不同进给比 f 时的旋压件

（1）壁厚及外径的分布规律。

图 2-50 为 $\theta_0 = 60°$、$p = 6\text{mm}$、不同进给比 f 时旋压件壁厚的分布情况。由图可见，不论旋轮进给比取多大，旋压件壁厚分布的整体规律是一致的。对比在不同旋轮进给比 f 条件下工件壁厚的分布情况可知，随着 f 的增大，工件壁厚也增大。这是因为当旋轮进给比减小时，旋轮对坯料同一地方施旋次数增加，导致坯料轴向延伸、厚度方向减薄，从而导致工件壁厚减小；随着旋轮进给比的减小，工件壁厚减小的趋势逐渐加大。这是因为进给比小，使坯料轴向延伸，致使凸缘宽度增大，从而导致工件受拉更为严重，其壁厚减薄也随之更为严重。这也表明了在多道次拉深旋压成形过程中，坯料在前期道次的壁厚减薄程度会对后期道次的壁厚减薄程度起到扩大作用。前期道次中坯料减薄得越严重，工件轴向延伸得越长，会导致后期道次坯料发生更为严重的减薄。

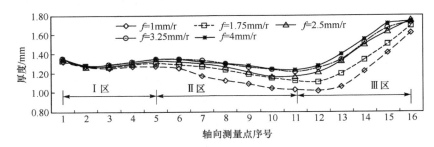

图 2-50　不同进给比 f 时旋压件的壁厚分布

图 2-51 为 $\theta_0 = 60°$、$p = 6\text{mm}$、不同进给比 f 时旋压件外径的分布情况。由图可见，越靠近工件口部，其外径越大，这是由回弹造成的。在多道次拉深旋压过程中，坯料外径不断减小，由于回弹，工件实际外形面与旋轮运动轨迹有所偏离，越靠近工件口部，偏离得越严重。对比在不同旋轮进给比 f 条件下工件外径分布的

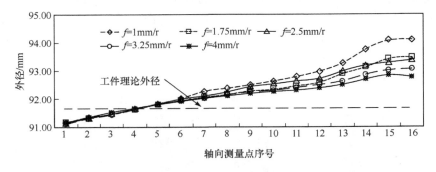

图 2-51　不同进给比 f 时旋压件的外径分布

情况可知,旋轮进给比越小,工件外径越大。这是因为旋轮进给比大,有利于工件缩径;而进给比小,会导致工件扩径[14]。

（2）旋轮进给比对成形质量的影响规律。

图 2-52 为旋轮进给比对成形质量各指标的影响规律。由图 2-52(a)可知,随着旋轮进给比 f 的增大,工件的平均壁厚也逐渐增大。这是因为当旋轮进给比减小时,旋轮对坯料同一地方施旋次数增加,导致坯料轴向延伸,厚度方向减薄,从而导致工件壁厚减小。由图 2-52(b)可知,随着旋轮进给比 f 的增大,最大壁厚减薄率 Ψ_{max} 呈现出减小的趋势,但当进给比超过 3.25mm/r 时反而略有增加。这是因为进给比越大,工件减薄越不严重,相应地,其最大壁厚减薄率也就越小,因此最大壁厚减薄率随进给比的增大而呈减小趋势。当进给比超过 3.25mm/r 时,会造成机床轻微振动,导致坯料变形不均,局部点减薄严重,从而使最大壁厚减薄率略有增加。由图 2-52(c)和(d)可知,工件的椭圆度和直线度都随着旋轮进给比的增大而减小。这是因为旋轮进给比越大,工件的贴模性就越好[7],而贴模程度的好坏直接影响工件的椭圆度和直线度,所以旋轮进给比越大,工件椭圆度和直线度越小。

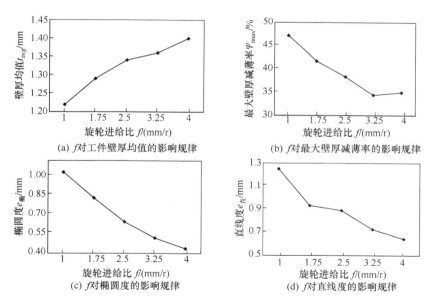

图 2-52　旋轮进给比 f 对成形质量的影响规律

综上所述,在合理范围内,旋轮进给比越大,工件的成形质量越好,所以在坯料不起皱、零件外表面粗糙度符合要求及机床稳定的前提下,应尽可能选择大的旋轮进给比。

6) 主轴转速

多道次拉深旋压时,应采用尽可能大的转速。对于平板毛坯,转速越高,则毛坯的稳定性越好,但也要视毛坯的材料、厚度和直径以及机床的刚度而定。据有关资料推荐拉旋时转速的选用如表 2-8 所示[7]。

表 2-8　拉旋时转速的选用

材料	芯模转速/(r/min)		材料	芯模转速/(r/min)	
	小型旋压机	大型旋压机		小型旋压机	大型旋压机
铝	200～1300	200～750	黄铜	200～1300	200～650
铜	150～650	150～450	深拉深铜	200～800	300～500

7) 润滑

为了防止毛坯旋转时润滑剂被甩出,建议采用高黏度的润滑剂,如底盘油、厚植物油、动物油、鲜肥皂、石蜡以及机油和石墨混合物等。对于表面要求较高的制品,可以使用非金属涂层作为润滑剂(例如,将毛坯浸在肥皂溶液中皂化处理)。

2.2　剪 切 旋 压

不改变毛坯的外径而改变其厚度,以制造圆锥形等各种轴对称薄壁件的旋压成形方法称为剪切旋压(锥形变薄旋压)[33]。毛坯可以是厚壁圆板或方板,也可以是预制件。厚壁件的剪切旋压通常采用对称布置的两个旋轮,成品的外形可以是凹形、凸形或是两种形状的复合[33]。

2.2.1　工艺过程

在剪切旋压中,通过控制旋轮和芯模之间的间隙,迫使材料沿轴向运动,以获得所需的壁厚。在很多情况下,只需要单道次旋压成形就可以加工出净成形的产品。此外,旋压过程中的加工硬化,使得产品的力学性能得到显著提高。

图 2-53 为剪切旋压过程示意图[3]。旋轮沿着半锥角为 α 的锥形芯模移动,使得毛坯的壁厚由 t_0 减小至 t。在剪切旋压中,材料沿着平行于芯模旋转轴的轴线方向运动,如图 2-54 所示[7]。主要的变形过程被假设为平面应变状态中的纯剪过程,因此称为剪切旋压。工件任一部分沿轴线方向的厚度保持不变,材料发生轴向位移,毛坯的单元矩形面积 $abcd$(或者单元体积)与成形后的平行四边形面积 $a'b'c'd'$ 是相等的,它们在轴线方向和相同径向位置上的厚度尺寸也是相等的,因此有时也称为投影旋压法。

壁厚的减薄量由芯模的倾斜角度 α(有时也称为半锥角)所决定。角度越大,壁厚的减薄量越小。工件的最终壁厚 t 是根据毛坯壁厚 t_0 和芯模半锥角 α 来计算的,即遵循正弦律 $t = t_0 \sin\alpha$ [14]。

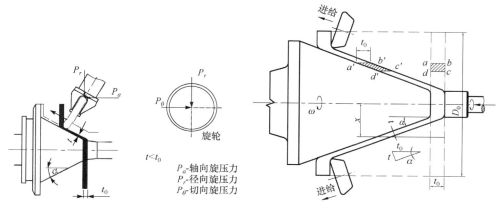

图 2-53　剪切旋压过程示意图　　　　　　图 2-54　理想剪切旋压成形工艺

当严格遵守正弦定律时,任何尺寸的坯料都可进行无缺陷旋压。另外,如果不严格遵守正弦定律,这一过程中所产生的应力便不只局限于被加工的部位,工件的其他部位也会产生应力。

当毛坯的厚度大于按正弦律计算所得到的厚度,或芯模和旋轮之间的间隙设置得太小(过减薄)时,工件壁厚 $t < t_0 \sin\alpha$,材料便会在旋轮前面逐渐堆积,导致未旋压的凸缘部分朝着主轴箱方向向前倾斜。相反,如果毛坯的厚度小于按正弦律计算所得到的厚度,或芯模和旋轮之间的间隙设置得太大(欠旋压)时,工件壁厚 $t > t_0 \sin\alpha$,凸缘向后倾斜,此时极易产生起皱现象。图 2-55 为厚度偏离或遵循正弦律时凸缘形状的变化[34]。

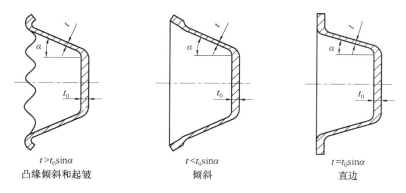

$t > t_0\sin\alpha$　　　　　　　$t < t_0\sin\alpha$　　　　　　　$t = t_0\sin\alpha$
凸缘倾斜和起皱　　　　　　　　倾斜　　　　　　　　　　　直边

图 2-55　厚度偏离或遵循正弦律时凸缘形状的变化

2.2.2　工艺参数

在剪切旋压成形中主要考虑以下几个工艺参数。

1. 可旋性

大多数材料都能进行剪切旋压,但每种材料的可旋性即临界半锥角 α 或最大壁厚减薄率各不相同。表 2-9 为剪切旋压时壁部不产生破裂而能正常成形的最大壁厚减薄率[14]。

表 2-9　不经中间退火的剪切旋压最大壁厚减薄率

材料	减薄率/%	材料	减薄率/%	材料	减薄率/%	材料	减薄率/%
D6AC	70	410 不锈钢	60	纯钛	45	2024 铝	50
18%Ni 钢	65	H11 工具钢	50	钼	60	5256 铝	50
321 不锈钢	75	6-4Ti	55	铍	35	5086 铝	65
17-7PH 不锈钢	65	6-6-4Ti	50	钨	45	6061 铝	75
347 不锈钢	75	B120VCATi	30	2014 铝	50	7075 铝	65

在剪切旋压的过程中毛坯凸缘逐渐变窄并有可能起皱。在进行典型的剪切旋压时,旋轮沿着芯模的表面以 f 的进给比将直径 D_0、厚度 t_0 的圆板成形为半锥角为 α 的锥体。这时可按下式将 C 定义为起皱系数(图 2-56)[14]:

$$C = \frac{f \cos\alpha}{t_0^2} \frac{r_t}{w} \tag{2-8}$$

式中,w 为成形中的凸缘宽度;r_t 为凸缘起点处的半径,其值为 $D_0/2 - w$;C 越大越不容易起皱。由式(2-8)来看,C 大就相当于 f 和 r_t 可以取得大、t_0 可以小,当然也意味着凸缘宽度 w 减小也能变形。

图 2-57 为试验所得到的铝合金的 C 值与材料加工硬化指数 n 之间的关系[14]。由图可知,材料的 n 越小,C 就越大。因此,在旋压中为防止起皱最好是用 n 值小的材料,当始终只用剪切旋压成形时尤其希望选用 n 值小的硬料(H 料)或半硬料(H/2 料)。

剪切旋压的成形性经常用可旋性这一术语来表示。这种情况下以壁部是否破裂作为材料的特征值,因而表 2-9 中的数据是表示壁部不产生开裂的壁厚减薄率。

对某种材料而言,在不同工艺条件下成形锥体时,旋轮进给比 f 是极其重要的参数。因此,锥体壁部的破裂可用相应于圆锥角 2α 的旋轮极限进给比 $f_{\lim}$ 或用某一进给比时的最小锥角表示。无论采用多小的进给比($f \approx 0$),壁部都破裂的 2α 就是临界圆锥角。

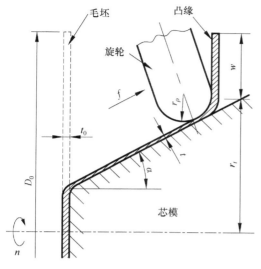

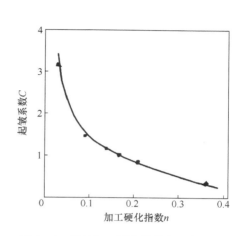

图 2-56　剪切旋压的起皱

图 2-57　材料加工硬化指数与起皱系数
的关系(C 越小越容易起皱)

　　由铝合金的试验结果可知,临界半锥角 α_f 与旋轮进给比 f 和材料拉伸试验的断面收缩率 q_0 之间具有下面的关系。已知最大壁厚减薄率 $\Psi_{t\max}$ 与临界半锥角 α_f 之间的关系为[14]

$$\Psi_{t\max} = 1 - \sin\alpha_f \qquad (2\text{-}9)$$

则在断面收缩率 $q_0 > q_0'$ 的范围内有

$$\Psi_{t\max} = 0.825 - 0.021f(q_0 - q_0') \qquad (2\text{-}10)$$

式中,q_0' 约为 0.45。

　　在 $q_0 \leqslant q_0'$ 的情况下,式(2-10)不成立,因此 $q_0 \leqslant 0.45$ 的材料是不能成形的。这是按公式推导出的条件,实际上有时在半锥角大的情况下采用小进给比,则略微放宽这个条件也能成形。但是一般来说,在选材时最好能考虑 q_0 小的材料成形难而容易破裂的因素。

　　如图 2-58 所示,旋压半椭圆体时壁厚是逐渐变化的,其锥角能从 180°一直变化到 0°。工件的壁厚可由 α 角的正弦确定,因此只要测出破裂点的位置,就能用 α_f 值并通过式(2-9)确定最大壁厚减薄率。对铝、铜、碳钢以及不锈钢进行试验求得 α_f 后,可以得出如下的经验公式[14]：

$$\Psi_{t\max} = q_0/(0.17 + q_0) \qquad (2\text{-}11)$$

　　由图 2-58 看出,成形椭圆体时先成形部分的壁厚总是比后成形部分的厚些。这与前述成形锥体时厚度不变的情况显著不同。因此,式(2-11)与式(2-10)不同,式(2-11)中不包含进给比 f 的影响。

2. 减薄率与旋压道次

锥形件剪切旋压毛坯的形式主要为圆板或方板,但也采用冲压、机械加工及旋压的预制件或锻造、铸造及焊接的预制件。

锥形件剪切旋压的减薄率的计算公式为[14]

$$\Psi_t = \frac{t_0 - t}{t_0} \qquad (2\text{-}12)$$

式中,t_0 为毛坯厚度;t 为工件厚度(图 2-54)。

在板料旋压时计算公式为

$$\Psi_t = 1 - \sin\alpha \qquad (2\text{-}13)$$

式中,α 为半锥角(图 2-53)。

实践表明,在锥形件的剪切旋压中,一次旋压获得工件的最小锥角,一般不小于 12°(铝为 10°、不锈钢为 15°等)。为了获得更小锥角的工件,则必须进行两次以上的剪切旋压,或者采用预成形毛坯。图 2-59 为由预成形坯旋制小锥角工件的情况,此时工件和预成形坯之间有如下的关系[14]。

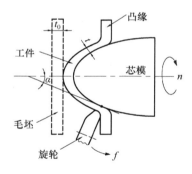

图 2-58　椭圆体的成形

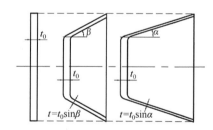

图 2-59　锥形件剪切旋压的正旋律

在预制料旋压时为

$$\Psi_t = 1 - \frac{\sin\alpha}{\sin\beta} \qquad (2\text{-}14)$$

剪切旋压时的总减薄率取决于工件半锥角和毛坯形状。薄板剪切旋压时,减薄率的大小对工件精度影响不显著。随着芯模半锥角的减小和减薄率的提高,工件精度还略有提高,因此应尽量采用板坯一次成形。当总减薄率超过材料的极限减薄率时,才进行多次剪切旋压或采用预制毛坯。厚板剪切旋压成形时,为了减少厚度上的变形不均,适当增加旋压次数对提高工件的精度有利。剪旋过程中的道次分配方案,需同时兼顾成形效率与成形质量。从提高成形效率来看,应加大道次减薄率,但为了确保零件的最终成形质量,最后道次的减薄率不能太大,需控制在一定的范围内,通常不超过 50%。

剪切旋压时,减薄率也不宜过小,以免工件回弹过大。一般每道次剪切旋压中工件半锥角的变化以不小于 5°为宜。

不同材料一道次旋压的极限减薄率 Ψ_{tmax} 如表 2-10 所示[35],表中结果为板坯椭球试验一道次的减薄率。由表可见,相同合金不同状态可旋性差别较大。

表 2-10　板坯椭球试验一道次可旋性

材料	2A14	6A10	147	2219	30CrMnSi		7A04	H62	5A02	5A21
壁厚/mm	5.5	5.5	5.5	5.5	8	8	5	6	8	6
状态	CZ	M	CZ	M	R	M	M	M	M	M
Ψ_{tmax}/%	35	52	45	58	56	62	68	72	73	78
等级	差	中	差	中	中	良	良	良	良	优

小锥角工件剪切旋压后期道次的变形规律接近筒形变薄旋压,应采用较小的减薄率,多道次旋压可获得小到 3°~4°的半锥角工件。

3. 旋轮的形状

剪切旋压成形时所用旋轮形状大体上如图 2-60 所示[14]。其中,图 2-60(a)为标准旋轮,可与拉深旋压通用;图 2-60(b)为圆角半径 r_ρ 部分偏于一边的旋轮,多用于旋压力大的重型旋压,旋轮的退出角 δ_ρ 视芯模的形状(如芯模的圆锥角)及旋轮的安装角等而定,主要是不得与芯模表面相干涉;图 2-60(c)所示的旋轮用于图 2-61 所示的情况,即由它推压着凸缘进行旋压。旋轮的 δ_ρ 和 γ_ρ 两角的大小也要根据芯模的圆锥角及旋轮的安装角在大范围内适当选取。

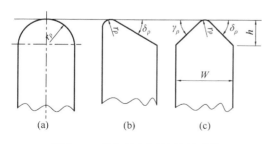

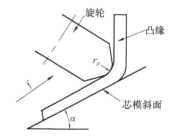

图 2-60　剪切旋压用旋轮的形状
D_R:300~500mm,h:50~175mm,
W:50~75mm(给出的尺寸用于重型旋压)　　　图 2-61　剪切旋压旋轮的工作情况

对旋轮的直径 D_R 和圆角半径 r_ρ 没有太大的限制,可按承受接触压力的要求、机械的形状和大小以及芯模的形状选取各种数值。对圆角半径不必像在拉深旋压时那样重视,对旋轮直径更是如此。旋制直径 50~1000mm 的旋压件采用的旋轮

直径 D_R 大致范围为 $40\sim300\mathrm{mm}$[14]。旋轮直径 D_R 不仅与旋压件直径有关,还与板坯材料及其厚度 t_0 有关,并不是简单地随着 d 的增大而增大,推荐采用的旋轮直径范围为 $150\sim300\mathrm{mm}$。

旋轮的圆角半径 r_ρ 不像拉深旋压那样重要,建议与板坯厚度相等或稍大,旋压轻金属时则可取稍小一点。旋轮圆角半径 r_ρ 小则旋压力小,工件贴模度好,以不形成黏附、表面粗糙度值不过大为限,r_ρ 选择范围一般为 $(1\sim4)t_0$(表 2-11)[36]。但如果旋轮圆角半径太小就不能加大旋轮进给速度,旋轮的圆角部分也会咬入毛坯。此时,毛坯的凸缘往往不能直立而逆着旋轮的进给方向向后倾斜。相反,如果旋轮的圆角半径过大,凸缘就顺着旋轮的进给方向向前倾倒。最理想的情况是使凸缘在成形中保持直立状态[14]。

表 2-11　锥形件剪切旋压旋轮圆角半径 r_ρ　　　　　　(单位:mm)

坯料壁厚	减薄率		
t_0	30%	50%	70%
$1\sim2$	$2\sim4$	$3\sim5$	$3\sim6$
$2\sim6$	$3\sim8$	$4\sim10$	$4\sim12$
$6\sim10$	$6\sim12$	$8\sim15$	$10\sim18$
$10\sim15$	$10\sim15$	$15\sim25$	$18\sim30$
$15\sim20$	$15\sim20$	$20\sim30$	$25\sim40$
$20\sim30$	$20\sim30$	$25\sim45$	$40\sim60$

旋轮配置可采用 $2\sim3$ 个直径和圆角半径相同的旋轮在同一截面内工作,以减少芯模的弯曲与振动;也可采用两个圆角半径不同的旋轮,二者保持一定的错距量,以圆角半径小的旋轮为精旋轮,减小旋轮与坯件的接触面积,提高旋轮单位面积的旋压力,使工件均匀贴模,提高工件的尺寸精度[37]。

4. 旋轮的进给比

剪切旋压时,旋轮相对毛坯每转的移动量即旋轮的进给比 f,是最重要的工艺因素。如图 2-62 所示,它对径向旋压力 P_r 的影响尤为明显。对变形抗力大的材料进行剪切旋压时必须减少进给比 f。减少 f 能使旋压力显著减小,当机械刚性不足时可以利用这一点。

当旋轮进给比过大时毛坯的外缘不能进入拉深成形,凸缘就会起皱,有时壁部还会起皱。由式(2-15)可知,进给比越大表面粗糙度就越高[14]。但是进给比大时工件贴模紧,对提高工件的精度有利。

$$R_\mathrm{S}=r_\rho-\sqrt{R^2-(f/2)^2} \tag{2-15}$$

式中,R_S 为旋压痕迹的高度。

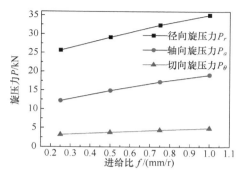

图 2-62　旋轮进给比与旋压力的关系

综上所述,旋轮进给比的大小对旋压力、成形过程和工件的质量都有直接的影响,应该充分考虑这些情况再进行选择。一般来说,常用的大致范围是 0.1～2mm/r,为使表面美观可取 0.05～0.15mm/r,为使表面平滑则可取 0.7～1.4mm/r[14]。

5. 主轴转速

主轴转速对旋压过程的影响不显著。但提高转速可以改善零件表面的光洁度并能提高生产率。但当转速过高时容易引起机床振动,而且使变形热量增加,需用大量的冷却液冷却。当转速过低时,为保持一定进给率须用低进给速度相配合,如果旋压机是采用液压传动则会产生爬行。

设毛坯的转速为 n、毛坯的平均接触直径为 D_m,则毛坯的圆周速度可用 $\pi D_m n$ 表示。一般认为圆周速度最好使用 300～600m/min,转速低了则不太好[14]。毛坯转速的确定要综合考虑机床的功率、生产率和生产的安全性等因素。在旋压中希望保持凸缘旋转的稳定且不希望有大的振动。要从机床的特性考虑选择能够限制振动的合适转速。

图 2-63 为毛坯转速 n 相对毛坯直径 D_0 的关系图[14]。由图可见,转速几乎没有因材料的不同而改变。图中给出了 nD_0 等于定值的曲线,所选用的转速均靠近这条曲线,多在 300～1000r/min 的范围内而以 500r/min 为最多。按 $\pi D_0 n$ 为圆周速度来计算则多数情况是选在 500～1130m/min 的范围内,采用最高的圆周速度容易产生问题。但要提高生产率就必须加大转速,再则在高速下还能提高润滑效果。

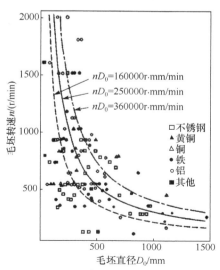

图 2-63　毛坯直径与其转速的关系

转速对旋压力的影响可以与旋轮进给速度综合起来考虑。设旋轮沿拖板的进给比 f 不变,若加大毛坯的转速则旋压力减少,当转速达到一定程度后旋压力减少的趋势趋于平缓。

6. 芯模形状

芯模的形状要与旋压件的形状一致。但是如图 2-58 所示,当半锥角 α 逐渐变小时,工件的壁厚逐渐变薄,单用剪切旋压便不能成形。对于圆锥角为 2α 的典型锥形芯模,应该注意到其圆角半径 ρ_m 太小是工件破裂的原因[14]。

芯模的材料可以使用经过切削后再经热处理的铸铁。中小型芯模往往采用工具钢,使用前需进行热处理使硬度达到 $60\sim63HRC$,再经磨削和消除内应力。旋压时芯模承受偏心的集中载荷。当采用长的和较细的芯模时宜选用备有两个对置旋轮并能同时工作的旋压机,以保持力的平衡。

有时为提高芯模的耐磨性并减少其表面损伤,先进行表面硬化处理后才使用。由于芯模的表面状况直接反映在工件表面上,对芯模表面的精加工要求应尽量严格,对于内外表面度要求很光洁的旋压件尤应如此。热旋压时可采用高速钢芯模。

7. 芯模与旋轮之间的间隙

剪切旋压时芯模与旋轮之间应保证有严格遵循正弦律的间隙 c_z,这样毛坯外周就几乎没有变化而能顺利地进行旋压。如果间隙是 $c_z+\Delta c'$ 或 $c_z-\Delta c'$,则成形就会不稳定。如果 $c<c_z$,即过度减薄时,径向旋压力 P_r 就显著增大。这是因为多余的材料从旋轮下方挤出来。这时凸缘向前倾斜,轴向旋压 P_z 会减小些。一部分多余的材料也会流到旋轮的背后,已经成形的壁部虽不会拉破,但当圆锥角 2α 大时工件的形状就会变得不规则,有时会在尾顶部分鼓出来[14],造成"反旋"现象。

相反,当 $c>c_z$,即间隙过大时,虽然旋压力没有多大的变化,但是凸缘受拉深而前倾,工件容易起皱,而且会脱模晃动,导致精度变差。

8. 偏离率

偏离率 $\Delta t'$ 是剪切旋压过程特有的参数。它的含义是工件的实际壁厚 t_f 与理论壁厚 t_t 的相对偏差,可用式(2-16)来表达[36]:

$$\Delta t' = \frac{t_f - t_t}{t_t}(\%) \tag{2-16}$$

偏离率对剪切旋压过程有着显著的影响,它包括 $\Delta t'=0$ 时的零偏离(正弦律旋压)、$\Delta t'>0$ 时的正偏离和 $\Delta t'<0$ 时的负偏离三种情况。

$\Delta t'>0$ 时,实际壁厚大于理论值为正偏离,有附加拉深变形,工件精度及材料可旋性降低、法兰易起皱。$\Delta t'<0$ 时为负偏离,采用适当的负偏离时,材料产生反

挤现象使锥角减小,适当抵消材料回弹,提高了贴模性,并可提高零件表面质量;而"正偏离"则不能补偿回弹作用,降低了贴模性,表面粗糙甚至产生表面橘皮现象或裂纹。此外,"负偏离"可提高极限减薄率。但是负偏离过大时,可能造成旋轮咬入坯料太深,旋轮前端形成坯料堆积,从而加大了母线方向拉应力,使工件不贴模而直接拉薄,降低了零件的椭圆度;有时会使壁厚过度减薄甚至小于间隙值,从而使零件成形质量变差[5]。

完全遵循正弦规律的剪切旋压变形较难达到,而小量偏离也是允许的。平板锥形剪切旋压偏离率 $\Delta t' = -10\% \sim +5\%$。预制坯料锥形剪切旋压时,薄料采用正偏离;厚料偏离率 $\Delta t'$ 可为 $-30\% \sim +30\%$[36]。当工件终旋端带有厚凸缘时(图 2-64),正偏离或负偏离过大都会造成凸缘余量不够。

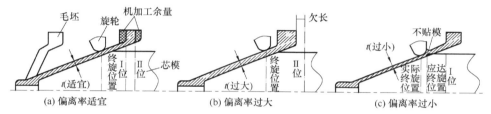

图 2-64　正负偏离过大造成凸缘余量不够

9. 润滑与冷却

剪切旋压时的旋压力很大。为了减小变形抗力、改善表面的成形质量、提高工具寿命以及排出成形热量而经常使用润滑剂,尤其是重型旋压更需要使用冷却剂来排出成形热量。拉深旋压时的旋压力小,只需在毛坯上涂肥皂、黄油或石蜡即可,而剪切旋压通常是使用机械油作为润滑剂。表 2-12 为日本各企业使用的润滑剂[14]。据调查,15%的旋压件没有使用润滑剂,而使用润滑剂的旋压件中约有半数是用黏度系数小的机械油。旋压时是旋转接触和流体润滑,对润滑剂的要求不太严格。通常在旋压时使用黄油、石蜡、硬石蜡、滑石以及肥皂与油的混合物。对不锈钢也可采用石墨与机械油的混合剂。

表 2-12　旋压成形时使用的润滑油

润滑剂的种类	工件种数	比例/%
机械油	79	53.7
肥皂	19	13.0
混合油	16	10.9
石蜡	6	4.1
水溶性油	3	2.0
其他	24	16.3
合计	147	100.0

2.2.3　柔性旋压

　　柔性旋压是一种新型的无芯模、快速旋压成形工艺,该成形工艺无需芯模,做旋转运动的金属毛坯仅在一对旋轮的夹紧和进给作用下,便成形为所需要的回转体零件[37]。与传统的旋压工艺相比,柔性旋压具有投资少、见效快的优点,可以更有效地提高多品种、少批量零件生产的工作效率,降低产品的生产成本。文献[37]对柔性旋压变形机理进行了理论分析,并对内旋轮施加于毛坯上的夹紧力 G'、旋轮进给比 f、外旋轮圆角半径 r_o 等成形工艺参数对成形质量的影响进行了试验研究,在此基础上给出了避免产生成形质量问题的优化成形工艺参数范围。

　　在锥形件的柔性旋压过程中,内旋轮与外旋轮将毛坯夹紧,并与外旋轮一起沿着与工件形状一致的轨迹做同步进给运动,毛坯在内、外旋轮的夹持下进行塑性变形(图 2-65)。夹紧力 G' 是由压缩空气提供的,在每次旋压进给过程中,夹紧力不变,保持为变形前所设定的数值。

　　试验所使用的毛坯材料为工业纯铝(O 态),毛坯直径 $D_0=200\text{mm}$、厚度 $t_0=1.0\text{mm}$;工件转速 $n=300\text{r/min}$;工件半锥角 $\alpha=45°$;内旋轮直径 $D_i=50\text{mm}$,圆角半径 $r_i=6\text{mm}$;外旋轮直径 $D_o=80\text{mm}$,圆角半径 r_o 分别为 3mm、4mm、5mm 及 6mm;旋轮进给比 f 的取值范围为 0.1~0.4mm/r;夹紧力 G' 分别为 0N、125N、188N、250N 及 315N。试验是在日本三菱公司生产的 RH-L3A 产业机器人上进行的。

　　图 2-66 为夹紧力 G' 对工件壁厚 t 的影响,图中横坐标 L 为壁厚测量点沿工件母线方向到底部 O 点的距离(图 2-65)、t_t 为按照正弦律计算所得到的工件理论厚度(即 $t_t=t_0\sin\alpha$,其中 t_0 为毛坯厚度,α 为工件半锥角,$t_t=0.71\text{mm}$)。由图可见,工件实际壁厚 t 沿工件母线方向的分布是偏离正弦律的,从工件底部到口部分别呈负偏离、零偏离和正偏离分布趋势。

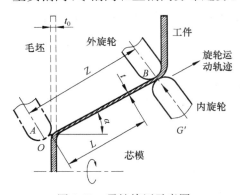

图 2-65　柔性旋压示意图

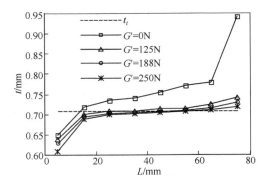

图 2-66　不同夹紧力 G' 时的工件壁厚分布
$(r_o=5\text{mm}, f=0.15\text{mm/r})$

　　在传统的锥形件剪切旋压中,由于芯模可以提供足够的支撑力,旋压力是随着旋压过程的进行而不断增加的,从而保证了工件壁厚符合正弦律的要求。按照叶林计算法[7],可以得到在传统的锥形件剪切旋压时旋压力随旋压过程的变化曲线(如图 2-67 中的实线所示)。图 2-67 中,旋压力为旋轮的总旋压力;横坐标 Z 为旋轮位移量,零点 A 为外旋轮与毛坯刚接触时的位置(图 2-65)。而在柔性旋压成形时,由于内旋轮的径向力的大小取决于夹紧力 G'[38],故对于相同的 G',柔性旋压的旋压力变化很小(如图 2-67 中的虚线所示),从而导致了工件壁厚分布的不均匀性。

根据工件实际壁厚 t 沿工件母线方向的分布情况可以将其分为三个部分(图 2-66):第一部分靠近工件底部,$L<15$mm,t 变化较剧烈,$t<t_t$。这是因为在旋压的初始阶段,变形处于非稳定状态,再加上此时毛坯实际所承受的旋压力大于锥形件剪切旋压所需要的旋压力(图 2-67),导致毛坯产生过剪切变形。第二部分位于工件中部,15mm$<L<$55mm,t 变化相对比较稳定,$t\approx t_t$。但随着旋压的进行,t 仍有所增加,这主要是由于柔性旋压时旋压力的变化梯度较小,不能满足剪切变形时所需要的旋压力增加要求。第三部分接近工件口部,$L>55$mm,$t>t_t$。此时毛坯实际所承受的旋压力小于锥形件剪切旋压所需要的旋压力(图 2-67),导致毛坯产生欠剪切变形;另外,随着毛坯法兰尺寸的减小,法兰部分对变形区的约束减小,使得毛坯产生类似于拉深成形工艺中的变形状况,即毛坯法兰部分的金属材料被拉入变形区,在变形区形成多余材料,从而也导致这一部分工件厚度偏大。

由图 2-66 还可以看出,t 随着 G' 的增加而减小。这是因为 G' 增加时,毛坯所承受的径向压应力增加,导致变形程度增加。而在没有施加夹紧力($G'=0$N)时,由于毛坯失去了内旋轮的支撑作用,剪切变形几乎无法进行,工件壁厚明显增大,在工件口部附近更为突出。

图 2-68 为进给比 f 对工件壁厚 t 的影响。由图可见,随着 f 的增加,t 呈增加趋势。这是因为锥形件产生纯剪旋压变形时所需要的旋压力随着 f 的增加而增加[38];而在柔性旋压成形时,对于相同的 G',毛坯产生欠剪切变形的程度随着 f 的增加而增加,从而导致工件壁厚增加。

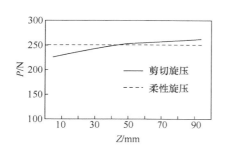

图 2-67 不同旋压成形方式时的旋压力变化曲线

($\alpha=45°$,$f=0.2$mm/r,$r_0=5$mm,$G'=188$N)

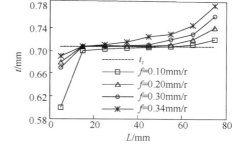

图 2-68 不同进给比 f 时的工件壁厚分布

($G'=188$N,$r_0=5$mm)

　　图 2-69 为外旋轮圆角半径 r_o 对工件壁厚 t 的影响。由图可见,随着 r_o 的增加,t 也呈增加趋势。这是因为锥形件产生纯剪旋压变形时所需要旋压力也是随着 r_o 的增加而增加的[38],工件壁厚的增加原因与进给比对 t 的影响类似。

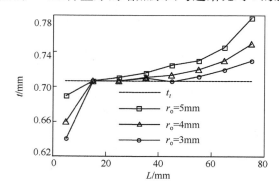

图 2-69　不同外旋轮圆角半径 r_o 时的工件壁厚分布
$(f=0.34\text{mm/r},G'=188\text{N})$

　　在柔性旋压工艺中,除了工件壁厚分布偏离正弦律,还存在起皱、法兰前倾及直径不足等三种类型的成形质量缺陷。表 2-13 为试验中观察到的进给比 f 及外旋轮圆角半径 r_o 对旋压件成形质量的影响,其中○表示旋压成功,●表示法兰直径不足,▲表示法兰前倾,★表示起皱。由表可见,当进给比 f 及旋轮圆角半径 r_o 较大时,容易出现起皱、法兰前倾及直径不足等质量缺陷。这是因为毛坯产生的欠剪切变形的程度随着 f 及 r_o 的增加而增加,毛坯法兰部分的金属材料被拉入变形区,变形区材料所受的切向压缩应变较大,法兰失去平衡,并且法兰在变形中试图保持能耗最小的结果[39]。

　　表 2-14 为试验中观察到的夹紧力 G' 对旋压件成形质量的影响。由表可见,在一定范围内增加夹紧力 G' 时,可以改善柔性旋压的成形质量。这主要是因为毛坯实际所承受的旋压力随着 G' 的增加而增加[38]。增加 G',可以降低毛坯产生欠剪切变形的程度,从而避免起皱、法兰前倾及直径不足等质量缺陷的产生。

表 2-13　不同 f 及 r_o 时的成形质量$(G'=188\text{N})$

r_o/mm	f/(mm/r)							
	0.10	0.12	0.28	0.30	0.32	0.34	0.36	0.40
3				○	○	○	▲	●
4		○	○	○	○	▲	●	
5	▲	▲	▲	▲	★●			
6	▲	▲	▲	★●				

表 2-14　不同 f 及 G' 时的成形质量($r_0 = 5$mm)

f/(mm/r)	G'/N				
	0	125	188	250	315
0.15	★	▲	○	○	○
0.25		★●	▲	○	○
0.34		★●	★●	▲	○

　　为了得到壁厚符合正弦律的旋压件,就必须使柔性旋压成形时旋压力的变化与有芯模旋压时相同,故内旋轮施加于毛坯上的夹紧力 G' 也应随着旋压过程的进行而不断增加,根据理论计算结果[38],变化规律如图 2-70 所示。

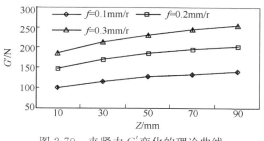

图 2-70　夹紧力 G' 变化的理论曲线

($\alpha = 45°$,$r_0 = 5$mm)

　　综上所述,在柔性旋压成形工艺中,为了避免起皱、法兰前倾及直径不足等质量缺陷的产生,可以在如下范围内选择合适的成形工艺参数:进给比 0.1mm/r$<$ $f < 0.28$mm/r,外旋轮圆角半径 $r_0 < 5$mm,夹紧力 $G' > 188$N。为获得壁厚符合正弦律要求的旋压件,应设计专用装置,使内旋轮施加于毛坯上的夹紧力 G' 随着旋压过程的进行而不断增加。

2.3　流 动 旋 压

　　流动旋压即为筒形件流动旋压,是一种与剪切旋压相类似的变薄旋压成形工艺。流动旋压时,金属沿着芯模轴向运动而内径保持不变,通常采用该成形工艺生产圆筒形零件[40]。目前,大部分流动旋压机床采用两个或三个旋轮,相对普通旋压和剪切旋压,其设备的设计要复杂得多[33]。

　　流动旋压时毛坯形状可以是筒状或杯状。坯料可以通过普通旋压、拉深或锻造获得,再采用机械加工以提高尺寸精度[33]。

2.3.1　工艺过程

　　如图 2-71 所示,流动旋压时将毛坯安装在旋转的旋压芯模上,旋轮沿轴向挤压坯料,在接触处材料发生塑性变形,旋压成形后壁厚减薄长度增加[13]。

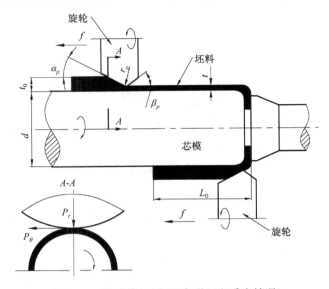

图 2-71　流动旋压原理(变形区和受力情况)

t_0-毛坯壁厚;t-产品壁厚;L_0-毛坯长度;d-内径;α_p-旋轮攻角;β_p-旋轮光整角;r_p-旋轮圆角半径;f-进给方向;P_r-径向力;P_a-轴向力;P_θ-切向力

旋轮下方材料的流动由轴向和切向两部分组成。如果切向接触长度远大于轴向接触长度,则轴向材料流动占优势,此时可获得合格的旋压产品。如果轴向接触长度远大于切向接触长度,则切向材料流动占优势,从而使得材料沿轴向流动严重受阻。在这种情况下,通常会在旋轮前端产生金属堆积现象,从而引起旋压缺陷的产生。

根据体积不变条件,忽略材料的切向流动,产品长度可以按下式进行计算[33]:

$$L_1 = L_0 \frac{t_0(d_1+t_0)}{t(d_1+t)} \tag{2-17}$$

式中,L_1 为工件长度;L_0 为毛坯长度;t_0 为毛坯壁厚;t 为产品壁厚;d 为内径。

2.3.2　工艺参数

在筒形件流动旋压过程中,主要考虑以下几个工艺参数。

1. 旋压坯料

筒形件流动旋压坯料要有较高的尺寸精度,坯料内径与芯模配合间隙的选择应以变形金属产生稳定的塑性流动为原则。如果坯料内径与芯模外径之间的间隙小,则有利于对中。为了便于装模,中小件的间隙为 0.10～0.20mm,大件则达

0.30～0.60mm。筒形旋压件坯料内径与芯模外径之间的间隙如表 2-15 所示[36]，其间隙的选择可参考坯料内径百分值。坯料壁厚差应在 0.1～0.2mm、垂直度误差应为 0.05～0.10mm、粗糙度一般为 $R_a=3.2\sim6.4\mu m$。

表 2-15　坯料内径与芯模外径之间的间隙

内径/mm	<100	100～200	200～400	400～700	700～1200	>1200
间隙/内径/%	0.25	0.2	0.15	0.1	0.08	0.06

坯料尺寸计算原则依据体积不变规律；管坯内外表面应光滑，不得有裂纹、擦伤、起皮等缺陷存在；管坯的显微组织不得出现过烧；低倍组织不得有夹层、缩尾、气泡、气孔。

厚壁坯料起旋处形状应与旋轮工作部分形状相吻合。坯料带厚底时，起旋处宜越过底部，如图 2-72 所示。首道次旋压时，终旋点位置应距坯料尾端 $1.5t_0\sim6t_0$，随后道次则宜距前一道次终点 1～3mm；此外，要避免旋轮与卡料环接触[36]。

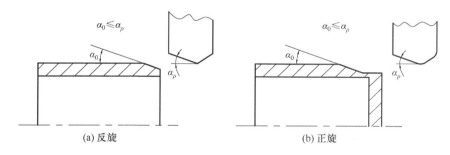

(a) 反旋　　　　　　　　　　　　　　(b) 正旋

图 2-72　起旋处

2. 旋压方式

流动旋压，特别是筒形件的流动旋压，有正旋和反旋两种方式。这两种方式是根据旋压过程中材料的轴向流动方向来划分的，如图 2-73 所示[12]。

正旋时，杯状毛坯底部（整个底部或环形凸台面）与芯模端面接触，旋轮从毛坯底部开始旋压，已旋压的金属处于拉应力状态，而未旋压的部分处于无应力状态，并随同旋轮向进给方向流动。此时旋压所需的扭矩是由芯模经毛坯底部和已旋压而变薄的壁部与芯模之间的摩擦来传递的，最后传到旋轮上。该方法特别适合于生产高精度薄壁圆柱形零件，如火箭发动机外壳、液压容器、高压器皿和发射筒等。对于无底部或不具有内法兰的毛坯，可以采用反旋进行成形。反旋时，采用的毛坯多为两端开口的管形或环状，其一端与芯模的台肩环形面接触。在旋轮进给推力作用下，由此接触端面间摩擦力，并经未减薄的原始壁部来传递扭矩。旋轮从另一

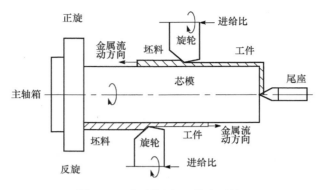

图 2-73　流动旋压（正旋和反旋）

端开始旋压，被旋出的金属向着与旋轮进给方向相反的方向流动。可见，未旋压部分的毛坯处于压缩应力状态，而已旋出的金属则处于无应力状态。反旋比较适合于毛坯的延展性较低而不能承受较大拉应力的场合，如锻造和焊接预制坯的旋压成形[33]。

正、反旋压都有运用，且各有利弊。

正旋主要有如下优点[7]：

（1）旋压力能参数较小。

（2）工件贴模性能好，产生扩径和金属堆积也较小。这是由于上述金属材料的受力状态，开口自由端金属材料在旋轮的作用下，发生自由延伸。

（3）在相同条件下，正旋的极限减薄率较反旋高，因而旋轮接触角和变薄率的选择范围就比较大。

（4）正旋不仅可旋制带底的直筒件（管形件），而且易成形带底（或底部凸台）的凸、凹筋和各种变壁厚的零件。

正旋主要缺点如下[7]：

（1）由于正旋时旋轮需走完成品件的全长，因此工件长度受芯模长度和旋轮纵向行程的限制。要旋出多长的成品件就必须有多长的芯模和旋轮行程。从而也降低了设备的生产率，造成设备庞大。此外，为了保证工件的精度，通常要求芯模比工件略长一些，一般长出 10%～20%。

（2）固定毛坯用的夹具较为复杂。

反旋的优缺点正好与正旋相反。正旋的两条缺点则是它所具备的优点，即反旋工件长度基本上不受芯模长度和旋轮纵向行程的限制，它只要一个符合旋轮行程的芯模，便可旋出两倍、三倍于芯模长度的筒形（管形）件。其次，固定毛坯的夹具也很简单，可直接用毛坯端面和芯模凸台接触传递旋压扭矩。

一般偏向于采用正旋，因为反旋时自由端极易扭曲形成喇叭口和椭圆。此外，反旋时通常会在产品长度方向上产生直径不均匀的情况。

多数情况下,流动旋压采用多个旋轮。目前,大部分旋压机采用三旋轮结构,有利于平衡负载获得高精度的旋压件。通常,三旋轮在圆周方向呈 120°对称分布,使得载荷分布均匀,以避免芯模偏离中心线。另外,为了提高尺寸精确度和表面光洁度,旋轮可沿轴向和径向以某一特定距离进行错距分布。

3. 减薄率与旋压道次

壁厚总减薄率 Ψ_t 反映了工件的变形程度,是壁厚减小量与初始壁厚 t_0 的比值。在成形过程中分为道次减薄率 Ψ_n 和总减薄率 Ψ_t,计算公式分别为式(2-18)和式(2-19)[36]:

$$\Psi_n = (t_{n-1} - t_n)/t_{n-1} \times 100\% \tag{2-18}$$
$$\Psi_t = (t_0 - t_f)/t_0 \times 100\% \tag{2-19}$$

式中,t_0 为初始壁厚;t_{n-1} 与 t_n 分别为第 $n-1$ 与第 n 道次工件的壁厚;t_f 为最终工件实际壁厚。

道次减薄率 Ψ_n 对工件内径的胀缩量及精度均有影响。在总减薄率确定后,根据工艺条件和工艺尺寸精度的要求,分若干道次来进行变薄旋压。道次减薄率过大会造成工件材料流动失稳堆积、表面易出现起皮;道次减薄率过小会引起工件厚度变形不均匀、工件内表面变形不充分而出现裂纹。通常道次减薄率在 15%~50% 选择,30%~45% 为最佳值[36]。旋压时道次减薄率以工件壁厚为参考,为使壁厚变形均匀,壁厚较厚时取上限;壁厚较薄时取下限。在总减薄率较大时需多道次旋压成形,道次减薄率应逐渐增大;而道次减薄量随着旋压道次的增加由大到小递减。

在采用中间热处理的多道次旋压过程中,热处理后的旋压累计变形量决定了工件的综合性能,旋压减薄率和旋压道次要根据工件性能的要求确定。表 2-16 为部分金属的减薄率与旋压道次[36]。

表 2-16　不同合金筒形件流动旋压的减薄率与旋压道次

合金	规格/mm	料厚/mm	压下量/mm	减薄率/%	道次	温度/℃
LF6(5A06)	Φ534×20×2000	80	8~12	15~30	6	300~380
LG1(1A90)	Φ903×16×800	76	10~17	20~35	5	320~390
LD31(6A31)	Φ237×10×1100	38	5	15~30	6	350~400
LF2(5A02)	Φ406×8×3000	58	3~18	20~35	5	200~350
超高强钢(D6AC)	Φ800×3×2000	18	2~5	20~40	5	室温
紫铜管(T2)	Φ120×3×2000	10	2~3	30~35	3	室温

同一种材料进行筒形变薄旋压的总减薄率略大于锥形剪切旋压的总减薄率，并远大于球形剪切旋压的总减薄率。不同材料一道次旋压的极限减薄率如表 2-17 所示[36]。一道次适宜减薄率的理论值计算公式为[32]

$$\Psi_{t_{opt}} = \frac{2\sin\alpha_\rho}{1+2\sin\alpha_\rho}\left(1-\frac{f}{4t_0\cos\alpha_\rho}\right) \tag{2-20}$$

式中，α_ρ 为成形角(°)。

表 2-17　不同材料一道次旋压的极限减薄率

牌号	2014	5256	6061	7075	D6AC	18%Ni	Waspaloy	4310	6434
筒形件	70	75	75	75	75	75	60	75	75
锥形件	50	50	75	65	70	65	40	75	70
球形件	40	36	50	50	50	50	35	50	50

多道次旋压时的总减薄率大于一道次旋压的极限减薄率，一般可达 75%、个别达 90%。当总减薄率不超过极限值时，通常不加中间退火[36]。

进行多道次旋压成形时，如果每道次都要改变旋轮形状则会降低生产率，而把旋轮顶端圆角半径 r_ρ 取为工件壁厚 t_0 的 10 倍以下，就可以用一个旋轮完成全部道次。在多道次旋压时，后期道次的壁厚减薄率可以加大。这是因为初期道次的壁部厚、旋压力大，而且随着成形率的增加材料的隆起变小[14]。

4. 旋轮形状

筒形件流动旋压所用的旋轮形状如图 2-74 所示[41]，其中应用最多的形状为如图 2-74(b)所示的双锥面旋轮，它对软钢、合金钢和不锈钢等较硬材料尤为合适[14]。

双锥面旋轮结构简单、容易制造、通用性强，但它只适于旋压中等厚度(一般 $t_0=2\sim8$mm)的筒形毛坯。当毛坯厚度过大而采用双锥面旋轮时，会造成表面不光、起毛、掉皮、堆积；当毛坯厚度过小而采用双锥面旋轮时，旋轮前的毛料容易产生过大的隆起，不但使成形精度降低，还可能出现裂纹、折叠和拉断等现象，在反旋时尤为明显。在上述两种情况下，都以采用台阶旋轮为宜[41]。

双锥面旋轮和台阶旋轮都有带光整段(图 2-74(b)、(c))和不带光整段(图 2-74(a))的两种形式。

多台阶旋轮是双锥面旋轮或台阶旋轮型面的组合。这种旋轮可以在一次成形中完成原来需二次或三次成形的工作，提高了工作效率。

一个典型的双锥面旋轮的工作型面包括成形段、光整段和退出段三部分(图 2-74(b))；旋轮成形段对变形过程起着重要作用，其主要结构参数为成形角 α_ρ 和圆角半径 r_ρ。

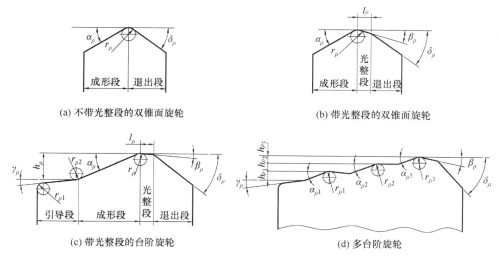

图 2-74　双锥面旋轮和台阶旋轮的型面

成形角 α_ρ 选择范围一般为 $15°\sim45°$。影响成形选择的主要因素是：材料种类、状态、预制坯厚度和减薄率大小。α_ρ 过大导致工件变形区畸变增大，使旋轮前隆起和堆积的倾向增大，并降低了工件的准确度和表面质量；α_ρ 过小使旋轮和毛坯的接触面积增大，容易产生扩径，降低了工件成形质量。α_ρ 选择的经验数据列于表 2-18[41]。

表 2-18　双锥面旋轮 α_ρ 的选择（$\Psi_t\approx50\%$）

材料强度 $\sigma_b/(kg/mm^2)$	预制坯厚度 t_0/mm			
	2	4	6	8
$20\sim40$	25°	20°	15°	<15°
$40\sim70$	30°	25°	20°	<20°
$70\sim100$	35°	30°	25°	<25°
>100	45°	35°	30°	<30°

圆角半径 r_ρ 与工件的尺寸准确度和表面质量有密切关系。不带光整段的双锥面旋轮的圆角半径一般取

$$r_\rho = (0.6\sim1.0)t_0 \tag{2-21}$$

带光整段的双锥面旋轮和台阶旋轮 r_ρ 可取得更小些，根据经验可为

$$r_\rho = \sqrt{t_0} \tag{2-22}$$

旋轮光整段的作用是利用材料弹性回复效应来减少工件表面不平度。光整段的存在使得旋轮圆角半径得以减小，也起到了提高工件尺寸精度的作用。

压光角 β_ρ 一般取 $3°$，过小时易使工件扩径和精度下降；过大时则起不到光整作用。光整段长度一般取

$$l_\rho \geqslant 1.5 f_{max} \tag{2-23}$$

式中，f_{max} 是可能选择的最大进给比。

旋轮退出角 δ_ρ 和退出段的尺寸可根据结构尺寸的需要进行选择，对成形的影响较小。

台阶旋轮是在双锥面旋轮成形段前面增加了一个引导段(图 2-74(c))。引导段的作用是防止材料隆起、堆积，有时也可起到预成形的作用以改善材料的成形性能。引导角 γ_ρ 一般取 $3°$，在某些情况下也可以取得大些($5°\sim8°$)；端面转角半径 $r_{\rho1}$ 要选得大些以避免和毛坯发生干涉。

成形段台阶高度 h_ρ 可取为

$$h_\rho = (1.1\sim1.3)(t_{n-1}-t_n) \tag{2-24}$$

引导段与成形段的转角半径 $r_{\rho2}$ 可取为

$$r_{\rho2} = (0.5\sim1.0)h_\rho \tag{2-25}$$

当 h_ρ 选定后，成形角 α_ρ 可参照表 2-19 的经验值选取。

表 2-19　台阶旋轮 α_ρ 的选择

材料强度	台阶高度 h_ρ/mm			
σ_b/(kg/mm^2)	$1.0\sim1.5$	$1.5\sim2.5$	$2.5\sim3.5$	$3.5\sim5.0$
$20\sim40$	$20°\sim25°$	$15°\sim25°$	$15°\sim20°$	$\leqslant15°$
$40\sim70$	$25°\sim30°$	$20°\sim30°$	$20°\sim30°$	$15°\sim25°$
$70\sim100$	$30°\sim35°$	$25°\sim30°$	$25°\sim30°$	$20°\sim30°$
>100	$35°\sim40°$	$30°\sim35°$	$30°$	$25°\sim30°$

5. 进给比与转速

流动旋压时，进给比 f 对工件直径的胀缩和工件质量均有影响。在可能的条件下，旋轮进给比尽量取大一些。但过大的进给比易使工件过分牢固地贴在芯模上，而不利于成形后取下工件，还有可能导致旋压中的开裂；过小的进给比则易使零件内径扩大，尺寸精度降低，尤其是薄壁筒形件，很容易产生起皱。通常筒形件流动旋压的进给比的选择范围为 $0.5\sim5.0$mm/r，常用的进给比是 $0.5\sim2.0$mm/r[36]。在流动旋压厚管坯时，开始时由于受设备能力限制，进给比不能太大，在随后的道次进给比中加以弥补。为了获得良好的成形状态，旋轮进给比的选取要考虑壁厚减薄率、管坯厚度、旋轮直径以及圆角半径等因素。在有中间热处理的旋压过程中，热处理后的进给比是控制工件直径、获取高精度旋压件的重要工艺参数。成品前的旋压道次采用大的进给比，使工件贴模。在成品旋压时道次进给比较小，使工件

略微扩径,有助于脱模和提高表面质量。

在旋轮轴向进给速度一定时,转速高则进给比下降,转速低则进给比上升。转速高易引起机床振动,变形热量增加,需要大量冷却。转速过低,为保持一定的进给比需用低进给速度配合,机床易出现爬行。转速与圆周速度有关,常用合金筒体旋压进给比与转速关系的一些实例见表 2-20[36]。

表 2-20　进给比与转速关系实例

合金	旋轮结构参数 $\alpha_\rho/(°), r_\rho/mm$	转速 /(r/min)	进给比 /(mm/r)	圆周速度 /(m/min)
LG1(1A90)热旋	$\alpha_\rho=20, r_\rho=10$	18~20	5~7	57
LF2(5A02)热旋	$\alpha_\rho=25, r_\rho=50$	30	1~2	40
LF21(5A21)冷旋	$\alpha_\rho=20, r_\rho=6$	160	0.5	100
D6AC(冷旋)	$\alpha_\rho=25, r_\rho=8$	20	1~3	60
紫铜冷旋	$\alpha_\rho=20, r_\rho=8$	80	1~1.5	40

进给比是最活跃的工艺参数,与变薄率、旋轮结构参数关系密切,是控制工件直径与壁厚的关键参数。一定范围调整进给比可有效控制壁厚尺寸精度。例如,在一定工艺条件下,进给比为 1.0mm/r,壁厚为公差上限;降低进给比为 0.8mm/r,其壁厚偏差将减小 0.03~0.05mm,进入壁厚公差中下限[36]。为有效控制工件直径,常以工件贴模保证尺寸精度为准则,当成形角不同时,进给比要相应变化。例如,在相同变薄率时,成形角 25°,其进给比 2.5mm/r,直径尺寸控制良好;成形角30°时,进给比 1.5mm/r,可以收到相同的效果[36]。

6. 润滑

同锥形件剪切旋压。

2.3.3　错距旋压

加工筒形件时还可以采用错距旋压。错距旋压是指用两个以上旋轮旋压时,将数个旋轮相互间错开一定距离而旋压成形零件的一种方法,如图 2-75 所示[1]。三个旋轮径向错开一定距离,轴向也错开一定距离,三个旋轮错距后(为分析方便,将三个旋轮置于同一纵截面内)相当于把一道工序的压下量分配给三个旋轮承担,但又优于单个旋轮旋压三次。因为三个旋轮错距旋压时不但能保持径向力平衡,克服单轮旋压时径向力不平衡的弊端,而且可利用三个旋轮错距量的互相搭配创造一个良好变形区的优越条件,从而提高了变形量和工件的精度。

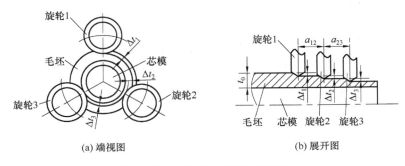

(a) 端视图　　　　　　　　　　　(b) 展开图

图 2-75　三轮分层错距旋压简图

　　与非错距旋压相比,错距旋压的工艺参数更多,除了进给比和芯模转速,还包括三个旋轮的径向压下量以及旋轮间的轴向错距量。各旋轮轴向间距调整要恰当,太大或太小都将会影响到旋压制件的成形质量。旋轮轴向错距太大时,会出现多头螺纹轨迹,影响母线的直线度,甚至使旋压工件出现失稳、扭曲、扩径等缺陷;错距太小时,各旋轮旋压时将出现干涉,破坏预定的压下量分配关系,使各旋轮负担严重不均,最终导致工件的壁厚精度、直径精度、圆度等的下降。一般轴向错距量取 $1\sim3\mathrm{mm}$[7]。

　　三旋轮在错距旋压过程中的位置如图 2-76 所示,图中 t_0 为管坯壁厚,t_1、t_2、t_3 表示各旋轮与芯模之间的间隙,Δ_1、Δ_2、Δ_3 表示三旋轮的压下量,a_{12}、a_{23} 表示旋轮Ⅰ和Ⅱ、旋轮Ⅱ和Ⅲ的轴向错距量。为了使各旋轮的径向力相等以减小芯模受力不均而导致的弯曲挠度,各旋轮必须合理分配壁厚减薄量[42]。

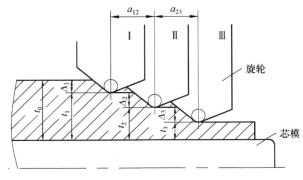

图 2-76　旋轮轴向和径向位置

　　为了保证三旋轮三个径向力的合力平衡,按式(2-26)计算三向旋压力的大小[43]:

$$（径向力）\quad P_r = \frac{1}{\sqrt{N}} K \times t_0 \bar{\sigma} \sqrt{D_R \times f \times \cot\alpha_\rho}$$

$$（轴向力）\quad P_a = \frac{1}{\sqrt{N}} K \times t_0 \bar{\sigma} \sqrt{D_R \times f \times \tan\alpha_\rho} \tag{2-26}$$

$$（切向力）\quad P_\theta = \frac{1}{N} K \times t_0 \times f \times \bar{\sigma}$$

式中，N 为旋轮数目（3）；D_R 为旋轮直径（mm）；t_0 为毛坯厚度（mm）；$\bar{\sigma}$ 为平均变形抗力，$\bar{\sigma} = (0.75 \sim 0.85)\sigma_b$；$f$ 为进给比（mm/r）；α_ρ 为成形角（°）；K 为考虑变形过程中摩擦和畸变等因素的影响所加的系数。

$$（正旋）\quad K = 2.113\left(1 - \frac{t}{t_0}\right) - AF\left(1 - \frac{t}{t_0} + \frac{t}{t_0} \times \ln\frac{t}{t_0}\right)$$

$$（反旋）\quad K = 2.113\left(1 - \frac{t}{t_0}\right) - AB\left(1 - \frac{t}{t_0} + \ln\frac{t}{t_0}\right) \tag{2-27}$$

$$AF = 1 - \mu' \times \tan(\alpha_\rho/2); \quad AB = 1 + \mu' \times \cot\alpha_\rho + \mu' \times \tan(\alpha_\rho/2)$$

式中，μ' 为摩擦系数，$0 \leqslant \mu' \leqslant 1$，取 $\mu' = 0.3$[43]；AF 为正旋时的摩擦条件，AB 为反旋时的摩擦条件。

轴向错距量的选择按式（2-28）计算[43]：

$$a_{12} = f \times \frac{t_0}{t_1} N_1$$

$$a_{12} \geqslant \frac{f \times t_0}{3 \times t_1} + \Delta_2 \cot\alpha_{\rho2} + r_{\rho2}\sin\alpha_{\rho2} - r_{\rho2}(1 - \cos\alpha_{\rho2})\cot\alpha_{\rho2}$$

$$a_{23} = f \times \frac{t_0}{t_2} N_2 \tag{2-28}$$

$$a_{23} \geqslant \frac{f \times t_0}{3 \times t_2} + \Delta_3 \cot\alpha_{\rho3} + r_{\rho3}\sin\alpha_{\rho3} - r_{\rho3}(1 - \cos\alpha_{\rho2})\cot\alpha_{\rho3}$$

式中，a_{12} 为旋轮 Ⅰ 和 Ⅱ 的轴向错距量；a_{23} 为旋轮 Ⅱ 和 Ⅲ 的轴向错距量；α_ρ 为旋轮成形角。

分层错距旋压过程在均布三旋轮旋压机上已获得广泛应用，在双旋轮旋压机上也可采用。其工作原理如图 2-75 所示。各旋轮在径向分层并在轴向错距，可以在一道次中完成通常需几道次完成的工作，使工效成倍地提高，并可提高工件直径精度，减少弯曲及口部喇叭口长度；但总旋压力及主轴功率相应增大。在正旋压时，错距不分层也可达到提高精度的效果。

旋轮型面参数取[32]

$$r_{\rho1} \geqslant r_{\rho2} \geqslant r_{\rho3} \tag{2-29}$$

$$\alpha_{\rho1} \leqslant \alpha_{\rho2} \leqslant \alpha_{\rho3} \tag{2-30}$$

式中，1、2、3 为按先后工作顺序排列的旋轮号。

错距量 a 应尽量小,但不能使后轮成形面越过前轮。

筒形件错距旋压过程受到工艺因素和设备的影响[7],特别是旋轮间的轴向错距量和各旋压道次径向压下量的参数分配问题一直是研究的难点。为给筒形件错距旋压工艺和成形质量控制研究提供实践依据,文献[44]探讨了进给比、减薄率、轴向错距量等工艺参数对旋后工件椭圆度、直线度、壁厚偏差的影响规律。

试验用材为 20 钢无缝钢管,管坯尺寸规格为内径 68mm、壁厚 4.0mm、长度 80mm(图 2-77),原始管坯的尺寸精度如表 2-21 所示,其力学性能如表 2-22 所示[45]。

表 2-21　20 钢管坯尺寸精度

尺寸精度指标	椭圆度 $e_椭$/mm	直线度 $e_直$/mm	壁厚偏差 Δt/mm
20 钢管坯	0.12	0.11	0.14

表 2-22　20 钢力学性能参数

力学指标	屈服强度 σ_s/MPa	抗拉强度 σ_b/MPa	伸长率 δ/%
20 钢管坯	325	535	32

试验是在自行研制的 HGPX-WSM 型多功能卧式数控旋压机上进行的[46]。旋轮设计为双锥面旋轮,在具体参数设计方面,主要考虑如下因素:对于毛坯厚度为 4mm 以下的硬质材料和 12.7mm 以下的软钢、铜和铝,宜采用 $\alpha_\rho=15°\sim30°$ 的成形角,但一般常用的是 25°和 30°[7],据此将旋轮的成形角 α_ρ 定为 25°;对于 2~6mm 壁厚的毛坯,旋轮圆角半径 r_ρ 一般取 3~10mm,故将旋轮圆角半径 r_ρ 设计为 6mm;退出角 δ_ρ 一般取为 30°,此时退出角对工件起压光的作用,有利于提高筒形件错距旋压制件的表面质量;压光角一般取 $\beta_\rho=3°\sim5°$,当取 3°时,具有改善工件表面的"修光"作用,同时也起到略微扩径的作用,因而也有助于卸下工件[7],故选择压光角为 3°;修光带 l_ρ 稍长些,对改善零件表面光洁度有利,依据文献[47]选择修光带 l_ρ 为 5mm;为了减小旋压力和避免共振现象,将旋轮直径设计为 180mm[46]。综上所述,设计的旋轮型面几何尺寸如图 2-78 所示。

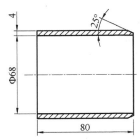

图 2-77　20 钢旋压管坯(单位:mm)

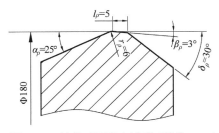

图 2-78　旋轮型面几何参数(单位:mm)

　　进给比的大小对旋压过程影响较大,与零件的尺寸精度、表面光洁度和毛坯减薄率都有密切关系。对于大多数体心立方晶格的金属材料,进给比可取 0.1～1.5mm/r[7]。由于 20 钢为塑性较好的材料,如果进给比过大,则容易导致旋轮前金属的堆积,所以选择的进给比范围为 0.2～1.0mm/r。由于在进给比一定的情况下,芯模转速的变化对试验结果无显著影响[19],故试验过程采用 108r/min 的固定芯模转速。

　　减薄率对旋压过程的稳定性和旋压变形有很大影响。减薄率过大,旋轮前会形成堆积,旋轮前的局部变形处于不稳定状态;减薄率过小,靠近工件内表面材料变形不均匀,致使成形件精度降低。筒形件一次旋压最佳减薄率在 30%～45%,在此范围内材料既可充分变形又不产生畸变,有利于保证零件精度[48,49]。研究表明,当总减薄率为定值时,适当增加旋压道次减薄率(工序次数减少)对提高工件直径精度有利[39]。

　　旋压分为五道次完成,各道次减薄率分配方案如表 2-23 所示。

表 2-23　20 钢管坯旋压成形时各道次减薄率 Ψ_n

第一道次	第二道次	第三道次	第四道次	第五道次
35%	38%	35%	43%	42%

　　选择旋压进给比 f、总减薄率 Ψ_t、轴向错距 a 作为三个试验因素,并设计三因素四水平的正交试验 $L_{16}(3^4)$。轴向错距量 a 一般为 1～3mm[47,50](图 2-75 中 a_{12} 和 a_{23}),则构造的水平表及各个因素的取值如表 2-24 所示;采用超声波测厚仪、百分表等测量工具对正交试验各组旋压件的椭圆度、直线度(直线度的测量长度为 100mm)、壁厚偏差进行测量并对数据进行方差分析,得到的数据结果如表 2-24 所示。其中,Y_{ij} 为第 j 列因素中第 i 水平试验结果之和;$\bar{Y}_{ij}$ 为第 j 列因素中第 i 水平的效应,$\bar{Y}_{ij}=Y_{ij}/$第 j 列因素中第 i 水平出现次数;R_j 为极差,$R_j=(\bar{Y}_{ij})_{max}-(\bar{Y}_{ij})_{min}$,极差值越大说明因素对目标值的影响越大。

　　通过对比表 2-24 中椭圆度各因素极差 R 值可知,影响筒形件椭圆度因素的主次顺序为:进给比＞总减薄率＞轴向错距量;各因素对筒形件椭圆度的影响效应关系如图 2-79 所示。

　　(1) 进给比对椭圆度的影响规律。

　　由图 2-79(a)可知,随着进给比的增大,椭圆度呈减小趋势,而在进给比为 0.8mm/r 时反而呈增加趋势。这是因为进给比越大,工件的贴模性越好,而贴模程度的好坏直接影响旋压件椭圆度;当进给比增大到一定程度时,容易造成旋轮前材料的隆起和堆积,使旋轮与变形区接触面积增大且变形区变形不充分,变形不均匀性增大,从而导致旋压件的椭圆度反而增加。所以,在适当范围内增大进给比有利于保证旋压件的椭圆度。

表 2-24　正交试验数据方差分析

因素 试验号	进给比 $f/(\text{mm/r})$	总减薄率 $\Psi_t/\%$	旋压道次 n	轴向错距量 a/mm	椭圆度 $e_椭/\text{mm}$	直线度 $e_直/\text{mm}$	厚度偏差 $\Delta t/\text{mm}$
1	0.2(1)	46(1)	二	1.5(1)	0.09	0.1	0.117
2	0.2(1)	56(2)	三	2.0(2)	0.095	0.07	0.129
3	0.2(1)	66(3)	四	2.5(3)	0.11	0.08	0.104
4	0.2(1)	76(4)	五	3.0(4)	0.20	0.12	0.083
5	0.4(2)	46(1)	二	2.5(3)	0.11	0.08	0.120
6	0.4(2)	56(2)	三	3.0(4)	0.075	0.056	0.076
7	0.4(2)	66(3)	四	1.5(1)	0.10	0.04	0.128
8	0.4(2)	76(4)	五	2.0(2)	0.125	0.065	0.050
9	0.6(2)	46(1)	二	3.0(4)	0.055	0.06	0.140
10	0.6(2)	56(2)	三	2.5(3)	0.07	0.05	0.10
11	0.6(2)	66(3)	四	2.0(2)	0.07	0.03	0.060
12	0.6(2)	76(4)	五	1.5(1)	0.075	0.035	0.055
13	0.8(2)	46(1)	二	2.0(2)	0.050	0.06	0.146
14	0.8(2)	56(2)	三	1.5(1)	0.060	0.04	0.138
15	0.8(2)	66(3)	四	3.0(4)	0.070	0.055	0.089
16	0.8(2)	76(4)	五	2.5(3)	0.090	0.045	0.065

因素 目标	进给比极差计算			总减薄率极差计算			轴向错距量极差计算		
	椭圆度	直线度	壁厚偏差	椭圆度	直线度	壁厚偏差	椭圆度	直线度	壁厚偏差
Y_{1j}	0.495	0.370	0.433	0.305	0.300	0.523	0.320	0.215	0.438
Y_{2j}	0.410	0.241	0.374	0.300	0.216	0.443	0.340	0.225	0.385
Y_{3j}	0.265	0.175	0.355	0.350	0.205	0.381	0.380	0.255	0.384
Y_{4j}	0.270	0.200	0.433	0.485	0.265	0.248	0.400	0.291	0.388
$\bar{Y}_{1j}$	0.124	0.093	0.108	0.076	0.075	0.131	0.080	0.054	0.110
$\bar{Y}_{2j}$	0.103	0.060	0.094	0.075	0.054	0.111	0.085	0.056	0.096
$\bar{Y}_{3j}$	0.066	0.044	0.089	0.088	0.051	0.095	0.095	0.064	0.096
$\bar{Y}_{4j}$	0.068	0.050	0.108	0.121	0.066	0.062	0.100	0.073	0.097
R_j	0.058	0.049	0.002	0.046	0.024	0.069	0.02	0.019	0.014

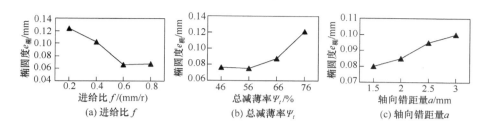

图 2-79　各因素对椭圆度 $e_{椭}$ 的影响规律

（2）总减薄率对椭圆度的影响规律。

由图 2-79（b）可知，总减薄率为 46％ 与 56％ 的旋压件椭圆度相近，之后随着总减薄率（道次数）的增大，椭圆度呈增大趋势。其原因有：①随着总减薄率（道次数）的增大，特别是在第三道次旋压后，工件的壁厚较薄，容易导致旋压过程中的壁厚失稳现象，造成扩径或扭转缺陷；②在后续道次中产生加工硬化，使旋压件塑性降低。

（3）轴向错距量对椭圆度的影响规律。

由图 2-79（c）可知，随着轴向错距量的增大，椭圆度呈增大趋势。其原因是轴向错距量较大时，前后旋轮之间的螺纹轨迹重叠较少而容易出现多头螺纹轨迹，影响了旋压件的椭圆度。但由于轴向错距量取值均在合理范围内，故椭圆度相差不大（约 0.02mm）。

通过对比表 2-24 中直线度各因素极差 R 值可知，影响筒形件直线度的因素主次顺序为：进给比＞总减薄率＞轴向错距量；各因素对筒形件直线度的影响效应关系如图 2-80 所示。

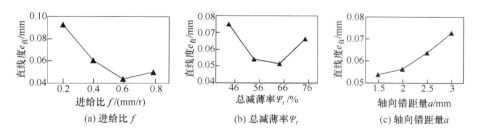

图 2-80　各因素对直线度 $e_{直}$ 的影响规律

（1）进给比对直线度的影响规律。

由图 2-80（a）可知，随着进给比的增大，直线度呈减小趋势，而在 0.6mm/r 出现了最小值。这是因为进给比越大,工件的贴模性越好;而当进给比增大到一定程度后,变形不充分引起变形的不均匀性增加,最终导致旋压件直线度有增大趋势。

（2）总减薄率对直线度的影响规律。

由图2-80(b)可知,随着总减薄率的增大,直线度呈开口向上的抛物线趋势。其原因为管坯原始直线度相对较差(0.11mm),所以直线度在减薄率为46%时较大;中间道次对旋压件直线度具有修复作用,所以在总减薄率为56%和66%时直线度较小;而后续道次工件的壁厚较薄,又容易导致旋压过程中的失稳现象。

（3）轴向错距量对直线度的影响规律。

由图2-80(c)可知,随着轴向错距量的增大,直线度呈增大趋势。但影响都比较小,原因与对椭圆度的影响相似。

通过对比表2-24中壁厚偏差各因素极差R值可知,影响筒形件壁厚偏差因素的主次顺序为:总减薄率>进给比>轴向错距量;各因素对筒形件壁厚偏差的影响效应关系如图2-81所示。

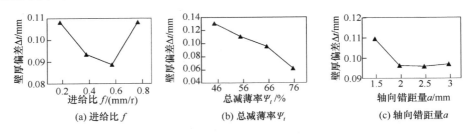

图2-81　各因素对壁厚偏差Δt的影响规律

（1）进给比对壁厚偏差的影响规律。

由图2-81(a)可知,当进给比为0.6mm/r时壁厚偏差存在最小值。这是因为随着进给比增大,旋压件易贴模而不易扩径,旋压件在旋压过程中壁厚不均匀程度降低,精度提高;而当进给比增大到一定程度时,变形的不均匀性增加导致旋压件壁厚偏差有增大趋势。

（2）总减薄率对壁厚偏差的影响规律。

由图2-81(b)可知,旋压成形工艺本身具有提高毛坯壁厚均匀性的效果,因此随着旋压道次数(减薄率)的增加,工件壁厚偏差逐渐减小。

（3）轴向错距量对壁厚偏差的影响规律。

由图2-81(c)可知,当轴向错距量为1.5mm时壁厚偏差较大;而当轴向错距量为2.0m、2.5mm、3.0mm时,随着轴向错距量的增加,壁厚偏差稍呈增加趋势,但趋势并不明显。这是因为在多道次旋压中,随着道次的增加,旋压件越来越薄,理论上轴向错距量的大小应随旋压件壁厚的减小而减小;而实际生产过程中道次间轴向错距量不便于调整,通常只采用固定的值。对于本节试验条件,按文献[50]计算将前四道次的旋压轴向错距量取 2.5mm 或 2mm 较合适;当全程采用固定的 1.5mm 轴向错距量时,将导致壁厚偏差较大。

综上可得到如下结论。

(1) 筒形件错距旋压成形过程中,影响筒形件椭圆度/直线度因素的主次顺序为:进给比>总减薄率>轴向错距量;影响筒形件壁厚偏差因素的主次顺序为:总减薄率>进给比>轴向错距量。

(2) 随着进给比的增大,旋压件的椭圆度、直线度及壁厚偏差均呈减小趋势;但进给比增加到一定程度时反而呈增加趋势;故在合理范围选取进给比,可获得成形质量最佳的旋压件。

(3) 随着壁厚总减薄率的增加,旋压件的椭圆度呈增加趋势,而直线度及壁厚偏差均呈减小趋势;故壁厚总减薄率的选取须综合考虑对三者所产生的不同影响。

(4) 随着轴向错距量的增加,旋压件的椭圆度、直线度及壁厚偏差均呈增加趋势;但因在合理取值范围内,趋势并不明显。

2.4　对轮旋压

对轮旋压是用内旋轮代替旋压芯模,采用一对或多对内外旋轮同时对工件内外表面施加成形力,使工件内外表面同时产生塑性变形,是一种新型的无芯模、快速旋压成形工艺(图 2-82)[38,51]。对轮旋压改变了坯料的受力状态及金属的流动形式,能使内外层金属均匀地参与变形,由于变形区具有对称性,从而使工件内应力状态明显改善。与传统的旋压方法相比,对轮旋压用内旋轮代替芯模节约了旋压工装成本,而且克服了传统旋压工件内外表面变形不均的缺点;另外,使旋轮所受的力降低了一半。这是因为在初始壁厚和变形程度相同的情况下,与芯模旋压相比,对轮旋压时变形工作量由两倍数量的旋轮完成[52,53]。

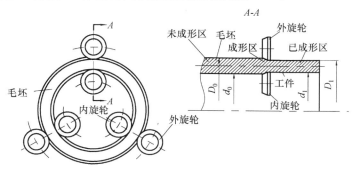

图 2-82　对轮旋压示意图

　　最早使用对轮旋压工艺的是美国的拉迪斯锻造(Ladish Forging)公司,该公司已于 1978 年前后采用此工艺方法为美国罗尔(RohrIndusUlcs)公司成功制造了多件两端带内、外凸台的 Φ3700mm×4200mm 圆筒,并成功应用于航天飞机固体助推器火箭发动机的金属壳体制造[54]。该公司拥有世界上最大的对轮旋压设备,能够加工直径 960~4400mm 的薄壁圆筒,旋压工件最大长度 5000mm,冷旋成形壁厚公差±0.1mm。目前美国战神火箭和可重复使用的固体火箭发动机(RSRM)FTV-2 的壳体制造也使用此项关键技术[55]。另据拉迪斯锻造公司以及 2007 年 6 月举行的美国国家航天与导弹材料座谈会上发布的信息综合分析[56],可以看出,该公司所拥有的对轮旋压机很有可能是卧式结构。

　　德国 MT-Aerospace 公司从 1994 年就基本掌握了阿里安 5 号火箭助推器壳体大直径圆筒成形的新方法[57,58],经过分析,MT-Aerospace 公司技术人员认识到,对于直径大于 2500mm 的薄壁圆筒成形,由于受到设备吨位、模胎制造、重量、安装等方面的限制,以往的"有模"旋压已不适用,大型薄壁圆筒旋压加工技术必须进行突破性创新。该公司通过对对轮旋压技术进行深入的系统研究,并于 1980~1990 年先后申请了多项技术和旋压机制造专利。1991 年该公司委托德国蒂森机械工程公司负责建造出了欧洲最大的立式结构对轮旋压机[59],其设备吨位为 1600kN,最大圆筒加工直径可达 3200mm,最大毛坯壁厚 80mm。其所旋压成形的两端带内、外凸台的 Φ3000mm×3500mm 圆筒,壁厚(82±0.1)mm,已成功应用于欧洲航天局阿里安 5 号火箭助推器壳体的制造上。

　　对轮旋压是成形大直径薄壁圆筒件十分有效的方法,但由于我国并没有此类大直径圆筒产品的牵引作用,国内除了作者课题组,仅有肖作义、张涛[53,60]等对对轮旋压过程进行了刚塑性有限元分析;李文平[61]等利用刚塑性有限元法模拟了直径为 400mm 的管件的对轮旋压过程。

　　文献[62]基于 MSC.MARC 软件对错距旋压、等距旋压和对轮旋压三种成形方法进行了对比研究。所建错距、等距有限元模型如图 2-83 所示,所用旋轮直径 $D_R=180mm$,旋轮型面几何参数如图 2-84 与表 2-25 所示;对轮旋压有限元模型如图 2-85 所示,所用旋轮直径为:内旋轮直径 $D_i=60mm$ 时,外旋轮直径 $D_o=$ 60mm、70mm、80mm、90mm、100mm;外旋轮直径 $D_o=60mm$ 时,内旋轮直径 $D_i=$ 35mm、40mm、45mm、50mm、55mm。其旋轮型面几何参数如图 2-86 与表 2-26 所示。旋轮、芯模(对轮旋压无芯模)和止动环都视为刚性体,管坯则视为变形体且采用八节点六面体单元进行网格划分,所划分的单元总数是 8000 个、节点总数是 8819 个。管坯一端采用止动环固定,限制其端部节点的轴向流动,使其随主轴和止动环一起转动;管坯与芯模、管坯与旋轮之间均定义为接触关系。止动环、芯模和管坯均保持静止状态,旋轮绕芯模的轴线转动。因为强力旋压变形达到稳定状态之后,变形区形状将保持不变,所以为了减小模拟运算量、提高模拟效率,对模型进行适当的简化,取原毛坯长度的 2/5,即 40mm,并且忽略材料的各向异性、温度场的变化以及惯性力的影响。

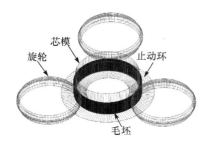

图 2-83　错距、等距旋压三维有限元模型

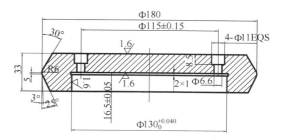

图 2-84　错距、等距旋压用旋轮(单位:mm)

表 2-25　错距、等距旋压用旋轮型面几何参数

旋轮	旋轮圆角半径 r_ρ/mm	旋轮厚度 t'/mm	退出角 δ_ρ/(°)	压光角 β_ρ/(°)	成形角 a_ρ/(°)	修光带 l_ρ/mm
参数	6	33	30	3	25	5

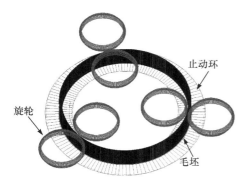

图 2-85　对轮旋压三维有限元模型

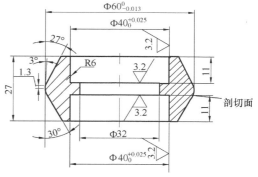

图 2-86　对轮旋压用旋轮(单位:mm)

表 2-26　对轮旋压用旋轮型面几何参数

旋轮	旋轮圆角半径 r_ρ/mm	旋轮厚度 t'/mm	退出角 δ_ρ/(°)	压光角 β_ρ/(°)	成形角 a_ρ/(°)	修光带 l_ρ/mm
参数	6	27	30	3	25	5

模拟所用材料为 20 钢,三种强力旋压工艺的进给比、减薄率和主轴转速均取一致,分别为 0.6mm/r、35% 和 108r/min,另外,错距旋压的轴向错距量 $a=2.5$mm,模拟所用其他工艺参数如表 2-27 所示。

表 2-27　错距、等距和对轮旋压各旋轮压下量

错距旋压			对轮旋压		等距旋压
旋轮Ⅰ压下量 Δ_1/mm	旋轮Ⅱ压下量 Δ_2/mm	旋轮Ⅲ压下量 Δ_3/mm	内旋轮压下量 Δ_1/mm	外旋轮压下量 Δ_2/mm	三旋轮压下量 Δ/mm
0.60	0.45	0.35	0.7	0.7	1.4

图 2-87 为经错距、等距及对轮旋压成形后工件的等效应力应变分布云图。其中图 2-87(a)为等距旋压等效应力应变云图；图 2-87(b)为错距旋压等效应力应变云图；图 2-87(c)为内旋轮直径恒为 60mm，只改变外旋轮直径时的对轮旋压等效应力应变云图；图 2-87(d)为外旋轮直径恒为 60mm，只改变内旋轮直径时的对轮旋压等效应力应变云图。由图可见，工件外表面的等效应力应变大于内表面的等效应力应变；内、外表面等效应力应变差最大的是等距旋压，如图 2-87(a)所示；其次是错距旋压，如图 2-87(b)所示；最小的是对轮旋压，如图 2-87(c)、(d)所示。造成上述结果的原因是：对轮旋压为无芯模旋压，筒形件内、外表面都与旋轮相接触，错距、等距旋压为有芯模旋压，筒形件只有外表面与旋轮相接触，内表面与芯模相接触；有芯模旋压时，由于芯模与工件内表面的摩擦作用阻碍了内层金属的流动，所以有芯模旋压的内、外表面等效应力应变不均匀性远大于对轮旋压；错距旋压时，减薄率由三个旋轮承担，芯模与工件内表面的摩擦力较等距旋压时要小，所以由于摩擦作用而阻碍内层金属流动的作用小于等距旋压的阻碍作用，因此错距旋压内、外表面等效应力应变分布的均匀性优于等距旋压。

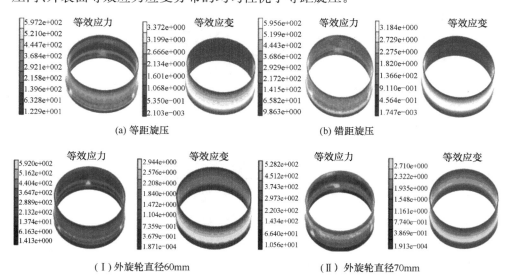

(a) 等距旋压　　　　　　　　　(b) 错距旋压

（Ⅰ）外旋轮直径60mm　　　　　　　　（Ⅱ）外旋轮直径70mm

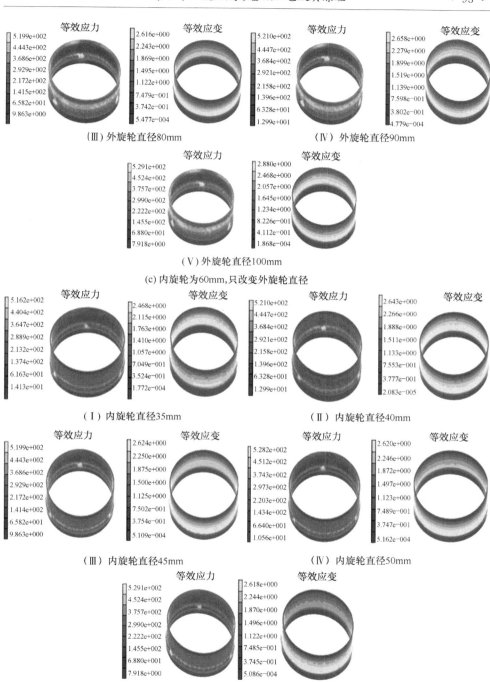

（Ⅲ）外旋轮直径80mm　　　　　　　　　（Ⅳ）外旋轮直径90mm

（Ⅴ）外旋轮直径100mm

（c）内旋轮为60mm，只改变外旋轮直径

（Ⅰ）内旋轮直径35mm　　　　　　　　　（Ⅱ）内旋轮直径40mm

（Ⅲ）内旋轮直径45mm　　　　　　　　　（Ⅳ）内旋轮直径50mm

（Ⅴ）内旋轮直径55mm

（d）外旋轮为60mm，只改变内旋轮直径

图 2-87　等距、错距及对轮旋压时工件等效应力应变云图（等效应力单位：MPa）

经等距旋压、错距旋压和对轮旋压成形后工件内外表面的平均等效应力、应变差如表 2-28 所示。表中，R'_s 为工件内外表面与旋轮接触面积差值的绝对值，$\Delta\bar{\sigma}$ 为工件内外表面平均等效应力差，$\Delta\bar{\varepsilon}$ 为工件内外表面平均等效应变差。由表可知，内外表面平均等效应力、应变差最大的是等距旋压，分别是 41%、55%；其次为错距旋压，分别是 39%、43%；对轮旋压的内外表面平均等效应力、应变差都较小，并且在内旋轮直径或外旋轮直径一定的情况下，等效应变差会随着旋轮直径的增加先减小后增大，呈现出开口向上的抛物线形状，如图 2-88 所示。在外旋轮直径为 60mm 的各组对轮旋压中，当内旋轮直径为 40mm 时，等效应力、应变差最小，分别为 8.0%、1.1%；在内旋轮直径为 60mm 的各组对轮旋压中，当外旋轮直径为 80mm 时，等效应力、应变差最小，分别为 23.2%、2.1%。对轮旋压成形时，采用不同的旋轮组合对工件内外表面的等效应力、应变分布情况影响较大，这主要是因为内外旋轮与毛坯接触面积不同。由于工件内外表面所受到的旋轮作用力大致相同，接触面积相差越大（工件内外表面与旋轮接触面积差值的绝对值如表 2-28 所示），在旋压过程中，工件的内外表面所受的应力相差也就越大；由于材料所受应力将直接决定材料的变形及流动，所以旋压后工件内外表面的等效应变差也就越大。

表 2-28　强力旋压内外表面平均等效应力、应变差对比

旋压方法 接触面积及应力应变差	等距旋压	错距旋压	对轮旋压								
			$D_o=60\text{mm}, D_i/\text{mm}$					$D_i=60\text{mm}, D_o/\text{mm}$			
			35	40	45	50	55	60	70	80	90	100
R'_s/mm^2	—	—	5.4	1	7.8	14.5	21.3	25.1	13.3	3.3	7.4	14.4
$\Delta\bar{\sigma}/\%$	41	39	18.1	8.0	22.4	23	32.5	38.6	24.8	23.2	28.9	29.0
$\Delta\bar{\varepsilon}/\%$	55	43	6.0	1.1	6.5	12.3	21.3	24.5	7.2	2.1	4.6	7.6

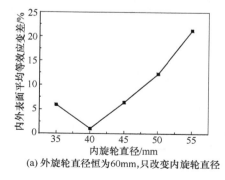

(a) 外旋轮直径恒为60mm，只改变内旋轮直径

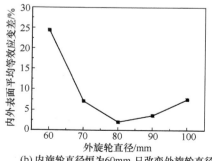

(b) 内旋轮直径恒为60mm，只改变外旋轮直径

图 2-88　不同旋轮组合的平均等效应变差

表 2-29 为不同强力旋压(等距旋压、错距旋压和对轮旋压)方式下旋压筒形件的壁厚分布情况。由表可见,壁厚偏差率最大的是等距旋压,约为 2.55%;其次是错距旋压,约为 2.47%;较小的是对轮旋压,最大壁厚偏差都小于 2%,且在内旋轮直径或外旋轮直径一定的情况下,最大壁厚偏差随着旋轮直径的增加先减小后增大,呈开口向上的抛物线形状,如图 2-89 所示。在外旋轮直径为 60mm 的各组对轮旋压中,当内旋轮直径为 40mm 时,最大壁厚偏差最小,只有 1.31%;在内旋轮直径为 60mm 的各组对轮旋压中,当外旋轮直径为 80mm 时,最大壁厚偏差最小,只有 1.2%。等距旋压与错距旋压时,因金属的流动受到芯模的约束而造成变形的不均匀,而对轮旋压时金属的流动则没有受到芯模的约束,从而使得对轮旋压壁厚分布的均匀性要好于等距旋压与错距旋压。

表 2-29　不同强力旋压方法下的筒形件最大壁厚偏差率

旋压方法　壁厚偏差	等距旋压	错距旋压	对轮旋压									
			$D_o = 60\text{mm}, D_i/\text{mm}$					$D_i = 60\text{mm}, D_o/\text{mm}$				
			35	40	45	50	55	60	70	80	90	100
最大壁厚偏差率/%	2.55	2.47	1.35	1.31	1.36	1.54	1.73	1.94	1.74	1.2	1.75	1.95

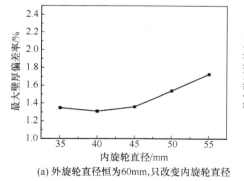

(a) 外旋轮直径恒为60mm,只改变内旋轮直径

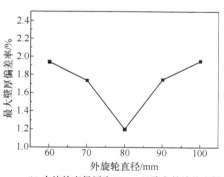

(b) 内旋轮直径恒为60mm,只改变外旋轮直径

图 2-89　不同旋轮组合的最大壁厚偏差

由此可见,采用对轮旋压的成形方法时,旋压件内外表面的等效应力、应变差和最大壁厚偏差远小于错距旋压和等距旋压;而错距旋压时,旋压件内外表面的等效应力、应变差和最大壁厚偏差又小于等距旋压。对轮旋压中不同的旋轮组合对旋压件内外表面的等效应力、应变和壁厚分布的影响都比较大;当外旋轮的直径大于内旋轮的直径时,旋压件的内外表面等效应力、应变差和最大壁厚偏差都较小,且存在最佳的组合。

2.5　本章小结

旋压技术按照所旋金属材料变形特征分类,可分为普通旋压与强力旋压(变薄旋压)。拉深旋压为普通旋压最主要的成形方式,又可分为简单拉深旋压与多道次拉深旋压;强力旋压按变形性质和工件形状可分为锥形剪切旋压和筒形流动旋压等。而近年来出现的三维非轴对称零件、非圆横截面零件、齿类件旋压技术等从金属材料变形特征来看,与上述成形方式密切相关。本章对传统旋压成形技术中的拉深旋压、剪切旋压及流动旋压工艺过程及工艺参数进行了阐述及分析,结论如下。

(1) 按旋轮进给方向,普通旋压有往程旋压与返程旋压之分。毛坯材料性能、旋轮圆角半径、芯模圆角半径、旋轮进给比、名义拉深系数和旋轮与芯模间的相对间隙等对旋压力、工件厚度应变和旋压成形性有很大影响;主轴转速对旋压成形质量影响不大。

(2) 普通旋压成形时一般选用直径为 D_R、圆角半径为 r_ρ 的圆弧形标准旋轮。研究表明,具有两个圆弧工作面的旋轮可提高普通旋压时的成形性能,旋轮型面半径对旋压力、厚度应变和成形性有很大影响,是影响旋压成形过程的重要工艺参数之一。

(3) 对多道次拉深旋压成形而言,旋轮进给比 f 越大、首道次仰角 θ_0 越小、道次间距 p 越小,零件成形质量越好;但 f 过大,零件表面粗糙度差;θ_0 过小,坯料容易失稳起皱;p 过小,生产效率低下。

(4) 偏离率对剪切旋压过程有着显著的影响,完全遵循正弦规律的剪切旋压变形较难达到,可允许少量偏离。平板锥形剪切旋压偏离率 $\Delta t' = -10\% \sim +5\%$;预制坯料锥形剪切旋压时,薄料采用正偏离;厚料偏离率 $\Delta t'$ 可在 $-30\% \sim +30\%$;旋轮的圆角半径 r_ρ 不像普通旋压成形那样重要。

(5) 筒形件流动旋压有正旋和反旋两种方式。筒形件流动旋压成形对坯料有较高的尺寸精度要求;道次减薄率对工件内径的胀缩量及精度均有较大影响;应用最多的旋轮形状为双锥面旋轮,对软钢、合金钢和不锈钢等较硬材料尤为合适。

(6) 错距旋压为筒形件流动旋压最常采用的工艺方法。与非错距旋压相比,错距旋压的工艺参数更多,除了进给比和芯模转速,还包括三个旋轮的径向压下量以及旋轮间的轴向错距量。旋轮轴向错距太大时,会影响母线的直线度,甚至使旋压工件出现失稳、扭曲、扩径等缺陷;错距太小时,各旋轮旋压时将出现干涉,使各旋轮负担严重不均,最终导致工件的壁厚精度、直径精度、圆度等下降。

(7) 采用对轮旋压制备的旋压件,其内外表面的等效应力、应变差和最大壁厚偏差均小于错距旋压和等距旋压,而错距旋压又小于等距旋压;对轮旋压时,不同的旋轮组合对旋压件内外表面的等效应力、应变差和壁厚分布有较大的影响；当外旋轮的直径大于内旋轮的直径时，旋压件内外表面的等效应力、应变差和最大壁厚偏差较小；工件内外表面与旋轮接触面积差值越小，等效应力、应变差值也越小。

参 考 文 献

[1] Xia Q X,Xiao G F,Long H,et al. A review of process advancement of novel metal spinning. International Journal of Machine Tools & Manufacture,2014,85:100-121.

[2] 夏琴香. 三维非轴对称零件旋压成形工艺及设备. 新技术新工艺,2003,(1):33-35.

[3] 夏琴香. 三维非轴对称零件旋压成形机理. 机械工程学报,2004,40(2):153-156.

[4] 夏琴香,吴小瑜,张帅斌,等. 三边形圆弧截面空心零件旋压成形的数值模拟及试验研究. 华南理工大学学报(自然科学版),2010,38(6):100-106.

[5] 夏琴香,谢世伟,叶小舟,等. 钣制带轮近净成形技术及应用前景. 现代制造工程,2007,(5):131-134.

[6] 夏琴香,杨明辉,胡昱,等. 杯形薄壁矩形内齿轮成形数值模拟与试验. 机械工程学报,2006,42(12):192-196.

[7] 王成和,刘克璋. 旋压技术. 北京:机械工业出版社,1986.

[8] 夏琴香. 三维非轴对称偏心及倾斜管件缩径旋压成形理论与方法研究. 广州:华南理工大学博士学位论文,2006.

[9] 赖周艺. 非圆横截面空心零件旋压成形机理研究. 广州:华南理工大学博士学位论文,2012.

[10] 孙凌燕. 杯形薄壁内齿轮旋压成形机理及工艺优化研究. 广州:华南理工大学博士学位论文,2010.

[11] 中国机械工程学会锻压学会. 锻压手册(冲压). 2 版. 北京:机械工业出版社,2002.

[12] 夏琴香. 冲压成形工艺及模具设计(双语教材). 广州:华南理工大学出版社,2004.

[13] Runge M. Spinning and flow forming. Leifeld GmbH,Werkzeugmaschinenbau/Verlag Moderne Industrie AG,D-86895,Landsberg/Lech,1994:1-10.

[14] 日本塑性加工学会. 旋压成形技术. 北京:机械工业出版社,1988.

[15] 夏琴香,阮锋. 旋轮形状对杯形件单道次拉深旋压成形的影响. 金属成形工艺,2002,(6):30-32.

[16] 夏琴香,阮锋. 成形工艺参数对杯形件单道次拉深旋压力的影响. 锻压技术,2004,29(1):40-43.

[17] 吴诗淳,李淼泉. 冲压成形理论及技术. 西安:西北工业大学出版社,2012.

[18] 夏琴香,阮锋,岛进,等. 杯形件的单道次拉深旋压成形工艺研究. 锻压技术,2002,27(6):41-43.

[19] Xia Q X,Shima S S,Kotera H,et al. A study of the one-path deep drawing spinning of cups. Journal of Materials Processing Technology,2005,159(3):397-400.

[20] Johnson W,Mellor P B. Plasticity for Mechanical Engineers. London:D. Van Nostrand Company Ltd. ,1962.

[21] 林波,谷健民,周尚荣,等. 超半球壳体多道次拉深旋压工艺研究. 机械工程学报,2011,

47(6):86-91.

[22] 黄成龙. 普通旋压成形质量分析及控制研究. 广州:华南理工大学硕士学位论文,2015.

[23] 陈嘉,万敏,李卫东,等. 多道次普通旋压渐开线轨迹设计及其在数值模拟中的应用. 塑性工程学报,2008,15(6):54-57.

[24] 袁玉军. 薄壁件精密旋压成形方法及缺陷控制研究. 广州:华南理工大学硕士学位论文,2013.

[25] 刘建华,杨合. 多道次普旋技术发展与旋轮轨迹的研究. 机械科学与技术,2003,22(5):805-807.

[26] 马振平,李宇,孙昌国,等. 普旋道次曲线轨迹对成形影响分析. 锻压技术,1999,(1):21-24.

[27] 魏战冲,李卫东,万敏,等. 旋轮加载轨迹与方式对多道次普通旋压成形的影响. 塑性工程学报,2010,17(3):108-112.

[28] 曾超,张赛军,夏琴香,等. 旋轮轨迹和工艺参数对多道次拉深旋压成形质量的试验研究. 锻压技术,2014,39(1):58-63.

[29] 马飞. 工艺和材料参数对多道次普旋成形影响规律的研究. 西安:西北工业大学硕士学位论文,2005.

[30] 葛光员. 铝合金曲母线型回转体零件精密旋压成形技术研究. 哈尔滨:哈尔滨工业大学硕士学位论文,2010.

[31] 傅成昌,傅晓燕. 几何量公差与测量技术. 北京:石油工业出版社,2013.

[32] 梁炳文. 冷冲压工艺手册. 北京:北京航空航天大学出版社,2004.

[33] Wong C C,Dean T A,Lin J. A review of spinning,shear forming and flow forming processes. International Journal of Machine Tools & Manufacture,2003,43(14):1419-1435.

[34] Kalpakcioglu S. On the mechanics of shear spinning. Transactions of the ASME. Journal of Engineering for Industry,1961,83:125-130.

[35] 陈适先,等. 锻压手册. 北京:机械工业出版社,2002.

[36] 赵云豪,李彦利. 旋压技术与应用. 北京:机械工业出版社,2007.

[37] 岛进,小寺秀俊,等. フレキシブルスピニソダ加工法の開発. 塑性と加工,1997,38:40-44.

[38] 夏琴香,阮锋,岛进,等. 锥形件柔性旋压成形时的变形力分析. 金属成形工艺,2002,(3):5-8.

[39] 陈适先. 强力旋压及其应用. 北京:国防工业出版社,1966.

[40] Chang S C,Huang C A,Yu S Y,et al. Tube spinnability of AA2024 and 7075 aluminum. Journal of Materials Processing Technology,1998,80-81:676-682.

[41] 陈适先,贾文铎,曹庚顺. 强力旋压工艺及设备. 北京:国防工业出版社,1986.

[42] 张鹏. 错距旋压制备纳米/超细晶筒形件方法及试验研究. 广州:华南理工大学硕士学位论文,2012.

[43] 秦勤. 分层错距旋压工艺参数的试验研究. 机床制造工艺,1996,(10):63-69.

[44] 夏琴香,张鹏,程秀全,等. 筒形件错距旋压成形工艺参数的正交试验研究. 锻压技术,2012,37(6):42-46.

[45] 国家质量监督检验检疫总局,中国国家标准化管理委员会. GB/T 8162—2008.结构用无缝

钢管. 北京：中国标准出版社，2009.

[46] Xia Q X, Cheng X Q, Hu Y, et al. Finite element simulation and experimental investigation on the forming forces of 3D non-axisymmetrical tubes spinning. International Journal of Mechanical Sciences, 2006, 48(7): 726-735.

[47] 周宇静，程秀全，夏琴香. 细长薄壁筒形件错距旋压成形工艺研究. 轻合金加工技术，2011，39(8): 30～34.

[48] 汪涛，王仲仁，王胜平. 筒形件变薄旋压最佳变薄率的研究. 中国机械工程学会锻压学会第四届学术年会，上海，1987: 365-369.

[49] 段良辉，王海云，喻立. 筒形件旋压工艺研究. 第十二届全国旋压技术会议，长春，2011: 183-185.

[50] 高曙，仇梅香. 强力旋压轴向错距的精确计算. 锻压技术，1994，(5): 46-49.

[51] 李增辉，韩冬，张立武，等. 大型薄壁圆筒旋压成形技术介绍. 第十二届全国旋压技术交流年会暨旋压学术委员会成立三十周年庆祝大会，长春，2011: 19-23.

[52] 周显印. 对轮旋压——制造高强度精密大型管件的一种新工艺. 锻压技术，1993，(2): 49-51.

[53] 肖作义. 对轮旋压工艺. 新工艺新技术，2000，(6): 23-24.

[54] Krumel C H, Thompson O N. Space shuttle solid rocket motor metal case component. 78-0952. Reston: American Institute of Aeronautics and Astronautics, 1978.

[55] 韩鸿硕. 美国大型固体火箭发动机壳体钢材的选用. 宇航材料工艺，1983，(6): 46-57.

[56] John W, Marcia D, Eric H. Recent advances in near-net-shape fabrication of Al-Li alloy 2195 for launch vehicles. Washington: National Aeronautics and Space Administration, 2007.

[57] Clormann U H, Koppel W, Bel B, et al. Development of the ARIANE 5 booster case. 94-3066. Reston: American Institute of Aeronautics and Astronautics, 1994.

[58] 王向阳. 阿里安 5 的结构材料与工艺的新进展. 宇航材料工艺，1997，(4): 33-35.

[59] Eckert M. Manufacturing MPS-CPN segments by counter-roller flow forming. German National Library of Science and Technology, 1993: 573-584.

[60] 张涛，李文平，李纬民，等. 对轮旋压金属成形的刚塑性有限元分析. 塑性工程学报，1999，6(4): 58-61.

[61] 李文平. 利用有限元法模拟大直径管件对轮旋压过程的研究. 新技术新工艺，2003，(9): 29-31.

[62] 曾超. 对轮旋压制备纳米/超细晶筒形件方法及试验研究. 广州：华南理工大学硕士学位论文，2014.

第3章　无芯模缩径旋压成形技术

无芯模缩径旋压是普通旋压的基本成形方式之一,如果制成的工件开口端直径很小或者缩径量过大或者将其封闭时,则必须采用无芯模缩径旋压方式成形,如气瓶的收口和封底[1]。近年来,各国学者在普通旋压理论方面进行了大量的研究,但对无芯模缩径旋压成形工艺的研究较少,仅有有限的文献涉及无芯模缩径旋压成形。文献[2]按照新的分类方法将无芯模旋压归纳为三种基本形式:平板毛坯的无芯模旋压、薄壁筒的无芯模缩径旋压及一般壳体毛坯的无芯模旋压;文献[3]则从材料加工硬化和摩擦边界条件入手,对缩口旋压变形过程进行了三维有限元模拟,得到了与试验比较接近的结果;文献[4]针对波纹管现有制造工艺存在焊缝多、周期长、成本高、焊缝区易出现扩展裂纹等缺陷,提出采用无芯模缩径旋压成形波纹管,并基于 ABAQUS/Explicit 平台建立了波纹管无芯模缩径旋压的三维弹塑性有限元模型;文献[5]采用理论分析、试验研究和有限元数值模拟相结合的方法,分析研究了单旋轮无芯模缩径旋压工艺的力学性能,为无芯模缩径旋压工艺的参数制定和数控旋压机床的设计提供了基础;文献[6]通过试验和有限元模拟的方法,研究了薄壁微小型铜管无芯模钢球旋压缩径过程中,铜管的成形特征和应力应变分布。

虽然上述部分模拟工作都进行了试验验证,但是仍然缺少理论上的总结,理论架构仍然需要完善和加强。采用旋压对管材进行缩径是对管材进行深加工的一种较好的方法,可以在空心件成形时得到不同的材料再分配,以满足零件的尺寸要求[3];而依据金属材料的变形特征,管形坯料三维非轴对称零件旋压成形与多道次缩径旋压成形类似[7]。为此,本章以管(筒)形件无芯模缩径旋压成形工艺为研究对象,通过基于有限元的数值模拟方法,模拟单旋轮缩口旋压成形过程,以期建立起系统的单旋轮无芯模缩径旋压成形理论体系,揭示不同工艺参数对无芯模缩径旋压成形过程的影响和多道次缩径旋压成形的规律。

3.1　缩径旋压成形特点

缩径旋压是普通旋压的基本成形方式之一。其基本过程为:将毛坯同心地装夹在适当的芯模(如实心的、组合的或无芯模——空气模)中,将需要成形的部分从中露出;当主轴带动毛坯旋转后,控制旋轮按规定的形状轨迹做往复运动,当每次改变方向时给以一定大小的横向进给,逐步地使毛坯外周缩径,最终获得所需形状的零件[1]。

缩径旋压常用的成形方法有三种,分别为无芯模缩旋、内芯模缩旋和滚动模缩旋(图 3-1)[1];常采用单旋轮成形。无芯模缩旋主要用于工件开口端直径较小或缩径量很大直至将工件端口封闭的情况;内芯模缩旋主要应用于毛坯两端开口的筒形坯或锥形坯,并对端部进行缩径的情况;滚动模缩旋主要应用于工件尺寸大、旋压部位在工件端部且变形量不是很大的情况。

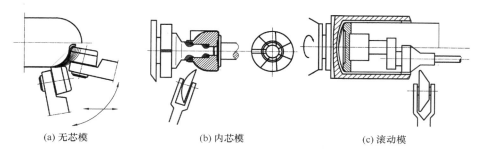

(a) 无芯模　　　　　　　(b) 内芯模　　　　　　　(c) 滚动模

图 3-1　缩径旋压常用的成形方法

在缩径区,工件壁厚变化有不变、增加和变薄三种情况,这与缩径程度、成形方式以及材料性质有关。为了避免工件产生起皱和破裂,应根据缩旋前后直径之比,将过程分成若干道次或工序进行,即旋轮要做多次往复运动,且每次之前均给以一定的进给量,有时还需更换几次芯模和进行中间热处理等。根据材料和工件尺寸,有时要在加热条件下缩旋[1]。

在内芯模和滚动模缩旋中,当毛坯尚未接触芯模时,其受力与变形实际和无芯模是相同的;另外,无芯模旋压端部没有约束,成形过程中容易失稳,同时壁厚分布具有自由性,不能通过调整芯模间隙来控制,其成形规律研究更复杂。因此,选择无芯模的筒形件缩径旋压为研究对象,具有较好的代表性。

为了完善无芯模缩径旋压研究体系,引入 IDEF0 图分析方法以解析整个项目的流程框架。其基本概念是借由图形化的表达式,清楚、严谨地将一个系统的功能和这些功能彼此之间的关联性、限制性表达出来,使得使用者能够由图形化地表达了解到系统的功能运作[8]。

IDEF0 模型的建立是由一个方块图形组合而成的。每一个方块代表系统的活动、工作或功能,输入部分代表将使用或转变的事物,输出部分代表经过功能转变后的结果,控制部分则表示会使功能受到限制的事物,机制部分代表功能经由何种方式被执行完成。借由图形和文字的描述可以表达出系统内各功能及功能间的关系与信息和事物的流动方向。整个研究体系的流程框架如图 3-2 所示[8]。

从图 3-2 可以获得对本研究的系统脉络,通过对研究内容进行功能层面上的划分,可以明确在每一个细分功能上,研究对象是什么、需要准备哪方面的材料或信息以及预期目标是什么等。通过这样的梳理和总结,既提高研究工作的效率,也为建立基于有限元模拟方法的旋压工艺设计方法提供一个有借鉴意义的系统框架。

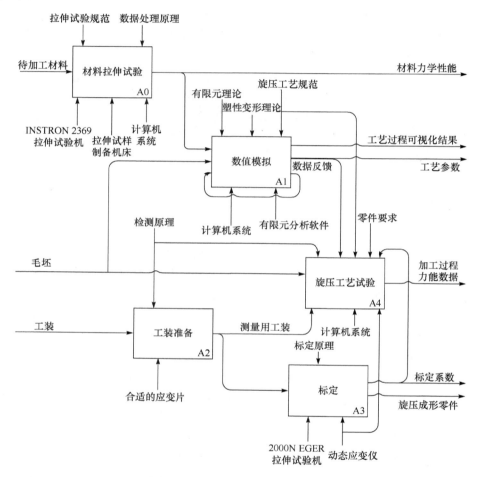

图 3-2　研究体系框架 IDEF0 模型

3.2　弹塑性有限元基本理论及建模关键技术

　　弹塑性有限元方法和刚塑性有限元法是分析金属塑性成形过程的两种重要方法[9]。旋压成形属于连续局部塑性变形,塑性变形区会随着旋轮的运动而改变,而且加载的过程伴随着卸载,因此采用刚塑性有限元法并不能真实地描述旋压的变形特性;而采用弹塑性有限元方法不仅可以分析旋压的整个变形过程,得到变形过程中的应力应变分布状态,而且还可以对变形后残余应力和残余应变的分布进行有效的模拟,因此采用弹塑性有限元法对旋压成形过程进行模拟,更能反映旋压过程的本质[10]。对于旋压成形问题,可能出现大位移、大转动以及大应变、载荷方向随着变形而发生大的变化等情况,任何一种情况都会使几何方程中的二阶项不能略去,从而成为非线性方程,大变形弹塑性有限元法在旋压领域得到了广泛应用。

大变形弹塑性有限元法是基于有限变形理论的弹塑性有限元法,考虑了成形过程中坯料构形的变化,要求在每个时间步中都必须同时考虑单元形状的变化等因素,所以应力应变需要重新定义,本构方程、平衡方程和虚功方程都需要按照重新定义的应力和应变表示[11~13]。正确理解大变形有限元方法理论,有助于建立合理的有限元模型,提高模拟分析的效率和精度。

3.2.1　旋压成形数值模拟建模理论基础

1. 应变的度量

考虑一个在固定的笛卡儿坐标系内的物体,在某种外力的作用下连续变形,如图 3-3 所示,用 ^0x_i 表示物体处于 0 时刻位形内任一点 P 的坐标,用 $^0x_i+\mathrm{d}^0x_i$ 表示和 P 点相邻的 Q 点在 0 时刻位形内的坐标,其中左上标表示参考位形所处时刻。在外力作用下物体的位形不断变化。P 和 Q 两点在 t 时刻的位形内的坐标可分别表示为 ^tx_i 和 $^tx_i+\mathrm{d}^tx_i$。根据连续介质力学理论,物体位形的变化可看成从旧空间到新空间的数学变换,新旧坐标可以通过系数矩阵进行转换[14]:

$$\mathrm{d}^0x_i=\,^0_t x_{i,j}\mathrm{d}^tx_j,\quad \mathrm{d}^tx_i=\,^t_0 x_{i,j}\mathrm{d}^0x_j \tag{3-1}$$

系数矩阵 $^0_t x_{i,j}$ 和 $^t_0 x_{i,j}$ 由下式求得:

$$^0_t x_{i,j}=\frac{\partial^0x_i}{\partial^tx_j},\quad ^t_0 x_{i,j}=\frac{\partial^tx_i}{\partial^0x_j} \tag{3-2}$$

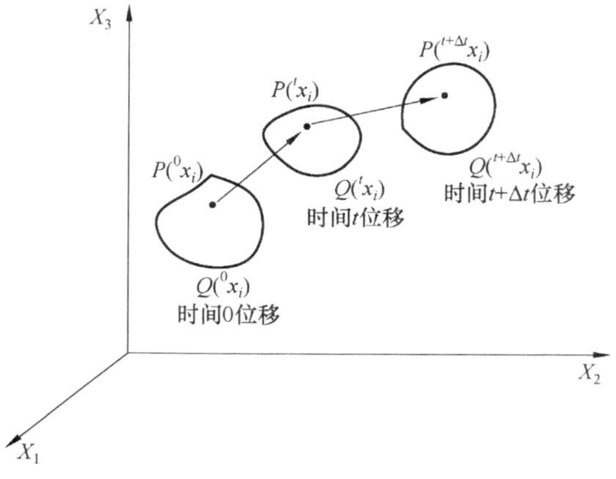

图 3-3　变形体在不同坐标系下的运动

　　若 P、Q 两点在 t 时刻位形中的距离用 $^t\mathrm{d}s$ 表示,则 $^t\mathrm{d}s$ 随时间的变化就是对变形的度量。t 时刻相对于 0 时刻的变形既可以采用物质描述,又可以采用空间描述,于是有两种表示方法[14]:

$$({}^0\mathrm{d}s)^2-({}^t\mathrm{d}s)^2=2\,{}_0^t\varepsilon_{ij}\,\mathrm{d}^0x_i\mathrm{d}^0x_j$$
$$({}^0\mathrm{d}s)^2-({}^t\mathrm{d}s)^2=2\,{}_t^t\varepsilon_{ij}\,\mathrm{d}^tx_i\mathrm{d}^tx_j \tag{3-3}$$

这样就定义了两种应变 $_0^t\varepsilon_{ij}$ 和 $_t^t\varepsilon_{ij}$。前者是 Lagrange 坐标的函数,称为 Green-Lagrange 应变张量,后者是 Euler 坐标的函数,称为 Almansi 应变张量。通常采用前者比较方便。引入位移场 $^tu_i={}^tx_i-{}^0x_i$,则 Green-Lagrange 应变张量可表示为[14]

$$_0^t\varepsilon_{ij}=\frac{1}{2}({}_0^tu_{i,j}+{}_0^tu_{j,i}+{}_0^tu_{k,i}\,{}_0^tu_{k,j}) \tag{3-4}$$

由式(3-4)可见,Green-Lagrange 应变张量为对称张量。

2. 应力的度量

　　真实应力状态只能在变形后的位形中定义,称为 Cauchy 应力张量,用 $^t\tau_{ij}$ 表示。由于 Green-Lagrange 应变张量是在初始位形中表示的,所以要联系应力、应变就需要在变形前的位形中定义当前的应力张量(它是真实应力在初始位形中的映射,因此是虚拟的应力张量)。

　　如图 3-4 所示,假设 t 时刻的位形中有一个微元体,$^tP'Q'R'S$ 为它的一个表面,该表面上的应力为 $\mathrm{d}^tT/\mathrm{d}^tS$,假设在 0 时刻位形的虚拟应力为 $\mathrm{d}^0T/\mathrm{d}^0S$,其中 d^0S 和 d^tS 分别是变形前后的微元。d^0T 和 d^tT 之间的相应关系可以任意规定,在必须保持数学上一致的前提下,通常采用以下两种规定[14]。

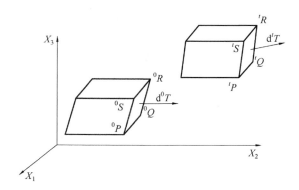

图 3-4　微体变形前后作用力

　　(1) Lagrange 规定:

$$\mathrm{d}^0T_i^{(L)}=\mathrm{d}^tT_i \tag{3-5}$$

即规定在初始位形中虚拟面力的分量和 t 时刻位形中面积微元上的面积分量分别相等。

（2）Kirchhoff 规定：

$$\mathrm{d}^0 T_i^{(k)} = {}_0^t x_{i,j} \mathrm{d}^t T_j \tag{3-6}$$

即假设面力和位形产生同样的变化，因此采用同样的转换系数矩阵。

按照上述两种规定和初始位形中微元体的平衡条件，可以分别建立起真实应力在初始位形中的映射应力：

$$\begin{aligned}
{}_0^t T_{ji} &= \frac{{}^0\rho}{{}^t\rho} {}_t^0 x_{j,\mathrm{m}} {}^t\tau_{mi} \\
{}_0^t S_{ji} &= \frac{{}^0\rho}{{}^t\rho} {}_t^0 x_{j,\alpha} {}_t^0 x_{j,\beta} {}^t\tau_{\alpha\beta}
\end{aligned} \tag{3-7}$$

式中，${}^0\rho$、${}^t\rho$ 为变形前、后位形的材料密度，其关系如下：

$$\frac{{}^0\rho}{{}^t\rho} = |{}_t^0 x_{i,\mathrm{m}}| \tag{3-8}$$

3. 几何非线性参考坐标描述

大变形有限元方法的实施首先需要合理选择描述各物理场的参考坐标系，用不同的空间单元和时间单元分别离散化连续的空间域和时间域，才能获得关于场变量的非线性方程组，进而求得数值解。

几何非线性情况下，变形体的描述由于选择的参考系不同，得到的应力张量、应变张量、本构关系、平衡方程等也是不同的。根据变形体及其上的质点运动状态，选取不同的坐标，有以下几种方法[15]。

1）Lagrange 描述

Lagrange 描述又称物质描述，即变形前、后各力学变量都以变形前的原始坐标为基准来表示。Lagrange 描述具体又可分为两种：完全 Lagrange，即 T. L. 法（total Lagrange formulation），以及更新 Lagrange，即 U. L. 法（update Lagrange formulation）。前者以 $t=0$ 时刻的构形为参考构形，后者以 $t=t$ 时刻的构形为参考构形。如图 3-3 所示，在用增量法求解双重非线性有限元方程的过程中，如果把求解过程中的每一增量看成与变形过程中每一时间增量对应的，并让 $1,2,3,\cdots,$ $i,i+1$ 增量步的初始时间与 $0,\Delta t,2\Delta t,\cdots,t,t+\Delta t$ 时刻一一对应，那么每一时刻都对应一个构形，从而每一增量步都对应两个相邻的构形，由逐步求解过程可知，求解到第 i 增量步时，已有了 $1,2,3,\cdots,i-1$ 增量步的结果，即求解 $t+\Delta t$ 时刻构形时，$0,\Delta t,2\Delta t,\cdots,t$ 时刻的构形是已知的。因此，这些已知构形都可以作为 Lagrange描述的参考构形。显然，把未变形的初始时刻（0 时刻）构形和前一时刻（t 时刻）构形作为参考构形最方便，在 Lagrange 有限应变有限元中，若以初始构形为参考构形,则称为完全 Lagrange 法,简称 T. L. 法;若以前一个相邻构形为参考构形,则称为更新 Lagrange 法,简称 U. L. 法。

2) Euler 描述

Euler 描述又称空间描述,即变形前、后各力学变量都以变形后的新坐标为参考基准来描述。

3) Lagrange 与 Euler 比较

Euler 描述中,有限元在空间固定,材料质点流过网格,可以清晰反映出同一瞬间不同质点的流动方向,特别是分析流动力学物体。而在旋压成形中,更为关心材料具体质点在空间的运动过程,这时 Lagrange 描述更为合适。Euler 描述中,泛函数积分是当前构形,它应是求解的结果,在求解过程中事先是不知道的,因而必须迭代求解;Lagrange 描述中,由于是以过去构形为参考,泛函数积分是已知的,无需迭代求解,因此效率更高。Euler 描述由于在不同时刻坐标上的物质是不同的,故分析物体的本构关系与当时应变或变形历史有关以及有分布力作用于物体表面时,就特别不方便;而 Lagrange 描述由于坐标附着在质点上,易引入本构关系和处理自由表面外载问题。

所以,用 Lagrange 描述的有限元网格附着在物体上随物体在空间运动,采用这种方法建立某个质点的应力-应变关系,对自由边界的处理也很直观。因此,在旋压成形数值模拟中,用 Lagrange 描述比 Euler 描述更合适[16]。

4) 非线性有限元 Lagrange 描述

根据前面所述,Lagrange 描述可以分为完全 Lagrange 法,以及更新 Lagrange 法,如图 3-5 所示[15]。

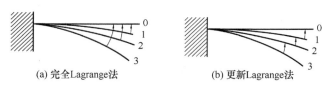

(a) 完全Lagrange法　　　　　　　　(b) 更新Lagrange法

图 3-5　完全 Lagrange 法与更新 Lagrange 法区别

由 T. L. 法得到的有限元方程:

$$({}_0[K]_0 + {}_0[K]_\sigma + {}_0[K]_L)\{\Delta q\} = \{F\} \tag{3-9}$$

由 U. L. 法得到的有限元方程:

$$({}_t[K]_0 + {}_t[K]_\sigma)\{\Delta q\} = \{F\} \tag{3-10}$$

式中,$[K]_0$ 为常规有限元中的刚度矩阵;$[K]_\sigma$ 为初应力或几何刚度阵,表示大变形情况下初应力对结构的影响;$[K]_L$ 称为初位移或大位移刚度阵,是由大位移引起的结构刚度变化。

(1) 在 T. L. 法中,刚度矩阵的积分是在初始构形(0 时刻)的体积 ${}^0V$ 内进行的。在 U. L. 法中，积分是在 t 时刻 ${}^{t}V$ 内进行的，为此在程序中应该保留每次变形后各节点坐标值，即 ${}^{t+\Delta t}x_i = {}^{t}x_i + \Delta^{t+\Delta t}x_i$。

(2) 在 T. L. 法中，保留了刚度矩阵中所有线性项和非线性项；在 U. L. 法中，忽略了 $[K]_L$。

(3) 按 T. L. 法描述的应力、应变为第二类 Piola-Kirchhoff 应力和 Green-Lagrange 应变。U. L. 法参考坐标中采用柯西应力或真实应力和真实应变作为应力和应变度量。

(4) 在 T. L. 法中，当单元刚度矩阵向总体刚度矩阵组集时，用的是 0 时刻各单元坐标系与总体坐标系间的方向余弦，因此在整个求解过程中各个时刻它是不变的。在 U. L. 法中，当单元刚度矩阵向总体刚度矩阵组集时，用的是 t 时刻各单元坐标系与总体坐标系间的方向余弦，因此对每个载荷增量它们是变化的。

所以，从理论上讲，两者都可进行几何非线性分析。比较而言，T. L. 法特别适用于非线性弹性问题，如橡胶类材料的几何非线性描述，也适用于中等程度的大转动和小应变的弹塑性、蠕变分析。U. L. 法适用于大转动的梁、壳结构分析，在曲率项中直接引入几何非线性项，这种方法同样适用于有限塑性变形。同时，由于在计算各载荷增量步时用的是真实的柯西应力，适合追踪变形过程中的应力变化。所以，U. L. 法会更方便些[16]。

4. 连续体的离散化

数值模拟的基本思想就是将变形体看成仅在节点处铰接的有限数目单元体的集合，用各单元内部及边界的节点位移来近似代表变形体的真实位移。因此，单元节点和单元内部各点位移(或速度)的插值函数是影响求解收敛性和稳定性的关键[17]。将结构离散为若干单元时，要选择符合要求的、可将节点位移(或速度)与单元内部各点位移(或速度)联系在一起的插值函数，以保证数值计算结果更逼近精确解。插值函数通常选择多项式，以便微分和积分：

$$
{}^{t}u_i = \sum_{k=1}^{n} N_k\,{}^{t}u_i^k, \quad u_i = \sum_{k=1}^{n} N_k u_i^k \tag{3-11}
$$

式中，N_k 为插值函数；n 为单元的节点数；${}^{t}u_i^k$ 和 u_i^k 分别为 k 节点的 i 方向在 t 时刻的位移分量和位移增量。

式(3-11)写成矩阵形式为

$$
{}^{t}\{u\} = [N]\,{}^{t}\{u^k\}, \quad \{u\} = [N]\{u^k\} \tag{3-12}
$$

式中，$[N]$ 为形函数矩阵。

在工程实际中，常采用等参元求解问题，因此坐标变换式可写为

$$
{}^{0}x_i = \sum_{k=1}^{n} N_k\,{}^{0}x_i^k, \quad {}^{t}x_i = \sum_{k=1}^{n} N_k\,{}^{t}x_i^k, \quad {}^{t+\Delta t}x_i = \sum_{k=1}^{n} N_k\,{}^{t+\Delta t}x_i^k \quad (i=1,2,3) \tag{3-13}
$$

式中，${}^{0}x_i^k$、${}^{t}x_i^k$ 和 ${}^{t+\Delta t}x_i^k$ 分别为 k 节点的 i 方向在 0、t 和 $t+\Delta t$ 时刻的节点坐标。

5. 刚度矩阵构建

对于弹（塑）性有限元法,构建刚度矩阵的目的是建立表示整个变形体的节点位移和总载荷关系的联立方程组,包括将各单元的刚度矩阵集合成整个变形体的总刚度矩阵以及将各单元的节点力列阵集合成总载荷列阵。运用上述几何方程和物理方程,可导出单元刚度矩阵。构建刚度矩阵的方法有位移法、力法和混合法三种,由于位移法易于计算机实现,故应用最广[17]。MSC. MARC 运用的也是位移法,通过虚位移原理建立增量形式的数值模拟求解方程为

$$[K]\{\Delta u\} = \{\Delta P\} \tag{3-14}$$

式中,$[K]$ 为系统的整体刚度矩阵;$\{\Delta u\}$ 为增量位移向量;$\{\Delta P\}$ 为不平衡力向量;分别由单元的各个对应量集合而成。

在变形过程中,对弹塑性材料来说,物体内按其变形的性质可分为四类区域:弹性区、塑性区(弹塑性区)、由弹性状态到塑性状态的过渡区和由塑性状态到弹性状态的卸载区。对弹塑性变形过程,其总刚度矩阵为

$$[K] = \sum [K]_e = \sum [K]_e^{(e)} + \sum [K]_e^{(p)} + \sum [K]_e^{(ep)} + \sum [K]_e^{(pe)}$$
$$\tag{3-15}$$

式中,$[K]_e^{(e)}$ 为弹性区的单元刚度;$[K]_e^{(p)}$ 为塑性区的单元刚度;$[K]_e^{(ep)}$ 为过渡区的单元刚度;$[K]_e^{(pe)}$ 为卸载区的单元刚度。

6. 方程组的求解

刚度矩阵的求解,就是获取未知的节点位移。在弹塑性有限元法中,这些方程组是非线性的,因此求解时需要将其线性化[18]。非线性方程求解有静力隐式法和动力显式法两种不同的算法。金属塑性成形问题大都属于准静态问题,与成形载荷相比,成形过程中惯性力可以忽略。因此,一般用静力隐式方法进行分析。隐式时间积分为

$$[M]^{t+\Delta t}\{\ddot{u}\}^{(i)} + {}^t[K]\Delta\{u\}^{(i)} = {}^{t+\Delta t}\{R\} - {}^{t+\Delta t}\{F\}_{t+\Delta t}^{(i-1)} \tag{3-16}$$

式中,${}^t[K] = \int_V [B_L]^T [C][B] \mathrm{d}v$ 为线性应变增量刚度矩阵,$[B_L]$ 为线性应变-位移变换矩阵;$[M] = \int_{0_v} [N]^T [N]^0 \mathrm{d}v$ 为与时间无关的质量矩阵;${}^{t+\Delta t}\{R\} = \int_{0_A} [N]^{T\,t+\Delta t}_0\{T\}^0 \mathrm{d}v + \int_{0_v} [N]^{T\,t+\Delta t}_0\{F\}^0 \mathrm{d}v$ 为 $t+\Delta t$ 时刻作用于节点上的外力矢量,${}^{t+\Delta t}_0\{T\}$ 和 ${}^{t+\Delta t}_0\{F\}$ 分别为 0 时刻每单位面积的表面力和每单位体积的体力矢量;${}^{t+\Delta t}\{F\}_{t+\Delta t}^{(i-1)}$ 为 $t+\Delta t$ 时刻对应于第 $(i-1)$ 步迭代的单元应力的等效节点力;$\Delta\{u\}^{(i)}$ 为第 i 次迭代中节点位移增量矢量;${}^{t+\Delta t}\{\ddot{u}\}^{(i)}$ 为 $t+\Delta t$ 时刻第 i 次迭代中

的节点加速度矢量；$^t\{\ddot{u}\}$ 为 t 时刻的节点加速度矢量；$^t\{R\}$ 为 t 时刻作用于节点上的外力矢量；$^t\{F\}$ 为 t 时刻单元应力的等效节点力矢量。

3.2.2　无芯模缩径旋压数值模拟关键技术

金属塑性成形过程是一个非常复杂的弹塑性大变形过程，既存在材料非线性、几何非线性，又存在复杂的边界接触条件的非线性，这些因素使其变形机理非常复杂，难以用准确的数学关系式进行描述。有限元方法是随着计算机技术的应用而发展起来的一种有效的数值计算方法，适合分析多种材料、多种结构形状以及复杂边界条件的塑性成形工艺模拟。但有限元数值模拟的精度受到许多因素的影响。首先，计算模型的建立，如对工件的离散化、所选用单元的特性和迭代的方法等；其次，材料性能的描述，如硬化曲线的确定、本构关系的确定等；此外，边界条件，如工件和工具间的摩擦等[8]。

1.　力学模型的建立

在无芯模缩径旋压工艺中（图 3-6），管状毛坯装卡在空心主轴中，需要成形的管端伸出；由主轴带动管坯旋转，旋轮根据所需的轨迹进给，通过向毛坯加压使坯料产生局部塑性变形，最终获得所需的回转形状零件。实际生产过程常采用往、返程旋压交替成形，既可节省加工时间，又可以较好地控制材料流动，使工件壁厚满足产品要求。表 3-1 为数值模拟时所采用的工艺参数，本章的模拟分析中，如无特别说明，都将采用表 3-1 所示的工艺参数。

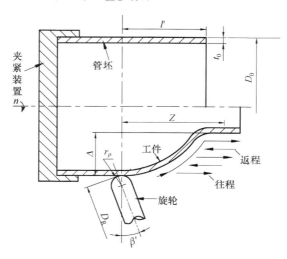

图 3-6　无芯模缩径旋压工艺示意图

表 3-1　缩径旋压数值模拟工艺参数

参数	坯料			旋轮			进给比	主轴转速
	D_0/mm	t_0/mm	l'/mm	D_R/mm	r_ρ/mm	$\beta'/(°)$	$f/(\text{mm/r})$	$n/(\text{r/min})$
取值	80	2.5	40	140	5	15	0.8	600

工件的区域划分如图 3-7 所示。

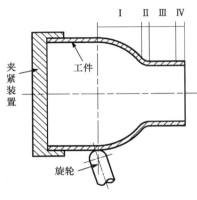

图 3-7　旋压工件区域定义

（1）圆弧旋压部分：所研究的工件母线由圆弧与直线组成，将工件母线为圆弧的部分称作圆弧旋压部分，该部分工件直径逐渐减小。

（2）圆弧与直壁过渡部分：工件圆弧母线与直线之间过渡圆角称作圆弧与直壁过渡部分。

（3）直壁部分：这部分由工件母线为直线的部分组成，也是旋压成形过程进入稳定阶段的部分。

（4）工件开口端：这部分是工件靠近端部的部分，由于是无芯模旋压，工件开口端缺乏约束，所以该部分存在不稳定状态，这是无芯模旋压的重要特征。

2. 几何模型的建立与有限元离散

有限元的基本方法是将连续体离散化成仅在节点处相连的单元，在单元内部用一定的函数描述位移和应变。一般来说，节点位移常被选作基本变量。求解基本方程，得到平衡状态的数值解，再从位移求得应变、应力、温度场等一系列变量。显然，在单元划分、单元形函数的选取和迭代参数的选定上，存在很大任意性。尽管从有限元基本方法来讲，各种设定都是允许的，但是得到的结果可能截然不同。

对于旋压这类强非线性、大变形问题，数值模拟分析常用的商业有限元软件有 ABAQUS/Explicit、Deform-3D、MSC.MARC 和 ANSYS/LS-DYNA 等。就算法而言，上述软件可以分为两类，一类是采用显式算法的软件，如 ABAQUS/Explicit 和 ANSYS/LS-DYNA；另一类是隐式算法的软件，主要有 MSC.MARC 和 Deform-3D。这两种算法在分析效率和分析对象方面有着各自的特点。采用动态显式算法[19～22]，可以避免静态隐式算法给旋压数值模拟带来的收敛难问题；但显式算法的时间步选择为条件稳定，要求模型所取步长必须足够小。为了提高计算效率，在实际的分析中，运用动态显式算法时需同时采用网格自适应[6]、增大分析对象质量密度[23]等方式来提高计算效率，为保证模拟结果的合理性，需将动能与内能之比控制在一定的范围内。此外,工件动态响应的非线性因素在卸载后明显减弱,以致运用动态显式算法无法准确地分析成形中普遍存在的回弹问题。因此,对回弹问题进行数值模拟时,常采用静态隐式算法的数值模拟软件[24~26]。

MSC. MARC 是基于位移法的有限元程序,在非线性方面具有强大的功能。程序按模块化编程,工作空间可根据计算机内存的大小自动进行调整。当单元数、节点数过多,内存不能满足要求时,程序能够自动利用硬盘空间进行分析,在分析过程中,利用网格自适应和重划分技术,能够变更单元的划分和节点数目[27,28]。

MSC. MARC 对于非线性问题采用增量法,在各增量步内对非线性代数方程组进行迭代以满足收敛判定条件。根据具体分析的问题可采用不同的分析方法,对于弹塑性分析和大位移分析可采用切线刚度法。目前 MSC. MARC 已成功应用于各类加工过程仿真,如板材成形(包括深冲、超塑性、拉深、液压等)、体积成形(包括锻造、旋压、挤压等)、浇铸、吹制、焊接、粉末冶金成形、热处理、切割。

MSC. MARC 软件提供了两类参考系分析几何非线性物体问题,完全Lagrange数据文件以 LARGE DIS 选项为识别标志;更新 Lagrange 数据文件以UPDATE 选项为识别标志。FINITE 与 UPDATE 选项组合,用于分析大应变塑性问题。因此,本章选用有限元软件 MSC. MARC,采用更新 Lagrange 法进行数值模拟。文献[29]采用动态显式有限元程序 LS-DYNA 3D 对薄壁筒收口旋压变形进行数值模拟,分析了毛坯的轴向应变、径向应变及壁厚的分布和变化过程。但根据旋压成形加载时间历程较长的特点,采用隐式有限元算法能得到更好的结果,而且隐式算法对于求解残余应力有更显著的优势[30]。

所建立的三维有限元模型具有以下特点[8]。

(1) 模型选用三维弹塑性模型材料。

(2) 采用可计算大位移、大转动变形的增量型更新 Lagrange 描述。

(3) 采用便于计算回弹的隐式算法。

(4) 材料采用各向同性的模型且均质。

(5) 忽略旋压过程中的旋轮与工件之间的热效应影响。

(6) 采用库伦摩擦模型,且摩擦系数在旋压过程中保持不变。

在三维分析中由于六面体网格具有精度高、所需单元少等优点[31],而且六面体网格更适合变形分析和热传导分析[32],故采用八节点六面体单元进行描述(图 3-8),管坯单元数为 2160、节点数为 4461;卡盘(夹紧装置)与旋轮看成刚体。由于采用冷旋

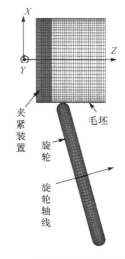

图 3-8　无芯模旋压有限元模型

工艺,并考虑材料的各向异性对成形的影响很小,故进行以下假设:①不考虑温度影响;②不考虑材料各向异性影响;③忽略重力及惯性影响。

3. 屈服准则和大变形弹塑性本构方程

物体内一点由弹性状态进入塑性状态所需要满足的条件称为屈服条件或塑性条件,在金属体积成形的分析中经常采用 Tresca 屈服准则和 von-Mises 屈服准则。一般认为,后者比前者更接近真实情况。

von-Mises 屈服准则可表示为[14]

$$\sqrt{J_2'}=\sqrt{\frac{2}{3}}\sigma_s$$

$$J_2'=\frac{1}{2}\sigma_{ij}\sigma_{ij}'$$

$$\sigma_{ij}'=\sigma_{ij}-\frac{1}{3}\delta_{ij}\sigma_m \tag{3-17}$$

$$\sigma_m=\frac{1}{3}\sigma_{ij}$$

有限元分析中一般采用真实应力-真实应变曲线来反映材料的硬化特性,常用的应力-应变曲线模型主要包括指数曲线、双线性曲线和多线性曲线。

由于金属的弹塑性本构关系具有非线性性质,且与其应变过程和加载路径有关,所以本构关系是一种瞬态关系。

在单向拉伸试验中,有

$$\sigma_{11}=\sigma_s,\quad \sigma=\frac{1}{3}\sigma_s,\quad 其余\ \sigma_{ij}=0 \tag{3-18}$$

$$\begin{cases} e_{11}=e_s,\quad e_{22}=e_{33}=-\mu e_s,\quad 其余\ e_{ij}=0 \\ e=\frac{1}{3}(1-2\mu)e_s \end{cases} \tag{3-19}$$

当取 $\mu=\frac{1}{2}$ 时,有

$$\begin{cases} e_{11}=e_s,\quad e_{22}=e_{33}=-\frac{1}{2}e_s,\quad 其余\ e_{ij}=0 \\ e=0 \end{cases} \tag{3-20}$$

式中,σ_s 为材料的屈服极限(又称流动极限);e_s 为材料屈服时的应变;μ 为泊松比。

按照 von-Mises 屈服条件,有

$$W_{s} = \frac{1}{4G}\sigma'_{ij}\sigma'_{ij} \tag{3-21}$$

$$G = \frac{E}{2(1+\mu)} \tag{3-22}$$

式中, W_s 为物体形状改变部分的变形功; G 为剪切弹性模量; E 为弹性模量。

将式(3-18)代入式(3-21), 得到

$$\frac{1}{4G}\sigma'_{ij}\sigma'_{ij} = \frac{1}{4G}\left[\left(\sigma_s - \frac{1}{3}\sigma_s\right)^2 + \left(-\frac{1}{3}\sigma_s\right)^2 + \left(-\frac{1}{3}\sigma_s\right)^2\right]$$

化简得到

$$\sigma'_{ij}\sigma'_{ij} = \frac{2}{3}\sigma_s^2 \tag{3-23}$$

这个关系式就是 von-Mises 屈服准则, 或称能量塑性条件。

von-Mises 屈服准则可以写成应变 e_s 的形式。式(3-21)可以写成

$$W_s = \frac{E}{2(1+\mu)}e'_{ij}e'_{ij} = Ge'_{ij}e'_{ij} \tag{3-24}$$

将式(3-19)代入式(3-24)得到

$$e'_{ij}e'_{ij} = \frac{2}{3}(1+\mu)e_s^2 \tag{3-25}$$

针对板料成形的分析, 采用等向强化模型。在复杂应力状态下, 等向强化模型假定加载面就是屈服面做相似扩大, 则加载面 $\phi(\sigma_{ij}, \varepsilon_{ij}^p, K) = 0$ 表示为

$$\phi = f(\sigma_{ij}) - K \tag{3-26}$$

式中, K 表示应变历史, 即强化程度的参数。

对于 von-Mises 屈服条件, 有

$$\phi = \bar{\sigma} - K \tag{3-27}$$

则 K 可取

$$K = \psi(\sqrt{d\varepsilon^p}) \tag{3-28}$$

由于 $\bar{\varepsilon} = \sqrt{\frac{2}{9}\left[(\varepsilon_1 - \varepsilon_2)^2 + (\varepsilon_2 - \varepsilon_3)^2 + (\varepsilon_3 - \varepsilon_1)^2\right]}$, 可得

$$d\overline{\varepsilon^p} = \sqrt{\frac{2}{3}}\sqrt{d\varepsilon_{ij}^p d\varepsilon_{ij}^p} \tag{3-29}$$

加载面成为

$$\Psi = (t'_0 - t)/t'_0 \tag{3-30}$$

弹塑性材料的本构关系依赖于变形历史,所以其本构张量用于联系应力率(增量)和应变率(增量)。大变形弹塑性与线弹性的差别,不单是本构关系非线性(物理非线性),位移和应变的关系也是非线性的(几何非线性)。对于各向同性硬化弹塑性金属材料来说,其本构方程具有非线性特征,与材料本身的物理力学性能有关,也与加载历史有关,是应变状态的函数。在求解有限元方程时,在一小段增量范围内进行线性化处理,用迭代法求解,使得在整个变形过程中仍具有它原有的非线性特征。按照 Lagrange 描述的可应用于大位移变形条件下的本构方程,即基尔霍夫应力张量的增量 ΔS_{ij} 和格林应变张量的增量 ΔE_{kl} 之间的关系为

$$\Delta S_{ij} = C^0_{ijkl} \Delta E_{kl} \tag{3-31}$$

其中

$$C^0_{ijkl} = \left| \frac{\partial x_r}{\partial \alpha_s} \right| \frac{\partial \alpha_i}{\partial x_m} \frac{\partial \alpha_j}{\partial x_n} \frac{\partial \alpha_k}{\partial x_p} \left[C_{mnpq} \frac{\partial \alpha_l}{\partial x_q} + \sigma_{mn} \frac{\partial \alpha_l}{\partial x_p} - \sigma_{mp} \frac{\partial \alpha_l}{\partial x_n} - \sigma_{np} \frac{\partial \alpha_l}{\partial x_m} \right] \tag{3-32}$$

式中,$\left| \frac{\partial x_r}{\partial \alpha_s} \right|$ 是雅可比行列式;σ_{mn} 是欧拉应力张量;C_{mnpq} 是按照塑性流动理论,由普朗特-鲁伊斯方程所确定的本构矩阵。

由于基尔霍夫应力张量 S_{ij} 和欧拉应力张量 σ_{mn} 之间的关系为

$$S_{ij} = \left| \frac{\partial x_k}{\partial \alpha_l} \right| \frac{\partial \alpha_i}{\partial x_m} \frac{\partial \alpha_j}{\partial x_n} \sigma_{mn} \tag{3-33}$$

可以将式(3-32)中的欧拉应力张量 σ_{mn} 换成基尔霍夫应力张量 S_{ij},得到

$$C^0_{ijkl} = \left| \frac{\partial x_r}{\partial \alpha_s} \right| \frac{\partial \alpha_i}{\partial x_m} \frac{\partial \alpha_j}{\partial x_n} \frac{\partial \alpha_k}{\partial x_p} C_{mnpq} + \frac{\partial \alpha_k}{\partial x_p} \frac{\partial \alpha_l}{\partial x_p} S_{ij} - \frac{\partial \alpha_j}{\partial x_n} \frac{\partial \alpha_l}{\partial x_n} S_{ij} - \frac{\partial \alpha_i}{\partial x_m} \frac{\partial \alpha_l}{\partial x_m} S_{ij} \tag{3-34}$$

由式(3-33)和式(3-34)可以看出,只要确定了 C_{mnpq},就可以确定 C^0_{ijkl},由这两个关系式确定的 C^0_{ijkl} 是考虑了刚性旋转对应力状态的影响,并经过抵消后的,可用于大位移变形条件下 Lagrange 描述的本构矩阵,用它可以计算单元刚度和总刚度。显然 C^0_{ijkl} 和当时的 σ_{mn} 和 S_{ij} 有关,这是非线性本构关系的一个特点。

在 MSC. MARC 中,本构关系可以输入材料的本构方程,也可以通过输入有限个坐标点来描述材料的本构关系,本章模拟时直接输入试验所获得的真实应力-应变曲线(即本构方程)。为了更准确地反映真实的材料性能,提高模拟精度,根据 GB/T 228.1—2010《金属材料室温拉伸试验方法》对该材料进行纵向弧形剖条拉伸试验。表 3-2 为通过材料单向拉伸试验获得的 3A21、6061T1(挤压态)和 6061T1(退火态)铝合金材料的真实应力-应变曲线及其对应的材料性能参数。本章进行旋压过程的有限元模拟所采用的材料为 3A21 铝合金。

表 3-2 材料性能参数及应力-应变曲线

材料性能	符号	3A21	6061T1 (挤压态)	6061T1 (退火态)
杨氏模量/MPa	E	72258	71627	67308
泊松比	μ	0.31	0.34	0.33
屈服强度/MPa	σ_s	132.11	105.7	51.59
抗拉强度/MPa	σ_b	153.24	202.28	146.12
硬化指数	n	0.226	0.21	0.26
强化系数/MPa	K	369.83	336.4	233.96

4. 运动关系处理及接触边界条件

在旋压工艺过程中,为得到所需的复杂母线形状的工件,工件绕主轴转动的同时,旋轮在空间上必须做复杂的运动,在处理时分解成平动和转动。

在有限元模型中,夹紧装置与工件通过 MSC. MARC 中提供的 GLUE 功能黏合在一起(即在夹紧装置与工件之间定义一个很大的分离力,而在模拟过程中,夹紧装置与工件之间的作用力基本上不可能超过此值,使得夹紧装置与工件结合在一起),并对夹紧装置施加转动载荷,从而实现工件绕主轴转动,这是解决变形体运动较好的处理方法。

对于缩径旋压,旋轮沿母线做轴向及径向进给的同时,还绕自身轴线转动。为更好地模拟旋轮的真实运动,在有限元模型中必须实现旋轮在全局坐标系中平动并绕旋轮本身的轴线自转。在 MSC. MARC 中,刚体旋轮的平移运动通过定义旋轮形心,并对形心施加位移载荷实现;而刚体转动则需要通过在局部坐标系中定义自转轴线,并施加转动载荷实现,其中转动方向由右手法则确定(图 3-9)。旋轮与毛坯之间的接触采用库伦摩擦模型,摩擦系数为 0.1[33]。

5. 收敛准则的判断

数值模拟的求解过程就是非线性方程组的迭代过程。任何迭代法都需要给定一个收敛准则,以此作为迭代收敛或发散的判断。MSC. MARC 采用的是位移有限元法,而变形体与刚体接触的无穿透约束是通过把接触节点自由度转换到刚性接触段/片的局部坐标系后给定法向位移边界条件来贯彻的。因此,采用检查相对位移作为收敛判据。

6. 模拟结果再处理

图 3-10 为 MSC. MARC 的文件格式及数据输出方式。MENTAT 是 MSC.

MARC 有限元分析程序的图形界面,通过 MENTAT 可以实现 MSC.MARC 的前后处理。通过前处理可以实现有限元建模过程,如定义几何模型、材料参数、载荷工况等,产生扩展名为 mud(格式化文件)和 mfd(非格式化文件)的模型文件;通过后处理可以对 MSC.MARC 运算产生的结果文件(扩展名为 t19(格式化文件)和 t16(非格式化文件))进行多种方式的结果显示。

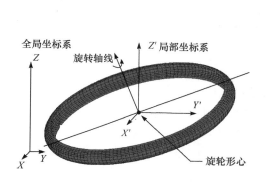

图 3-9　旋轮运动轨迹定义

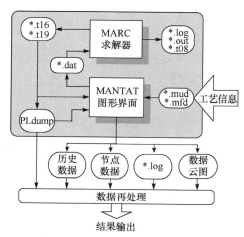

图 3-10　MSC.MARC 的文件格式
及其数据输出方式

由于 MSC.MARC 是通用有限元分析软件,仅依靠本身的后处理功能无法直接给出表达旋压工艺特征的计算结果。为了实现对工艺模拟质量的解析和评价,如何从庞大的有限元运算结果中获取所需要的信息是必须解决的关键问题。对模拟结果的再处理主要通过如下途径实现[8]。

(1)利用 MENTAT 的后处理功能,对模拟结果进行分析,从中提取有用信息,并形成规律性的分析结果。这种分析方法是获取模拟结果最常用也是最直观的方式。例如,应力应变云图的分析和成形过程的动态显示等就是利用了这种方法。

(2)对结果文件 *.t19 或 *.t16 进行二次处理,通过二次开发编程,结合 MSC.MARC 的用户子程序接口 PLdump 从庞大的后处理文件中提取所需要的数据项,经筛选后的数据可利用 MENTAT 进行处理与显示,也可以直接以所需要的数据格式输出或存入数据库中进行再处理。虽然 MSC.MARC 提供了该接口程序,但是它基于 DOS 的使用界面不太友好,尤其在处理对单元或节点进行集合定义以获得相关信息时,显得很不灵活。

(3)通过编辑过程文件 *.log 来直接获取操作结果信息。MSC.MARC 的 *.log 文件可以记录交互操作过程和一些相关的结果,编程能够实现对 *.log 文件进行数据的筛选和处理。例如,外径尺寸信息就是通过这种方式提取的。

(4) 转存历史曲线或节点路径曲线的数据并将所需要的信息导出。导出的数据存为文本格式,并对该数据进行再处理得出所需的信息。例如,旋压力曲线、工艺参数对旋压力的影响曲线、工艺参数对工件壁厚的影响曲线等就是通过这种方式实现的。

下面主要阐述外径尺寸信息获取方法。

工件直径是旋压件质量检测的重要精度指标。有限元模拟完成后的工件,其外径尺寸是由工件外表面的一系列离散节点所决定的,所以获取相应变形后的节点坐标信息就可以求出直径尺寸的大小,内径尺寸信息的获取方法与此相同。这里采用前文所述的第(3)种途径来实现数据的采集,步骤如下。

(1) 采用 Show Node 后处理工具,选取工件外表面的若干节点,选择过程及结果自动记录在 *.log 文件中。

(2) 将 *.log 文件中的相关节点数据存为 *.txt 文本文件,如下文中的 out.txt 文件。

(3) 通过编程对步骤(2)所产生的文件进行处理,并筛选出所需数据。图 3-11(a)是处理前的文件格式,图 3-11(b)是筛选出节点坐标后的文件格式。

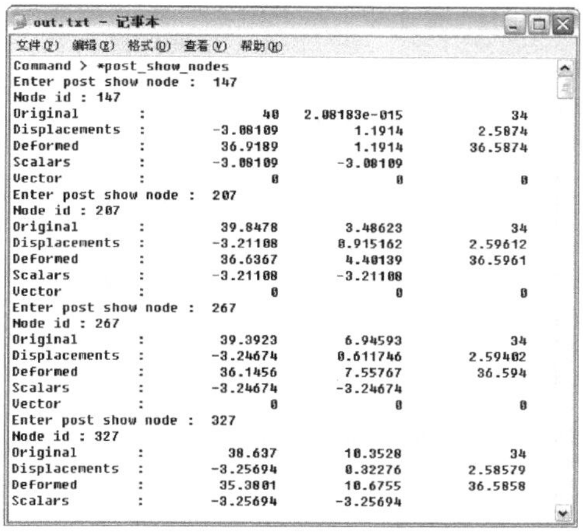

```
out.txt - 记事本
文件(F) 编辑(E) 格式(O) 查看(V) 帮助(H)
Command > *post_show_nodes
Enter post show node :  147
Node id : 147
Original         :        40   2.08183e-015         34
Displacements    :  -3.08109         1.1914     2.5874
Deformed         :   36.9189         1.1914    36.5874
Scalars          :  -3.08109       -3.08109
Vector           :         0              0          0
Enter post show node :  207
Node id : 207
Original         :   39.8478        3.48623         34
Displacements    :  -3.21108       0.915162    2.59612
Deformed         :   36.6367        4.40139    36.5961
Scalars          :  -3.21108       -3.21108
Vector           :         0              0          0
Enter post show node :  267
Node id : 267
Original         :   39.3923        6.94593         34
Displacements    :  -3.24674       0.611746    2.59402
Deformed         :   36.1456        7.55767     36.594
Scalars          :  -3.24674       -3.24674
Vector           :         0              0          0
Enter post show node :  327
Node id : 327
Original         :    38.637        10.3528         34
Displacements    :  -3.25694        0.32276    2.58579
Deformed         :   35.3801        10.6755    36.5858
Scalars          :  -3.25694       -3.25694
```

(a) 处理前

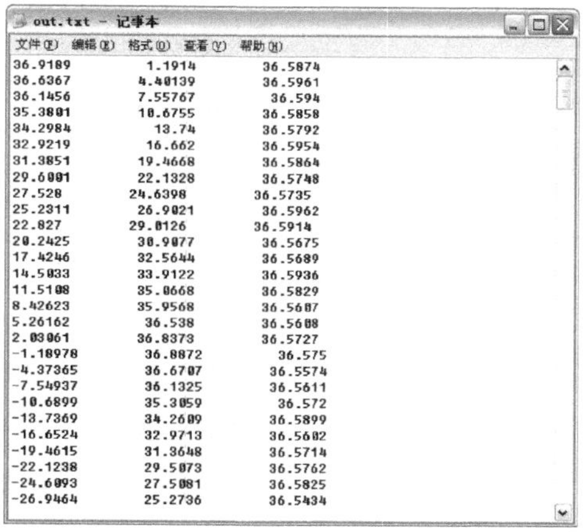

```
out.txt - 记事本
文件(F) 编辑(E) 格式(O) 查看(V) 帮助(H)
36.9189      1.1914     36.5874
36.6367     4.40139     36.5961
36.1456     7.55767      36.594
35.3801     10.6755     36.5858
34.2984       13.74     36.5792
32.9219      16.662     36.5954
31.3851     19.4668     36.5864
29.6001     22.1328     36.5748
27.528     24.6398     36.5735
25.2311     26.9021     36.5962
22.827     29.0126     36.5914
20.2425     30.9077     36.5675
17.4246     32.5644     36.5689
14.5033     33.9122     36.5936
11.5108     35.0668     36.5829
8.42623     35.9568     36.5607
5.26162      36.538     36.5608
2.03061     36.8373     36.5727
-1.18978     36.8872      36.575
-4.37365     36.6707     36.5574
-7.54937     36.1325     36.5611
-10.6899     35.3059      36.572
-13.7369     34.2609     36.5899
-16.6524     32.9713     36.5602
-19.4615     31.3648     36.5714
-22.1238     29.5073     36.5762
-24.6093     27.5081     36.5825
-26.9464     25.2736     36.5434
```

(b) 处理后

图 3-11　过程文件格式转换

(4) 将经过处理筛选出的数据读入 MATLAB 进行编程处理,求出工件的外径尺寸及偏差。其主要程序框架如下:

```
format long g                                   % 打开数据文件
fid=fopen('out.txt','r')
[table,count]=fscanf(fid,'%f%f');
status=fclose(fid);
for n=1:count/3
```

```
for j=1:3
bb(n,j)=table (((n-1)* 3+j),1);
end
bbx(n,1)=table(((n-1)* 3+1),1);
bby(n,1)=table(((n-1)* 3+2),1);
end
.........................
diameter=2* sqrt(bbx.* bbx+bby.* bby);        % 计算直径尺寸
average=mean(diameter);                        % 计算直径平均值
.........................
deviation=std(diameter);                       % 计算标准差
residual=diameter-ones(count/3,1)* average;    % 计算残差
.........................
```

当外径尺寸是通过在不同垂直于轴向的界面圆周上取点而求得时,外径的标准差实际上是圆度的概念;同理,当外径尺寸是通过在工件圆周面上随机取一组节点值而求得时,由上面程序所得到的外径标准差实际上是圆柱度的概念。

3.3　无芯模缩径旋压成形机理分析

3.3.1　成形机理分析

1. 应力应变状态分析

由于旋压过程属局部塑性变形,考察旋轮与毛坯接触区域及其相邻区域的应力应变状态,有助于了解旋压成形的变形机理。图 3-12 为通过有限元模拟所得到的往程旋压时特定区域的三向应力及塑性应变状态示意图。

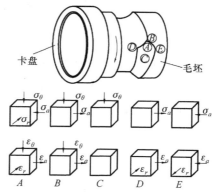

图 3-12　往程旋压特定区域的应力及塑性应变状态示意图

在图 3-12 中，A 表示旋轮与毛坯的接触区域，B、E 和 C、D 分别为待变形区和已变形区靠近变形区的位置；σ_r、σ_θ 和 σ_a 分别表示毛坯所承受的径向、切向和轴向应力；ε_r、ε_θ 和 ε_a 分别表示毛坯所承受的径向、切向和轴向应变。

由金属塑性成形原理可知，当主应力状态下压应力个数越多、数值越大时，金属的塑性越好；反之，若拉应力个数越多、数值越大，则金属的塑性越差[17]。由图 3-12 可见，旋轮与毛坯接触区域 A 受到三向压应力作用，即旋轮与毛坯接触区域具有较高的塑性。区域 A 的材料在旋轮作用下沿轴向伸长，但受到 B 区材料的阻碍作用而在 A 区呈现轴向压应力 σ_a；而 A 区材料受到旋轮在厚度方向（即径向）的直接压力作用，因此 A 区存在径向压应力 σ_r；并且旋压过程中工件直径减小，因而 A 区在圆周方向受到切向压应力 σ_θ 的作用。在上述应力的作用下，A 区产生轴向伸长 ε_a、径向变薄 ε_r 以及切向收缩 ε_θ 的变形，但径向应变 ε_r 值的大小和正负号取决于不同的旋轮几何参数及旋压工艺参数所导致的轴向伸长情况。

区域 B、C 与 A 位于同一圆周上，同样存在切向压应力 σ_θ，而 B 区还受到 A 区材料轴向流动所产生的应力 σ_a 的作用，因此 B 区轴向略有伸长而切向略受压缩；但 C 区刚从变形区脱离，基本只处于弹性恢复状态，没有发生塑性变形；区域 D 仅在旋轮轴向力的作用下产生轴向拉应力 σ_a；区域 E 则受 A 区材料轴向流动所产生的挤压应力 σ_a 的作用。因此，D 区产生轴向伸长变形 ε_a，这也是导致开裂的一项主要原因；E 区产生的轴向压应变 ε_a，是在旋轮前形成材料堆积的主要原因。

当 A 区接近端部并逐渐脱离工件时，与工件接触的旋轮部位由前侧圆角变为后侧圆角，因此 D 区由受轴向拉伸变形转变为轴向压缩变形，导致出现工件口部变薄量略有减少甚至略有增厚的现象。

2. 应力应变整体分布

1）等效应力和三向应变分布

通过有限元数值模拟，可获得毛坯等效应力和三向应变分布云图，一方面可以观察不同压下量 Δ 的应力大小及分布情况；另一方面可以了解材料流动规律。图 3-13 为不同压下量 Δ 时 von-Mises 等效应力的分布情况，其中压下量 Δ 为旋压变形前后工件半径的理论变化量（图 3-6），压下量 Δ 有道次压下量与总压下量之分。

由图 3-13 可见，等效应力沿轴向总体上呈分层分布，而同一层的圆周方向上的等效应力基本相等。应力轴向分层分布是由工件沿轴向的直径变化造成的，因此在稳定旋压阶段的应力变化不大。另外，最大应力出现在口部，这是由口部变薄量较大引起的；而在圆弧过渡区的应力相对较小，因为往程旋压中旋轮从下往上移动到过渡区时，旋轮圆角的后面（下面）与工件的接触面积开始减小，从而降低了材料的流动阻力。由图 3-13 还可以看出，随着压下量增加，在相应位置的等效应力

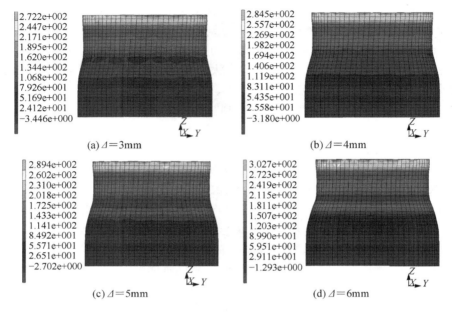

图 3-13　不同压下量 Δ 时等效应力分布(单位:MPa)

都有所增加,工件轴向伸长量增加。这是因为在旋压过程中,径向和切向表现为压应变,而轴向表现为拉应变;随着压下量的增加,材料在切向的压缩变形加剧。由体积不变原理可知,轴向的伸长变形也将加剧,表现为工件伸长量的增加。此外,随着压下量增加,口部末端应力增加;同时,靠近口部末端约束较小,弹性作用较强而塑性稳定性较弱,导致口部末端都有外扩现象[33]。

　　图 3-14 为压下量 Δ 为 3mm 时轴向、切向和径向应变分布情况。从图中可以看出,径向和切向应变都表现为压应变,轴向应变表现为拉应变;另外,径向和轴向应变分布相对均匀,而切向应变在直壁部位出现波动,变形的不均匀性将有产生起皱等成形缺陷的趋势。

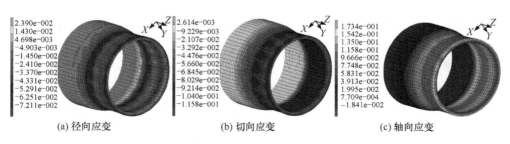

图 3-14　Δ＝3mm 时的三向应变分布规律

2）等效应力沿径向分布

图 3-15 为不同压下量 Δ 时纵向剖切面上的等效应力分布情况。由图可见，尽管压下量不同，但是应力值大小沿径向相差较小，只是随着压下量增大，应力随之稍有增加。从应力分布来看，应力最大值都出现在口部直壁以及过渡圆角内壁位置上。

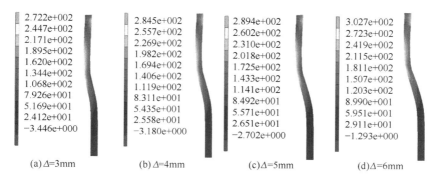

(a)Δ=3mm　　　(b)Δ=4mm　　　(c)Δ=5mm　　　(d)Δ=6mm

图 3-15　不同压下量 Δ 时等效应力沿径向分布规律（单位：MPa）

从图 3-15 还可以看出，旋压件过渡圆角部位存在减薄现象，随着压下量的增大该现象更为严重。这主要是因为压下量较大时，材料更多地堆积在旋轮前端；当旋轮沿轴向进给时，过渡圆角部位的材料经历了弯曲-反弯曲的过程，材料流动受到强烈的阻碍，造成没有足够的材料补充，材料被旋轮强迫沿轴向流动，最后在口部堆积；严重时，甚至会使过渡圆角部位出现过度减薄而被拉裂。为防止拉裂，一方面，可以减小往程旋压的压下量；另一方面，可以配合返程旋压工艺，使部分口部材料向反方向流动以补充过渡圆角处的减薄。但由于过渡圆角处减薄，返程旋压时仍需注意因压下量过大使圆角部位产生失稳而被压塌的现象。

3.3.2　不同工艺参数对旋压力的影响规律

旋压力是旋压成形过程中一个重要的参数。设备和工艺装备的工作条件、旋压件的加工精度及其成形时所需要的功率等都与其密切相关[34]。对旋压力进行理论分析多采用解析计算方法，通常是先对变形过程进行一定的假设后求变形区的应力应变，然后对设定的变形范围进行积分，求出总的变形功和变形力。由于旋压力的大小跟旋压工艺参数的选择有很大的关系，所以解析计算的方法不得不建立诸多假设条件。例如，略去毛坯厚向变形不均；简化为平面应力或平面应变问题等，这就对解析法的求解精度带来很大的影响[35]。下面借助有限元分析方法，对旋压过程中几个关键工艺参数与旋压力之间的关系进行研究。

1. 压下量 △ 的影响

图 3-16 为不同压下量 △ 对三向旋压力的影响曲线。由图可见,几种情况下均为径向旋压力 P_r 最大、轴向旋压力 P_a 较小、切向旋压力 P_θ 最小。这主要是由旋轮与工件接触面积在不同方向的投影大小顺序决定的(详见第 4 章的理论推导),在某个方向的投影面积越大,则该方向的旋压分力也越大;从图 3-16 还可以看出,随着压下量 △ 的增加,径向旋压力 P_r、切向旋压力 P_θ、轴向旋压力 P_a 都呈现增加的趋势,其中 P_r、P_a 的变化趋势明显,P_θ 的变化趋势十分缓慢且远小于径向和轴向的分力。这是由于增加压下量一方面导致旋轮与工件接触面积增加;另一方面导致变形程度的增加而产生更大的接触应力,从而导致各旋压力分力的增加。

2. 旋轮进给比 f 的影响

图 3-17 为旋轮进给比 f 对旋压力的影响曲线。由图可见,随着进给比 f 的增加,三向旋压力均呈增加的趋势;但随着进给比 f 的进一步增加,旋压力增加趋势趋于平缓。这是由于旋轮与毛坯之间的接触轨迹为螺旋线,当进给比较小时,各条螺旋线的重合部分较大,而且重合部分多为已成形部分,使得旋压力较小;随着进给比增加,旋轮运动速度加快,螺旋线的重合部分相对减小,则旋压力增大;而当进给比增大到一定程度时,重合部分所占比例变化较小,力的增加幅度也随之变小。

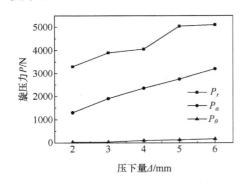

图 3-16　压下量 △ 对旋压力的影响

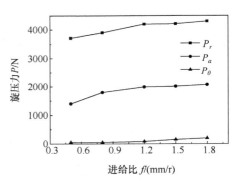

图 3-17　进给比 f 对旋压力的影响

3. 旋轮安装角 β' 的影响

芯模轴线和旋轮轴线构成的角度称为旋轮安装角 β'。日本叶山益次郎推荐[33]:β' 值可在 $0° < \beta' < \alpha + \frac{\pi}{2}$ 的范围内任意选择,通常可取 $\beta' = \alpha$ 或 $\beta' = \frac{\pi}{2}$。安装角不能过大,以免旋轮前沿过深压入毛坯和零件。

图 3-18 为旋轮安装角 β'（图 3-6）对旋压力的影响曲线。由图可见,当安装角 β' 由 $0°$ 增加到 $15°$ 时,三向旋压分力都在减小,说明在这一阶段,随着安装角的增加,旋轮前堆积的材料逐渐减少这一因素起了主要作用;而当继续增加安装角时,轴向旋压分力 P_a 和切向旋压分力 P_θ 仍继续减小,而径向旋压分力有所增加,说明在这一阶段,随着安装角的增加,旋轮与工件接触面积的增加这一因素起了主要作用,而接触面积的增加主要导致其径向投影面积的增加。可见,旋轮安装角 β' 的选择存在一个合理值。

4. 旋轮圆角半径 r_ρ 的影响

图 3-19 为旋轮圆角半径 r_ρ 对旋压力的影响曲线。由图可见,随着旋轮圆角半径 r_ρ 的增加,径向旋压力 P_r 曲线呈增大趋势,而轴向旋压力 P_a 曲线则呈减小趋势。随着旋轮圆角半径 r_ρ 增加,旋轮与毛坯之间的接触面积增大,需要的径向成形力也随之增大;而此时由于旋轮圆角半径增加,更有利于材料的轴向流动,所以在旋轮前材料堆积较少;另外,由于旋轮圆角半径增加,在同样的进给比情况下,已旋部分和未旋部分重合较多,综合这方面的原因,轴向旋压力相对减小。

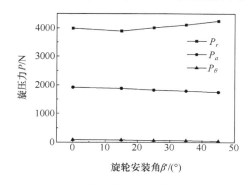 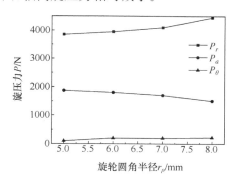

图 3-18　旋轮安装角 β' 对旋压力的影响　　　图 3-19　旋轮圆角半径 r_ρ 对旋压力的影响

3.3.3　不同工艺参数对旋压件壁厚分布规律的影响

缩径旋压产品的主要成形质量包括工件壁厚和外形,外形又包括外径、直线度、圆度或椭圆度。对于气瓶类产品,希望借助于旋压缩口成形使直壁部位的壁厚产生增厚效果,以便在口部内壁加工出连接螺纹[36]。由于往程旋压成形时,工件因承受轴向拉应力易产生壁厚减薄现象,实际生产过程中,若工艺制定不当,甚至可能出现拉裂现象,因此有必要首先对缩径旋压成形后的壁厚情况进行模拟分析;而这种产品旋压成形后的直线度也并不需要特别关注,因此对外形质量进行讨论时只关注工件外径和圆度指标。

采用减薄率 Ψ_t 作为衡量壁厚减薄情况的指标,并进行如下定义:

$$\Psi_t = (t_0 - t)/t_0 \times 100\% \tag{3-35}$$

其中，t_0、t分别为变形前、后的毛坯及工件的壁厚。当减薄率Ψ_t为正值时，说明工件出现壁厚减薄现象，且其值越大，壁厚减薄越严重。

1. 压下量 Δ 的影响

图 3-20 为压下量 Δ 对工件减薄率 Ψ_t 的影响。由图可见，旋压件壁厚基本上均呈现减薄趋势，而且随着压下量 Δ 的增加，壁厚减薄现象趋于严重。

从曲线沿轴向 Z 坐标变化趋势来看，当旋压如图 3-7 所示的圆弧部分（Ⅰ区）时，随着 Z 坐标的增加，一方面实际压下量逐渐增加，导致变形程度逐渐增加引起减薄率逐渐增加；另一方面由于在确定的进给比情况下，Z 方向的进给速度分量逐渐减小，不仅会使减薄率逐渐增加，而且更容易在旋轮前形成材料堆积。当旋压成形圆弧与直壁过渡阶段（Ⅱ区）时，实际压下量达到最大值，Z 方向的进给速度分量达到最小值，因此减薄率出现最大值。

当旋压直壁阶段（Ⅲ区）时，Z 向进给速度分量便按设定的进给比保持不变。起初由于在Ⅱ区时旋轮前面堆积的材料被逐渐压平，即减薄率逐渐减小，因此在Ⅱ区时旋轮前面堆积的材料越多（如压下量为 5mm、6mm 这些较大的情况），则在Ⅲ区减薄率减小所持续的范围就越长，并且随后出现减薄率基本不变的稳定旋压现象；反之，若在Ⅱ区时旋轮前面堆积的材料越少（如压下量为 2mm、3mm、4mm 这些较小的情况），则在Ⅲ区减薄率减小的持续范围就越短，甚至再次出现减薄率增加并稳定在某一数值的现象。

而旋轮进入口部（Ⅳ区）时，随着剩余未变形区轴向长度的逐渐减小，对变形区的约束作用也在减小，即材料更容易沿轴向从未变形区流入变形区，导致减薄率快速减小，并达到减薄率最小值，甚至在压下量 Δ 为 5mm 和 6mm 时，Ⅳ区靠近口部位置出现少量增厚现象，与前面对图 3-12 的口部变形分析结果一致。但在端面处由于旋轮与工件逐渐脱离，即接触面积逐渐减小到 0，减薄率再次逐渐增加。

图 3-21～图 3-23 所示的几种情况下壁厚减薄率沿轴向的变化规律与图 3-20 基本一致。

2. 旋轮进给比 f 的影响

图 3-21 为进给比 f 对工件减薄率 Ψ_t 的影响。由图可见，壁厚减薄现象随着进给比 f 的减小趋于严重。这主要是因为当进给比 f 较小时，旋轮轨迹重合较多，同时参与变形的材料体积减小，材料变形更为充分，即材料产生更多的轴向伸长和径向减薄（图 3-12）。

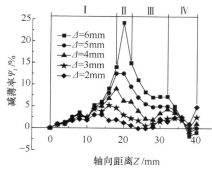

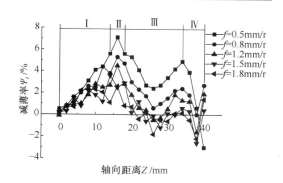

图 3-20　压下量 Δ 对工件
壁厚减薄率 Ψ_t 的影响

图 3-21　进给比 f 对工件
壁厚减薄率 Ψ_t 的影响

3. 旋轮安装角 β' 的影响

图 3-22 为旋轮安装角 β' 对工件减薄率 Ψ_t 的影响。由图可见,各曲线基本重合,只有轻微的差异,基本呈现随着安装角 β' 减小、减薄率 Ψ_t 略有增大的趋势。这是由于随着安装角的减小,旋轮与工件的接触面积略有减小而造成的。由于旋轮安装角 β' 对壁厚的影响并不显著,一般认为旋轮平面应尽量垂直于工件母线,因此实际旋压时,可以选取工件母线方向的平均值安装旋轮。

4. 旋轮圆角半径 r_ρ 的影响

图 3-23 为旋轮圆角半径 r_ρ 对工件减薄率 Ψ_t 的影响。由图可见,随着旋轮圆角半径 r_ρ 的增加,壁厚减薄现象有所改善。当旋轮圆角半径 r_ρ 增大时,壁厚减薄率呈下降趋势。这是因为当旋轮圆角半径 r_ρ 较大时,毛坯和旋轮接触区与未变形区材料过渡较为平缓,有利于材料的流动,在旋压过程中,材料能及时得到补充,因此厚度减薄趋势减缓。

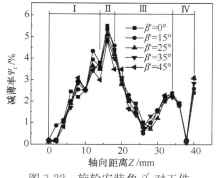

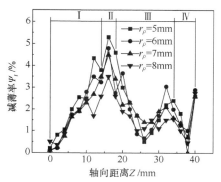

图 3-22　旋轮安装角 β' 对工件
壁厚减薄率 Ψ_t 的影响

图 3-23　旋轮圆角半径 r_ρ 对工件
壁厚减薄率 Ψ_t 的影响

3.3.4　不同工艺参数对旋压件外径尺寸的影响

旋压件的外径尺寸是评价旋压质量的重要参数,在此主要针对旋压件直壁部分的外径尺寸进行研究分析,包括不同工艺参数对工件外径尺寸的影响。外径尺寸的获得利用了 3.2.3 节所介绍的方法,外径的标准差即为圆度,其中在工件直壁部分等距地选择五个截面,获得各截面的外径尺寸,并计算对应截面的标准差,从而获得对应截面的圆度数据。

1. 压下量 Δ 的影响

图 3-24 为压下量 Δ 对旋压件外径的影响曲线。从总体上看,随着压下量的增加,工件外径尺寸曲线做较为均匀的平移;从曲线发展趋势上看,各外径曲线变化趋势比较接近,都是起始段较为平直,到了口部则出现不同程度的扩径现象,而且压下量越大,口部扩径也越大。从对应截面的圆度曲线来看,在不同的压下量时,截面上的圆度都基本保持在 0.018~0.022mm。

2. 进给比 f 的影响

图 3-25 为进给比 f 对旋压件外径的影响曲线。总体来看,进给比对外径尺寸的影响较小,只是随着进给比的减小,工件口部的扩径更为明显。这是由于进给比越小,在旋压结束阶段旋轮离开毛坯之前,口部材料被碾压次数越多,材料变薄越严重,加之无未变形区的支撑和约束,切向压缩变形比较困难,更容易导致扩口现象。从对应截面圆度曲线可以看出,由于口部变形缺少支撑,导致圆度较差,但除接近口部区域以外,其他部位圆度均在 0.03mm 以下。

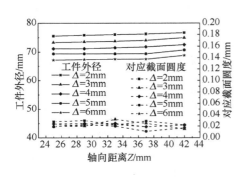

图 3-24　压下量 Δ 对外径尺寸的影响

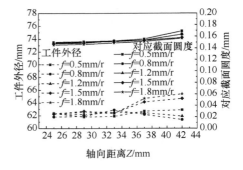

图 3-25　进给比 f 对外径尺寸的影响

3. 旋轮安装角 β' 的影响

图 3-26 为不同旋轮安装角 β' 对旋压件外径的影响曲线。由图可见,随着旋

轮安装角 β' 的增加,工件外径略有增加,这与减薄率随安装角的增加而略有减小有关(图 3-22)。各截面圆度在不同旋轮安装角下没有出现显著差异,基本保持在 0.018～0.022mm,因此在不同旋轮安装角不同截面上旋压质量差别不大。

4. 旋轮圆角半径 r_ρ 的影响

图 3-27 为旋轮圆角半径 r_ρ 对旋压件外径的影响曲线。由图可见,不同的旋轮圆角半径 r_ρ 下,工件外径尺寸曲线变化趋势一致,均为起始部分较为平缓,而在口部由于扩径现象的存在使工件外径有一定的增加;另外,随着旋轮圆角半径 r_ρ 减小,工件外径有所减小。这主要是由圆角半径 r_ρ 减小时,壁厚减薄率增加所造成的(图 3-23)。

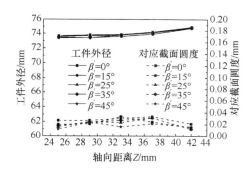

图 3-26　旋轮安装角 β' 对工件外径的影响　　图 3-27　旋轮圆角半径 r_ρ 对外径尺寸的影响

3.4　无芯模多道次缩径旋压模拟分析

多道次缩径旋压是结合往程和返程旋压的工艺过程[37]。为避免在往程旋压过程中,在较大的轴向拉应力作用下,工件因局部减薄效应而产生破裂,以及在返程旋压过程中,变形金属在旋轮头部堆积而导致局部增厚现象,多道次缩径旋压常采取往、返程交替成形方式进行[38]。

3.4.1　往返程旋压成形工艺特点

图 3-28 为往、返程旋压成形过程示意图。由图可见,往、返程旋压最大的区别在于旋轮运动方向与材料流动方向之间的关系。在往程旋压成形过程中(图 3-28(a)),旋轮向远离坯料固定端的方向运动,变形区金属的轴向流动方向与旋轮运动方向相同;而在返程旋压成形过程中(图 3-28(b)),旋轮向靠近坯料固定端的方向运动,变形区金属的轴向流动方向与旋轮运动方向相反。

从工艺特点来看,由于往程旋压过程中,变形区金属材料的流动与旋轮运动方

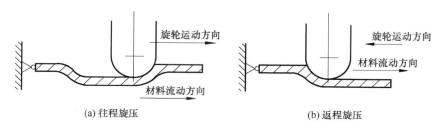

(a) 往程旋压　　　　　　　　　(b) 返程旋压

图 3-28　往返程旋压工艺特点

向一致,材料在旋轮轴向拉力的作用下伸长,导致整体壁厚减薄。在无芯模缩径旋压工艺中,往程旋压有利于材料流动,提高旋压质量,故精整旋压工艺主要采用往程旋压。而在返程旋压过程中,变形区金属材料流动方向与旋轮运动方向相反,材料在旋轮轴向压力的作用下伸长,使壁厚减薄现象得以减缓,甚至在较大压下量的情况下,壁厚呈现增厚现象。但是由于在返程旋压过程中材料受到旋轮与固定端的作用力,材料流动相对困难;同时由于旋轮向着固定端方向运动,工件开口端在旋压过程中随着旋轮的远离,受到的约束也减少,所以工件开口端不稳定性增大,这是影响旋压质量的重要因素。综上所述,采用往、返程交替旋压工艺可以克服各自的缺点,提高旋压质量和旋压成形效率。需要指出的是,随着往、返旋压的次数增多,工件加工硬化现象趋于明显,在旋压过程中同样存在破裂的危险。

　　进行无芯模多道次缩径旋压模拟有两方面关键问题,一是道次轨迹的分配,二是模拟结果的信息传递。

　　首先,道次轨迹的分配是影响成形质量的关键因素。在多道次普通旋压过程中,旋轮运动轨迹影响着旋压过程中工件的应力应变场分布,对旋压的变形量分配、成形质量和加工效率都具有重要影响。图 3-29 为拟定的多道次缩径旋压轨迹,并据此进行多道次缩径旋压有限元模拟。在该多道次旋压轨迹中,第 1,3,⋯道次为往程旋压;第 2,4,⋯道次为返程旋压。

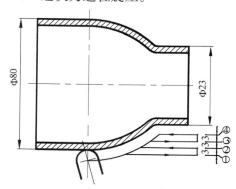

图 3-29　多道次旋压旋轮轨迹示意图(单位:mm)

其次,在压下量较大时,需要进行旋压的道次也相应增多,为了便于模拟分析,通常将整个工艺过程分成若干部分,每一道次进行一次模拟计算,而每一次模拟计算完毕后保留在毛坯中的应力应变信息必须传递到下一次模拟计算的模型中。在MSC. MARC 中,通过重启动功能可以把最后收敛增量步保存到重启动文件(后缀名为 t08)中,或者按照事先定义的增量步序列进行保存。在新的一次模拟计算开始时,读入上一次计算保存下来的重启动文件,便可实现工件应力应变信息的传递。

3.4.2　工件应力应变分布规律

1. 返程旋压时应力应变分析

前文已对往程旋压时应力应变状态做了分析,此处主要阐述返程旋压时的应力应变状态。图 3-30 为返程旋压时特定区域的三向应力及塑性应变示意图。其中,区域 A 表示旋轮与毛坯接触的区域;区域 B、E 和 C、D 分别为待变形区和已变形区;σ_r、σ_θ 和 σ_a 分别表示毛坯所承受的径向、切向和轴向应力;ε_r、ε_θ 和 ε_a 分别表示毛坯所产生的径向、切向和轴向应变。

由图 3-30 可见,在旋轮与毛坯的局部接触区域 A 仍然处于三向压应力状态,产生切向压应变 ε_θ、轴向拉应变 ε_a,而厚度方向的压应变 ε_r 比往程旋压时更小;区域 B、C 同样承受切向压应力 σ_θ,而 B 区受 A 区轴向拉伸变形作用而产生轴向拉应力 σ_a;D 区受旋轮轴向力作用及 A 区变形材料的挤压作用而承受轴向压应力 σ_a,D 区产生的轴向压缩变形 ε_a 和厚向增厚变形 ε_r 均明显大于往程旋压的情况,因此在返程旋压时,旋轮前面的材料堆积也更为明显(图 3-31),这是造成返程旋压稳定性较差的主要原因。另外,从图 3-31 还可以看出,当旋轮从工件口部开始向左移动到刚离开口部位置时,由于旋轮轴向摩擦力及此处材料径向流动的共同

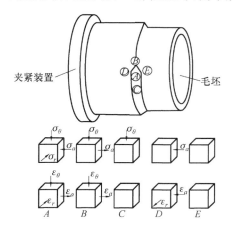

图 3-30　返程旋压时特定区域的
应力应变状态示意图

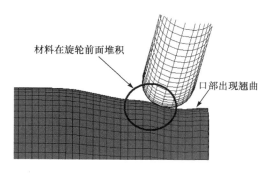

图 3-31　返程旋压时材料在旋轮前面堆积

作用,导致工件口部出现外翻现象,即产生扩径。由于存在夹持端和终旋端的约束,在返程旋压过程中,旋轮的轴向进给方向与金属材料的流动方向相反,旋轮运动方向前方的金属流动受限,在旋轮作用的变形区域,金属呈现反向流动的特点,这又使得金属的流动距离加大,工艺参数更趋复杂,金属成形过程中工件的应力应变规律也相对复杂。

2. 各道次工件应力应变分析

图 3-32 为各道次等效应力分布图。由图可见,与单道次往程旋压相似(图 3-13),等效应力沿轴向总体上仍呈分层分布,而同一层的圆周方向上的等效应力基本相等。往程旋压道次(第 1、3 道次)由于口部变薄量较大而出现最大应力;而返程旋压道次(第 2、4 道次)则由于材料流动困难,大部分区域均存在较高应力,最大应力出现在圆弧过渡区域。这是因为返程旋压时,当旋轮从口部往下移动时,首先仍是由于口部产生了较大的减薄量而形成较大的应力,之后进入稳定旋压阶段时应力较口部有所降低,但进入圆弧过渡区域时,由于旋轮前面(下面)圆角区与工件已成形的圆弧接触,与稳定旋压阶段相比,实际上增加了与工件的接触面积,产生更大的材料流动阻力;随后由于旋压成形的弧线与前一道次往程旋压产生的弧线衔接,应力开始逐渐减小,致使在圆弧过渡区域产生最大应力。

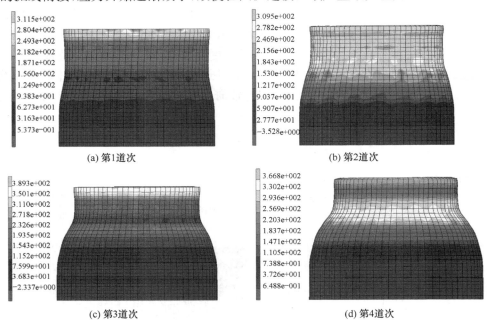

(a) 第1道次　　　　　　　　　　　(b) 第2道次

(c) 第3道次　　　　　　　　　　　(d) 第4道次

图 3-32　各道次等效应力分布图(单位:MPa)

图 3-33 为各道次旋压成形后三向应变分布图。由图可见,在往程旋压道次(第 1、3 道次)中径向应变以压应变(减薄)为主,在返程旋压道次(第 2、4 道次)中径向应变则表现为以拉应变(增厚)为主。而不论往程旋压还是返程旋压道次中,切向应变都呈压应变状态、轴向应变都呈拉应变状态。

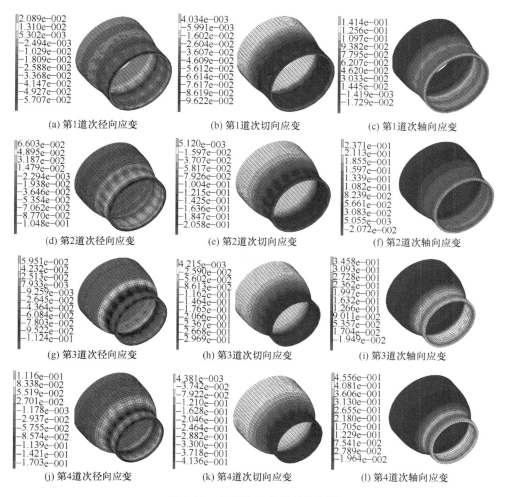

(a) 第1道次径向应变　　　(b) 第1道次切向应变　　　(c) 第1道次轴向应变

(d) 第2道次径向应变　　　(e) 第2道次切向应变　　　(f) 第2道次轴向应变

(g) 第3道次径向应变　　　(h) 第3道次切向应变　　　(i) 第3道次轴向应变

(j) 第4道次径向应变　　　(k) 第4道次切向应变　　　(l) 第4道次轴向应变

图 3-33 各道次三向应变分布图

从图 3-33 还可以看出,在旋压过程中,工件口部的径向和切向应变都出现起伏现象,而且随着旋压道次增多,起伏现象越严重。这一方面是由于工艺参数的配合不当,当压下量较大、进给比也较大时,材料不能充分变形,不能及时沿切向和径向流动,于是材料内部出现挤压而导致应变的起伏现象,且有失稳的趋势,如果情况严重将导致起皱现象的发生;另一方面是由于材料加工硬化,随着旋压道次的增多,变形金属塑性下降、材料流动性能也随之下降。而由于口部缺乏约束,材料沿轴向流动相对容易,故轴向应变分布相对均匀。由此可见,为了顺利完成旋压成形,应合理选择旋轮轨迹、道次压下量及进给比等工艺参数。

3.4.3 多道次旋压成形质量分析

1. 旋压道次对工件壁厚减薄率的影响

图 3-34 为旋压件壁厚减薄率随道次的变化情况。总体来看,在往程旋压道次(第 1、3 道次)中壁厚变化以减薄为主;在返程旋压道次(第 2、4 道次)中,壁厚变化则呈增厚趋势。而不论往程还是返程旋压,工件开口端都是减薄的,但是由于采用了往程、返程往复旋压的工艺,工件开口端的壁厚变化较小。

从道次规律来看,第 1 道次为往程旋压,可以看到壁厚呈减薄趋势;第 2 道次为返程旋压,可以看到工件壁厚变化已经抵消了上一道次的减薄,而且在工件直壁部位出现增厚;第 3 道次为往程旋压,可以看到工件壁厚再次以减薄为主,但是在工件直壁部分仍然保持了一定的增厚量;第 4 道次是返程旋压,可以看到工件直壁部分表现为增厚状态,而且增厚区域有一定程度的扩大。综上所述,随着道次的增多,工件变形量增大,但利用往、返程旋压工艺有效地抑制了在往程旋压过程中的壁厚变薄现象,同时使壁厚分布趋于均匀。

2. 旋压道次对工件外径的影响

图 3-35 为工件外径随道次的变化情况。由图可见,随旋压道次的增加工件外径尺寸减小较为均匀,间隔为 6mm 左右。在往程旋压道次(第 1、3 道次)中,工件外径变化相对返程旋压道次(第 2、4 道次)均匀,在工件直壁部分外径变化曲线较为平坦,在工件口部存在扩口现象,使得工件外径增大。

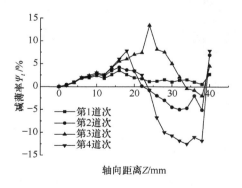

图 3-34　旋压道次对工件壁厚减薄率的影响

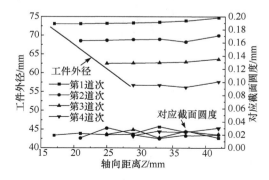

图 3-35　旋压道次对工件外径的影响

从图 3-35 中对应截面圆度来看,截面上圆度都集中在 $0.018\sim0.026$mm 水平,说明在截面上旋压质量较为一致。

综上所述,采用往、返程旋压交替进行,可以充分发挥往程旋压稳定性好、工件外形精度高以及返程旋压克服壁厚减薄的优点,二者相互补充、相互纠正,使工件整体旋压质量呈上升趋势。需要指出的是,由于加工硬化现象的存在,旋压道次的数量增加到一定程度时,工件将无法再进行旋压变形,甚至出现断裂破坏,故确定旋压轨迹、合理分配道次变形量,对多道次旋压是至关重要的。

3.5　试　验　研　究

为了获得有限元数值模拟所需要的材料性能参数及对数值模拟结果进行验证,本节进行材料力学性能试验及无芯模缩口旋压工艺试验。

3.5.1　材料力学性能试验研究

根据国家标准 GB/T 228.1—2010《金属材料 室温拉伸试验方法》[39],使用 INSTRON 2369 型拉伸试验机,以 3A21(旧 LF21)材料为例,对其单向拉伸试验过程及数据处理进行说明。

1. 拉伸试样的制备

表 3-3 为 GB/T 228.1—2010 标准关于圆管材用纵向弧形试样标准。

表 3-3　圆管纵向弧形试样　　　　　　　（单位:mm）

D_0	b	厚度	R	$k=5.65$			$k=11.3$		
				L_0	L_c	试验编号	L_0	L_c	试验编号
$30\sim50$	10	原壁厚	$\geqslant12$	$5.65\sqrt{S_0}$	$\geqslant L_0+1.5\sqrt{S_0}$ 仲裁试验: $\geqslant L_0+2\sqrt{S_0}$	S1	$11.3\sqrt{S_0}$	$\geqslant L_0+$ $1.5\sqrt{S_0}$ 仲裁试验: $\geqslant L_0+$ $2\sqrt{S_0}$	S01
$>50\sim70$	15					S2			S02
>70	20					S3			S03
$\leqslant100$	19			50		S4			
$>100\sim200$	25					S5			
>200	38					S6			

注:采用比例试样时,优先采用比例系数 $k=5.65$ 的比例试样。

由于采用圆管纵向弧形试样,所以原始截面积 S_0 应按照式(3-36)进行计算:

$$S_0 = \frac{b}{4}\sqrt{D_0^2 - b^2} + \frac{D_0^2}{4}\arcsin\left(\frac{b}{D_0^2}\right) - \frac{b}{4}\sqrt{(D_0 - 2t_0)^2 - b^2}$$

$$- \left(\frac{D_0 - 2t_0}{2}\right)^2 \arcsin\left(\frac{b}{D_0 - 2t_0}\right) \tag{3-36}$$

式中，t_0 为管壁厚度，进行试验的毛坯厚度为 3.0mm；b 为剖条的平均宽度，取 20mm；D_0 为管外径，毛坯外径为 80mm。

通过式(3-36)得 $S_0 = 60.697\text{mm}^2$，于是通过表 3-3 得 $L_0 = 44\text{mm}$，$L_c = 55\text{mm}$。试样制备尺寸如图 3-36 所示。

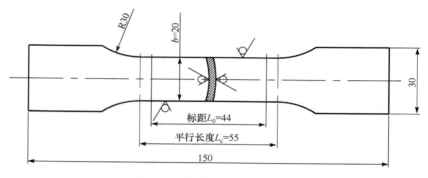

图 3-36　拉伸试样(单位:mm)

另外，要注意的是，这里算出来的 S_0 只是为了确定试样尺寸，而在做单向拉伸试验之前，必须再次测量试样厚度和平均宽度的真实值，并算出当前的 S_0 值，以供后面数据处理所用。

2. 试验方案设计

由于计算材料泊松比需要获得纵向应变和横向应变的比值，而传统的单向拉伸试验只能获得沿拉伸方向的纵向应变，不能获得材料横向应变，所以试验前先在试样上粘贴垂直分布的应变片(应变花)；同时，在拉伸过程中，当材料进入屈服阶段时，材料变形较大，应变片就有脱离的可能，导致屈服以后所测应变不真实，所以在试验过程中，通过应变仪采集在弹性阶段的纵向和横向应变，利用计算机记录载荷变化情况和引伸计所反馈的试样伸长量，以备数据处理时使用。试验方案如图 3-37 所示。具体试验时，首先在 INSTRON 2369 型拉伸试验机上装夹试样(图 3-38)，在弹性阶段拉伸载荷每加 100N 读取一次应变仪示值(纵向应变与横向应变)并加以记录；而引伸计读数由计算机完成。拉伸试样在试验前后的状态如图 3-39 所示；试验所获得的三种材料的真实应力-应变曲线及材料参数如表 3-2 所示。

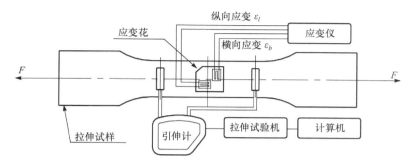

图 3-37　拉伸试验方案

图 3-38　拉伸试验设备

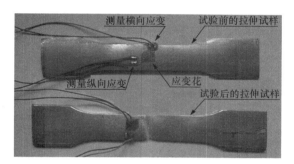

图 3-39　试验前后的拉伸试样

3. 数据处理

1）求真实应力 σ、应变 ε

首先根据式(3-36)计算出实际横截面积 S_0',再根据体积不变原理,以及引伸计读得数据,按以下公式计算真实应力:

$$\sigma = \frac{F(\Delta l + l_0)}{S_0' l_0} \tag{3-37}$$

式中,F 为拉伸载荷(N);Δl 为伸长量(mm);l_0 为标距长度(mm);S_0' 为实际原始截面积(mm^2)。

真实应变为对数应变,按以下公式计算:

$$\varepsilon = \ln\left(\frac{l_0 + \Delta l}{l_0}\right) \tag{3-38}$$

2）求弹性(杨氏)模量 E

根据第一步所得结果,作真实应力-应变曲线(图 3-40);抽取曲线前端线性部分,并据此作过原点的趋势线,趋势线斜率为弹性(杨氏)模量(图 3-41)。

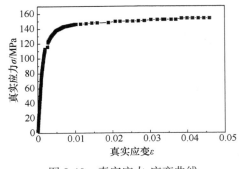

图 3-40　真实应力-应变曲线

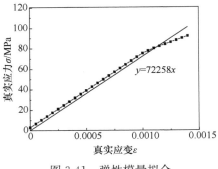

图 3-41　弹性模量拟合

3) 求泊松比 μ、厚向异性指数 ν'

根据记录的纵向与横向应变数据,按以下公式计算泊松比 μ:

$$\mu = -\frac{\varepsilon_b}{\varepsilon_l} \tag{3-39}$$

式中,ε_b 为横向应变(应变仪读数为负值);ε_l 为纵向应变(应变仪读数为正值)。

根据体积不变原理,厚向应变 ε_t 按以下公式计算:

$$\varepsilon_t = -(\varepsilon_b + \varepsilon_l) \tag{3-40}$$

于是,厚向异性指数 ν' 为

$$\nu' = -\frac{\varepsilon_b}{\varepsilon_t} \tag{3-41}$$

4) 拟合硬化指数 n 和强化系数 K

作为板料成形性能主要判据的硬化指数 n 是比 ν' 更为重要的参数,用于表示板材在冷变形过程中材料的变形抗力(强度)随变形程度增大而增加的性质。在板料成形技术领域比较普遍用幂函数来表示硬化曲线,其形式为[40]

$$\sigma = K\varepsilon^n \tag{3-42}$$

n 值和 K 值一般采用特征点法和最小二乘法拟合确定。

其中特征点法是利用试验所得数据的某些特定点,代入式(3-42)联立解方程组,从而解得 n、K 特征值,这种方法简便快捷,然而这种方法将应力-应变曲线大部分信息过滤掉,所以误差较大[8]。

最小二乘法拟合是利用特定的曲线方程模型,附加特定条件(这里是离差平方和最小)运用统计学原理拟合出符合此条件的曲线方程,最后获得方程中的待定参数,这种方法体现了试验数据整体信息,误差较小[41]。另外,最小二乘法又分为两种,一种是线性最小二乘拟合法(linear least squares fitting solution,LLSF),另一种是非线性最小二乘拟合法(nonlinear least squares fitting solution,NLSF)。前者是将基础曲线方程或模型(basic function or model)直接或间接地转换成线性方法,即基于线性回归算法(linear regression algorithm,LRA)进行处理,这种方法处理方便,计算量相对较小,但精度和数值稳定性不及非线性最小二乘拟合。相对地,非线性最小二乘拟合则基于非线性回归算法(nonlinear regression algorithm, NRA)进行处理,此方法直接采用非线性基础曲线方程,而不进行转换,这种方法逼近程度较好,但计算量巨大,需要使用计算机辅助计算。对于 NLSF,目前应用最广泛的 NRA 是 Levenberg-Marquardt(LM)算法,而大型数据处理软件 Origin 的曲线拟合内核就是基于 LM 算法的 NLSF,本次试验的数据处理也凭借此软件的强大功能得以方便地实现。

下面简单介绍线性最小二乘法确定 n、K 值。

根据式(3-42),有

$$\ln\sigma = \ln K + n\ln\varepsilon \tag{3-43}$$

令

$$y = \ln\sigma$$
$$x = \ln\varepsilon$$
$$a = n$$
$$b = \ln K$$

于是式(3-43)写成

$$y_i = ax_i + b \quad (i = 1, \cdots, M) \tag{3-44}$$

式中,下标 i 为数据点号;M 为真实应力-应变曲线上数据点的个数,即表示此种形式的方程可建立 M 个。于是根据线性最小二乘法,有

$$n = \frac{M\sum\limits_{i=1}^{M} x_i y_i - \sum\limits_{i=1}^{M} x_i \sum\limits_{i=1}^{M} y_i}{M\sum\limits_{i=1}^{M} x_i^2 - \left(\sum\limits_{i=1}^{M} x\right)^2} \tag{3-45}$$

$$K = \exp\left(\frac{\sum\limits_{i=1}^{M} y_i - n\sum\limits_{i=1}^{M} x_i}{M}\right) \tag{3-46}$$

由于 LM 算法复杂,这里不再详述。在处理时,只需要把试验数据导入 Origin 软件的曲线拟合功能即可自动获得结果。

用同样的方法可以获得 6061T1(挤压态)、6061T1(退火态)两种材料的真实应力-应变曲线及材料参数,如表 3-2 所示。

3.5.2　单道次旋压工艺试验研究

1. 旋压工艺试验方案

缩径旋压工艺试验是在自制的 HGPX-WSM 型数控旋压机床上进行的

（图 3-42）。该机床是一款多功能通用数控旋压机床，不但可以应用于各种轴对称零件的旋压加工，还可以应用于非轴对称类零件的旋压加工[42]，也能用于内齿轮零件[43]及非圆空心零件[44]的旋压成形。为了对旋压力及其变化情况进行分析，并验证不同工艺参数对旋压力及成形规律的影响，试验用材料为 3A21 铝合金，旋轮圆角半径 r_ρ 为 5mm、旋轮直径 D_R 为 140mm，管坯直径 D_0 为 80mm、管坯厚度 t_0 为 2.5mm，主轴转速为 600r/min；其他参数如表 3-4 所示。

图 3-42　HGPX-WSM 型数控旋压机床

表 3-4　旋压试验工艺参数

可变参数	压下量 Δ/mm	进给比 f/(mm/r)	旋轮安装角 β'/(°)
压下量 Δ/mm 2,3,4,5,6	—	0.8	15°
进给比 f/(mm/r) 0.5,0.8,1.2,1.5,1.8	3	—	15°
旋轮安装角 β'/(°) 0,15,25,35	3	0.8	—

2. 壁厚分析

在缩径旋压中，壁厚是一个重要参数，为了检验数值模拟的综合结果，明确旋压缩径成形时的机理，为实际工程提供实用的科学依据，首先对工件壁厚进行测量，并与数值模拟所得到的结果进行对比，结果如图 3-43 所示。

由图 3-43(a)可见，不同压下量情况下的壁厚测量值与模拟结果吻合良好，变化规律完全一致，最大相对误差约为 3%；由图 3-43(b)可见，不同进给比情况下的实测壁厚变化规律与模拟结果吻合良好，数据最大相对误差也不超过 4%。上述结果表明，所建立的有限元模型及模拟结果具有较高的可信度。

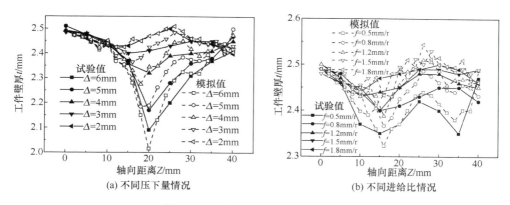

图 3-43　工件壁厚沿轴向分布规律

3. 工件外径分析

图 3-44 为不同压下量及进给比下的旋压件直壁部分外径沿轴向的分布规律。从总体上看,试验结果与模拟结果吻合良好,再次说明数值模拟结果具有一定的指导作用。

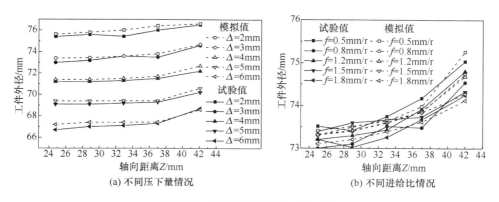

图 3-44　工件外径沿轴向分布规律

3.5.3　旋压力的电测试验研究

旋压技术的研究在我国开始于 20 世纪 60 年代,目前已获得了较大的发展,旋压力的测量也经历了由粗略估算结果的估测方法到相对准确、可靠的电测试验方法[35]。在早期的试验过程中,采用了根据液压传动的旋压机上的压力表读数和油缸作用面积来计算旋压力的测量方法,由于多处机械摩擦力和其他阻力难以准确估算,其结果很粗略且与实际有很大的出入,而且只是瞬态单值,不能获得过程中连续变化的整个情况[1]。电测方法是工程上常用的对实际构件进行力的测量试验的方法之一,为了对旋压力模拟结果进行物理验证,采用电测方法对旋轮的三个方向分力进行测试。

1. 测量原理

电测方法首先将机械量转化为传感器的相应应力-应变,然后使应力-应变转换成各电参量的变化,接着应用一定的电路,使之进一步转换成易于处理的电压(或电流)的变化,最后采用适当仪器观察或记录结果。其主要特点就是将非电量测量转化为电量测量。工作原理是把电阻丝应变片粘贴在测力传感器表面上,利用电阻应变片的电阻 R 与其本身长度 L 成正比、与其横截面积 A 成反比这一物理学定律($R = \rho L/A$,其中 ρ 为电阻系数),而长度 L 的变化与外力变化成正比的原理,最后根据胡克定律计算出构件被测点应力的大小[1]。

测力系统如图 3-45 所示,旋轮所受的各压力信号经传感器转换成电信号,经动态应变仪将信号放大并转换成数字量,再由计算机及数据采集软件进行信号的采样并分析处理。其中,P_r、P_θ、P_a 分别表示旋轮在旋压过程中径向、切向、轴向三个方向所承受的旋压力。

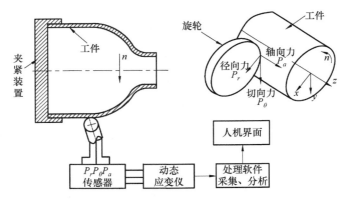

图 3-45　测量系统原理及坐标定义示意图

在测力传感器方面,采用八角环测力装置(图 3-46)[1],将旋轮臂上的一块整体钢块加工出相当于四个角环的弹性测力元件。旋轮安装在旋轮臂上,此结构使接触面减至最小,故可消除因接触面的变形和摩擦而引起的测量精度偏差。应变片按一定的方式粘贴到八角环上并进行合理布置,可以减小三个分力之间的相互干扰。测力传感器的工作部分尺寸应根据所要求的测量范围、灵敏度、刚度等条件来确定,在进行旋压力测量之前要进行标定。测量时所用电桥电路如图 3-47所示[1]。

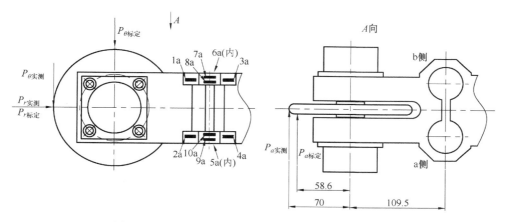

图 3-46　测力旋轮标定位置及应变片分布（单位：mm）

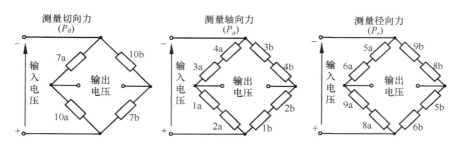

图 3-47　三向旋压力测量电桥电路

2. 旋压力标定

为了提高采样数据的可信度，消除测试试验中的系统误差，需要对旋压过程所受旋压力进行标定。简单来说，标定的过程是给测量系统输入大小已知的载荷 $P_{标定}$，获得不同大小载荷下对应的电压示值 U，进而获得力与电压示值的对应关系。而此工作的目的在于，在实际旋压过程中，通过测量系统获得的仅是电信号，利用标定试验获得力与电压的关系，即可获得在旋压过程中的真实旋压力数据。

由于标定试验中受到设备施加载荷的局限性，所需要施加的轴向力 $P_{a标定}$ 和切向力 $P_{\theta标定}$ 不能施加于旋轮工作时与工件的实际接触位置（即旋轮最前端），只能施加于如图 3-46 所示的位置，而实际工艺试验中测出的旋压力 $P_{实测}$ 作用在旋轮最前端，所以必须进行相应的换算。根据力矩相等原理，有

$$P_{实测} = L_{标定} P_{标定} / L_{实测} \tag{3-47}$$

式中，$P_{标定}$、$P_{实测}$ 分别为施加的标定载荷和换算出的实测载荷；$L_{标定}$、$L_{实测}$ 分别为标定载荷和实测载荷作用点到旋轮座固定端的距离。于是有

$$\begin{cases} P_{\theta 实测}=(109.5/70+109.5)P_{\theta 标定}\approx0.61P_{\theta 标定} \\ P_{a实测}=(109.5+58.6/70+109.5)P_{a标定}\approx0.94P_{a标定} \\ P_{r实测}=P_{r标定} \end{cases} \tag{3-48}$$

对旋轮做如图 3-46 所示的标定试验,并换算出旋压力与电压的关系,如图 3-48所示。从图中可以看出,测力装置具有较好的线性特性。

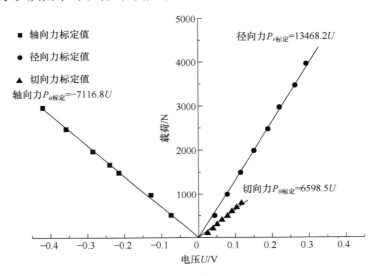

图 3-48　旋轮各向分力-电压图

于是式(3-48)可以转换为旋压力与电压的关系:

$$\begin{cases} P_{\theta 实测}=4025.09U \\ P_{a实测}=-6689.79U \\ P_{r实测}=13468.2U \end{cases} \tag{3-49}$$

3. 旋压力测量结果与分析

1) 旋压力曲线分析

利用上述经过标定的测量装置,通过电测试验方法在 HGPX-WSM 型机床上进行工艺试验,获得如图 3-49 所示的旋压力曲线,其中还附加了数值模拟所得的旋压力曲线以便对比验证。图 3-49 中采用的工艺参数为:进给比 $f=0.8\text{mm/r}$、压下量 $\Delta=3\text{mm}$、旋轮安装角 $\beta'=15°$、旋轮直径 $D_R=140\text{mm}$、旋轮圆角半径 $r_\rho=6\text{mm}$、管坯直径 $D_0=80\text{mm}$、管坯厚度 $t_0=2.5\text{mm}$。

总体上说,图 3-49 所示的三向旋压力的试验值与模拟值不论在变化趋势还是在数值上都吻合良好。数值上径向旋压力最大,轴向旋压力较小,切向旋压力最小,甚至可以忽略。

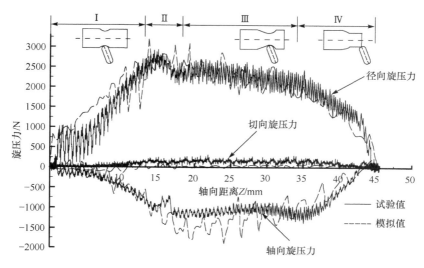

图 3-49　沿旋压行程上的旋压力曲线

（1）Ⅰ区：起旋时，旋轮突然进入负载状态，由于旋轮与管坯接触时的冲击作用，且径向所受冲击较大，所以在起旋阶段径向旋压力曲线出现突然增加并有较大波动，接着径向和轴向旋压力趋于平稳上升。根据起旋时受力曲线，改进起旋控制程序（旋轮以较慢速度与工件接触），可将起旋冲击减小，从而提高起旋段的工件质量。

（2）Ⅱ区：在Ⅰ区末端，旋压成形圆弧部分将要结束并向旋压成形直壁部分过渡，此时压下量达到最大值，径向旋压力曲线出现峰值并超过稳定旋压阶段旋压力数值，随后径向旋压力下降，与模拟结果完全一致。

（3）Ⅲ区：在稳定旋压段，径向和轴向旋压力都保持较为平稳的变化趋势，说明旋压成形进入稳定阶段。

（4）Ⅳ区：径向和轴向旋压力曲线在终旋段呈弧形下降，说明在旋压接近终旋时，其前方的未变形区长度较短，对变形区的约束作用减小，旋轮尚未离开工件，其受力已提前减弱，此时工件端部可发现扩径现象。这种现象与预留部分长度有一定关系，预留部分太短，终旋时将发生严重的过旋现象，即工件端部明显扩径；若加长预留部分长度，旋压成形后再切除多余部分，虽然扩径问题可以解决，但是由于工件悬臂增长，在旋压过程中可能导致工件失稳而出现弯曲变形（可以采用双旋轮旋压解决这一问题），同时由于预留部分加长，使材料利用率降低。

2）工艺参数对旋压力的影响

根据试验方案完成了一系列工艺试验，并测定不同工艺参数对旋压力的影响曲线（图 3-50）。从图中可以看出，虽然试验结果和模拟结果存在一定的偏差，但两者之间的差异不大,在允许的范围内,总体上试验结果和模拟结果吻合良好,说明有限元模拟对于实际工作有着良好的指导意义。但是需要指出的是,实际旋压加工过程中有很多影响因素并不能尽数在有限元模拟过程中反映出来,所以提高有限元模拟精度仍然是目前亟须解决的难题。

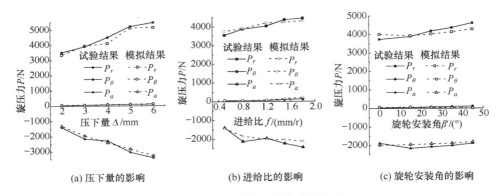

(a) 压下量的影响　　　　　(b) 进给比的影响　　　　　(c) 旋轮安装角的影响

图 3-50　工艺参数对旋轮力的影响

3.5.4　多道次旋压工艺试验研究

多道次缩径旋压是结合往程和返程旋压的工艺过程。利用往、返旋压工艺各自的优点互补,既能消除往程旋压过程壁厚减薄现象,改善工件壁厚和旋压质量,又能利用连续旋压加工优势,提高加工效率。目前关于多道次旋压工艺试验研究的文献不多,主要集中于数值模拟分析研究。本节在数值模拟的基础上进行了一系列多道次缩径旋压工艺试验,目的在于检验数值模拟方法的可靠性,也为进一步深入研究打下基础。

1. 试验条件

试验是在 HGPX-WSM 型数控旋压机床上进行的(图 3-51),通过改变不同道次压下量进行了大量的多道次缩径旋压工艺试验,旋压工件如图 3-52 所示。

图 3-51　多道次缩径旋压工艺试验

图 3-52　多道次旋压工艺试验工件

2. 试验结果分析

图 3-53 为多道次缩径旋压件纵向剖切的情况。由图可见,工件直壁部分明显增厚,而且在直壁中部增厚最为明显,而在工件开口端出现明显的减薄现象,在圆弧部分壁厚无明显变化,这些试验结果与模拟分析结果一致。

图 3-53　工件壁厚变化情况

表 3-5 为多道次缩径旋压成形试验结果实测数据一览表。由表可见,当返程旋压压下量不变,往程旋压压下量从 1mm 逐渐增加到 3mm 时,虽然旋压成形效率有所提高,但是表面质量存在下降趋势;而且虽然压下量明显增加,但壁厚增加量相对较小。因此,在实际多道次旋压成形过程中,通常选用返程旋压时压下量更大一些,既可以获得壁厚的增加效果以满足气瓶类零件缩口处内壁加工螺纹的要求,又可以利用往程旋压工艺特点改善整体旋压质量。但是在工艺试验过程中,可以明显发现返程旋压成形过程材料变形随着压下量的增加而变得困难,成形阻力也随之上升。

表 3-5　多道次试验测量结果

| 编号 | 口部/mm | | | 壁厚/mm | | | 伸长量*** /mm | 压下量/mm | | 进给比 /(mm/r) | 表面质量 |
	原始直径	收口直径	收口量*/%	原始壁厚	加工后壁厚	增厚量** /%		往程	返程		
1	80.99	38.65	52.28	2.48	3.315	33.67	143.6	2	3	0.5	完好,有轻微起皮现象
2	81.04	39.9	50.77	2.51	3.08	22.71	143.6	2	3	0.8	完好
3	80.99	42.14	47.97	2.45	3.29	34.29	135.5	2	3	0.7	完好
4	81	39.78	50.89	2.45	3.22	31.43	138.1	1	3	0.7	完好
5	80.9	39.6	51.05	2.37	3.53	48.95	136.9	1	3	1	沟痕明显,口部有凸耳
6	80.83	43.17	46.59	2.48	3.24	30.65	138.6	3	3	0.7	圆弧不完整,沟痕明显
7	80.98	43.7	46.04	2.48	3.41	37.50	140.2	3	3	0.7	完好
8	80.73	39.98	50.48	2.4	3.17	32.08	139.9	3	3	0.8	平整
9	81.12	38.9	52.05	2.55	3.31	29.80	147.7	3	3	0.5	完好,有起皮现象
10	81.04	33.52	58.64	2.43	3.16	30.04	127.8	2	3	0.7	良好

＊收口量:旋压成形前后直径差值与原始直径的比值。

＊＊增厚量:旋压成形前后壁厚差值与原始壁厚的比值。

＊＊＊伸长量:旋压成形后与成形前长度的差值。

3.5.5　成形缺陷分析

无芯模缩径旋压常见的成形缺陷有三类：径向进给拐角处的破裂、外端（开口端）的起皱以及形状不正。

破裂的根本原因在于材料的局部过度减薄。从工艺的角度来看，采用返程旋压方式能够抑制材料的过度减薄。但是多道次或大压下量的返程旋压常造成毛坯自由端形状不正，而适当安排往程旋压可以使毛坯找正。因此，变形量较大时可以采用往、返程旋压交替进行的方式。返程旋压时径向进给量可以大一些，以减少旋压道次，提高生产率。

起皱的根本原因在于毛坯外端约束不够，旋轮的压下量偏大。只要对进给轨迹和进给比进行适当调整，一般就可以避免；也可以在成形口部附近时控制进给比小一些，这样可以增大每道次的径向进给量，提高成形效率。

由于在单旋轮无芯模缩径旋压工艺中，毛坯仅在一端固定，成形端悬空；同时由于只有一个旋轮对毛坯施加作用力，旋压力对毛坯是不对称的，所以毛坯的稳定性较差，在旋轮作用下毛坯很容易偏斜，使得变形不能平稳进行，容易失稳。这一点常常成为出现缺陷的诱发因素。为此，卡紧装置的设计应尽量增大其与毛坯的接触长度，从而增大毛坯的刚性和稳定性。

另外，工艺参数选择不当，是产生断裂破坏的直接原因。图 3-54（a）和（b）为两种典型的断裂破坏现象。当压下量较大、旋轮进给比过小时，在圆弧与直壁过渡部位将出现如图 3-54（a）所示的切向开裂。这是由于当压下量较大时，旋轮的轴向力较大，而进给比较小会导致壁厚减薄严重，因此这一部位比较容易拉裂。图 3-54（b）所示的轴向开裂主要从工件开口端产生裂纹并沿轴线往里延伸，其成因是多方面的：①当压下量较大、进给比也较大时，材料在切向不能充分变形，于是材料沿切向挤压而导致开裂，这种情况下将首先出现起皱，进而产生裂纹；②由于毛坯开口端面不平整，局部有裂纹或端面上有台阶，在旋压成形开口端附近时，口部端面因应力集中而产生裂纹并进一步沿轴向延伸；③在多道次缩径旋压过程中，旋压

（a）切向断裂　　　　　　　　（b）轴向断裂　　　　　　　　（c）起皮现象

图 3-54　断裂破坏及起皮现象

道次较多时,加工硬化现象明显,导致材料塑性下降。综上所述,减小压下量,合理调整进给比和旋压道次,进行适当的毛坯热处理都可以避免或减缓断裂现象的发生。

另外,当缩径量过大时,工件直壁部分和工件开口处均出现了图 3-54(c)所示的起皮现象,此时工件表面出现鱼鳞状剥落缺陷。起皮现象多在强力旋压工艺过程中出现,在缩径旋压中出现说明这里的旋压力已非常大。产生起皮现象的原因有:毛坯的表面质量差、压下量太大和旋轮型面设计不合理等。需要指出的是,除了以上原因,加工过程中的发热是产生起皮现象不可忽略的原因。旋压熔点较低的金属,如铝合金,在缩口量较大时,工件旋转线速度迅速增加,由于变形及摩擦发热的作用,工件温度随之升高,当温度上升到一定程度时,工件表面开始软化并分层脱落,呈现出起皮现象。为避免起皮现象的发生,一方面,应注意清除毛坯表面缺陷,调整压下量,合理设计旋压工具等;另一方面,应采用合适的润滑与冷却措施,降低摩擦力的作用,减小工件在加工过程中的发热量。

3.6　本章小结

单旋轮无芯模缩径旋压是普通旋压工艺中的主要成形方法之一。由于其变形机理复杂而典型,零件的成形质量受多种因素的制约,深入研究其成形工艺以加深对普通旋压工艺的认识具有实际的工程意义。通过有限元数值模拟可以深入揭示其成形机理,可动态地反映金属的整个变形过程。本章基于有限元数值模拟及一系列的工艺试验,验证了模拟结果用于指导实际成形过程的可靠性,结论如下。

(1) 介绍了大变形弹塑性有限元法中物体的构形与描述、大变形问题的应变与应变速率、大变形弹塑性本构方程以及有限应变弹塑性有限元刚度方程,分析比较了 U.L. 法、T.L. 法以及 Euler 法等有限元列式,为有限元数值模拟提供了理论基础。

(2) 建立了单旋轮无芯模缩径旋压三维弹塑性有限元模型,阐述了建模过程中的关键技术,总结了四种对分析结果进行再处理的方法,并以外径尺寸的获取为例,介绍了如何获得节点信息,通过在 MATLAB 中编程实现了对输出文件的自动读取和处理,并最终得到外径尺寸的获取方法。

(3) 通过三维弹塑性有限元模拟了单旋轮无芯模缩径旋压成形工艺过程,分析了往程旋压过程中应力应变特点。研究表明,旋轮与毛坯接触区金属受三向压应力作用,具有较好的塑性成形条件;已旋压部分轴向应变主要为拉应变,而切向和径向应变则表现为压应变;从已变形区到未变形区,轴向应变逐渐过渡为压应变,而径向应变则过渡为拉应变。工件总体壁厚减薄,在过渡圆角位置壁厚减薄最严重,在直壁部分(稳定旋压阶段)壁厚减薄较少,过渡圆角位置为易产生拉裂的危险截面所在位置。

（4）讨论了压下量、进给比、旋轮安装角、旋轮圆角半径四个关键工艺参数对旋压力、壁厚减薄率和工件外径尺寸精度的影响规律。研究表明，各参数对旋压工艺存在不同的影响，增加压下量有利于提高旋压效率，但也加大了机床的负载，同时旋压质量也随之下降；增加进给比有利于提高旋压效率，但也会增加机床负载，进给比过小，则工件壁厚减薄严重，并且会增加加工硬化效果；旋轮安装角主要对旋压力的影响较为显著；增大旋轮圆角半径有利于改善旋压过程中的金属流动，使工件壁厚减薄得到改善，但是随着旋轮圆角半径的提高，将加大工件的加工硬化效果，不利于后续的成形，故较大圆角半径的旋轮或者平面旋轮多用于工件最后精整成形工序。

（5）对比分析了往、返程旋压成形过程的工艺特点，并分析了往、返程旋压过程中应力应变特点，然后利用有限元数值模拟仿真分析了多道次单旋轮无芯模缩径旋压成形过程。结果表明，往、返程交替旋压工艺有效抑制了在往程旋压过程中的变薄现象，同时使壁厚分布趋于均匀；采用往、返程交替旋压工艺互相配合，既抑制了壁厚的单方向变化，同时利用往程旋压的工艺特点，使工件整体旋压质量呈上升趋势。

（6）采用电测方法测定了旋压成形过程旋压力曲线；通过对旋压力曲线的划分，分析了不同旋压成形阶段旋压力的曲线特征，并分析了旋压力曲线特征对工件旋压成形过程的影响。结果表明，在起旋时由于旋轮与工件接触时的冲击作用，旋压力曲线出现较大波动；在圆弧与直壁过渡部位出现旋压力最大值；在终旋段，旋压力曲线呈圆弧状下降。

（7）在数值模拟的基础上，采用不同的道次压下量及进给比，进行了多道次缩径旋压工艺试验，采用壁厚增厚量、表面质量以及缩径量等指标来衡量旋压工件质量。结果表明，在多道次旋压过程中，适当地增加返程旋压道次压下量，既有利于成形效率的提高，也有利于工件壁厚的增加；进给比不应过大或过小，以便在工件壁厚增加和旋压精度之间获得平衡。

（8）分析总结了在旋压试验过程中常见的成形缺陷，包括断裂、起皱、形状不正及起皮现象，分析了其成因和处理方法。研究表明，通过往、返程旋压交替进行的方式，可以避免因返程旋压而导致的形状不正现象；而调整进给比可有效避免工件在旋压过程中的起皱趋势；通过减少压下量、调整进给比、增大夹紧装置对工件的接触面积则可以有效避免断裂破坏的发生。同时，在旋压成形铝合金材料过程中，由于缩径量较大时将出现鱼鳞状剥落的起皮现象，为避免起皮失效应设计良好的润滑和冷却环境。

参 考 文 献

[1] 王成和,刘克璋.旋压技术.北京:机械工业出版社,1986.

［2］高西成. 无芯模旋压成形规律的研究. 哈尔滨:哈尔滨工业大学博士学位论文,1999.

［3］张涛,林刚,周景龙. 旋压缩口过程的三维有限元数值模拟. 锻压技术,2001,(5):26-28.

［4］詹梅,石丰,邓强,等. 铝合金波纹管无芯模缩径旋压成形机理与规律. 塑性工程学报,2014,21(2):108-115.

［5］王锋. 无模缩径旋压工艺的力学分析与数值模拟. 西安:西北工业大学硕士学位论文,1999.

［6］何挺,李勇,何成彬,等. 薄壁铜管无芯模钢球旋压缩径实验与有限元模拟. 科学技术与工程,2012,12(13):3094-3099.

［7］夏琴香. 三维非轴对称偏心及倾斜管件缩径旋压成形理论与方法研究. 广州:华南理工大学博士学位论文,2006.

［8］陈家华. 单旋轮无芯模缩径旋压成形的数值模拟与工艺研究. 广州:华南理工大学硕士学位论文,2006.

［9］李尚健. 金属塑性成形过程模拟. 北京:机械工业出版社,1999.

［10］杨明辉. 杯形薄壁矩形内齿旋压成形规律的研究. 广州:华南理工大学硕士学位论文,2006.

［11］董湘怀. 材料成形计算机模拟. 北京:机械工业出版社,2001.

［12］Li K Z,Hao N H,Lu Y,et al. Research on the distribution of the displacement in backward tube spinning. Journal of Materials Processing Technology,1998,79:185-188.

［13］Xue K M. Elesto-plastic PEM analysis and experimental study of diametal growth in tube spinning. Journal of Materials Processing Technology,1997,69:5172-5175.

［14］孟凡中. 弹塑性有限变形理论和有限单元方法. 北京:清华大学出版社,1985.

［15］曾攀. 有限元分析及应用. 北京:清华大学出版社,2004.

［16］梁佰祥. 倾斜类管件缩径旋压的数值模拟与工艺研究. 广州:华南理工大学硕士学位论文,2006.

［17］俞汉清,陈金德. 金属塑性成形原理. 北京:机械工业出版社,1999.

［18］Yamada Y,Yoshimura N,Sakurai T. Plastic stress-strain matrix and its application for the solution of elastic-plastic problems by the finite-element method. International Journal of Mechanical Sciences,1968,10:343-354.

［19］徐银丽,詹梅,杨合,等. 锥形件变薄旋压回弹的三维有限元分析. 材料科学与工艺,2008,16(2):167-171.

［20］周强,詹梅,杨合. 带横向内筋锥形件旋压应力应变场的有限元分析. 塑性工程学报,2007,14(3):49-53.

［21］梅瑛,李瑞琴,张晨爱,等. 筒形件强力反旋的数值模拟及旋压力分析. 机械设计与研究,2007,23(4):65-68.

［22］Belytschko T,Wing K,Liu B M. Nonlinear Finite Element for Continua and Structures. New York:John Wiley & Sons,2001.

［23］赵腾伦. ABAQUS 6.6 在机械工程中的应用. 北京:中国水利水电出版社,2007.

［24］张庆玲. 铝合金轮毂强力旋压数值模拟技术研究. 农业装备与车辆工程,2008,(8):31-33.

［25］王淼,王忠堂,王本贤,等. 轴向进给比对薄壁管滚珠旋压影响的有限元分析. 沈阳理工大

学学报,2007,26(2):30-33.

[26] 胡昱. 杯形薄壁矩形内齿旋压成形工艺及有限元模拟研究. 广州:华南理工大学硕士学位
　　　论文,2007.

[27] 陈火红. MARC 有限元实例分析教程. 北京:机械工业出版社,2002.

[28] 郑岩,顾松东,吴斌. MARC 2001 从入门到精通. 北京:中国水利水电出版社,2003.

[29] 高西成,康达昌. 薄壁筒收口旋压过程的数值模拟. 塑性工程学报,1999,(4):54-57.

[30] 陈惠发,等. 弹性与塑性力学. 余天庆,等译. 北京:中国建筑工业出版社,2004.

[31] Scheiders R. A grid generation algorithm for the generation of hexahedral element meshes.
　　　Engineering with Computers,1996,(12):168-177.

[32] 应富强. 金属塑性成形中的三维有限元模拟技术探讨. 锻压技术,2004,(2):1-5.

[33] 日本塑性加工学会. 旋压成形技术. 北京:机械工业出版社,1988.

[34] Xia Q X,Cheng X Q,Hu Y,et al. Finite element simulation and experimental investigation
　　　on the forming forces of 3D non-axisymmetrical tubes spinning. International Journal of Me-
　　　chanical Sciences,2006,48(7):726-735.

[35] 冯万林,夏琴香,程秀全,等. 旋压力的测试方法及试验研究. 锻压装备与制造技术,2005,
　　　(4):88-92.

[36] 梁佰祥,杨明辉,阳意惠,等. 气瓶旋压成形技术. 机电工程技术,2004,33(10):12-13.

[37] 夏琴香,张淳芳,梁淑贤,等. 真空不锈钢容器旋压成形研究. 新技术新工艺,1997,(5):
　　　24-25.

[38] 夏琴香,阮锋. 空调用过滤瓶数控旋压成形工艺研究. 金属成形工艺,2003,(1):4-6,9.

[39] 国家质量监督检验检疫总局,中国国家标准化管理委员会. GB/T 228.1—2010. 金属材料
　　　拉伸试验 第一部分:室温实验方法. 北京:中国标准出版社,2011.

[40] 夏琴香. 冲压成形工艺及模具设计(双语教材). 广州:华南理工大学出版社,2004.

[41] 郑咸义,姚仰新,雷秀仁,等. 应用数值分析. 广州:华南理工大学出版社,2008.

[42] 夏琴香. 三维非轴对称零件旋压成形机理研究. 机械工程学报,2004,40(2):153-156.

[43] 夏琴香,杨明辉,胡昱,等. 杯形薄壁矩形内齿旋压成形数值模拟与试验研究. 机械工程学
　　　报,2006,42(12):192-196.

[44] 夏琴香,吴小瑜,张帅斌,等. 三边形圆弧截面空心零件旋压成形的数值模拟及试验研究.
　　　华南理工大学学报(自然科学版),2010,38(6):100-106.

第4章　三维非轴对称零件旋压成形技术

传统的旋压技术在成形零件时将毛坯固定在机床主轴上随机床主轴一起旋转,因而其成形的零件必然为空心回转体(轴对称)零件[1~3]。按照传统的观念,加工具有两个或两个以上回转轴线的偏心或倾斜类薄壁空心零件时,不能采用旋压工艺,必须采用冲压工艺分别成形上、下两个部分后,再采用焊接的方法制成[4,5]。

文献[4]和[5]提到,日本已研制出一种可用于成形三维非轴对称偏心及倾斜类管件的数控旋压设备,但未涉及对其成形工艺及设备研制方面的报道。目前美国福特汽车公司及欧洲的部分汽车公司的车型上已使用了由旋压技术生产的非轴对称汽车排气歧管、消声器等零件。但是由于追求利润,多数三维非轴对称零件旋压知识被机床制造公司所掌握,很少见到有关其理论研究及工艺试验方面的公开报道。在国内,目前只有华南理工大学对三维非轴对称零件旋压工艺进行了研究,获得了相关工艺方法及设备专利[6~8]。文献[9]设计出三维非轴对称零件旋压成形用八角环夹具测力机构,应用八角环弹性变形测力原理,进行了测力夹具结构、测量电路和蜗轮蜗杆减速机构设计;文献[10]对三维非轴对称旋压成形用旋轮组的结构进行了分析,着重分析了旋轮形状与被加工零件的斜面角度和旋轮形状与轴承受力情况之间的关系,在此基础上设计出具有最佳承载能力和寿命的旋轮组结构;文献[8]在分析三维非轴对称薄壁管件旋压成形机床工作过程的基础上,利用 MATLAB 软件中 Simulink 模块对该机床液压系统进行了建模与仿真。仿真结果表明,由比例流量阀、位移传感器和放大器共同构成的闭环控制系统能较好地满足三维非轴对称零件的旋压成形工艺的要求,采取 Simulink 软件对该成形机床的液压系统进行仿真是一条行之有效的方法。

本章针对具有两个回转轴线的三维非轴对称薄壁空心管件,研究其独特的成形理论及工艺方法。本章研究获得了国家自然科学基金项目"三维非轴对称零件旋压成形理论和方法研究"(50275054)、广东省自然科学基金项目"三维非轴对称零件旋压成形理论和方法研究及应用"(020923)及广东省科技计划项目"三维非轴对称零件旋压成形工艺和设备研究及应用"(2003C102013)的资助。

在本章研究中,着重研究变形机理、成形方法、成形力及质量控制。基于有限元分析软件 MSC.MARC,实现了偏心及倾斜件缩径旋压过程的三维弹塑性有限元数值模拟;通过对成形方法的研究,研制出能加工三维非轴对称薄壁空心零件的数控旋压成形机床;在理论分析和试验研究相结合的基础上,建立起全新的三维非轴对称管件缩径旋压成形技术及其相关理论。

　　基于主应力法推导出三维非轴对称偏心及倾斜件缩径旋压成形时旋压力的理论计算公式,该公式直观地反映出旋压力与材料的力学性能、管坯尺寸、旋轮形状、成形工艺参数等有关;对公式中出现的非轴对称零件缩径旋压成形独有的偏移量、倾斜角、旋轮公转角、名义压下量等基本概念进行定义,并建立上述工艺参数之间的数学关系式。

　　在对大变形弹塑性有限元基本理论进行分析的基础上,以 MSC. MARC 软件为分析平台,对非轴对称管件缩径旋压成形有限元几何模型的建立、单元类型的选择、网格的划分、时间步长的设定、接触和摩擦的定义、重启的使用、旋轮及卡盘运动轨迹的控制等关键问题进行探讨;通过数学推导,获得一种能同时实现旋轮公转和自转的计算公式;探索出获得非轴对称零件成形时极值数据的时间步长设计方法。

　　在三维弹塑性有限元模拟结果的基础上,对非轴对称偏心及倾斜件的缩径旋压变形机理及工艺参数对成形质量的影响进行研究;着重研究偏心及倾斜件单道次及多道次三旋轮缩径旋压成形时的应力应变分布规律、旋压方式对径向应变的影响、工艺参数对旋压成形质量的影响,单旋轮缩径旋压成形时的旋压力变化及工艺参数对旋压力的影响规律;利用正交分析所得到的优化工艺参数,对多道次缩径旋压过程进行有限元数值模拟,成功研制出三维非轴对称偏心及倾斜样件。

　　本章还对模拟和理论分析结果进行全面的试验验证。根据危险截面所在位置验证模拟所得到的应力应变分布规律;利用网格圆及图像技术验证模拟所得到的应变分布规律;利用超声波测厚仪验证成形件壁厚分布规律;利用电测方法验证基于有限元数值模拟及主应力法所得到的旋压力变化以及工艺参数对旋压力的影响规律。模拟及理论分析结果与试验结果吻合良好,表明本章所建立的有限元分析模型及基于主应力法所推导的旋压力公式合理可行。

4.1　三维非轴对称管件缩径旋压成形方法

　　传统的旋压成形工艺根据工件变形后壁厚是否产生明显的变化,分为普通旋压(不变薄旋压)和强力旋压(变薄旋压)两种[11]。在进行旋压成形时,工件装卡在机床主轴上,并随机床主轴一起旋转,旋轮做径向及轴向进给运动,因此所加工的零件虽然形状各不相同,但均为轴对称零件。一般情况下,普通旋压(普旋)机床的旋压力较小,旋轮运动轨迹较复杂[12~15];而强力旋压(强旋)机床的旋压力较大,旋轮运动轨迹较简单[16~18]。

　　在旋制形状简单的圆筒形件的强力旋压成形机床中,常采用行星旋压成形装置。在常规的行星旋压成形装置中,工件及其轴线成为整个系统旋转的中心,旋轮随旋轮座一起绕工件转动,形成旋轮的公转运动,而旋轮在公转的同时,与工件表面接触产生相应的转动,形成旋轮的自转,犹如行星绕恒星的转动。但在常规的行星旋压中,旋轮在绕工件做行星运动时,无法同时在公转半径方向进行进给运动,因此它所加工的零件与其他传统旋压技术一样,都是轴对称薄壁空心零件。

上述成形工艺不仅没有有效地组合在一台机床上,并且上述机床还无法成形各部分轴线间相互平行或成一定夹角的非轴对称偏心及倾斜类薄壁空心零件。通常在成形这些零件时,先分成几个部分采用冲压工艺分别成形,再采用焊接的方法焊成一个整体[4,5]。采取这样的工艺方法进行生产,一方面焊接时产生的热变形使焊接质量难以保证;另一方面加工工序的增加,不但使材料消耗、废品率增加,并且导致生产工人、设备和场地的增加,从而提高了产品的生产成本。

随着现代制造技术的不断发展,旋压成形技术也在原来传统旋压的基础上,发展了许多新的成形工艺,如锥形件柔性旋压[19]、对轮旋压[20]、非圆横截面件旋压[21]、劈开式旋压[22]、齿轮旋压[23]等。但上述对旋压成形方法的研究仍局限为轴对称零件,文献[10]对三维非轴对称旋压用旋转旋轮座及其液压系统进行了研究,重点介绍了旋轮组的优化设计,并利用 MATLAB 软件中的 Simulink 模块对液压系统进行了静态仿真,但未涉及对三维非轴对称零件旋压成形方法的研究。本章旨在通过对三维非轴对称偏心及倾斜件缩径旋压成形原理的系统研究,提出合理可行的非轴对称管件缩径旋压成形方法,并对其关键技术进行阐述。

4.1.1　三维非轴对称零件旋压成形原理

为了解决常规旋压成形工艺技术中存在的不足,将旋压工艺直接用于三维非轴对称零件的成形,要求在进行旋压成形时,首先毛坯应摆脱回转状态,毛坯并不是装卡在主轴上随主轴一起旋转的,而是装夹在工作台上,由旋轮围绕着工件旋转;其次旋轮在绕工件行星运动的同时,能够沿公转的半径方向做进给运动;最后工作台应能使工件做轴线平移及轴线偏转运动。本章所提出的三维非轴对称零件的旋压成形技术,是借助于随机床主轴沿同一轴线做旋转运动的旋轮等工具的进给运动,加压于沿机床纵、横两个轴线方向做直线进给运动,并可以在水平面内进行角度偏转运动的金属毛坯,使其产生连续的局部塑性变形而成为所需薄壁空心非轴对称零件的一种全新的成形方法[6,7]。非轴对称旋压可分为偏心及倾斜两大类,当偏心量和倾斜角为零时,便成为普通的轴对称零件。

1. 偏心件的旋压成形原理分析

图 4-1 所示汽车排气歧管是一种典型的三维非轴对称零件,该零件有三条轴线:左段轴线与中段的轴线相平行,右段的轴线与中段的轴线成一定角度。现有的加工方法是将其分割为五件,左、右两段均分成两件采用冲压方法分别成形、中间

部分采用板料卷圆方法成形,最终通过五条纵向焊缝、两条环向焊缝焊接成为一个整体。

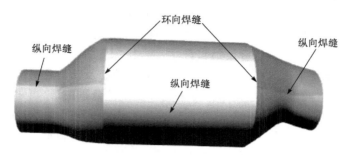

图 4-1　典型非轴对称零件示意图

为突破传统旋压技术只能成形空心回转体(轴对称)零件的局限,直接采用旋压技术实现对如图 4-1 所示偏心及倾斜类零件的完整制造,本章提出以下观点。

(1) 应将传统旋压成形时毛坯的运动方式加以改变,不是将被加工的毛坯装卡在机床主轴上,而是将旋轮安装在机床主轴上随机床的主轴一起旋转。

(2) 旋轮除与工件接触而进行自转外,应能与旋轮座一起绕工件公转,同时沿公转半径方向做进给运动。

(3) 装卡在机床工作台上的毛坯不但可沿机床的纵、横两个轴线方向做直线进给运动,还可以在水平面内进行偏转运动。

在成形零件的偏心部分,不同道次旋压成形时的工件轴线保持平行;每道次成形前先将工件沿旋轮公转轴线的垂直方向在水平面内平移 δ_i,然后在成形时将工件沿旋轮公转的轴线方向做进给运动;直至各道次成形后的轴线偏移总量达到所需要的数值 δ 时结束,如图 4-2(a)所示。

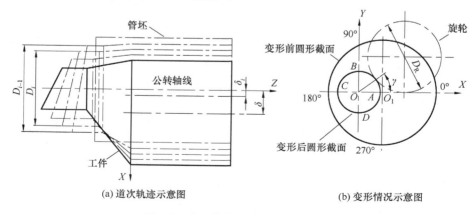

(a) 道次轨迹示意图　　　　　　　　　(b) 变形情况示意图

图 4-2　偏心件旋压成形过程示意图

由图 4-2 可见,在每道次旋压成形之前,由于工件的平移方向垂直于旋轮的公转轴线,所以工件在旋轮公转平面内的截面形状仍为圆形,但变形前截面圆心 O_1 与旋轮公转轴线 O 存在一定偏移量。在成形时,变形情况是上下对称、左右不对称的,如图 4-2(b)所示。

2. 倾斜件的旋压成形原理分析

在成形零件的倾斜部分时,每道次成形前先将工件轴线相对于旋轮公转轴线在水平面内偏转一定角度 φ_i,如图 4-3(a)所示;然后使装卡在机床工作台上的毛坯沿着旋轮公转的轴线方向做进给运动;这样每道次旋压后,毛坯已变形部分相对于未变形部分便倾斜了一定的角度。经过多道次旋压成形,便可获得所要求的总的倾斜角度 φ。

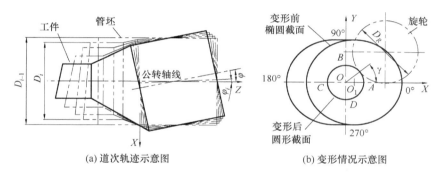

(a) 道次轨迹示意图　　　　　　　　(b) 变形情况示意图

图 4-3　倾斜件旋压成形过程示意图

在每道次旋压成形之前,由于工件首先在水平面内相对于旋轮公转轴线做一角度偏转,所以工件在旋轮公转平面内的截面形状为椭圆 O_1,长轴在水平面内,短轴垂直于水平面,如图 4-3(b)所示。而每道次旋压成形之后,这一截面形状变为一圆心在旋轮公转轴线 O 上的圆形。虽然成形前椭圆截面的圆心 O_1 与公转轴线 O 处于同一水平面,但不会与旋轮公转轴线 O 重合,因此成形时工件的变形情况是以椭圆长轴为上下对称,而在短轴左右两侧变形情况则是不对称的。

采用上述旋压成形方法,即可以加工出各部分轴线间相互平行或成一定夹角的非轴对称偏心及倾斜类薄壁空心零件。这些零件既可以是两端同类的,即工件两端都是偏心的或都是倾斜的,也可以是两端异类的,即一端是偏心的,另一端是倾斜的。

由于在偏心及倾斜件旋压成形时,毛坯各质点与旋轮公转轴线的距离不再具有对称性,所以各点材料的径向流动方向和距离也不再是轴对称的,成形时所产生的轴向流动距离也不相同,所导致的结果是成形后毛坯的端面不再与旋轮公转轴线垂直,而是倾斜的,如图 4-2(a)、图 4-3(a)中的左端面所示。端面的倾斜程度取

决于工件的倾斜角 φ 或偏移量 δ。

3. 应力应变分布及旋压力变化规律分析

图 4-4 比较了不同旋压变形情况下旋轮绕工件旋转一周所产生的应力应变沿工件圆周方向的分布情况，图中的箭头仅定性地代表所示部位的应力应变大小和方向。由图可见，在传统的轴对称零件旋压中（图 4-4(a)），应力应变沿工件圆周方向的分布也是轴对称的；在倾斜件的旋压中（图 4-4(b)），应力应变沿工件圆周方向的分布较为复杂，随着旋轮绕工件公转角度 γ 的增加，应力应变的变化出现大→小→大→小→大的循环规律；而偏心件旋压时（图 4-4(c)），应力应变沿工件圆周方向的分布呈现出一侧最大、对面最小的特点。

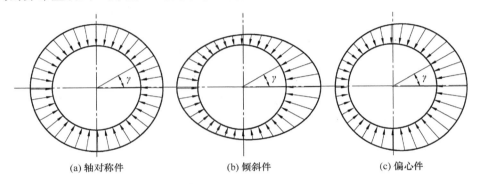

(a) 轴对称件　　　　　　　(b) 倾斜件　　　　　　　(c) 偏心件

图 4-4　应力应变沿工件圆周方向的分布示意图

图 4-5 为旋压轴对称零件时工件旋转一周或旋压非轴对称零件时旋轮绕工件公转一周时旋压力的变化规律。由图可见，在轴对称零件的旋压成形过程中，工件旋转一周所产生的旋压力大致稳定不变，如图中曲线 1 所示；在非轴对称零件的旋压过程中，旋压力的变化规律则复杂得多。

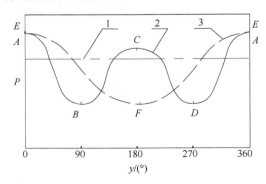

图 4-5　旋压力变化规律示意图

1-轴对称件；2-倾斜件；3-偏心件

当成形偏心件时,旋轮绕工件公转一周旋压力的变化规律如图 4-5 中曲线 3 所示,其中 E、F 点对应于图 4-2(b)中 A、C 点对应的旋轮位置。由图可见,偏心类零件旋压成形时,旋压力分别达到一次极大值(E 点)和一次极小值(F 点)。

当成形倾斜件时,旋轮绕工件公转一周旋压力的变化规律如图 4-5 中的曲线 2 所示,其中 A、B、C、D 点对应于图 4-3(b)中相同字母对应的旋轮位置,旋压力分别达到两次极大值(A、C 点)和两次极小值(B、D 点)。正如前文所述,变形沿椭圆长轴对称而沿短轴不对称,所以两次极大值的数值不同,而两次极小值的数值是相同的。而若图 4-4(b)中的圆截面与椭圆截面的左侧非常接近,旋轮绕工件公转一周旋压力的变化则与曲线 3 相似,即仅出现一次极大值和一次极小值。

4.1.2　HGPX-WSM 型数控旋压机床的研制

旋轮座是实现三维非轴对称零件旋压成形最重要的部件之一,其性能好坏直接决定了能否成功实现非轴对称零件的旋压成形。其难点在于该旋轮座既要能围绕工件公转,又要能驱动旋轮做径向进给运动,这是该旋轮座区别于普通旋轮座的创新点所在。其结构要求和加工能力要求如下。

旋轮既能绕被加工零件公转,又能自转;安装在其上的三个旋轮对称分布,旋轮随旋轮座绕被加工零件公转的同时沿径向同步进给;由于旋轮座高速旋转,应尽量减少其径向和轴向尺寸,以减少离心力及惯性矩,但为扩大产品的加工尺寸范围,对旋轮座的结构尺寸和强度又提出较高的要求。

文献[10]在对旋轮座设计方案分析的基础上,提出了一种机械同步式楔式旋转旋轮座,其结构示意如图 4-6 所示。该方案采用一个旋压油缸 2 来驱动旋轮组 11 的径向运动。其工作原理是:启动机床主轴带动外套 6 高速旋转,使进给转动盘 8、径向滑块 9、轴向滑套 10 和旋轮组 11 绕主轴一起公转,从而使安装在旋轮座上的旋轮既能实现绕被加工零件公转,又能实现自身的自转运动;启动旋压油缸 2,使连接在活塞杆上的推力轴承带动拉管 4 向回运动,通过拉管 4 拉动进给转动盘 8 和轴向滑套 10 带动径向滑块 9 和旋轮组 11 沿径向进给,从而实现旋轮的径向运动。推力轴承的作用是使公转运动和活塞杆的轴向推拉运动互不影响。

该方案的优点如下。

(1) 能够实现运动要求,旋轮座既能绕被加工零件公转,又能自转。

(2) 能够实现三个旋轮的准确同步运动。

(3) 机械结构较简单,容易设计、制造,制造成本较低。

(4) 由液压系统来驱动旋轮的前进、后退运动,能够较精确地控制行程,而且能对旋轮提供较大的动力,使旋压力增大。

(5) 用进给转动盘来承受旋压力,其转折处截面是危险截面,必须加厚,但由于进给转动盘尺寸较小,即使加厚,其重量增加也不多,对旋转旋轮座整体转动惯

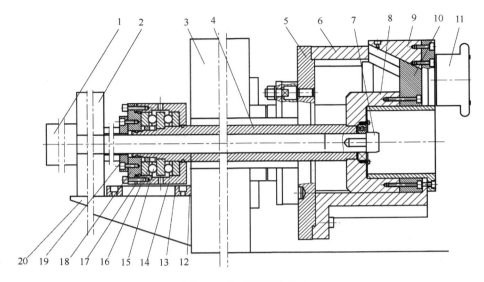

图 4-6　楔式旋转旋轮座

1-芯棒油缸；2-旋压油缸；3-床头箱；4-拉管；5-法兰盘；6-外套；7-芯棒；8-进给转动盘；9-径向滑块；
10-轴向滑套；11-旋轮组；12-支撑导轨；13-导轨滚珠；14-轴承座；15-推力轴承；
16-锁紧螺母；17-游隙调整垫片；18-轴承端盖；19-连接法兰；20-油缸支撑架

量影响不大。

　　为提高机床的旋压能力、扩大设备的可加工范围，所研制的机械同步式楔式旋转旋轮座采用液压驱动，通过由比例流量阀、位移传感器和放大器共同构成的闭环控制系统，强制驱动楔式旋转旋轮座的活塞杆运动到指定的距离。为提高设备的可靠性和生产效率，提出采用数控系统对机床进行控制。而由比例流量阀、位移传感器和放大器构成的闭环系统是采用模拟量来控制油缸的位移，其难点在于经过数模转换后如何利用通用的数控语言进行编程和控制。为了解决这一关键技术问题，通过控制给定电液比例流量阀的指令电压来控制速度，位置由位移传感器反馈电压信号控制，按轴的方式进行编程，按比例方式进行检测。液压系统原理如图 4-7 所示。

　　机床液压系统要求如下。

　　（1）由推力轴承组实现回转功能的旋压油缸应具有位置控制功能，在任何位置均能保持恒定油压；进给及保压时，旋压油缸的位置精度控制在 0.02mm 以内。

　　（2）为了实现最后道次旋压时能对工件进行内支撑，应设计装备芯棒油缸，如图 4-6 所示，并且该油缸应具有缓冲功能，作用力为 2t。上述两个油缸的动作各自独立，互不关联。

　　为达到利用旋压技术直接成形三维非轴对称偏心及倾斜类零件的目的，采用

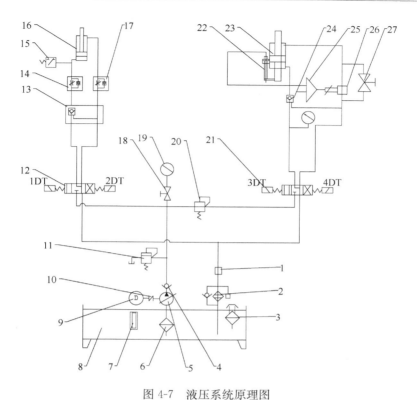

图 4-7 液压系统原理图

1-背压阀；2-回油滤油器；3-空气过滤器；4-单向阀；5-柱塞泵；6-吸油滤网；7-液位计；
8-油箱；9-电动机；10-弹性联轴节；11-安全阀；12、21-电磁换向阀；13、24-液控单向阀；
14、17-单向节流阀；15-压力继电器；16-支撑油缸；18-截止阀；19-压力表；20-减压阀；
22-位移传感器；23-旋压油缸；25-放大器；26-比例流量阀；27-球式截止阀

了一种基于 ARM(advanced reduced instruction set computing machines)嵌入式的新型经济型数控系统,对楔式旋轮座的径向进给(A 轴)、工件固定卡盘的横向偏移(X 轴)及纵向进给(Z 轴)、毛坯固定卡盘的转动(B 轴)实行四轴两联动控制。

为适应我国国情,并使所研究的成果能面向广大中、小型企业,通过设计特定的机械装置,使得楔式旋轮座的径向进给(A 轴)由旋压油缸来控制,并通过电液比例阀及位移传感器实现对其速度及位移的控制。工件固定卡盘的横向偏移(X 轴)及纵向进给(Z 轴)通过伺服电机驱动滚珠丝杠来实现。毛坯固定卡盘的转动(B 轴)由伺服电机驱动蜗轮蜗杆来实现。这样便可采用四轴两联动数控系统来达到加工三维非轴对称零件的目的。由于非轴对称零件各部分轴线相互平行或成一定夹角,故只能采用无芯模缩径旋压成形工艺成形。但工件的口部尺寸需要与其他部件相连接,具有一定的尺寸精度要求。为确保工件口部的尺寸精度,在最后一道次旋压成形时,口部采用有芯棒支撑方式进行旋压,该芯棒的进给通过控制支撑油缸的运动来实现。非轴对称件缩径旋压成形的动作原理如图 4-8 所示[8]。

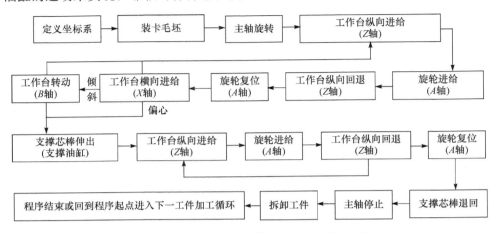

图 4-8　非轴对称类零件旋压成形的动作原理图

基于上述对三维非轴对称零件旋压成形方法关键技术的研究,研制开发了一种多功能数控旋压成形试验样机(图 4-9)。该机床既可以用于加工非轴对称类零件,也可以用于加工回转体轴对称类零件。

图 4-9　HGPX-WSM 型数控旋压机床及三维非轴对称零件旋压成形装置

研制成功的 HGPX-WSM 型数控旋压机床与现有技术相比,具有如下多项功能。

(1) 可以直接成形出各部分轴线间相互平行或成一定夹角的非轴对称零件,拓宽了传统旋压技术的理论范畴和成形范围。

在旋压成形时如果工件沿机床纵、横两个方向进行移动,便可成形出各部分轴线间相互平行的偏心类薄壁空心零件;如果工件再在水平面内做偏转运动,便可成形出各部分轴线间成一定夹角的倾斜类薄壁空心零件。

（2）如果工件轴线与机床主轴重合并只沿机床纵向进行移动，便可以成形出轴对称薄壁空心零件。

（3）采用带减速器的伺服电机驱动旋轮的径向进给，从而可以提供很大的旋压成形力，使该机床既可以用于普通旋压成形，又可以用于强力旋压成形。

在进行强力旋压成形轴对称零件时，芯模先安装在卡紧装置上，然后将安装在旋轮公转轴线上的顶紧杆伸出，与芯模一起将工件夹紧，便可以进行强力旋压成形。

（4）既可以进行有芯模旋压，也可以进行无芯模旋压。

进行有芯模缩径旋压时，机床工作情况与强力旋压成形轴对称零件相似。

4.2　三维非轴对称管件缩径旋压力的解析解

旋压技术的进步，离不开旋压设备的发展。从 20 世纪 80 年代起，日本、德国、美国等国家的旋压机床制造技术已渐成熟，如日本的三菱重工和富士机械、德国的 Leifeld 公司、美国的辛辛提纳公司、瑞士的 M&M 公司等，采用数控技术制造了单轮、双轮、三轮、四轮、立式、卧式、热旋、冷旋等旋压机，从而极大地促进了旋压加工业的发展，使旋压技术扩展到许多行业，在国民经济增长中发挥了很大的作用。但目前进口一台数控旋压机床需要 500 万～2000 万元，这是我国许多需要发展旋压加工地区和企业难以接受的。因此，需立足本国国情，自行研制和开发既方便实用、成本又相对较低的旋压机床。

要研制旋压机床，如果不进行理论分析，尤其是旋压力的分析，则难免出现两种情况：功率太小，零件加工范围受到限制；功率太大，造成浪费。只有对旋压力大小做出正确的评估，才能更好地设计制造出实用高效的旋压机床，以达到节约能源、提高生产率的目的。在设计旋压机床、旋压工具和合理确定旋压工艺参数时，都需要确定旋压力的大小和范围。而主应力法是一种简化的应力解析法，作为目前旋压力学分析常用的理论方法之一，其计算公式的推导过程较为直观、简单，能客观反映各种因素对旋压力的影响[24]。

传统的对旋压过程旋压力进行理论分析的步骤通常是先对变形过程进行一定的假设，然后求变形区的应变（或应变率）及应力，最后对设定的变形范围进行积分，求出总的变形功和力[18]。但由于强力旋压主要通过壁厚减薄来实现，所需要的旋压力相对普通旋压较大，所以近几十年来，对筒形件强力旋压方面的研究较多，对于以改变形状为主的普通旋压成形力的研究较少。

由于非轴对称零件旋压前后工件轴线有明显偏心及倾斜，偏心及倾斜件旋压成形时的受力特性与轴对称旋压力有很大不同，结构的非对称性决定了这类管件旋压成形时的旋压力呈现出一种周期性变化的特点,弄清这些新特点、新规律对于指导生产实践、避免成形缺陷具有很重要的理论价值和实践意义。因此,本章提出采用主应力法建立三维非轴对称偏心及倾斜件缩径旋压时旋压力的理论计算公式,以得到直观的旋压力的解析解,为该工艺的工程应用提供科学依据。

4.2.1 旋压力求解常用的理论方法

金属旋压工艺过程中,旋压力是这一过程中的一个重要参数。计算旋压力的重要性在于:了解在旋压过程中,应变-应力状态及其变化规律,为旋压设备及变形工具的设计提供必要的依据;在制定工艺规程时,正确地选择旋压设备和工具,调整设备有关电气和液压系统参数,合理地确定旋压工艺参数,从而保证旋压过程的正常进行[25]。目前,旋压力分析常用的理论方法有主应力法、能量法、挠度法、滑移线法、极限分析法和有限元数值模拟方法等[26]。

（1）主应力法。

主应力法又称切块法,是在工件变形区内截取一定形状的微小单元,推导出各应力之间的关系,再根据一定的边界条件和屈服准则,计算出旋压力的方法[17,19],这种方法可以得到旋压力的解析解。

（2）能量法。

能量法的基本思想是:工件旋转一周,旋压力所做的功等于毛坯的塑性变形能,求出某一方向的旋压分力(如切向力),再根据接触区的三个投影面的比例,来求解旋压力的另外两个分量[27]。

能量法的基本假设为接触压力均匀不变、旋压件壁厚不变。该方法在分析简单的金属塑性成形问题时比较实用;对于复杂的金属塑性成形问题,由于速度关系方程过于烦琐,其用途受到限制。

（3）挠度法。

挠度法的研究对象是高径比较小的浅碟形零件,主要应用弹塑性板壳理论,将旋压过程简化为"中间固支、周边自由"的环形金属薄板,并认为在非对称集中载荷的作用下发生弯曲变形,最后由弯曲方程求出挠度方程,计算出旋压力[28],该方法的实用范围较窄。

（4）滑移线法。

滑移线法是针对具体的变形工序或变形过程建立滑移线场,然后利用其某些特性来求解旋压力[29]。尽管理论上滑移线法能精确提供应力分布,但通常情况下计算结果与试验数据存在较大差距。该方法还不能用于求解非平面变形问题或具有硬化效应的金属塑性变形问题。

（5）极限分析法。

极限分析法则假设毛坯材料为理想刚塑性,根据试验得出的屈服线建立运动许可的速度场,并优化屈服线间的夹角,从而求出临界状态下旋压力的计算公式[30]。该方法需要通过试验建立速度场,只有在求解简单边界条件的金属塑性成形过程时才能显示出优越性。

(6) 有限元数值模拟方法。

金属塑性成形过程中的有限元数值模拟方法主要分为两大类:弹-(黏)塑性和刚-(黏)塑性。前者考虑了金属变形过程中的弹性效应,其理论基础是 Prandlt-Mises 本构方程;后者忽略了金属变形过程中的弹性变形过程,其基本理论是 Markov 变分原理[31]。

随着现代计算机技术和塑性加工的密切结合和迅速发展,有限元数值模拟也得到广泛应用,但目前对旋压成形的数值模拟主要集中在强力旋压。有限元数值模拟在多道次普通旋压中的应用,如多道次旋压时力学模型的建立和旋轮运动轨迹的确定等,还亟待加强[32]。

为提供实际生产可供参考的旋压力计算公式,本章采用主应力法对旋压力进行求解。

4.2.2　主应力法的基本假设和工件受力分析

在金属旋压过程中,存在错综复杂的弹塑性变形现象和大量不同的影响因素,因而采用现有的弹塑性变形基本理论进行详尽而精确的描述是十分复杂的,有时是十分困难的;同时影响旋压力的参数很多,如果不分主次统统考虑,将很难求出方便实用的表达式;而且,由于各种因素对求解目标的影响程度不同,没有必要对所有因素逐一分析。因此,基于物理模型来建立数学模型时,要进行一定的假设,以保证所建立的数学模型既能反映客观规律的变化,又不至于过分烦琐。在许多计算中,人们都大致采用了以下一些基本假定[26]。

(1) 变形材料是均匀和各向同性的。

(2) 变形前后材料不发生体积变化。

(3) 旋轮与毛坯之间的摩擦有时可忽略不计。

(4) 在旋轮下的毛坯材料进行瞬间变形时,其他部分材料不变形,即认为刚性端存在。

(5) 在变形过程中,设备和工具系统是刚性的。

(6) 材料在旋压过程中不发生厚向变形(厚度保持为 t_0),即变形区材料被视为平面变形状态。

(7) 将旋轮相对于坯料所做的连续螺旋运动,简化为无数间断的圆周运动。

研究表明,旋压变形力 P(旋轮作用于变形金属上的合力)是如下一些主要影响因素的函数[33]:

$$P = f(t_0, \sigma_s, \Psi_t, f, r_\rho, \alpha'_\rho, \alpha, D_0, \Delta'_t)$$

式中,t_0 为毛坯的厚度;σ_s 为材料屈服极限;Ψ_t 为毛坯的壁厚变化率(减薄率);f 为旋轮每转进给量(进给比);r_ρ 为旋轮的工作圆角半径;α_ρ' 为旋轮的接触角;α 为芯模的半锥角(对锥形件而言);D_0 为管坯的直径;Δ_i' 为对正弦律偏离程度(对锥形件而言)。

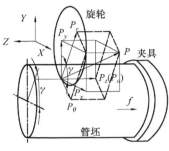

图 4-10　旋压力的分解与合成

为便于计算,往往将旋压力 P 分解为三个互相垂直的分力 P_r、P_a、P_θ(图 4-10)。旋压力及其分力有如下关系式[34]:

$$P=\sqrt{P_r^2+P_a^2+P_\theta^2} \qquad (4\text{-}1)$$

式中,P_r 为径向分力,作用方向沿工件半径方向;P_a 为轴向分力,作用方向平行于工件的轴线;P_θ 为切向分力,其方向与工件圆周相切。

径向分力 P_r 是设计计算旋轮架所能发挥横向工作力以及主轴、旋轮架等有关零部件强度、刚度计算所必需的;轴向分力 P_a 对旋轮纵向进给机构和旋轮架及主轴等部件的各环节工作力、强度、刚度计算提供主要依据;而切向分力 P_θ 是确定旋压变形扭矩和功率、主轴电机驱动功率以及主轴与传动构件的力学计算所必需的。此外,三个分力有时对选择最佳旋压工艺规程也有一定用处。

旋压过程的作用力施加在旋转毛坯的局部接触区,作用范围在不断变化,毛坯在不断地改变轴向尺寸,在毛坯受力区域内产生压缩和拉伸变形。因此,在讨论受力时,需要对实际情况进行某些假定,这样才能得到对于工程计算有用的模型,而这些假设在工程计算实践中是允许的。因此,在推导旋压力公式之前,需要对各物理量进行一定的简化处理,主要包括应力、面积、边界条件等。

4.2.3　旋压力计算公式的推导

理论和实践均已证明,与旋轮所受到的径向和轴向旋压力相比,切向旋压力很小,并且返程旋压比往程旋压时的旋压力要大,因此只对返程旋压时的径向和轴向旋压力进行求解[35,36]。

1. 偏心件缩径旋压时旋轮与工件接触面积的计算

在每道次旋压成形之前,由于工件的偏移方向垂直于旋轮的公转轴线,所以工件变形前在旋轮公转平面内的截面形状仍为圆形,但其圆心 O 与工件变形后的圆形截面中心 O_1 之间存在一定偏移,即道次偏移量 δ_i,如图 4-11 所示,图中新出现的相关符号含义如下。

D_{i-1}、D_i 为毛坯变形前、后的直径;D_R 为旋轮直径;Δ_i 为旋压之前管坯轴线的道次偏移量;γ 为 XOY 投影面内,旋轮中心和旋轮公转轴线的连线与 Y 轴的夹角,即旋轮公转角度;Δ_s 为旋轮所在位置的瞬时压下量;Δ_n 为每道次旋压时的名义压下量,即 $\Delta_n = (D_{i-1} - D_i)/2$。

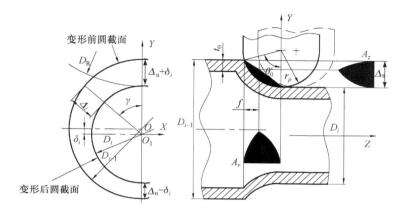

图 4-11　偏心件缩径旋压时旋轮与工件接触面投影图

旋轮与工件之间的接触面在两个方向的投影如图 4-11 所示,用 A_r 表示径向投影面积,用 A_z 表示轴向投影面积。它们的近似计算公式为

$$\begin{cases} A_r = \dfrac{Lh}{2} \\ A_z = \dfrac{\Delta_s h}{2} \end{cases} \tag{4-2}$$

式中,$L = a_1 + f/2$,其中 $a_1 = r_\rho \sin\theta_0'$,$\theta_0' = \arccos\left(\dfrac{r_\rho - \Delta_s}{r_\rho}\right)$; $\Delta_s = \delta_i \cos\gamma + \sqrt{\left(\dfrac{D_{i-1}}{2}\right)^2 - (\delta_i \sin\gamma)^2} - \dfrac{D_i}{2}$; $h = \dfrac{1}{2}\sqrt{D_L^2 - \dfrac{a_2^2}{16a_3^2}}$,其中 $a_2 = D_L^2 - D_2^2 + 4a_3^2$,$a_3 = \dfrac{1}{2}(D_i + D_R)$,$D_L = D_i + 2\Delta_s$,$D_2 = D_R - 2a_4$,$a_4 = r_\rho - \sqrt{r_\rho^2 \cos^2\theta_0' + 2fr_\rho \sin\theta_0' - f^2}$。

2. 倾斜件缩径旋压时旋轮与工件接触面积的计算

随着工件沿公转轴线方向的移动,椭圆的中心 O_1 与工件变形后的圆形截面中心 O 之间在公转平面上的投影距离 e 也在变化,如图 4-12 所示。

图中部分符号含义与图 4-11 相同,其余符号含义如下:S 为旋轮公转平面到基准平面的距离;φ_i 为道次倾斜角,即管坯成形前后轴线的夹角。

根据图 4-12 所示的几何关系,可以确定旋轮与工件之间的接触面在半径和轴线两个方向的投影,分别用 A_r 和 A_z 表示。它们的近似计算公式为

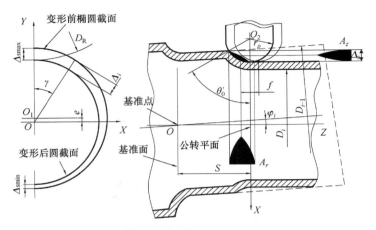

图 4-12　倾斜件缩径旋压时旋轮与工件接触面投影图

$$\begin{cases} A_r = \dfrac{Lh}{2} \\[3mm] A_z = \dfrac{\Delta_s h}{2} \end{cases} \tag{4-3}$$

式中，$L = a_1 + f/2$，其中 $a_1 = r_\rho \sin\theta'_0$，$\theta'_0 = \arccos\left[\dfrac{(r_\rho - \Delta_s)\cos\varphi_i}{r_\rho}\right] - \varphi_i$；$\Delta_s =$

$\sqrt{x_E^2 + y_E^2} - \dfrac{D_i}{2}$，其中 $D_i = D_{i-1} - 2\Delta_s$，$y_E = \dfrac{S\sin(2\varphi_i) + a_2}{2(\tan^2\gamma + \cos^2\varphi_i)}$，$x_E = y_E \tan\gamma$，$a_2 =$

$\pm\sqrt{D_{i-1}^2(\tan^2\gamma + \cos^2\varphi_i) - 4S^2(\sin\varphi_i \tan\gamma)^2}$（$\gamma$ 位于一、四象限时取正号，γ 位于

二、三象限时取负号）；$h = \sqrt{D_L^2 - \dfrac{(D_L^2 - D_2^2 + 4a_3^2)^2}{16a_3^2}}$，其中 $a_3 = \dfrac{1}{2}(D_i + D_R)$，$D_L =$

$D_i + 2\Delta_s$，$D_2 = D_R - 2a_4$，$a_4 = r_\rho - \sqrt{r_\rho^2\cos^2\theta_1 + 2fr_\rho\sin\theta_1 - f^2}$，$\theta_1 = \arccos\left(\dfrac{r_\rho - \Delta_s}{r_\rho}\right)$。

3. 旋压力的求解

图 4-13 为在旋压变形区内所取的一微小单元体，由于在旋压成形时，工件壁厚基本不变，可以认为变形区处于平面应变状态；图 4-13(b)表示单元体所受的应力情况。

图 4-13 中相关符号含义如下：θ'、$\mathrm{d}\theta'$ 为 XOZ 投影面内微元体对应于旋轮圆角中心的偏置角及其增量；σ_1、σ_2、σ_i 为微元体在半径方向、轴线方向和圆周方向所受的应力；ρ'、$\mathrm{d}\rho'$ 为微元体对应于旋轮圆角中心的半径及其增量；分别以 A_1、A'_1、A_2、A'_2 表示微元体侧面 $ABCD$、$EFGH$、$ABEF$ 及 $CDGH$ 的侧面积。

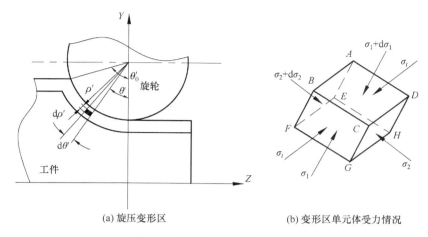

(a) 旋压变形区　　　　　　　(b) 变形区单元体受力情况

图 4-13　变形区微元体应力分析

由图 4-13(b)所示微元体可以得到沿轴线 Z 方向力的平衡方程为

$$\sigma_1 A_1' \sin(\theta' + \mathrm{d}\theta'/2) - (\sigma_1 + \mathrm{d}\sigma_1) A_1 \sin(\theta' + \mathrm{d}\theta'/2)$$
$$- \sigma_2 A_2' \cos\theta' + (\sigma_2 + \mathrm{d}\sigma_2) A_2 \cos(\theta' + \mathrm{d}\theta') = 0 \tag{4-4}$$

略去其中的三次微小项,式(4-4)可以简化为

$$(\sigma_1 - \sigma_2) \mathrm{d}\theta' \mathrm{d}\rho' - \rho' \mathrm{d}\theta' \mathrm{d}\sigma_1 + \cot\theta' \mathrm{d}\rho' \mathrm{d}\sigma_2 = 0 \tag{4-5}$$

由于变形区处于平面应变状态,并且三个方向的应力均为压应力,根据应力应变顺序对应规律可知[34]:$\sigma_t > \sigma_1 > \sigma_2$,所以可以得出中间主应力为

$$\sigma_1 = \frac{1}{2}(\sigma_2 + \sigma_t)$$

又由 von-Mises 屈服准则,$\sigma_t - \sigma_2 = q\sigma$,可得

$$\sigma_1 = \sigma_2 + \frac{q}{2}\sigma \quad \text{或} \quad \sigma_1 - \sigma_2 = \frac{q}{2}\sigma \tag{4-6}$$

式中,$q = 1 \sim 1.155$;$\sigma = B\bar{\varepsilon}^n$,其中 B 为与材料相关的常数,n 为材料硬化指数,$\bar{\varepsilon}$ 为等效应变,即

$$\bar{\varepsilon} = \frac{\sqrt{2}}{3} \sqrt{(\varepsilon_1 - \varepsilon_2)^2 + (\varepsilon_2 - \varepsilon_t)^2 + (\varepsilon_t - \varepsilon_1)^2}$$

由于变形区处于平面应变状态,$\varepsilon_1 = 0$,所以 $\varepsilon_2 = -\varepsilon_t$,因而可得

$$\bar{\varepsilon} = \frac{2}{\sqrt{3}}\varepsilon_2$$

将式(4-6)代入式(4-5),并进行积分可得

$$\sigma_1 = \left(\frac{q\sigma}{2} + \frac{\cot\theta'}{\mathrm{d}\theta'}\mathrm{d}\sigma_2\right)\ln\rho' + C_1 \tag{4-7}$$

式中，C_1 为常数。当 $\rho' = r_\rho + t_0$ 时，$\sigma_1 = 0$，因此

$$C_1 = -\left(\frac{q\sigma}{2} + \frac{\cot\theta'}{\mathrm{d}\theta'}\mathrm{d}\sigma_2\right)\ln(r_\rho + t_0)$$

将 C_1 代入式(4-7)得

$$\sigma_1 = \left(\frac{q\sigma}{2} + \frac{\cot\theta'}{\mathrm{d}\theta'}\mathrm{d}\sigma_2\right)\ln\frac{\rho'}{r_\rho + t_0}$$

再将式(4-6)代入该式，并进行积分，可得

$$k_1\ln\left[\sigma_2 + \frac{q\sigma}{2}(1 - k_1)\right] = -\ln\cos\theta' + C_2$$

式中，$k_1 = \ln\dfrac{\rho'}{r_\rho + t_0}$；$C_2$ 为常数。当 $\theta' = 0$ 时，$\sigma_2 = 0$，因此

$$C_2 = k_1\ln\left[\frac{q\sigma}{2}(1 - k_1)\right]$$

整理后得到

$$\sigma_1 = \frac{q\sigma}{2}\left[k_1 + (1 - k_1)\cos^{-1/k_1}\theta'\right] \tag{4-8}$$

当 $\rho' = r_\rho$ 时，由式(4-8)确定的 σ_1，即为工件与旋轮之间的接触应力 σ_c，所以

$$\sigma_c = \frac{q\sigma}{2}\left[k + (1 - k)\cos^{-1/k}\theta'\right] \tag{4-9}$$

式中，$k = \ln\dfrac{r_\rho}{r_\rho + t_0}$。

将接触应力 σ_c 分解为径向应力分量 $\sigma_{c,r}$ 和轴向应力分量 $\sigma_{c,a}$，并且在接触范围 $0 \leqslant \theta' \leqslant \theta_0'$ 进行平均处理，便可以得到轴向与径向平均接触应力为

$$\begin{cases} \sigma_{c,a} = \dfrac{\displaystyle\int_0^{\theta_0'} \dfrac{q\sigma}{2}\left[k + (1 - k)\cos^{-1/k}\theta'\right]\sin\theta'\mathrm{d}\theta'}{\theta_0} \\[6mm] \sigma_{c,r} = \dfrac{\displaystyle\int_0^{\theta_0'} \dfrac{q\sigma}{2}\left[k + (1 - k)\cos^{-1/k}\theta'\right]\cos\theta'\mathrm{d}\theta'}{\theta_0'} \end{cases} \tag{4-10}$$

由式(4-10)分别与式(4-2)或式(4-3)相乘，便分别可以得到偏心或倾斜件缩径旋压时径向旋压分力 P_r 和轴向旋压分力 P_a 的计算公式：

$$\begin{cases} P_r = \sigma_{c,r}A_r \\ P_a = \sigma_{c,a}A_a \end{cases} \tag{4-11}$$

从式(4-10)可以看出，各工艺参数对偏心及倾斜件缩径旋压时轴向和径向接触应力的影响。

4.2.4　非轴对称管件缩径旋压力的变化规律

1. 影响非轴对称管件缩径旋压力的主要工艺参数

由上述推导可见,影响三维非轴对称管件缩径旋压力的主要工艺参数有偏移量 δ、倾斜角 φ、名义压下量 Δ_n、进给比 f、旋轮圆角半径 r_ρ 和旋轮直径 D_R 等。

1) 偏移量 δ 及倾斜角 φ

偏移量 δ 及倾斜角 φ 是非轴对称管件缩径旋压成形过程中非常重要的参数,直接影响旋压能否顺利进行和旋压力的大小,需要根据零件尺寸、材料性能等参数来确定。因此,偏移量 δ 及倾斜角 φ 是与名义压下量 Δ_n 紧密相关的一对参数。在旋压中,可以通过以下方法来实行。

(1) 旋压系数 m。

在普通旋压中,旋压系数是变形的一个主要工艺参数,因为它的大小直接影响旋压力的大小和旋压精度的好坏,旋压系数可按下式求出[16]:

$$m = D/D_0 \tag{4-12}$$

(2) 旋压道次数 k。

根据旋压系数 m、缩径后的管坯外径 D 和管坯厚度 t_0 确定旋压道次数。

(3) 道次偏移量 δ_i 和道次倾斜角 φ_i。

通过求出的旋压道次数 k,就可以得出道次偏移量 δ_i 及道次倾斜角 φ_i:

$$\delta_i = \delta/k \tag{4-13}$$

$$\varphi_i = \varphi/k \tag{4-14}$$

式中,δ 为总偏移量;φ 为总倾斜角。

(4) 偏移量 δ、倾斜角 φ 和名义压下量 Δ_n 的关系。

轴对称件旋压成形时,在稳定旋压成形阶段,瞬时压下量在旋轮围绕工件旋转一周时间内是稳定不变的,因此可用名义压下量来表征其变形程度。

而对于非轴对称件,旋压成形时旋轮围绕工件旋转一周时间内实际压下量随旋轮公转角度 γ 周期性变化。

对于偏心件,由图 4-11 可知,当 $\gamma = 0°$ 时,瞬时压下量 Δ_s 最大:

$$\Delta_{smax} = \Delta_n + \delta_i \tag{4-15}$$

当 $\gamma = 180°$ 时,瞬时压下量 Δ_s 最小:

$$\Delta_{smin} = \Delta_n - \delta_i \tag{4-16}$$

对于倾斜件,由图 4-12 可知,当 $\gamma = 0°$ 时,瞬时压下量 Δ_s 也具有最大值:

$$\Delta_{smax} = \Delta_n/\cos\varphi_i + S\tan\varphi_i \tag{4-17}$$

当 $\gamma = 180°$ 时,瞬时压下量 Δ_s 具有最小值:

$$\Delta_{smin} = \Delta_n/\cos\varphi_i - S\tan\varphi_i \tag{4-18}$$

　　因此,提出名义压下量 Δ_n 的概念, $\Delta_n=(D_{i-1}-D_i)/2$,用其来表征三维非轴对称零件旋压成形时的变形程度。

　　在公转角为 180°时,随着道次偏移量 δ_i 及道次倾斜角 φ_i 的增大,工件与旋轮的瞬时压下量 Δ_s 会减小。因此,需防止在非轴对称零件旋压过程中,因 δ_i 、 φ_i 的增大而造成在公转角为 180°时旋轮与工件有可能产生的脱离现象。

　　2) 名义压下量 Δ_n

　　道次名义压下量 Δ_n 的大小直接关系到旋压过程能否顺利进行以及生产效率的大小。 Δ_n 过大则会在旋轮前方产生较大的压应力,使毛坯产生堆积甚至产生局部破裂现象; Δ_n 过小则会增加旋压次数,加工硬化的作用使材料塑性降低无法进行塑性变形,这时必须增加中间热处理工艺,从而增加了工序和设备投资,并且存在氧化层,给后续表面处理增加了难度。因此,道次名义压下量必须在合适的范围内选择。

　　3) 进给比 f

　　进给比 f 是指主轴每转一圈时旋轮沿毛坯轴向移动的距离。其值大小对旋压过程影响比较大,与零件的尺寸精度、表面光洁度、旋压力的大小都有密切关系。与普通缩径旋压类似,对于大多数体心立方晶体材料,进给比可取 0.1～1.5mm/r;对于面心立方晶格的金属材料,进给比可以取 0.3～3.0mm/r[18]。

　　旋压成形时保持合适的进给比是非常重要的,因为大的进给比会产生较大的旋压力,有可能导致工件产生断裂现象;相反,进给比太小,反复碾压会导致过多的材料向外流动,从而降低生产率和使工件壁部产生过分变薄现象。

　　4) 旋轮圆角半径 r_ρ

　　旋轮需按成形工件的种类和成形方式进行选择和设计。按照三维非轴对称零件旋压成形特点,一般采用圆弧形标准旋轮。

　　圆弧形标准旋轮的圆角半径 r_ρ 是影响成形质量的重要因素。当 r_ρ 增大时,可使旋轮运动轨迹的重叠部分增加,从而提高工件外表面的光洁度,但是此时的旋压力增大,并易造成与毛坯接触部分产生失稳现象;相反, r_ρ 减小,会使变形区的单位接触压力增大,易造成切削现象,使工件表面的光洁程度变坏[18]。

　　旋轮圆角半径的选取主要取决于材料种类、状态、料厚和变形程度的大小。与普通旋压成形相似,采用大的圆角半径比较好,常用值是 $r_\rho/t_0>5$ 。

　　5) 旋轮直径 D_R

　　旋轮直径 D_R 的大小对旋压过程的影响不大。旋轮直径 D_R 的数值取大一些,有利于提高工件表面光洁度,但会使旋压力略有增加。旋轮的最小直径受有关零部件(如轴和轴承等)机械强度的限制。因此,应尽可能使旋轮直径稍大一些,以便加大轴和轴承的尺寸。与普通旋压成形相似,旋轮直径的常用值是 120～350mm[17]。

2. 旋压力的变化规律分析

1）计算参数的确定

采用主应力法计算旋压力时所使用的材料为采用分流组合模热挤压所得到的管坯，材质为 6061T1，其力学性能参数如表 3-2 所示；所用到的管坯、旋轮及旋压工艺参数如表 4-1 所示。

表 4-1　理论计算的各项参数

管坯直径 D_0/mm	管坯厚度 t_0/mm	旋轮直径 D_R/mm	旋轮圆角半径 r_ρ/mm	道次偏移量 δ_i/mm	道次倾斜角 φ_i/(°)	旋轮进给比 f/(mm/r)	名义压下量 Δ_n/mm
120	1.3	170	10	1.0,2.0,2.5, 3.0,4.0	1.0,2.0,3.0, 4.0,5.0	0.5,1.0,1.5, 2.0,2.5	3.0,4.0,5.0, 6.0,7.0

2）旋压力结果的分析与比较

（1）偏心件缩径旋压力的变化规律。

① 旋轮公转角度 γ 对旋压力的影响。

图 4-14 为旋轮圆角半径 $r_\rho=10$mm、进给比 $f=1$mm/r、道次偏移量 $\delta_i=2.5$mm、名义压下量 $\Delta_n=5$mm 时，旋轮公转角度 γ 对旋压力的影响。由于偏心件旋压成形时，旋轮绕毛坯进行公转，实际压下量随旋轮公转角度 γ 周期性变化，所以变形力也周期性变化。

由式（4-15）可知，当 $\gamma=0°$ 时，瞬时压下量 Δ_s 最大：$\Delta_{smax}=\Delta_n+\delta_i$；由式（4-16）可知，当 $\gamma=180°$ 时，瞬时压下量 Δ_s 最小：$\Delta_{smin}=\Delta_n-\delta_i$。所以，最大旋压力发生在 $\gamma=0°$ 的位置，最小旋压力发生在 $\gamma=180°$ 的位置。

图 4-14 表明，对于偏心件缩径旋压成形，在旋轮围绕工件旋转一周的过程中，偏移量的存在，使得旋压力的变化规律呈现出一种与轴对称零件旋压成形时完全不同的变化规律；所产生的旋压力不再是稳定不变的，而是呈正弦律变化，沿工件圆周方向的分布呈现出一侧最大（$\gamma=0°$）、对面最小（$\gamma=180°$）的特点，这与图 4-5 所分析的规律完全一致。

② 道次偏移量 δ_i 对旋压力变化幅度的影响。

图 4-15 为 $r_\rho=10$mm、$f=1$mm/r、$\Delta_n=5$mm 时，毛坯道次偏移量 δ_i 对旋轮公转一周时最大旋压力 P_{max} 与最小旋压力 P_{min} 比值影响的计算结果。其中，旋压力 P 为径向旋压力 P_r 和轴向旋压力 P_a 的合成数值，即 $P=\sqrt{P_r^2+P_a^2}$。由图可见，道次偏移量 δ_i 越大，P_{max} 与 P_{min} 的比值越大，即旋压力的变化幅度越大。这是因为在其他参数不变的情况下，由式（4-15）可知，δ_i 越大，则 Δ_{smax} 越大，导致 P_{max} 越大。相反，由式（4-16）可知，δ_i 越大，则 Δ_{smin} 越小，导致 P_{min} 越小。

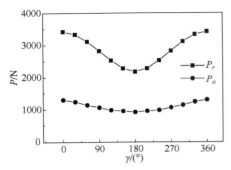 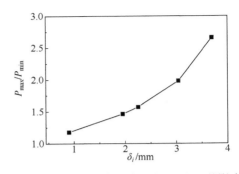

图 4-14　偏心件缩径旋压时 γ 对旋压力的影响　图 4-15　偏心件缩径旋压时 δ_i 对 P_{max}/P_{min} 的影响

（2）倾斜件缩径旋压力的变化规律。

① 旋轮公转角度 γ 对旋压力的影响。

图 4-16 为进给比 $f = 1.0\text{mm/r}$、道次倾斜角 $\varphi_i = 3°$、道次名义压下量 $\Delta_n = 3\text{mm}$、旋轮位于三个不同位置 S 时，旋轮公转角度 γ 对旋压力影响的理论计算结果。由于倾斜件旋压成形时，旋轮绕毛坯进行公转，实际压下量随旋轮公转角度 γ 周期性变化，所以变形力也周期性变化。

由图 4-12 可知，椭圆截面与圆形截面之间的偏心距 $e = S\tan\varphi_i$，因此随着 S 的变化，椭圆截面与圆形截面的相对位置也在变化，如图 4-17 所示。

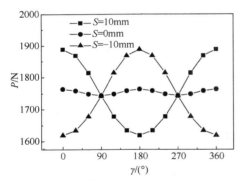 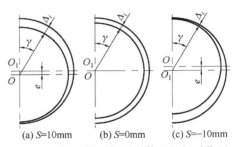

图 4-16　倾斜件缩径旋压时 γ 对旋压力的影响　图 4-17　椭圆截面与圆形截面的相对位置

当 $S > 0$ 时，圆形截面 O 位于椭圆截面 O_1 偏下的位置，如图 4-17（a）所示。最大和最小瞬时压下量所对应的 γ 角度分别为 $0°$ 和 $180°$，图 4-16 中"■"所表示的曲线反映的就是 $S > 0$ 时的旋压力变化情况，即在旋轮公转 $360°$ 的过程中，最大旋压力和最小旋压力各出现一次。

当 $S = 0$ 时，圆形截面与椭圆截面同心，如图 4-17（b）所示。瞬时压下量两个相等的最大值点所对应的 γ 角度分别为 $0°$ 和 $180°$，两个相等的最小值点所对应的 γ 角度分别为 $90°$ 和 $270°$。旋压力的变化情况如图 4-16 中"●"所表示的曲线所示。与"■"所表示的曲线相比，旋压力的变化幅度降低，但在旋轮公转 $360°$ 的过程中，最大旋压力和最小旋压力各出现两次,与图 4-5 所分析的规律完全一致。说明旋压力曲线的变化形式不仅与道次倾斜角 φ_i 有关,还与旋轮所处的位置 S 有关。

当 $S<0$ 时,圆形截面 O 位于椭圆截面 O_1 偏上的位置,如图 4-17(c)所示。它与 $S>0$ 的情况相对称,最小和最大瞬时压下量所对应的 γ 角分别为 0° 和 180°,图 4-16 中"▲"所表示的曲线正确地反映了旋压力的这一变化规律。

上述结果与针对图 4-5 所分析的结果相同。

② 道次倾斜角 φ_i 对旋压力变化幅度的影响。

图 4-18 为旋轮进给比 $f=1.5\mathrm{mm/r}$、道次名义压下量 $\Delta_n=3\mathrm{mm}$、旋轮相对于基准面位置 $S=10\mathrm{mm}$ 时,毛坯道次倾斜角 φ_i 对旋轮公转一周时最大总旋压力 $P_{\max}$ 与最小总旋压力 $P_{\min}$ 比值影响的计算结果。由图可见,道次倾斜角 φ_i 越大,$P_{\max}$ 与 $P_{\min}$ 的比值越大,即旋压力的变化幅度越大。这是因为在其他参数不变的情况下,随着 φ_i 的增加,最大瞬时压下量 $\Delta_{s\max}$ 增加,而最小瞬时压下量 $\Delta_{s\min}$ 减小(图 4-12),即最大旋压力 $P_{\max}$ 增加,最小旋压力 $P_{\min}$ 减小。

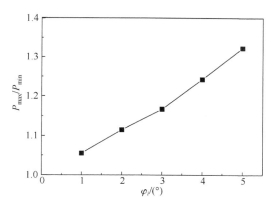

图 4-18　倾斜件缩径旋压时 φ_i 对 $P_{\max}/P_{\min}$ 的影响

4.3　非轴对称管件缩径旋压三维数值模拟关键技术

伴随传统的塑性成形技术和现代计算机技术全方位的密切结合,传统的经验设计方法已逐渐被模拟设计所代替。目前在工程技术领域常用的数值模拟方法有有限元法、边界元法、离散单元法和有限差分法,但就其实用性和应用的广泛性来说,主要还是有限元法[37,38]。金属的旋压过程是旋轮与毛坯之间的反复加、卸载过程,在旋轮与毛坯接触区域的金属处于塑性状态,而在旋轮与毛坯接触区以外的金属处于弹塑性或弹性状态,远离旋轮与毛坯接触区的金属则处于刚性状态,因此用弹塑性有限元法对旋压过程进行求解与生产实际更为符合。

近年来,有限元数值模拟方法在普通旋压中的应用逐渐广泛。例如,采用曲面壳单元对封头件旋压成形机理的初步探讨[39];利用动态显式有限元程序 LS-DYNA-3D,采用薄壳单元对薄壁筒收口旋压变形的数值模拟[40];利用商用 ANSYS 软件,考虑材料加工硬化和摩擦边界条件,对缩口旋压变形过程进行的三维数值模拟[41];利用 MSC. MARC 软件采用八节点六面体单元模型对筒形件多道次拉深旋压进行的数值模拟[42]等。上述对旋压过程的数值模拟主要限于轴对称回转体零件。

本节结合非轴对称管件缩径旋压成形的特点,分析非轴对称管件缩径旋压时 MSC. MARC 三维弹塑性有限元数值模拟的关键技术;推导出一种能同时实现公转和自转的旋轮运动轨迹计算公式;探索出获得非轴对称零件极值数据的时间步长设计方法;为进行三轴对称管件单道次及多道次有限元数值模拟奠定了坚实的基础。

MSC. MARC 软件包括前处理、有限元分析及求解和后处理三个模块,系统总体结构如图 4-19 所示[38]。前处理模块主要包括材料模型的选择、单元类型的选择、几何模型的建立及工件的有限元网格划分和重划分等;有限元分析及求解模块包括定义分析类型、约束条件、载荷数据和载荷步选项、计算应力和应变等;后处理模块主要是将计算的结果进行图形显示、曲线表格输出等。其中的关键技术是几何模型的建立、单元类型的选择、网格的划分与重划分、接触和摩擦问题等[43]。

1. 简化与假设

由于采用冷旋工艺,并考虑材料的各向异性对成形的影响很小,因此做出以下假设[44]:

（1）材料采用各向同性的模型且均质。

（2）忽略旋压过程中的旋轮与毛坯之间的热效应影响。

（3）忽略重力、惯性力影响。

2. 几何模型的建立

由于实际生产过程中,旋轮材料为 Cr12MoV,与 6061T1 毛坯相比硬度大且强度高,在旋压成形过程中几乎不产生弹塑性变形。因此,在模拟分析过程中,将旋轮定义为刚体。在有限元模型中,卡盘与毛坯通过 MSC. MARC 中提供的 GLUE 功能黏合在一起（即在卡盘与毛坯之间定义一个很大的分离力,而在模拟过程中,卡盘与毛坯之间的作用力根本不可能超过此值,使得卡盘与毛坯牢固地结合在一起）,并对卡盘施加平移或转动载荷,从而实现毛坯的偏心及倾斜。

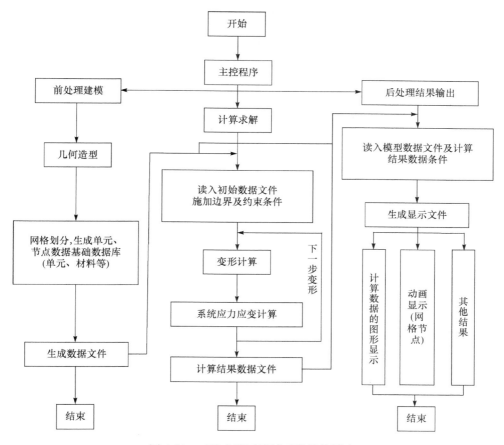

图 4-19　三维有限元模拟系统结构层次

在 MSC. MARC 中,刚体旋轮的平移及转动通过定义旋轮形心,并对形心施加位移载荷实现。所建立的有限元模型中毛坯的右端固定在卡盘中,变形受到约束,而毛坯左端为自由端,在旋轮的作用下产生塑性变形,旋轮与管坯的相对运动为螺旋式进给过程。在模拟时,采用毛坯与卡盘胶合接触,通过卡盘的偏转实现毛坯在每道次旋压前的偏移或倾斜,其余所有进给运动(包括旋轮的公转、自转、径向进给及毛坯的轴向进给)都通过控制旋轮的运动轨迹来实现。

根据旋轮的运动方向与被旋部分金属的流动方向是否一致,可将旋压分为往程旋压和返程旋压两种。当旋轮运动方向与金属的塑性流动方向一致时,称为往程旋压;反之称为返程旋压[19]。采取往程旋压方式进行旋压成形时,金属向未成形的自由端流动,变形阻力较小,不易产生金属堆积,因而制品壁厚减薄、内径偏差和椭圆度均较小;采取返程旋压方式进行旋压时,在旋轮的前端易产生堆积使壁厚产生局部增厚效果,制品口部易产生扩径现象。在实际生产时,为避免制品产生过度减薄和增厚现象,提高生产效率,常采用往、返程交替旋压方式进行成形。所建有限元模型如图 4-20 所示。

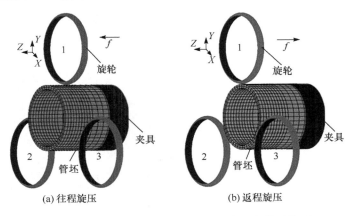

(a) 往程旋压   (b) 返程旋压

图 4-20 非轴对称管件三旋轮缩径旋压有限元模型

3. 单元类型的选择

单元类型的选择是进行网格划分的必要前提,有限元程序根据所定义的单元类型进行实际的网格划分。单元类型在很大程度上影响求解时间和求解精度,同时对单元网格的划分和再划分也有重要影响。所以,合理选择单元类型,对于有效模拟三维金属成形的流动状况有重要作用。一方面,对于不同问题应选择不同类型的单元;另一方面,对于同一问题在保证求解精度的前提下可以选择几种不同类型的单元。

薄板冲压成形过程通常采用壳单元来进行模拟。当壳体厚度 S 远小于壳体中面的最小曲率半径 r,即比值 S/r 与 1 相比可以省略时,这种壳体称为薄壳;否则,称为厚壳。工程计算中许可的相对误差为 5%,因而一般把 $S/r<1/20$ 的壳体看成薄壳;$S/r>1/20$ 的壳体看成厚壳。在石油化工压力容器设计中,习惯于将壳体大端的外径 D_0 与内径 D_1 的比值 $K>1.2$ 的壳体,称为厚壳。对于缩径类旋压成形过程,模拟开始时可以用薄壳,但是旋压几个道次后就可能变为厚壳了,因此建议采用体单元。在三维金属成形模拟有限元软件分析中,常用到的单元主要有八节点六面体单元和混合四面体单元。其中,混合四面体单元的几何特性是线性的,八节点六面体单元适合于变形分析和热传导分析[38]。因此,采用六面体单元进行有限元分析。

4. 网格的划分

有限元分析中网格质量的好坏直接影响求解的效率和精度。当单元类型确定后,网格的质量取决于网格划分的精度等级和单元边长等因素。如上所述,八节点六面体单元适合于变形分析,因此选用八节点六面体单元进行模型离散。由于筒形毛坯几何形状规则,在网格自动划分方面,采用了在纵截面进行二维四节点四边形网格划分,然后沿周向扩展为八节点六面体单元的划分方法。这样的处理方法,所得到的单元网格很规则,在运算中有较好的抗畸变能力。

用网格法研究金属的变形分布时,可将每个网格看成变形区的小单元。若将网格划分为正立方体,使六面体各面的中心线在变形前后始终与主轴重合,即无切应力的作用,则变形后正方体变为长方体,正方形的内切圆变为椭圆,椭圆的轴与矩形的中心线重合,根据椭圆尺寸的变化便可计算出主应变。

如果单元都是理想的形状,即六面体都是立方体,这样的情况可以构造出最好的单元,但对薄壁圆管件来说这是不可能的。由于内外表面为圆弧面,在构造网格时应尽可能使单元的形状接近六面体。影响单元质量的几个指标如下。

(1) 单元边长比(aspect ratio, AR),是单元最长边与最短边之比。理想的单元其单元边长比为1。可接受的单元边长比的范围是

$$AR<3,\quad 对线性单元$$
$$AR<10,\quad 对二次单元$$

(2) 扭曲度(distorsions),是单元在单元面内扭转和单元面外翘曲程度的指标。对于四边形单元,扭曲度用单元相邻边角度与90°的差别描述。面外翘曲发生在单元面的节点不共面的时候。

(3) 网格疏密的过渡有两种方法,第一种方法是沿应力梯度方向上存在单元密度的变化;第二种方法是横向的过渡。

根据三维非轴对称零件特点,采用 7 号线性单元对其旋压过程进行数值模拟,为提高模拟质量,减少模拟时间,旋压部分的网格划分较密、卡盘与起旋点之间网格划分较疏;由于毛坯较薄(针对汽车尾气排气歧管使用的具体情况,厚度为 1～1.5mm),沿厚度方向划分两层。毛坯离散后的网格如图 4-21 所示。

对于图 4-22 所示的网格划分形式,沿毛坯周向分成了若干个部分、每个部分角度为 θ,因此沿毛坯轴向应每 $\theta R_0 \pi/180$mm 划分一个网格,使单元的长宽比更接近于1。

5. 时间步长

在任何模型中,较小的时间增量可望有更精细的输出,但是单独减少增量的大

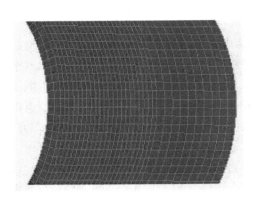

图 4-21　单元划分

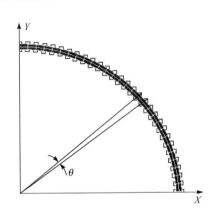

图 4-22　网格划分形式

小,并不能保证获得理想的解或稳定的模型。在传统的旋压成形过程中,工件旋转一周所产生的旋压力是稳定不变的,总的加载时间 t 及时间步长 t_0 可根据实际变形时的情况及计算精度而定。而三维非轴对称零件旋压成形时,旋轮绕毛坯进行公转,实际压下量随旋轮公转角度 γ 周期性变化,因此旋压力也周期性变化(图 4-14 和图 4-16)。为获得旋压力、应力、应变变化的极值点,应使旋轮每绕工件旋压一周计算和保存的点数 w 为 4 的倍数(详细分析见 4.4.4 节)。总的加载时间 t 及时间步长 t_0 必须根据旋压成形工艺参数计算获得:

$$t = 60L_0/(nf), \quad t_0 = 60/(nw')$$

式中,t 为总加载时间(s);t_0 为每加载步时间(s);L_0 为毛坯变形前旋压部分的长度(mm);n 为主轴转速(r/min);f 为旋轮进给比(mm/r);w' 为旋轮每绕工件旋压一周的计算点数。

6. 接触和摩擦问题

在状态非线性分析中,接触问题是一种很普遍的状态非线性行为。常见的接触问题可分为两种基本类型:刚体-柔体的接触和半柔体-柔体的接触。对于金属旋压成形问题,大都看成刚体-柔体的接触,其中的工件视为柔体,而旋轮、芯模、卡盘等工具视为刚体。接触问题存在着两大难点:其一,在求解问题之前接触区域内,其表面之间是接触或分开是未知的、突变的,它由载荷、材料、边界条件和其他因素而定;其二,大多的接触问题需要计算摩擦,而供选择的摩擦模型大都是非线性的,摩擦使问题的收敛性变得困难。目前,MSC. MARC 中可供选择的摩擦模型主要有经典的和修正的库仑摩擦及剪切摩擦模型。

从变形特点上来看,三维非轴对称管件缩径旋压属于普通旋压成形,故采用库仑摩擦来描述旋轮与毛坯之间的摩擦更为合理。MSC. MARC 软件使用直接约束接触算法。在这个程序里,主体的运动被跟踪,当接触发生时,直接约束(位移和节点力)作为边界条件被放在运动中。采用接触容许量在接触表面的每一边定义一个区域。如果探测到某一节点在该区域中,那么该节点就被移动到接触表面。该区域可以是偏斜的,从而使该区域不均匀地分布在接触表面的两边。该接触区域可以不必非常细,以避免拉动非接触单元到接触表面。可使用一个合理的容许量来避免节点通过接触表面。在 MSC. MARC 中,应先定义可变形接触体,后定义刚性接触体。毛坯定义为变形体,变形体由单元进行描述。定义旋轮与卡盘为刚体,刚体由几何面进行描述。在毛坯、卡盘与旋轮之间建立了变形体-刚体接触对,所建有限元模型如图 4-20 所示。

7. 重启动功能的使用

对于所建立的有限元模型,采用 Intel Pentium 4 800MHz 的 CPU 配置,一个道次的模拟需耗时 60h 左右。重启动功能这个选项允许模拟在计算的任何一步重新开始。因此,当旋压模拟的计算时间过长或采用正反旋多道次旋压成形时,重启动功能是不可缺少的。随着旋压方式的改变,在重新计算之前,必须对旋轮及卡盘的运动轨迹等各种参数进行调整。

4.4　非轴对称管件单道次缩径旋压成形机理

为了对三维非轴对称管件缩径旋压成形过程及成形质量进行深入研究,本节以 6061T1(挤压态)铝合金为研究对象,分别建立偏心及倾斜件单道次往返程缩径旋压的三维弹塑性有限元模型,对三旋轮无芯模缩径旋压成形过程进行弹塑性有限元数值模拟。通过分析三向应力应变及等效应力应变的分布规律,获得裂纹出现的原因及位置;通过探索旋压方式对工件径向应变分布的影响,成形工艺参数对旋压件的壁厚偏差、椭圆度、直线度及轴向伸长量的影响规律,为实际生产中合理制定成形工艺规范指明方向。

此外,本节对往程及返程两种旋压方式下的单旋轮缩径旋压时的旋压力进行数值模拟,获得不同工艺参数及旋压方式对旋压力的影响规律,为合理设计旋压设备、优化成形工艺参数提供理论依据。

4.4.1　单道次缩径旋压有限元模型的建立

1. 几何模型

所建立的有限元模型中,毛坯的右端固定在卡盘中,变形受到约束;而毛坯左端为自由端,在旋轮的作用下产生塑性变形。旋轮与管坯的相对运动为螺旋式进给过程。毛坯采用八节点六面体单元进行双层离散划分,为了提高模拟精度,对毛坯的待加工部分进行单元细化。毛坯直径为 100mm、厚度为 1.8mm。细化部分采用沿厚向 0.9mm、轴向 2.3mm、周向 3° 进行网格划分;其余部分采用沿厚向 0.9mm、轴向 4.15mm、周向 3° 进行网格划分,未细化部分长度为 41.5mm。单元总数为 6720、节点总数为 10440。分别采用往、返程旋压方式成形(图 4-20)。起旋点与卡盘距离 L 为 38mm、旋压长度 L_0 为 30mm(图 4-23)。旋轮与毛坯之间的接触采用库伦摩擦模型,摩擦系数为 0.1。

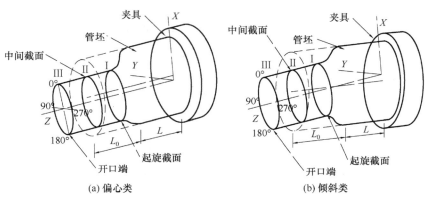

图 4-23　典型节点位置分布图

2. 材料模型

模拟时所采用的材料为 6061T1(挤压态)。通过试验获得的 6061T1(挤压态)真实应力-应变曲线为 $Y=336.4\varepsilon^{0.21}$,其力学性能参数如表 3-2 所示。

3. 旋轮及卡盘运动轨迹的控制

三维非轴对称零件旋压成形过程的数值模拟不同于一般的金属塑性变形数值模拟。首先,旋轮复杂的运动轨迹决定了它与工件接触和摩擦性能的复杂性;高度非线性结构、局部加载卸载的变形特点和相对较大变形程度要求相当水平的软、硬件计算能力和结构分析能力。从力学模型的建立、有限元离散、材料模型、接触边界条件及运动关系处理到模拟结果的分析,都具有很强的探索性。

MSC. MARC 是处理高度组合非线性结构的高级有限元软件,是基于位移法的有限元程序,对于非线性问题采用增量解法,单元刚度矩阵采用数值积分法生成,能有效地处理接触以及大变形问题,在非线性方面具有强大的功能[43,45]。因此,选用 MSC. MARC 对非轴对称管件的缩径旋压进行弹塑性有限元数值模拟。

本章通过数学推导,获得一种能同时实现旋轮公转和自转的计算公式;针对薄壁零件旋压成形时旋轮和毛坯之间不断移动变化的接触特点,对体单元和单元类型的选择、网格划分等技术进行探索；所得到的结论及建模方法可用于塑性加工领域其他具有局部加载卸载金属塑性成形（如轧制、摆碾、回转锻造、逐次成形等）问题的模拟分析。

4. 旋轮运动轨迹的控制

由于三维非轴对称零件旋压成形时旋轮运动轨迹是一个非常复杂的空间曲线，旋轮除与工件接触以角速度 ω_2 进行自转外，还与旋轮座一起以角速度 ω_1 绕工件公转，同时沿公转半径方向做进给运动。

而在有限元数值模拟中同时实现旋轮的公转和自转很困难，因此一般的处理方式是只考虑旋轮的公转而忽略旋轮的自转，即只有旋轮中心绕着机床主轴所做的圆柱螺旋运动[46,47]。这种方法虽然能实现对旋压过程的有限元数值模拟，但忽略了旋轮的自转特征，使模拟时旋轮和毛坯的接触关系与实际旋压成形工艺不一致，从而影响了模拟的准确性。

对于偏心件旋压，不同道次旋压成形时的工件轴线保持平行。由于工件的平移方向垂直于旋轮的公转轴线，所以工件在旋轮公转平面内的截面形状仍为圆形，成形时工件的变形情况是上下对称、左右不对称的（图 4-2）。

对于倾斜件旋压，每道次成形前先将工件轴线相对于旋轮公转轴线在水平面内偏转一定角度，因此工件在旋轮公转平面内的截面形状为椭圆，长轴在水平面内，短轴垂直于水平面。因此，成形时工件的变形情况是以椭圆长轴为上下对称，而在短轴左右两侧的变形情况则是不对称的（图 4-3）。

假设旋轮沿着逆时针方向绕工件做公转运动，则旋轮与工件摩擦而产生的自转方向也是逆时针的（图 4-24）。初始位置旋轮和工件的接触点分别为 B_1 和 A_1。如果不考虑旋轮的自转，则初始位置时半径 O_2B_1 的位置在下一时刻将平行移至图

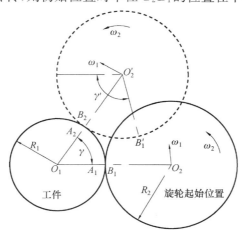

图 4-24　旋轮自转和公转示意图

中虚线所示位置；而由于旋轮的自转，下一时刻接触点将分别是图中的 B_2 和 A_2。由于要满足旋轮和工件之间的纯滚动接触条件，则弧长 A_1A_2 就必须和弧 $B_1'B_2$ 相等，若旋轮公转的角速度（即机床主轴转动角速度）为 ω_1，则旋轮自转角速度 ω_2 为

$$\omega_2 = \frac{R_1 + R_2}{2}\omega_1。$$

建立有限元模型时，将刚体形心位置设在旋轮中心，并使形心以实际角速度 ω_1 绕着机床主轴做圆柱螺旋运动，同时设定刚体绕形心的补偿角速度为 ω_2，且两个角速度方向相同，便可实现有限元数值模拟的任意时刻，旋轮和工件的接触位置与实际旋压过程中旋轮和工件接触位置的一致性。

为了实现对旋轮位置的精确控制，需要四个变量：形心的三个位置坐标 x、y、z 和刚体相对于形心的旋转角度 γ'。位置坐标 x、y 用于控制旋轮的形心位置和径向进给，z 则用于控制旋轮的轴向进给，γ' 为旋轮的自转角度，由主轴转速 n 及旋轮直径 D_R、工件直径 d_1 确定，以保证旋轮与工件之间为纯滚动接触条件。这些变量均为时间的函数，可用以下数学公式来描述：

$$\begin{cases} x = \dfrac{1}{2}(D_{i-1} + D_R - 2\Delta_n)\cos\left(\dfrac{n\pi}{30}t\right) \\[2mm] y = \dfrac{1}{2}(D_{i-1} + D_R - 2\Delta_n)\sin\left(\dfrac{n\pi}{30}t\right) \\[2mm] z = \dfrac{nf}{60}t \\[2mm] \gamma' = \dfrac{n\pi}{30}\left(1 + \dfrac{D_i}{D_R}\right)t \\[2mm] \Delta_n = (D_{i-1} - D_i)/2 \end{cases} \quad (4\text{-}19)$$

式中，D_i 为每道次旋压时工件成形后的直径；D_{i-1} 为每道次旋压时工件成形前的直径；D_R 为旋轮直径；n 为机床主轴转速；f 为旋轮进给比；Δ_n 为道次名义压下量。

5. 卡盘运动轨迹的控制

卡盘用来控制工件的偏移或偏转。MSC. MARC 软件中可直接通过定义卡盘位置坐标 x 和卡盘相对于 Y 轴偏转的角度 φ 来控制工件的偏移或偏转，x 用于控制工件的偏移、φ 用于控制工件的偏转。多道次正反旋压成形过程中，可通过设定不同的 x 及 φ 值来实现不同道次偏移量及倾斜角。

4.4.2　单道次缩径旋压过程的应力应变分布规律

应力、应变分析的目的在于求变形体内的应力、应变分布，即求变形体内各点的应力、应变状态及其随坐标位置的变化，这是正确分析工件塑性成形有关问题的

重要基础[24]。模拟过程中所选取的典型节点位置分布如图 4-23 所示。模拟时所采用的工艺参数为:旋轮直径 D_R 为 200mm、旋轮圆角半径 r_ρ 为 10mm、管坯直径 D_0 为 100mm、管坯厚度 t_0 为 1.8mm、道次偏移量 δ_i 为 2mm、道次倾斜角 φ_i 为 4°、名义压下量 Δ_n 为 3mm、进给比 f 为 1mm/r、实际生产时的主轴转速 n 为 250r/min。对于旋压成形,在进给比相同的情况下,芯模转速的改变对旋压成形工艺及旋压力影响不大[19]。因此,为了提高模拟效率、缩短模拟时间,在满足相同进给比的条件下,将模拟中主轴的旋转速度 n 提高为 600r/min。

1. 应力分布规律

1) 瞬态等效应力的分布规律

图 4-25 为 $f=1$mm/r、$\Delta_n=3$mm 和 $\delta_i=2.0$mm(偏心件)及 $\varphi_i=4$°(倾斜件)旋压成形时,工件外表面接触区沿周向 0°、180°及 270°的等效应力等值线图,图中 O_1 为旋轮 1 所处的位置。由图可见,等效应力基本沿轴向分层分布,仅在三个旋轮所在层的等效应力达到了屈服应力,口部金属的等效应力没有达到屈服应力,不能发生塑性变形,只能产生弹性变形;而同一层的圆周方向上 0°域的等效应力最大,180°域的等效应力最小,这是由偏心及倾斜类零件旋压工艺特点所决定的。

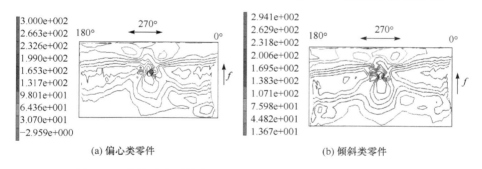

(a) 偏心类零件　　　　　　　　　　　(b) 倾斜类零件

图 4-25　非轴对称零件旋压成形时等效应力等值线(单位:MPa)

2) 等效应力的分布规律

图 4-26 为 $f=1$mm/r、$\Delta_n=3$mm 和 $\delta_i=2.0$mm(偏心件)及 $\varphi_i=4$°(倾斜件)缩径旋压成形后,工件表面的等效应力分布云图。由图可见,变形区的等效应力相差不大,但未变形区的强烈约束和口部的完全自由两种特殊情况导致在工件起旋部位和口部的应力变化比较明显,从而呈现出等效应力沿轴向分层分布的特点。由于起旋时旋轮逐步与毛坯接触及口部旋轮逐渐与毛坯脱离,这两处的变形极不均匀。由于整体性迫使变形趋于均等的结果,故起旋部位右端未变形金属及口部右端已变形金属将向起旋端已变形金属以及口部金属施以拉力,使其减少缩径或扩径,这样就产生了相互平衡的内力。即起旋部位内层产生附加拉应力、口部内层产

生附加压应力,使起旋部位内层的等效应力大于外层,口部内层的等效应力小于外层。

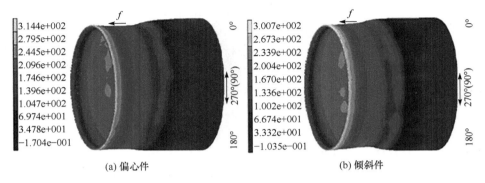

(a) 偏心件　　　　　　　　　　　(b) 倾斜件

图 4-26　往程旋压等效应力分布云图(单位:MPa)

图 4-27 为 $f=1\text{mm/r}$、$\Delta_n=3\text{mm}$ 和 $\delta_i=2.0\text{mm}$(偏心件)及 $\varphi_i=4°$(倾斜件)缩径旋压成形后,等效应力沿纵向截面的分布情况。由图可见,不论偏心类还是倾斜类零件,其等效应力值大小沿厚向相差较小。而从等效应力分布来看,应力最大值都出现在工件口部的外表面及稳定旋压阶段的内表面。这是由于工件的口部为自由端,变形金属的流动没有受到任何约束,口部外表面因扩径导致附加弯曲应力的产生;而在稳定旋压阶段,变形区金属受到附近未变形区金属的约束,使金属继续变形困难,变形抗力增大。

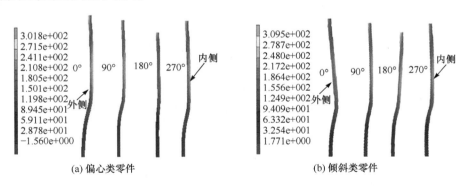

(a) 偏心类零件　　　　　　　　　　(b) 倾斜类零件

图 4-27　等效 von-Mises 应力沿径向分布规律(单位:MPa)

3) 三向主应力的分布规律

图 4-28 为 $f=1\text{mm/r}$、$\Delta_n=3\text{mm}$ 和 $\delta_i=2.0\text{mm}$(偏心件)及 $\varphi_i=4°$(倾斜件)缩径旋压成形后,径向、切向和轴向主应力分布情况。由图可见,偏心及倾斜件的三向主应力分布规律基本相同,沿轴向基本呈层状分布。由于工件受到径向、切向压应力及轴向拉应力的作用产生缩径变形,毛坯外层金属变形程度大、而内层金属变

形程度小,外层金属将比内层金属产生更大的轴向伸长,故外层金属将给内层金属施以拉力使其增加伸长,而内层金属将给外层金属施以压力,使其减小伸长,这样就产生了相互平衡的内力。变形结束后各部分弹性回复的程度也不相同,导致产生附加应力,外层金属产生径向附加压应力、轴向和切向附加拉应力,内层金属产生径向附加拉应力、轴向和切向附加压应力。由于起旋部位及口部旋轮逐渐与毛坯接触及脱离,起旋阶段旋轮后方对变形区金属的阻碍作用及口部变形区金属前方为无约束的自由变形,使起旋部位及口部的应力方向与稳定旋压阶段相反,外层

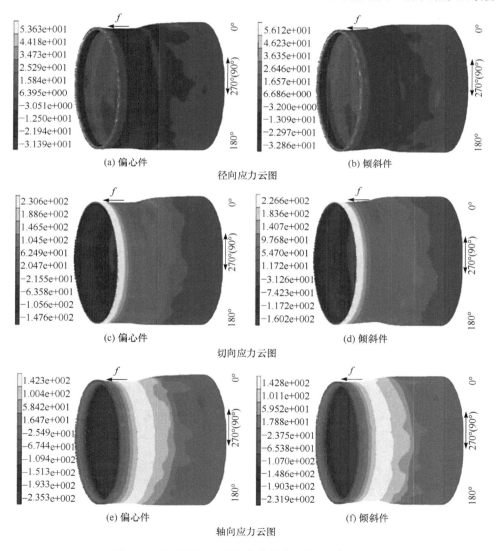

图 4-28　往程旋压三向主应力分布云图(单位:MPa)

金属产生较大的径向附加拉应力、轴向和切向附加压应力,内层金属产生较大的径向附加压应力、轴向和切向附加拉应力。因此,起旋部位及口部金属在外层径向附加拉应力作用下,易产生裂纹;另外,口部扩径的结果更增加了破裂的危险性。因此,在三维非轴对称偏心及倾斜件旋压成形时,工件口部为第一危险截面所在位置;起旋部位为第二危险截面所在位置。

2. 应变分布规律

1) 等效应变的分布规律

图 4-29 为 $f=1\text{mm/r}$、$\Delta_n=3\text{mm}$ 和 $\delta_i=2.0\text{mm}$(偏心件)及 $\varphi_i=4°$(倾斜件)缩径旋压成形后的等效应变分布云图。由图可见,对于非轴对称管件缩径旋压成形,工件向 0°域偏心或倾斜,使得 0°域的实际压下量最大、180°域的实际压下量最小,所以其等效应变的分布有别于轴对称零件旋压成形的均匀分布规律,0°域的等效应变最大,180°域最小。对于图 4-29(a)所示的偏心件,除起旋处和口部之外,中间部位的应变沿轴向基本是均匀分布的。而对于图 4-29(b)所示的倾斜件,由图可知,由于在起旋点附近的 0°域和 180°域的实际变形量相等,所以等效应变也基本相当,但随着旋轮的进给,0°域的实际压下量逐渐增大,180°域的实际压下量逐渐减小,所以应变沿轴向的分布也是逐渐变化的,这一点与偏心件旋压情况有很大不同,特别是 180°域的应变沿进给方向明显逐渐减小。

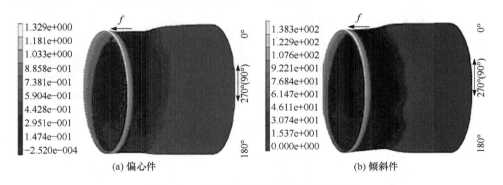

图 4-29　往程旋压时等效应变分布云图

2) 三向主应变的分布规律

图 4-30 及图 4-31 分别为 $f=1\text{mm/r}$、$\Delta_n=3\text{mm}$ 和 $\delta_i=2.0\text{mm}$(偏心件)及 $\varphi_i=4°$(倾斜件)缩径旋压成形后,径向、切向和轴向主应变沿工件表面的分布云图及典型截面厚度中间层上主应变的分布情况。由图可见,非轴对称零件旋压成形时,其径向、切向和轴向应变均呈现为不均匀分布特点。与传统无芯模单旋轮缩径旋压不同,径向应变在起旋处有一极值点。这是由于起旋时,旋轮刚接触毛坯,使起始变形区旋轮右侧的金属在较大的三向压应力的作用下产生壁厚增加;随着旋

轮圆角半径和旋轮数量的增加,增厚现象愈加明显。

由图 4-30 及图 4-31 可见,工件缩径变形,切向收缩、轴向伸长,径向总体表现为负应变,即壁厚减薄。可见,因切向收缩产生的增厚效应小于因轴向伸长产生的减薄效应。径向、切向及轴向应变的绝对值最大值都位于 0° 域附近,这主要是由于 0° 域的实际变形程度最大;与此相反,与 0° 域相对的 180° 区域,由于实际变形程

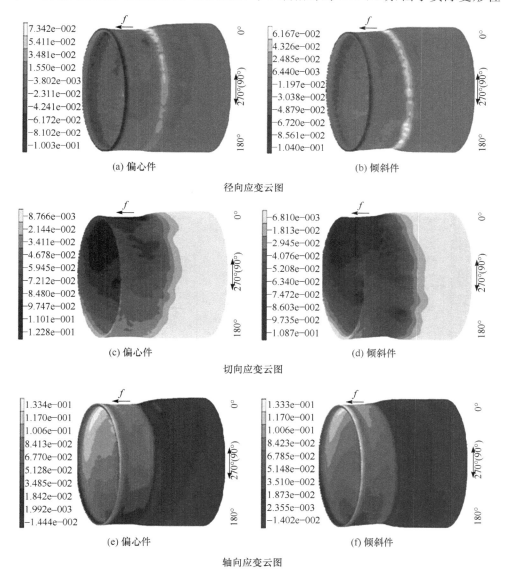

(a) 偏心件　　　　　　　　　　　　(b) 倾斜件

径向应变云图

(c) 偏心件　　　　　　　　　　　　(d) 倾斜件

切向应变云图

(e) 偏心件　　　　　　　　　　　　(f) 倾斜件

轴向应变云图

图 4-30　往程旋压时三向主应变分布云图

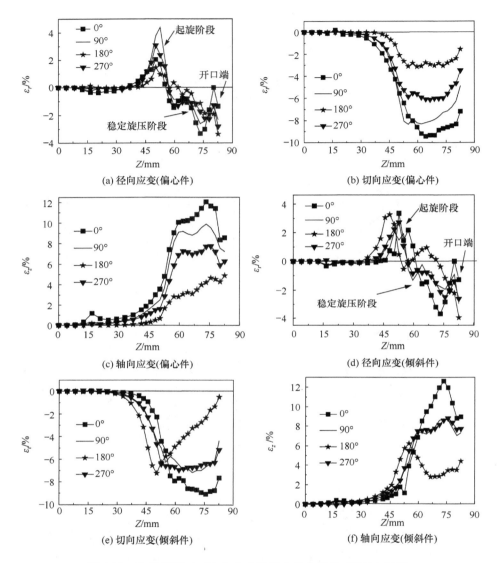

图 4-31　往程旋压时三向主应变沿轴向分布规律(厚度中间层)

度最小,各应变数值的绝对值都相对最小,这一特征与传统轴对称缩径旋压时应变也轴对称分布存在很大区别。特别是倾斜件旋压时(图 4-30(b)),0°域和 180°域的三向主应变沿轴向都是变化的,与图 4-29(b)体现的规律一致。

与图 4-31(a)相对应,图 4-32 为 $f=1\text{mm/r}$、$\Delta_n=3\text{mm}$ 和 $\delta_i=2.0\text{mm}$(偏心件)及 $\varphi_i=4°$(倾斜件)返程旋压成形后径向应变的分布情况。由图可见,与往程旋压相反,除工件口部外,返程旋压时径向应变均为正值,壁厚增加。这是因为采取返程旋压方式时,旋轮首先与工件口部接触,接触面积较小,接触应力较大,而轴向又可以自由流动,导致工件口部厚度减薄。在稳定旋压阶段(变形段的中间部位),金属轴向流动方向与旋轮进给方向相反,旋轮与其他部分的材料对变形区材料的轴向流动起了限制作用,使材料在旋轮的前端堆积而产生局部增厚的效果。因此,在进行偏心及倾斜件多道次旋压成形时,一般采用往、返程旋压交替方式进行,以避免过分减薄或增厚现象的产生。

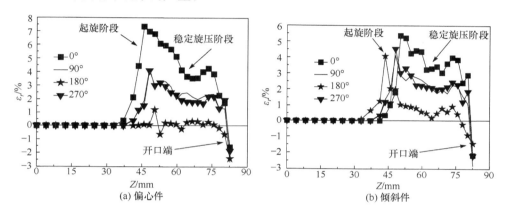

图 4-32　返程旋压时径向应变沿轴向的分布规律(厚度中间层)

　　由于往程旋压时,危险截面的壁厚均有所减薄,直接影响旋压过程能否顺利进行以及有可能引起产品报废现象,因此下面将主要分析往程旋压时壁厚减薄情况。另外,由图 4-29~图 4-32 可见,不论往程旋压还是返程旋压,工件口部壁厚均会减薄,该处为危险截面所在位置,在具体工艺实施过程中,应予以特别注意。对比图 4-31(a)及图 4-32 可见,返程旋压时的口部减薄情况较往程旋压有所改善。

4.4.3　工艺参数对缩径旋压成形质量的影响

　　影响三维非轴对称管件缩径旋压成形过程的工艺参数众多,除了与传统的轴对称旋压成形工艺相同的进给比 f、旋轮圆角半径 r_ρ、旋轮直径 D_R,还存在非轴对称零件旋压成形特有的偏移量 δ、倾斜角 φ、名义压下量 Δ_n 等。下面以成形件的壁厚减薄率 Ψ_t、直线度 $e_直$、椭圆度 $e_椭$、轴向伸长量 ΔL 作为评价标准,分析对比不同工艺参数对旋压件成形质量的影响。模拟时所采用的材料为 6061T1(挤压态),管坯直径 D_0 为 100mm,管坯厚度 t_0 为 1.8mm,旋轮直径 D_R 为 200mm,旋轮圆角半径 r_ρ 为 10mm,主轴旋转速度为 600r/min。其他工艺参数为不变参数时,道次偏移量 δ_i 为 1mm,道次倾斜角 φ_i 为 3°,道次名义压下量 Δ_n 为 3mm,进给比 f 为 1.0mm/r,摩擦系数 μ' 为 0.1。

1. 工艺参数对工件壁厚减薄率 Ψ_t 的影响规律分析

在生产过程中，由于实际尺寸难以达到公称尺寸要求，即往往大于或小于公称尺寸，所以对壁厚偏差有一定的要求[48]。壁厚减薄率 Ψ_t 是指成形前毛坯壁厚 t_0 和成形后工件壁厚 t 之差的最大值与成形前毛坯壁厚 t_0 的比值。壁厚减薄率 Ψ_t 的大小将影响到管件在工程中的应用，是衡量产品质量的重要指标之一，其表达式为

$$\Psi_t = \frac{(t_0 - t)_{\max}}{t_0} \times 100\%$$

1）道次偏移量 δ_i 对工件壁厚减薄率 Ψ_t 的影响

图 4-33 为 $f=1\text{mm/r}$、$\Delta_n=3\text{mm}$、$r_\rho=10\text{mm}$、$D_R=200\text{mm}$ 和 $\mu'=0.1$ 时，道次偏移量 δ_i 对挤压态偏心件壁厚减薄率 Ψ_t 的影响曲线。由图可见，随着 δ_i 的增加，工件壁厚减薄率增加，其中沿 90°及 270°域的厚度偏差变化较小，而沿 0°域的减薄率最大，180°域的减薄率最小。这是由于 δ_i 直接影响到 0°和 180°域的实际变形量，随着 δ_i 的增加，工件沿 0°的实际压下量增加，而沿 180°域的实际压下量减小。

2）道次倾斜角 φ_i 对工件壁厚减薄率 Ψ_t 的影响

图 4-34 为 $f=1\text{mm/r}$、$\Delta_n=3\text{mm}$、$r_\rho=10\text{mm}$、$D_R=200\text{mm}$ 和 $\mu'=0.1$ 时，道次倾斜角 φ_i 对挤压态倾斜件壁厚减薄率 Ψ_t 的影响曲线。由图可见，随着 φ_i 的增加，工件壁厚减薄率的变化规律也是沿 90°及 270°域变化较小，沿 0°域最大，沿 180°域最小。由于 0°及 180°域变形前均位于变形截面椭圆的长轴上（图 4-3），φ_i 增大时，长轴加长，导致 0°及 180°域的总缩径量增加。但随着 φ_i 的增加，e 值增加（图 4-12），所以 180°域的实际缩径量减小，而 0°域的实际缩径量增加幅度更大，导致壁厚减薄率的变化规律与之相似。

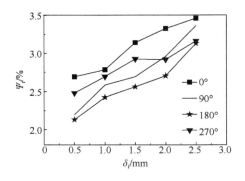

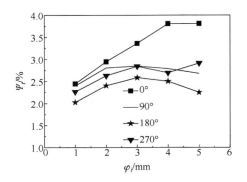

图 4-33　道次偏移量 δ_i 对壁厚　　　　图 4-34　道次倾斜角 φ_i 对壁厚
　　减薄率 Ψ_t 的影响　　　　　　　　　　　减薄率 Ψ_t 的影响

3) 道次名义压下量 Δ_n 对工件壁厚减薄率 Ψ_t 的影响

图 4-35 为 $f=1\text{mm/r}$、$r_\rho=10\text{mm}$、$D_R=200\text{mm}$、$\mu'=0.1$ 和 $\delta_i=1.0\text{mm}$(偏心件)及 $\varphi_i=3°$(倾斜件)时,道次名义压下量 Δ_n 对挤压态偏心及倾斜件壁厚减薄率 Ψ_t 的影响曲线。由图可见,随着 Δ_n 的增加,工件各部位的壁厚减薄率均有所增加。这是由于 Δ_n 增加时,工件各部分的实际变形程度均增加,虽然 Δ_n 增加时切向压应变也在增加,会造成壁厚有增加的趋势,但材料在较大的轴向拉应力的作用下伸长效应更为明显,导致壁厚减薄量增加。

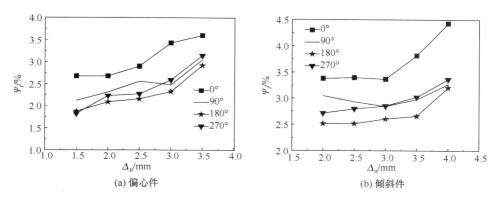

图 4-35 道次名义压下量 Δ_n 对工件壁厚减薄率 Ψ_t 的影响

4) 进给比 f 对工件壁厚减薄率 Ψ_t 的影响

图 4-36 分别为 $\Delta_n=3\text{mm}$、$r_\rho=10\text{mm}$、$D_R=200\text{mm}$、$\mu'=0.1$ 和 $\delta_i=1.0\text{mm}$(偏心件)及 $\varphi_i=3°$(倾斜件)时,进给比 f 对挤压态偏心及倾斜件壁厚减薄率 Ψ_t 的影响曲线。由图可见,随着 f 的增大,工件壁厚减薄率均迅速减小并趋于稳定。这是由于随着 f 的增加,旋轮痕迹重复碾压效果减弱,减少了工件壁厚减薄现象。

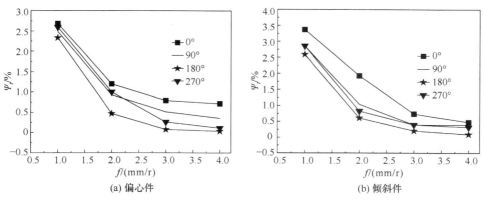

图 4-36 进给比 f 对工件壁厚减薄率 Ψ_t 的影响

5) 旋轮圆角半径 r_ρ 对工件壁厚偏差 Ψ_t 的影响

图 4-37 分别为 $\Delta_n=3\text{mm}$、$f=1.0\text{mm/r}$、$D_R=200\text{mm}$、$\mu'=0.1$ 和 $\delta_i=1.0\text{mm}$（偏心件）及 $\varphi_i=3°$（倾斜件）时，旋轮圆角半径 r_ρ 对挤压态偏心及倾斜件壁厚减薄率 Ψ_t 的影响曲线。由图可见，随着 r_ρ 的增大，工件的壁厚减薄率均呈下降趋势。这主要是因为随着 r_ρ 的增加，旋轮与毛坯行进前方的接触区域趋于平缓，一方面，变形材料更容易流入旋轮下方而使壁厚有增加的趋势；另一方面，旋轮接触面上所受到的力在轴线方向的分力减小，即轴向旋压力减小，又降低了轴向伸长引起壁厚减小的趋势。两个因素共同造成壁厚减薄率的降低。

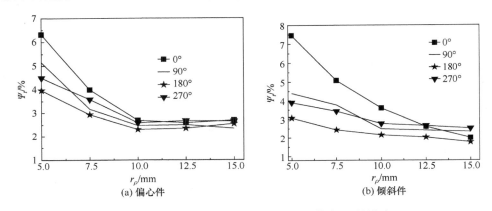

图 4-37　旋轮圆角半径 r_ρ 对工件壁厚减薄率 Ψ_t 的影响

6) 旋轮直径 D_R 对工件壁厚减薄率 Ψ_t 的影响

图 4-38 分别为 $\Delta_n=3\text{mm}$、$f=1.0\text{mm/r}$、$r_\rho=10\text{mm}$、$\mu'=0.1$ 和 $\delta_i=1.0\text{mm}$（偏心件）及 $\varphi_i=3°$（倾斜件）时，旋轮直径 D_R 对挤压态偏心及倾斜件壁厚减薄率 Ψ_t 的影响曲线。由图可见，随着 D_R 的增加，Ψ_t 略有减小。这主要是由于随着 D_R

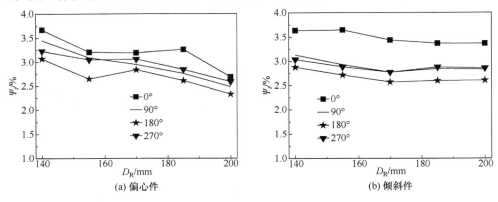

图 4-38　旋轮直径 D_R 对工件壁厚减薄率 Ψ_t 的影响

的增加,毛坯与旋轮接触区域的切向长度略有增加,切向同时参加变形的金属体积增加,增加了切向压应力,使得材料壁厚增加的趋势略有增强,从而壁厚减薄的趋势有所减缓,因此 Ψ_t 减小的幅度不大。

7) 摩擦系数 μ' 对工件壁厚减薄率 Ψ_t 的影响

图 4-39 为 $\Delta_n = 3\text{mm}$、$f = 1.0\text{mm/r}$、$r_\rho = 10\text{mm}$、$D_R = 200\text{mm}$ 和 $\delta_i = 1.0\text{mm}$（偏心件）及 $\varphi_i = 3°$（倾斜件）时,摩擦系数 μ' 对挤压态偏心及倾斜件壁厚减薄率 Ψ_t 的影响曲线。由图可见,μ' 对 Ψ_t 的影响很小。这是由于 μ' 主要影响金属的切向流动,对材料轴向流动几乎不产生影响。

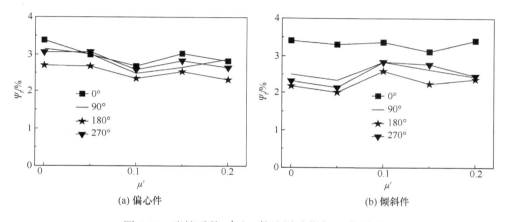

(a) 偏心件　　　　　　　　　　　　(b) 倾斜件

图 4-39　摩擦系数 μ' 对工件壁厚减薄率 Ψ_t 的影响

8) 材料性能对工件壁厚减薄率 Ψ_t 的影响

图 4-40 为 $\Delta_n = 3\text{mm}$、$f = 1.0\text{mm/r}$、$r_\rho = 10\text{mm}$、$D_R = 200\text{mm}$、$\mu' = 0.1$ 和 $\delta_i = 1.0\text{mm}$（偏心件）及 $\varphi_i = 3°$（倾斜件）时,材料性能对工件壁厚减薄率 Ψ_t 的影响曲线。由图可见,材料性能对 Ψ_t 的影响规律是屈服强度越大,厚度减薄率越大。这

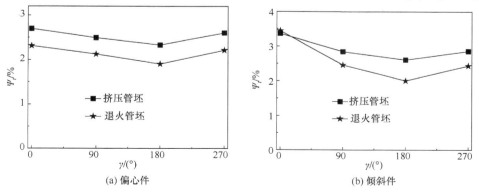

(a) 偏心件　　　　　　　　　　　　(b) 倾斜件

图 4-40　材料性能对工件壁厚减薄率 Ψ_t 的影响

是由于材料屈服强度增加时,虽然切向压应力和轴向拉应力都在增加,但增加压应力使材料增厚的难度远大于增加拉应力使材料减薄的难度,即轴向旋压力增加成为影响工件壁厚变化的主要因素,也就是工件轴向伸长所引起的壁厚减薄比切向压缩所导致的壁厚增加更为明显,所以壁厚减薄率 Ψ_t 较大。

由图 4-33～图 4-40 可见,在工艺参数相同的情况下,工件沿 0°域的壁厚减薄率均大于 180°域的壁厚减薄率。这是由于工件的实际变形程度在 0°域最大,在 180°域最小。

2. 工艺参数对工件口部直线度 $e_{直}$ 的影响规律分析

旋压成形后的非轴对称管件的口部在长度方向上呈曲线状,可以用直线度来评定其偏差程度,其误差评定方法为:将有限元模拟的后处理数据点拟合成一条曲线和一条一元线性回归直线,曲线上的点到拟合直线距离的最大值就是 $e_{直}$。

1)道次偏移量 δ_i 对工件直线度 $e_{直}$ 的影响

图 4-41 为 $f=1$mm/r、$\Delta_n=3$mm、$r_\rho=10$mm、$D_R=200$mm 和 $\mu'=0.1$ 时,道次偏移量 δ_i 对挤压态偏心件旋压直线度 $e_{直}$ 的影响曲线。由图可见,工件 0°域的 $e_{直}$ 随着 δ_i 的增加而增大,180°域的 $e_{直}$ 则减小。这主要是由于随着 δ_i 增加,0°域工件实际变形程度变大,工件壁厚增加及减薄现象更为严重;而 180°域随着 δ_i 增加,实际压下量反而减少,工件壁厚增厚及减薄程度降低。

2)道次倾斜角 φ_i 对工件直线度 $e_{直}$ 的影响

图 4-42 为 $f=1$mm/r、$\Delta_n=3$mm、$r_\rho=10$mm、$D_R=200$mm 和 $\mu'=0.1$ 时,道次倾斜角 φ_i 对挤压态倾斜件直线度 $e_{直}$ 的影响曲线。由图可见,随着 φ_i 的增加,工件沿 90°及 270°域的 $e_{直}$ 变化不大,而工件沿 0°域的 $e_{直}$ 增加,沿 180°域的 $e_{直}$ 急剧减小。这是由于随着 φ_i 增加,0°域的实际变形程度增加,180°域的实际变形程度减小。

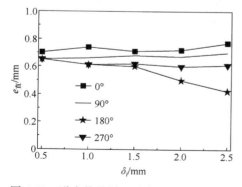

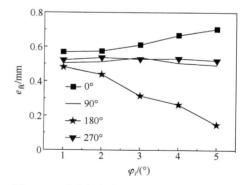

图 4-41　道次偏移量 δ_i 对直线度 $e_{直}$ 的影响　　图 4-42　道次倾斜角 φ_i 对直线度 $e_{直}$ 的影响

关于道次名义压下量 Δ_n、进给比 f、旋轮圆角半径 r_ρ、旋轮直径 D_R、摩擦系数 μ'、材料性能对偏心及倾斜件直线度 $e_{直}$ 的影响,分析结果表明以下几点。

（1）$e_直$随着Δ_n的增加而增大，90°及 270°域的$e_直$基本相同且以几乎相同的斜率增加。这主要是由于随着Δ_n的增加，工件增厚部位的增厚量和减薄部位的减薄量均在增加，导致$e_直$不断增大。

（2）$e_直$随f的增加而增大。这主要是由于随着f的增加，工件所受到的切向分力增加，但同时参加变形的金属体积也在增加，从而导致变形不够充分，使得工件的径向回弹量增大，均匀程度降低，从而使$e_直$增大。

（3）$e_直$随着r_ρ的增加而减小。这主要是由于随着r_ρ的增加，旋轮与工件的接触面积增加，旋轮压痕重叠较多，工件的壁厚变化较均匀，故$e_直$减小。

（4）D_R对$e_直$几乎没有影响。这是由于随着D_R的增加，旋轮与毛坯切向接触长度增加，而轴向接触长度不变，所以对轴线方向的直线度$e_直$影响不大。

（5）μ'对$e_直$几乎没有影响。这是由于μ'的变化对材料在各个方向的流动阻力产生同等程度的影响，而且随着旋轮在轴线方向的进给，这种影响也是均匀的，所以对$e_直$的影响不大。

（6）挤压态旋压件的$e_直$比退火态的大。这是由于挤压态毛坯的屈服强度高，直径回弹较大，从而使得$e_直$也较大。

（7）在工艺参数相同的情况下，工件沿 0°域的$e_直$最大、180°域的最小。这是由于工件的实际变形程度在 0°域的最大、180°域的最小。

3. 工艺参数对工件椭圆度$e_椭$的影响规律分析

在旋压成形后工件圆形横截面上存在外径不等的现象，同一横截面上最大外径与最小外径之差即为椭圆度（或不圆度）$e_椭$[49]，其计算公式为

$$e_椭 = D_{max} - D_{min}$$

式中，D_{max}为成形管件部分的最大直径；D_{min}为成形管件部分的最小直径。

椭圆度的大小直接影响工件与其他零件相配合的精度，是评价成形件形状尺寸精度的重要依据。

1）道次偏移量δ_i对工件椭圆度$e_椭$的影响

图 4-43 为$f = 1mm/r$、$\Delta_n = 3mm$、$r_\rho = 10mm$、$D_R = 200mm$ 和$\mu' = 0.1$时，道次偏移量δ_i对挤压态偏心件典型截面（图 4-23）椭圆度$e_椭$的影响曲线。由图可见，随着δ_i的增加，工件起旋、中间部位及口部的$e_椭$均增加。这主要是由变形量沿圆周方向的分布不均匀造成的。另外，由图可见，起旋位置的椭圆度$e_椭$最大、口部的椭圆度$e_椭$最小。这是因为起旋位置的材料流动受不变形区的约束力较大，而口部材料的流动阻力较小。

2）道次倾斜角φ_i对工件椭圆度$e_椭$的影响

图 4-44 为$f = 1mm/r$、$\Delta_n = 3mm$、$r_\rho = 10mm$、$D_R = 200mm$ 和$\mu' = 0.1$时，道次倾斜角φ_i对挤压态倾斜件典型截面（图 4-23）椭圆度$e_椭$的影响曲线。由图可见，随

着 φ_i 的增加,工件起旋、中间部位及口部的 $e_{椭}$ 均增加,这同样是由变形量沿圆周方向的分布不均匀造成的。但倾斜件旋压时口部的椭圆度并不是最低的,这是因为越接近口部,由图 4-12 可知,e 值越大,即 0°及 180°域相对两个位置的实际变形量相差越大。

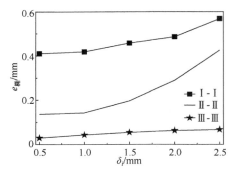 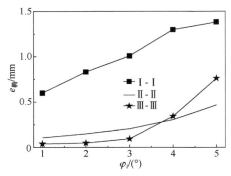

图 4-43　道次偏移量 δ_i 对椭圆度 $e_{椭}$ 的影响　　图 4-44　道次倾斜角 φ_i 对椭圆度 $e_{椭}$ 的影响

　　关于道次名义压下量 Δ_n、进给比 f、旋轮圆角半径 r_ρ、旋轮直径 D_R、摩擦系数 μ'、材料性能对偏心及倾斜件典型截面椭圆度 $e_{椭}$ 的影响,分析结果表明以下几点。

　　(1)随着 Δ_n 的增加,对于偏心件,工件口部的 $e_{椭}$ 变化不大,中间部位的 $e_{椭}$ 减小,起旋处的 $e_{椭}$ 则增加;对于倾斜件,中间部位的 $e_{椭}$ 减小,工件口部及起旋处的 $e_{椭}$ 则增加。这主要是由于工件口部为自由端,受约束的程度较小,工件的变形回弹较小,而倾斜件口部 0°及 180°域变形不均匀程度增加;随着 Δ_n 的增加,工件的实际变形程度也不断增大,此时材料的回弹量所占的比例减小,因此工件中间部位的 $e_{椭}$ 反而减小;起旋部位受未变形区约束较大,随着 Δ_n 的增加,变形不均匀程度增大,从而使 $e_{椭}$ 增加。

　　(2)随着 f 的增加,工件典型截面的 $e_{椭}$ 均增加。这是因为随着 f 的增加,单位时间内参加变形的金属增多。由于口部流动阻力最小,所以口部 $e_{椭}$ 增加幅度最小,而起旋点径向流动阻力最大,所以起旋处 $e_{椭}$ 增加最多。

　　(3)随着 r_ρ 的增加,工件典型截面的 $e_{椭}$ 均减小。这是因为随着 r_ρ 的增加,旋轮与工件的接触面积增加,相对而言,旋轮与毛坯接触区以外的部分所产生的回弹变形所占比例减小,因此工件典型截面的 $e_{椭}$ 均减小。

　　(4)随着 D_R 的增加,$e_{椭}$ 均减小,而起旋部位的 $e_{椭}$ 减小最多。这是由于随着 D_R 的增加,旋轮与工件在切向的接触长度增加,旋轮对这一区域材料径向变形的强制作用增强,所以对起旋部位的 $e_{椭}$ 影响最为明显。而工件口部的 $e_{椭}$ 略有减小,工件中间部位的 $e_{椭}$ 几乎不变。

　　(5)μ' 对 $e_{椭}$ 几乎没有影响。这主要是由于随着 μ' 的增加,材料切向流动受阻程度变化均匀,因此对 $e_{椭}$ 的影响不大。

　　(6)毛坯的材料性能对工件口部及中间位置的 $e_{椭}$ 几乎没有影响,而在起旋部

位退火态的 $e_{椭}$ 要大于挤压态。这主要是由于起旋部位旋轮与毛坯突然接触,软态金属较易变形,未变形区金属受到的影响较大,使未变形区金属局部增厚现象严重而引起较大的 $e_{椭}$。

（7）在其他工艺参数相同的情况下,工件起旋部位的 $e_{椭}$ 最大、口部的 $e_{椭}$ 最小。这是由于起旋部位受未变形区牵制较大,变形不均匀程度较大;而口部为自由端,受约束的程度较小,工件的变形相对较均匀。

4. 工艺参数对工件轴向伸长量 ΔL 的影响规律分析

偏心及倾斜件旋压成形时,在径向和切向压应力、轴向拉应力的作用下,产生直径减小、长度增加的塑性变形。但由于等效应力应变的不均匀分布特点,变形后金属存在轴向伸长不等的现象,即工件口部平面与旋轮的公转轴线不垂直,从而需要对工件口部进行修边。工件旋压后轴向长度 L 与毛坯原始长度 L_0 之差的计算公式为

$$\Delta L = L - L_0$$

工件轴向伸长的大小直接影响毛坯的消耗量,是评价三维非轴对称零件旋压成形尺寸精度独有的指标。

1）道次偏移量 δ_i 对工件轴向伸长量 ΔL 的影响

图 4-45 为 $f=1\text{mm/r}$、$\Delta_n=3\text{mm}$、$r_\rho=10\text{mm}$、$D_R=200\text{mm}$ 和 $\mu'=0.1$ 时,道次偏移量 δ_i 对挤压态偏心件轴向伸长量 ΔL 的影响曲线。由图可见,随着 δ_i 的增加,工件 0°域的 ΔL 呈线性增加,180°域的 ΔL 呈线性减小,而 90°域受 0°域影响 ΔL 略有增加,270°域受 180°域影响 ΔL 略有减小。这充分验证了 0°域工件实际变形程度不断增大,180°域工件实际变形程度不断减少,旋轮逆时针旋转的偏心件旋压变形特征。

2）道次倾斜角 φ_i 对工件轴向伸长量 ΔL 的影响

图 4-46 为 $f=1\text{mm/r}$、$\Delta_n=3\text{mm}$、$r_\rho=10\text{mm}$、$D_R=200\text{mm}$ 和 $\mu'=0.1$ 时,道次倾斜角 φ_i 对挤压态倾斜件轴向伸长量 ΔL 的影响曲线。由图可见,与 δ_i 的影响相似,随着 φ_i 的增加,工件 0°域的 ΔL 呈线性增加,180°域的 ΔL 呈线性减小,而 90°及 270°域的 ΔL 变化不大。

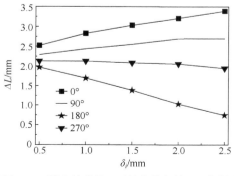

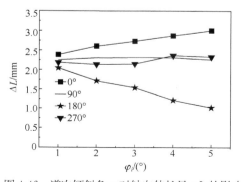

图 4-45　道次偏移量 δ_i 对轴向伸长量 ΔL 的影响　　图 4-46　道次倾斜角 φ_i 对轴向伸长量 ΔL 的影响

关于道次名义压下量 Δ_n、进给比 f、旋轮圆角半径 r_ρ、旋轮直径 D_R、摩擦系数 μ'、材料性能对偏心及倾斜件轴向伸长量 ΔL 的影响,分析结果表明以下几点。

(1) 工件四个域的 ΔL 均随 Δ_n 的增加而呈线性增加,0°域增加得最多、180°域增加得最小。这是因为工件的实际压下量增加,且工件实际变形程度在 0°域最大、180°域最小。

(2) 工件四个域的 ΔL 均随 f 的增加而减小,各个域减小的梯度相近。这是因为随着 f 的增加,单位时间内变形金属的体积增大,使工件壁厚减薄现象减少,故 ΔL 减小。

(3) 工件四个域的 ΔL 均随 r_ρ 的增加而减小。这是因为随着 r_ρ 的增加,壁厚减薄率降低,故 ΔL 减小。

(4) D_R 对工件的 ΔL 影响不大。这是由于随着 D_R 的增加,壁厚减薄率变化不大,所以 ΔL 的变化幅度不大。

(5) 工件四个域的 ΔL 均随 μ' 的增加略有减小,各个域减小的梯度相近。这是因为随着 μ' 的增加,壁厚减薄率略有降低,故 ΔL 略减小。

(6) 挤压态的 ΔL 略小于退火态。这主要是由于挤压态毛坯的屈服强度大,造成直径回弹较大,使得 ΔL 较小。

(7) 当其他参数相同时,0°域的 ΔL 最大、180°域的 ΔL 最小。这是由于工件的实际变形程度在 0°域最大、180°域最小。

4.4.4 三维非轴对称管件缩径旋压力的有限元数值模拟

1. 有限元分析模型

1) 三维弹塑性有限元模型的建立

在实际旋压成形时,从工件的对中性、主轴和旋轮框架受力情况及设备刚度、旋压件质量等方面考虑,常采用三旋轮等分布置[49]。采用三旋轮等分布置时,当各旋轮做到同步进给和各自承担相同工作量的情况下,产生三个径向力的合力等于零。为便于与实测结果进行对比,对单旋轮旋压成形工艺下的旋压力进行数值模拟,旋压采用往程旋压及返程旋压两种方式进行。在实际设计旋压设备时,若计算旋压油缸及纵向伺服电机所承受的作用力,应以单旋轮所承受的径向或轴向旋压力的三倍来进行,横向伺服电机所承受的载荷用于平衡偏心及倾斜所引起的横向不对称的旋压力,可不大于单旋轮所承受的径向旋压力,但这些数据中没有包含结构设计的强度余量。

所建立的单旋轮旋压有限元模型中(图 4-47),毛坯采用八节点六面体单元离散,单元总数为 2300,节点总数为 4800;毛坯固定方式、旋轮、卡盘与毛坯的运动、单元类型、旋轮与毛坯之间的接触摩擦模型、模拟过程中的假设等均与 4.4.1 节所述相同。

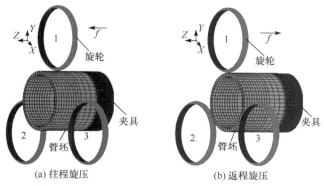

图 4-47　三维非轴对称零件单旋轮旋压有限元模型

2）工艺参数的选取

模拟时所用到的工艺参数如表 4-2 所示。模拟所采用的旋轮直径 D_R 为 170mm，旋轮圆角半径 r_p 为 10mm；管坯直径 D_0 为 120mm，管坯厚度 t_0 为 1.3mm。

表 4-2　旋压工艺参数

道次偏移量 δ_i/mm	0.5、1、1.5、2、2.5
道次倾斜角 φ_i/(°)	1、2、3、4、5
名义压下量 Δ_n/mm	2、3、4、5、6
进给比 f/(mm/r)	0.5、1、1.5、2、2.5
旋轮公转速度 n/(r/min)	600

2. 旋压力的计算

采用 MSC.MARC 软件建模时，可以直接求解出旋轮所受的 X、Y、Z 三个相互垂直方向的分力 P_x、P_y 和 P_z。通过分析可以求解出旋轮的径向、切向和轴向上的旋压分力 P_r、P_θ 和 P_a 分别为

$$\begin{cases} P_r = P_x\cos\gamma + P_y\sin\gamma \\ P_\theta = P_y\cos\gamma - P_x\sin\gamma \\ P_a = P_z \\ \gamma = \dfrac{n\pi t}{30} \end{cases} \tag{4-20}$$

然后利用这些旋压分力进行合成，便可以计算出总旋压力 P。

3. 模拟结果与分析

1）模拟结果的数据处理

图 4-48 为 $f=1.0$mm/r、$\delta=1$mm、$\Delta_n=3$mm 时，旋轮每绕工件旋转一周保存

8个点的旋压力变化的模拟结果,其中P_x、P_y、P_z分别为X、Y和Z轴的旋压分力。图中显示了稳定旋压阶段的三个公转周期,每个公转周期时间为0.1s。由图可见,根据旋轮每绕工件旋转一周保存8个点所获得的旋压力变化情况存在如下缺陷:一是在P_y的第二周期内,波峰显示为一个平台,不太合理;二是P_x的三个周期内,波谷对应的数据各不相同,不符合重复性的预期规律;三是P_z变化不规则,周期性不明显。

　　为了获得合理的旋压力模拟结果,模拟过程中将每周保存的点数增加到40,绘制的曲线如图4-49所示。由图可见,模拟结果的分散性较强。因此,若像图4-48那样每周只保存八点数据,则可能失去保存最大值的机会。而最大旋压力是选择旋压成形设备的重要依据,若以此作为确定旋压机床吨位的依据,将导致机床吨位偏小而使机床不能正常工作。但图4-49中的模拟结果比较分散,仍然不能准确评价旋压力的大小,必须进行拟合处理。

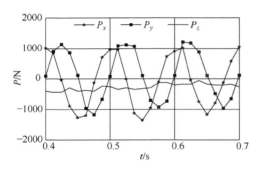

图4-48　旋轮每绕工件旋转一周
保存8个点的旋压力模拟结果

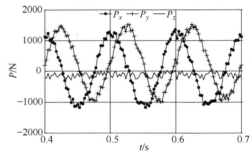

图4-49　旋轮每绕工件旋转一周
保存40个点的原始曲线

　　图4-50是在图4-49的基础上经过拟合得到的曲线。由图可见,A点旋压力明显大于C点旋压力;而B点与D点旋压力大致相等。三个方向的旋压分力变化周期规则、合理;符合偏心类管件旋压时旋压力的变化规律。

　　虽然旋轮每绕工件旋转一周保存的点数越多,拟合的结果越准确,但结果表明,旋轮每绕工件旋转一周保存40个点已足够准确,与每周保存80个点相比,误差不到1%。但保存的点数越多,模拟所需时间越长,数据文件所占的存储容量越大。根据所建立的有限元模型,模拟过程中将每周保存的点数增加到80,模拟一个道次旋压约需60h、4.73GB的存储空间。对于这样大的数据文件,目前普通配置的计算机将无法打开。而将每周保存的点数减至40,模拟一个道次旋压只需30h、2.35GB的存储空间。

　　上述结论不仅适用于偏心类旋压过程的模拟,对倾斜类及轴对称类旋压过程的模拟同样适用。

2）旋压力的变化特点

图 4-51 为 $\Delta_n=3mm$、$f=1.0mm/r$ 时轴对称、偏心及倾斜件稳定旋压成形过程中旋轮围绕工件公转一周时旋压力的变化情况。由图可见，在稳定旋压成形阶段，对于轴对称零件，旋轮围绕工件旋转一周时旋压力几乎是稳定不变的；而对于非轴对称零件，在旋轮围绕工件旋转一周时，旋压力呈周期性变化规律，在 $\gamma=0°$ 时最大，$\gamma=180°$ 时最小。

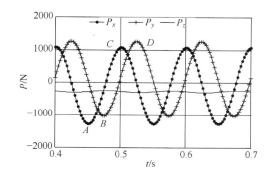

图 4-50 模拟结果的拟合曲线

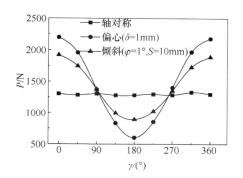

图 4-51 旋轮公转角 γ 对旋压力 P 的影响

3）工艺参数对旋压力的影响

由上述分析可知，对于非轴对称零件缩径旋压，在旋轮围绕工件旋转的一个周期内，$\gamma=0°$ 时的旋压力最大。由于最大旋压力是选择旋压成形设备的重要依据，下面对成形工艺参数及旋压方式等对最大旋压力的影响进行数值模拟。

（1）道次偏移量 δ_i 对最大旋压力的影响。

图 4-52 为 $f=1mm/r$ 和 $\Delta_n=3mm$ 时，道次偏移量 δ_i 对偏心件旋压成形时最大旋压力的影响，图中 P、P_r、P_a 和 P_θ 分别表示最大旋压力时的总旋压力及对应的径向、轴向和切向旋压分力的数值模拟结果。由图可见，随着道次偏移量 δ_i 的增大，各向旋压分力及总旋压力逐渐增加。这是因为在其他参数不变的情况下，道次偏移量 δ_i 越大，在 $0°$ 域的实际压下量也越大，从而导致工件的变形程度增大，旋压力也就随之增大。

（2）道次倾斜角 φ_i 对最大旋压力的影响。

图 4-53 为 $f=1mm/r$ 和 $\Delta_n=3mm$ 时，道次倾斜角 φ_i 对倾斜件旋压成形时最大旋压力的影响。由图可见，随着倾斜角 φ_i 的增大，各向旋压分力及总旋压力逐渐增加。这是因为在其他参数不变的情况下，随着倾斜角 φ_i 的增大，毛坯成形前椭圆截面的长轴变长，而短轴长度不变，所以位于长轴上的 $\gamma=0°$ 域，管坯的实际压下量随着倾斜角 φ_i 的增加而增加，从而导致旋压力随之增大。

图 4-52 及图 4-53 还表明，在非轴对称偏心及倾斜件缩径旋压成形时，旋压力

的三个分力大小存在如下关系:最大径向分力>最大轴向分力>最大切向分力。

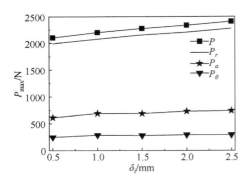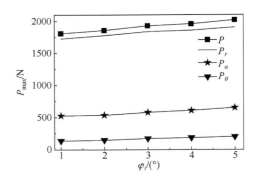

图 4-52　偏移量 δ_i 对最大旋压力 P_{max} 的影响　　图 4-53　倾斜角 φ_i 对最大旋压力 P_{max} 的影响

(3) 道次名义压下量 Δ_n 对最大旋压力的影响。

图 4-54 为 $f=1mm/r$ 时,道次名义压下量 Δ_n 分别对轴对称、偏心及倾斜件旋压成形时最大旋压力的影响。由图可见,道次名义压下量对偏心及倾斜件旋压成形时旋压力的影响与普通旋压时是一致的,即旋压力随压下量的增大而增加。道次名义压下量主要影响管坯的变形程度,对于非轴对称偏心及倾斜件旋压成形,其最大瞬时压下量 Δ_{smax} 随着道次名义压下量 Δ_n 的增加而增加,从而使最大旋压力随着道次名义压下量的增大而增大。

(4) 旋压方式对最大旋压力的影响。

图 4-55 为 $\Delta_n=3mm$ 和 $f=1mm/r$ 时,不同旋压方式对轴对称、偏心及倾斜件旋压成形时最大旋压力的影响。由图可见,返程旋压时旋轮在各个方向上的分力以及总旋压力都比往程旋压时的大。这是因为采取往程旋压方式进行旋压成形时,变形金属向工件自由端流动,变形阻力较小;采取返程旋压方式进行旋压时,变形金属在旋轮的前端产生堆积使壁厚产生局部增厚效果,使变形阻力增加。因此,

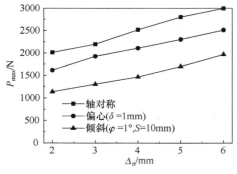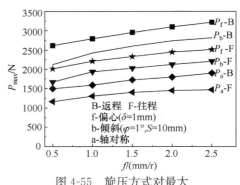

图 4-54　道次名义压下量 Δ_n 对最大　　　　图 4-55　旋压方式对最大
旋压力 P_{max} 的影响　　　　　　　　　旋压力 P_{max} 的影响

返程旋压时的旋压力大于往程旋压时的旋压力。另外,由于在所选取的条件下,偏心件的实际压下量最大,轴对称件的最小,倾斜件的介于二者之间,所以在相同旋压方式下,偏心件的旋压力最大,轴对称件的旋压力最小。

此外,还分析了其他工艺参数对旋压力的影响。结果表明,对旋压力影响较大的工艺参数有旋压方式、道次名义压下量、道次偏移量、道次倾斜角、进给比、旋轮圆角半径,而旋轮直径和摩擦系数对旋压力的影响不大。

4.5 非轴对称管件多道次缩径旋压成形机理

与轴对称旋压件相比,非轴对称零件缩径旋压成形具有相当的复杂性,具体表现在旋压力、应力应变等不仅是时间的函数,还是旋轮位置的函数。本节以6061T1(退火态)铝合金为研究对象,以 MSC. MARC 软件为分析手段,利用五因素四水平正交试验法所得到的优化工艺参数,采取有限元方法对多道次偏心和倾斜件缩径旋压过程进行数值模拟。通过对模拟结果的分析处理,获得多道次旋压时应力应变分布及工件壁厚减薄率、直线度、椭圆度、轴向伸长量等尺寸精度随旋压道次的变化规律,为非轴对称管件的实际生产提供切实可行的理论依据。

4.5.1 多道次缩径旋压有限元模型的建立

1. 几何模型的建立

非轴对称偏心及倾斜类旋压件的尺寸精度与道次偏移量、道次倾斜角、道次名义压下量、进给比、旋轮圆角半径、旋轮直径、摩擦系数及材料性能等参数有关,针对如图 4-56 所示的某型号汽车排气歧管零件进行多道次缩径旋压成形过程的数值模拟,零件的一端属偏心类旋压成形管件,另一端属倾斜类旋压成形管件;退火态 6061T1 铝合金材料的真实应力-应变曲线为 $Y = 234\varepsilon^{0.26}$,其力学性能参数如表 3-2所示。

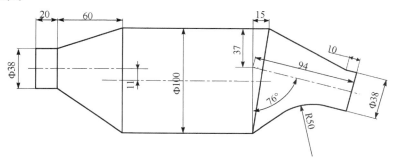

图 4-56 非轴对称零件示意图(单位:mm)

所建立的有限元模型中(图 4-20),毛坯的右端固定在卡盘中,变形受到约束;而毛坯左端为自由端,待加工部分在旋轮的作用下产生塑性变形。旋轮与管坯的相对运动为螺旋式进给过程。毛坯采用八节点六面体单元进行双层离散划分,为了提高模拟精度,对毛坯待加工部分进行单元细化。毛坯直径为 100mm、管坯壁厚为 1.8mm。细化部分采用沿厚向 0.9mm、轴向 2.3mm、周向 3°进行网格划分;起旋点与卡盘距离 L 为 38mm(图 4-23)。对于偏心件,未细化部分采用沿厚向 0.9mm、轴向 3.83mm、周向 3°进行网格划分,未细化部分长度为 42.1mm;旋压长度 L_0 为 42mm,毛坯总长为 95mm;单元总数为 8160,节点总数为 12600。对于倾斜件,未细化部分采用沿厚向 0.9mm、轴向 5.0mm、周向 3°进行网格划分,未细化部分长度为 45mm;旋压长度 L_0 为 52mm,毛坯总长为 105mm;单元总数为 7920,节点总数为 12240。旋轮与毛坯之间的接触采用库伦摩擦模型,摩擦系数为 0.1。

2. 工艺参数的选择

偏心及倾斜类零件旋压成形机理非常复杂,旋压件的成形质量受名义压下量、偏移量、倾斜角、进给比、旋轮圆角半径、旋轮直径、摩擦系数、材料性能等多种因素的影响。对成形质量影响较大的共同工艺参数主要有名义压下量、进给比、旋轮圆角半径以及旋轮直径;而偏移量、倾斜角则是分别影响偏心及倾斜类旋压件成形质量的独有工艺参数。因此,取五因素四水平的正交试验分别对偏心及倾斜件旋压过程进行分析(表 4-3)。

表 4-3　正交试验工艺参数表

因素	水平				因素	水平			
	1	2	3	4		1	2	3	4
偏心量 δ_i/mm	0.5	1.0	1.5	2.0	倾斜角 φ_i/(°)	0.5	1.0	1.5	2.0
名义压下量 Δ_n/mm	1	2	3	4	名义压下量 Δ_n/mm	1	2	3	4
进给比 f/(mm/r)	1.0	1.5	2.0	2.5	进给比 f/(mm/r)	1.0	1.5	2.0	2.5
旋轮圆角半径 r_ρ/mm	5	10	15	20	旋轮圆角半径 r_ρ/mm	5	10	15	20
旋轮直径 D_R/mm	140	170	200	230	旋轮直径 D_R/mm	140	170	200	230

根据因素与效应关系分析,在表 4-3 所示旋压条件下,可以得出一组最优的工艺参数。该组最优工艺参数为 $\delta = 1$mm、$\varphi = 1°$、$\Delta_n = 3$mm、$f = 2.0$mm/r、$r_\rho = 10$mm、$D_R = 200$mm。

由于如图 4-56 所示的偏心及倾斜件,其口部缩径率均达到 62%。对于这样大的变形程度,需采用多道次缩径旋压成形工艺。为提高生产效率和减少模拟时间,实际工艺试验及数值模拟时采用了 $f=4.0$ mm/r 的进给比。根据前文结论,为避免非轴对称零件缩径旋压成形时所产生的局部增厚或减薄现象,实际模拟及试验时采用三旋轮往返程交替旋压工艺成形(图 4-57),既可节省加工时间,又可以较好地控制材料流动,使工件壁厚满足产品尺寸精度要求。

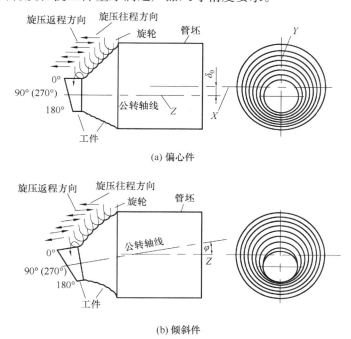

(a) 偏心件

(b) 倾斜件

图 4-57　非轴对称零件缩径旋压成形工艺示意图

模拟及工艺试验中所使用到的其他工艺参数如下:旋轮直径 D_R 为 200mm,旋轮圆角半径 r_ρ 为 10mm;管坯材料为 6061T1(退火态),管坯厚度 t_0 为 1.8mm,管坯外径 D_0 为 100mm;道次偏移量 δ_i 为 1mm、道次倾斜角 φ_i 为 1°;主轴转速 n 为 240r/min;道次名义压下量 Δ_n 及轴向错移量 Z' 如表 4-4 所示。这里轴向错移量 Z' 表示往程旋压旋轮起旋点与相邻道次返程旋压旋轮终旋点在旋轮公转轴线方向的距离。

表 4-4　旋压成形时的旋轮运动轨迹参数

旋压道次		1	2	3	4	5	6	7	8	9	10	11	12	13	14	15
Δ_n/mm	偏心	3	3.5	2.5	3	2.5	3	2.5	3	2.5	3	2.5				
	倾斜	2.5	3	2.5	3	2	2.5	2	2.5	2	2	1.5	2	1.5	2	0
Z'/mm	偏心	/	4.5	5	4.5	5	4.5	5	4.5	5	4.5	4				
	倾斜	/	4	5	4	5	4	4	4	4	4	4	4	4	4	0

表 4-4 中有如下几点值得注意。

（1）奇数道次为往程旋压，偶数道次为返程旋压。

（2）为了避免往程旋压时工件壁厚的过分减薄而出现破裂，往程旋压的道次名义压下量 Δ_n 与返程旋压相比均有所减小。

（3）考虑材料的加工硬化效应，在多道次缩径旋压过程中，道次名义压下量 Δ_n 应随道次数的增加而适当减小。

（4）考虑到生产效率的提高，在多道次缩径旋压过程中，最初几个道次的名义压下量均大于正交分析结果的最优名义压下量，以减少旋压道次。

（5）为获得最佳的成形质量，根据正交分析结果，在旋压成形的最后几个道次，采用了正交分析结果的 2mm 的最优名义压下量。

（6）考虑倾斜件旋压时 0°域的实际压下量随着旋轮的轴向进给而不断加大，所以倾斜件的道次名义压下量 Δ_n 与同道次偏心件相比均有所减小。

对于图 4-56 所示的旋压件，道次规范取决于下列工艺条件：旋轮运动轨迹、道次压下量、旋轮道次轴向错移量、旋轮圆角半径、进给比和材料力学性能。考虑到零件结构的非轴对称性，在每道次成形前，旋轮除了沿毛坯的径向压下一定的距离，沿轴向也须有一定的错移。这样一方面可以防止旋轮在同一位置起旋或终旋所引起的壁厚局部减薄而产生的破裂现象；另一方面通过多道次的往返程交替旋压，便可成形出图 4-56 所示零件要求的台阶状倾斜段。实际生产时，除了考虑防止零件破裂，旋轮沿轴向的错移还须考虑被加工零件外表美观的需要，通过往返程旋压后形成的台阶需均匀（图 4-57）。根据工件的形状要求，对于偏心类旋压件，共采用了 11 道次成形，对于倾斜类旋压件，共采用了 15 道次成形（表 4-4），最后一道次采用零压下量进行往程旋压，是为了消除返程旋压引起的口部扩径过大而造成的尺寸精度降低。

4.5.2　多道次缩径旋压过程的应力应变分布规律

1. 多道次缩径旋压变形过程的分析与比较

为了解非轴对称偏心及倾斜件多道次缩径旋压的变形情况，对缩径成形前的原始网格及多道次缩径旋压成形工序间的变形网格进行了比较（图 4-58）。

由图 4-58 可明显看出，每道次旋压成形后工件偏心及倾斜程度不断加剧，变形金属的轴向伸长量沿圆周方向呈不对称分布，0°域的轴向伸长明显大于 180°域。与多道次轴对称缩径旋压明显不同，文献 [50] 的研究结果表明，即使到了最后一个道次，多道次轴对称缩径旋压的变形情况仍呈轴对称分布。

随着旋压道次的增加，已旋端毛坯外径逐渐减小。在工件口部的自由端面会存在局部扩径现象，整个自由端面外径明显大于变形中间段，形成一喇叭口形状。

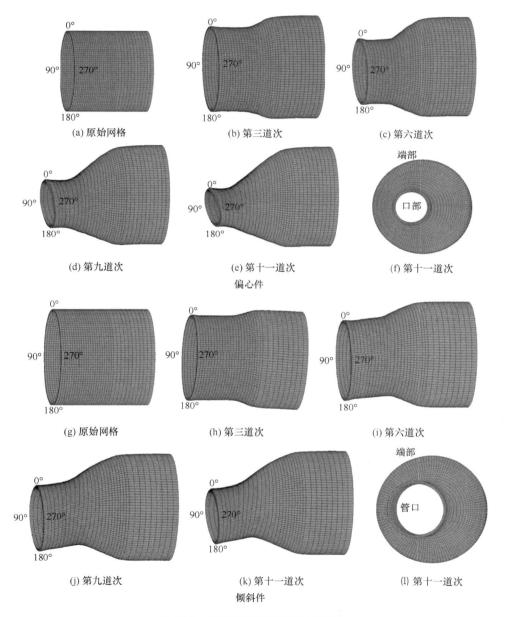

图 4-58　不同道次下的变形结果图

此外,随着旋压道次的不断进行,不论偏心还是倾斜件,工件变形段的网格均明显由变形前的接近正方形变为细长方形,说明工件产生轴向伸长。对于非轴对称偏心及倾斜件多道次缩径旋压成形,口部各部位的轴向伸长完全不同,0°域轴向伸长量最大,180°域轴向伸长量最小,90°域的轴向伸长量略大于270°域,随着旋压道次的增多,0°及180°域的伸长量差别也在不断增加,与单道次缩径旋压成形时的变化规律相同。而轴对称件多道次缩径旋压成形时工件口部自由端面的各点轴向伸长量是基本相同的[50]。

2. 多道次缩径旋压时的应力应变分析

图 4-59 分别为偏心及倾斜件第五道次旋压成形后,变形金属三向应力及等效应力分布云图。由图可见,经五道次旋压成形后,不论偏心件还是倾斜件,工件的三向应力及等效应力沿轴向仍像单道次旋压一样呈分层分布的特点;变形段外表面基本应力为径向压应力、切向和轴向为拉应力。在起旋部位及工件口部存在局部径向拉应力,而口部的切向拉应力达到最大值。因此,旋压成形后,工件的实际直径大于理论直径,产生扩径现象;而工件的口部扩径现象最严重。而等效应力的最大值仍出现在工件口部,使工件口部仍成为多道次缩径旋压成形过程中的危险截面。轴向应力最大值基本位于起旋点向稳定旋压阶段过渡位置,这里也会成为旋压过程的危险截面,在实际生产中应予以注意。

图 4-60 为经第五道次旋压成形后,工件各向应变及等效应变的分布云图。由图可见,经五道次缩径旋压成形后,工件的径向基本上产生拉应变,壁厚增加,少量部位壁厚减小,数值沿周向从 0°域到 180°域逐渐减小。这是由于 0°域实际变形程度大、180°域实际变形程度小;倾斜件沿轴向从起旋处到口部在 0°域实际变形程度逐渐增大,在 180°域逐渐减小。这说明在多道次往返程旋压过程中,返程旋压引起的工件壁厚增加效应大于往程旋压引起的工件壁厚减小效应。另外,从外表面观察,在偏心件的起旋处及口部、倾斜件 180°域的起旋处及口部存在压应变,且180°域的口部外侧压应变存在最大值。这是因为该处为自由端,轴向伸长未受任何约束,又无未变形区材料的补充。但工件口部减薄程度与单道次往程旋压相比则有所降低。这是因为当进给比 f 增加到 4mm/r 时,工件的壁厚减薄率已明显降低,而在返程旋压时甚至在工件口部也可以产生少量壁厚增加效果。总之,偏心及倾斜件多道次缩径旋压成形时,口部仍为第一危险截面所在区域,起旋处为第二危险截面所在位置。工件的轴向和切向分别产生拉、压应变而形成轴向伸长和直径减小。同样,由于非轴对称旋压成形的特点,工件所产生的切向压应变和轴向拉应变的值沿周向从 0°域到 180°域逐渐减小,倾斜件沿轴向从起旋处到口部在 0°域逐渐增大,在 180°域逐渐减小。

由图 4-60 还可以看出,同样由于非轴对称旋压成形的特点,工件的等效应变的数值沿周向从 0°域到 180°域逐渐减小,0°域最大、180°域最小;倾斜件的等效应变沿轴向从起旋处到口部在 0°域逐渐增大,在 180°域逐渐减小。

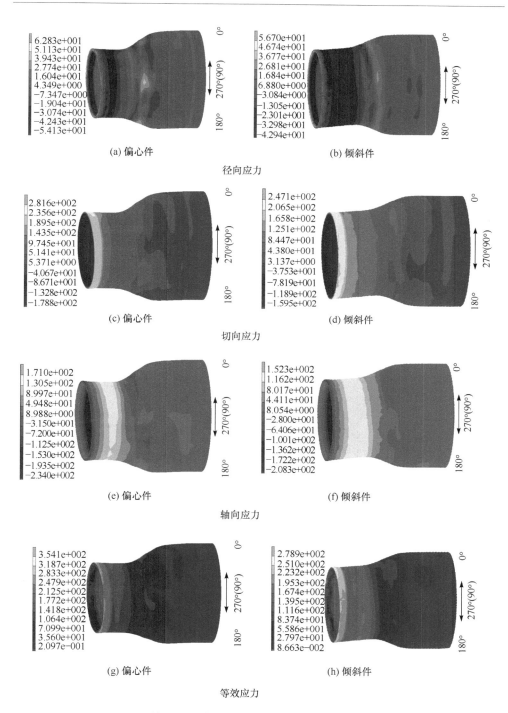

图 4-59　第五道次旋压成形后工件的应力分布(单位:MPa)

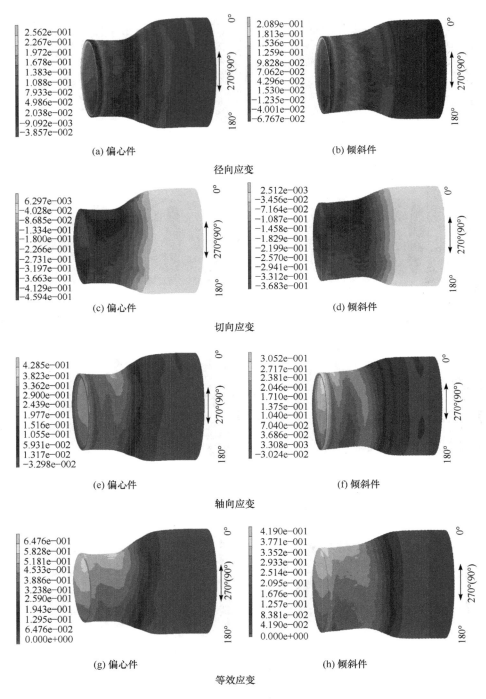

图 4-60　第五道次旋压成形后工件的应变分布

综上所述,偏心及倾斜件多道次缩径旋压成形时金属流动规律有别于传统的轴对称旋压成形。对于偏心件,等效应变沿周向从 0°域到 180°域逐渐减小,在 0°域存在最大值、180°域存在最小值;对于倾斜件,除具有偏心件的上述特点外,还具有沿轴向从起旋处到口部在 0°域逐渐增大,在 180°域逐渐减小的特征。

4.5.3　旋压道次对非轴对称管件缩径旋压成形质量的影响

1. 工件壁厚减薄率 Ψ_t 随旋压道次的变化规律

对于非轴对称管件旋压成形,在 0°域附近的壁厚减薄率 Ψ_t 存在最大值,180°域附近存在最小值;而图 4-60(a) 则显示在工件口部,0°域的壁厚减薄量最少,而 180°域壁厚减薄最多。为此,对偏心和倾斜件 0°、90°、180°及 270°域网格节点上的壁厚减薄率 Ψ_t 随旋压道次的变化规律进行研究。

图 4-61 分别为偏心及倾斜旋压件接近口部危险截面的壁厚减薄率 Ψ_t 随旋压道次的变化规律。由图可见,随着旋压道次的增加,壁厚减薄率 Ψ_t 的分布规律与单道次旋压成形明显不同,呈现锯齿状变化规律。这是因为往程旋压时壁厚减薄较多,而返程旋压时壁厚减薄较少。另外,在前面几个旋压道次中,由于材料加工硬化效应不明显,材料比较容易变形,所以口部壁厚减薄率变化较大;而随着旋压道次数增加到一定值后,材料的屈服强度提高,壁厚减薄率变化较小。这是由于多道次旋压变形时工件在切向旋压力的作用下产生严重扭转,90°域的数值偏向 0°域,270°域的数值偏向 180°域。

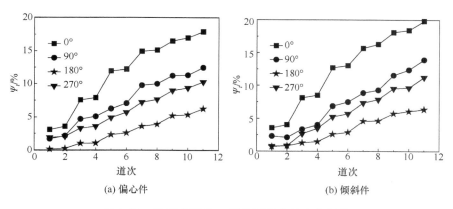

图 4-61　壁厚减薄率 Ψ_t 随旋压道次的变化规律

2. 工件直线度 $e_直$ 随旋压道次的变化规律

直线度 $e_直$ 是衡量工件成形质量的重要指标,为此,对偏心和倾斜件旋压成形后管件直壁部分 0°、90°、180°及 270°域网格节点上的直线度随旋压道次的变化规律进行研究(图 4-62)。

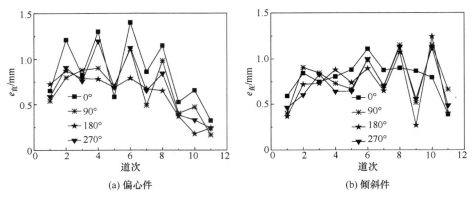

(a) 偏心件　　　　　　　　　　　(b) 倾斜件

图 4-62　工件直线度 $e_{直}$ 随旋压道次的变化规律

由图 4-62 可以明显看出,往程旋压(奇数道次)时的 $e_{直}$ 明显小于返程旋压(偶数道次)。这是由于往程旋压时,变形金属的流动方向与旋轮运动方向一致;而返程旋压时,变形金属的流动受到旋轮运动的阻碍,易在旋轮运动前方堆积,造成壁厚局部增厚。因此,在多道次成形时,最后一个道次应采用往程旋压成形方式,以提高工件的直线度精度。此外,由图还可以明显看出,由于往程旋压时变形金属的流动未受到约束,四个域的 $e_{直}$ 相差不大;而返程旋压时,非轴对称旋压成形的特点,使得 0°域的直线度 $e_{直}$ 最大、180°域最小,而 90°及 270°域相差不大。

3. 工件椭圆度 $e_{椭}$ 随旋压道次的变化规律

为探索网格扭曲对壁厚偏差的影响,对 Ⅱ-Ⅱ 典型截面(图 4-23)的椭圆度 $e_{椭}$ 随旋压道次的变化规律进行分析(图 4-63)。由于有限元分析是基于网格节点的位移变化,而非轴对称偏心及倾斜件网格节点位置随着旋压过程的进行而不同,很

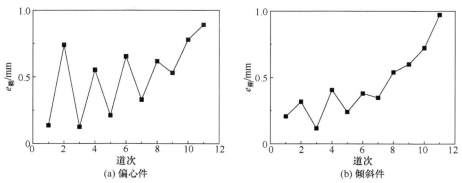

(a) 偏心件　　　　　　　　　　　(b) 倾斜件

图 4-63　典型截面的椭圆度 $e_{椭}$ 随旋压道次的变化规律

难依据变形前工件某个横截面的网格节点的位置变化进行壁厚偏差的分析,为此,以偏心和倾斜件 180°域网格节点为基准,过该点作 Ⅱ-Ⅱ 典型截面(图 4-23),对落入该截面上的网格节点的椭圆度 $e_{椭}$ 随旋压道次的变化规律进行研究。

由图 4-63 可见,往程旋压比相邻道次返程旋压的椭圆度要小,而随着旋压道次的增加,椭圆度上升。这是由于随着旋压道次的增加,材料的加工硬化严重,再加上工件的总偏移量或总倾斜角增加,各个区域的变形不均匀性增加,使得 $e_{椭}$ 增加。因此,在其他条件允许的情况下,应尽可能减少旋压成形的道次数。

4. 工件轴向伸长量 ΔL 随旋压道次的变化规律

对于非轴对称件缩径旋压成形,其轴向伸长量沿周向呈不均匀分布,且随旋压过程的进行而变化。因此,对非轴对称偏心及倾斜件多道次缩径旋压成形时,工件口部 0°、90°、180° 及 270°域网格节点轴向伸长量 ΔL 随旋压道次的变化规律进行分析(图 4-64)。

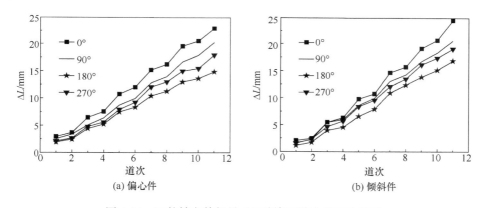

图 4-64 工件轴向伸长量 ΔL 随旋压道次的变化规律

由图 4-64 可见,随着旋压道次的增加,由于缩径成形,工件四个域的轴向伸长量 ΔL 均呈线性增加;由于返程旋压时壁厚增加效应大于往程旋压,故返程旋压 ΔL 的增加梯度小于往程旋压。由图还可以看出,由于非轴对称旋压成形的特点,多道次缩径旋压成形时 ΔL 的分布规律与单道次相似,也存在 0°域最大、180°域最小的特点;但由于网格节点在旋轮切向应力的作用下产生扭转,90°域的 ΔL 更接近于 0°域、270°域的 ΔL 更接近于 180°域。

4.6 三维非轴对称管件缩径旋压的试验研究

本节以 6061T1(挤压态及退火态)铝合金为研究对象,通过对三维非轴对称偏心及倾斜件单道次及多道次缩径旋压成形的试验研究,全面验证有限元数值模拟所得到的应力应变分布规律、危险截面所在位置、基于主应力及有限元数值模拟所得到的旋压力变化规律,研制出偏心及倾斜管件,并对多道次缩径旋压成形所得到的偏心及倾斜件的微观组织的变化进行试验研究。

4.6.1　非轴对称单道次缩径旋压的试验研究

1. 试验条件

为了验证模拟结果,探索三维非轴对称零件旋压成形过程中应力应变分布及尺寸精度变化规律,提供工程实用的科学依据,首先研究工艺参数对非轴对称管件单道次缩径旋压件尺寸精度的影响。试验中所使用的毛坯材料为 6061T1(挤压态);旋轮圆角半径 $r_\rho = 10\text{mm}$,旋轮直径 $D_R = 200\text{mm}$;毛坯直径 $D_0 = 100\text{mm}$,毛坯壁厚 $t_0 = 1.8\text{mm}$;成形工艺参数如表 4-5 所列。试验是在自制的 HGPX-WSM 型数控旋压机床上进行的(图 4-9)。试验用 68♯ 机油进行润滑,采用 DC-2000B 智能超声波测厚仪来测量管坯及旋压件的厚度。

表 4-5　成形工艺参数

道次偏移量 δ_i/mm	0.5、1、1.5、2、2.5
道次倾斜角 φ_i/(°)	1、2、3、4、5
道次名义压下量 Δ_n/mm	2、3、4、5、6
进给比 f/(mm/r)	0.5、1、1.5、2、2.5
旋轮公转速度 n/(r/min)	250

2. 危险截面位置

对于单道次非轴对称偏心及倾斜缩径旋压件,不论往程还是返程旋压,工件口部壁厚均减薄,该处为第一危险截面所在位置;在往程旋压时,除工件口部外,起旋处的壁厚也存在减薄现象,为往程旋压的第二个危险截面所在位置。为了提高成形质量、验证模拟结果,为产品研制提供实践基础,从试验的角度研究工艺参数对危险截面位置的影响。

1) 道次名义压下量 Δ_n 的影响

工件缩径量(旋轮平均压下量)反映了工件的变形程度,是管坯旋压成形前后的半径之差。在成形过程中分为道次缩径量(道次压下量)和总缩径量(总压下量)。由前文分析可知,非轴对称缩径旋压成形时,缩径量是变形区的一个主要工艺参数,因为它直接影响旋压力、旋压件尺寸、旋压精度及旋压过程能否顺利进行,总缩径量在很大程度上取决于材料的塑性。对于非轴对称件,由于旋压成形时旋轮围绕工件旋转一周时间内实际压下量随旋轮公转角度 γ 周期性变化,为此提出道次名义压下量 Δ_n 的概念。Δ_n 过大则会造成工件材料流动失稳堆积或产生较大的拉应力,使毛坯出现起皱或破裂现象(图 4-65);Δ_n 过小则会增加旋压次数,降低生产效率。因此,道次名义压下量 Δ_n 必须在合适的范围内选择。由图 4-65 可见,破裂所产生的位置均为旋轮起旋处,与数值模拟结果完全吻合。

　(a) 轴对称件($\Delta_n=6.0$mm)　　　　(b) 偏心件($\Delta_n=5.0$mm)　　　　(c) 倾斜件($\Delta_n=5.0$mm)

图 4-65　道次名义压下量 Δ_n 过大而引起的起旋处破裂(挤压态,$D_R=200$mm)

2)进给比 f 的影响

对于非轴对称管件缩径旋压,进给比 f 是指旋轮轴向进给速度与主轴转速之比。旋压成形时保持合适的进给比是非常重要的,因为大的进给比会产生较大的旋压力,有可能导致工件产生断裂。相反,进给比太小,会导致过多的材料向外流动,从而降低生产率且使工件壁部产生过分变薄现象而导致微裂纹产生。由图 4-66可见,破裂所产生的位置均为工件口部,与数值模拟结果完全吻合。

　(a) 轴对称件($f=0.25$mm/r)　　　　(b) 偏心件($f=0.25$mm/r)　　　　(c) 倾斜件($f=0.35$mm/r)

图 4-66　进给比 f 过小而引起的工件口部微裂纹(挤压态)

3)旋轮圆角半径 r_ρ 的影响

由前文分析可知,旋轮直径的大小对施压过程影响不大,但旋轮圆角半径 r_ρ 是影响旋压过程的一个重要参数。当旋轮圆角半径增大时,可使旋轮运动轨迹重叠部分增加,从而提高旋压件的表面光洁度和旋压速度,但此时施压力增大,会造成毛坯表面失稳起皱、出现棱角等现象;相反,当旋转圆角半径过小时,又会造成切削现象,使工件表面光洁度变坏,甚至出现龟裂现象(图 4-67)。由图 4-67 可见,龟裂所产生的位置为起旋处,与数值模拟结果完全吻合。

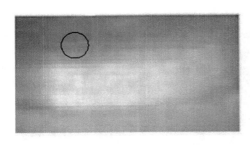 

(a) 轻微龟裂　　　　　　　　　　　　　　　(b) 严重龟裂

图 4-67　旋轮圆角半径过小而引起的起旋处龟裂(挤压态)

3. 壁厚分布规律

工件的壁厚反映了工件内外径的差值,在旋压以后,工件的壁厚与毛坯壁厚相比发生了增厚或减薄,工件各个位置的厚度分布不均匀。由数值模拟结果可知,非轴对称件旋压成形时径向、切向和轴向应变均呈现不均匀分布的特点。为了验证模拟结果所获得的三维非轴对称偏心及倾斜件尺寸精度的变化规律,提供工程实用的科学依据,对比分析了单道次缩径旋压后工件壁厚分布规律的数值模拟和试验结果。

图 4-68 和图 4-69 分别为采取往程和返程旋压方式、$f=1\mathrm{mm/r}$、$\Delta_n=3\mathrm{mm}$ 和 $\delta_i=2.0\mathrm{mm}$(偏心件)及 $\varphi_i=4°$(倾斜件)成形时,工件壁厚的模拟值与实测值的比较。图中,$S_{0°}$、$S_{90°}$、$S_{180°}$ 及 $S_{270°}$ 分别表示对应于旋轮公转角为 $0°$、$90°$、$180°$ 及 $270°$ 位置工件壁厚的模拟值;$E_{0°}$、$E_{90°}$、$E_{180°}$ 及 $E_{270°}$ 分别表示相应位置工件壁厚的试验测量值;水平线表示毛坯原始壁厚 $t_0=1.8\mathrm{mm}$。

由图可见,工件壁厚的分布规律与模拟结果相似。由图 4-68 可见,往程旋压时,在起旋处壁厚先急剧增加后迅速减薄,稳定旋压阶段壁厚减薄,而口部存在严重减薄现象。由图 4-69 可见,返程旋压时,金属易在旋轮前面堆积而使壁厚增加。试验结果与模拟结果的相对误差不大于 10%,说明所建立的有限元模型是合理可信的。

本章还进行了成形工艺参数对工件壁厚偏差、椭圆度、直线度、轴向伸长量及扭曲影响的试验研究,所得试验结果与有限元数值模拟结果的相对误差均不大于 10%。

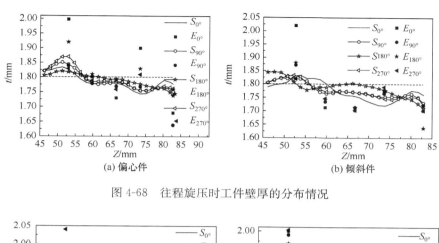

图 4-68　往程旋压时工件壁厚的分布情况

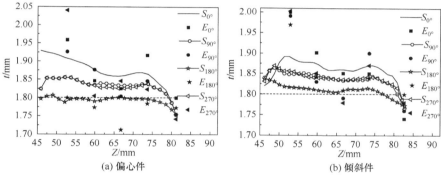

图 4-69　返程旋压时工件壁厚的分布情况

4.6.2　非轴对称多道次缩径旋压的试验研究

1. 试验条件

为了验证模拟结果,为旋制出合格的三维非轴对称偏心及倾斜件提供工程实用的科学依据,对三维非轴对称偏心及倾斜件多道次缩径旋压的试验结果和数值模拟结果进行对比分析。试验是在自行研制的 HGPX-WSM 型数控旋压机上进行的,试验用管坯材料为 6061T1(退火态),热处理工艺规范为 450℃保温 1~1.5h 后降至 300℃保温 1h 空冷。试验时所采用毛坯及旋轮尺寸、旋压工艺参数等与多道次缩径时的数值模拟完全相同。试验采用网格法来观察金属的变形情况。

2. 危险截面位置

虽然退火态的 6061T1 铝合金管单道次成形时可以选取较大的名义压下量,但在旋制如图 4-56 所示的非轴对称管件时,由于采用多道次缩径旋压成形,

6061T1 铝合金管的加工硬化系数较大(0.26),因加工硬化的作用,其塑性降低而产生破裂现象。图 4-70(a)为旋制偏心件,当往程旋压采用 4.0mm 的道次名义压下量时所产生的破裂现象,图 4-70(b)为旋制倾斜件,当往程旋压采用 3.0mm 的道次名义压下量时所产生的破裂现象。

(a) 偏心件   (b) 倾斜件

图 4-70 道次名义压下量 Δ_n 过大而引起的破裂现象(退火态)

由图 4-70 可见,产生破裂的位置均在往程旋压的起旋处,与数值模拟结果完全吻合。

单道次旋压时,对于退火态的 6061T1 铝合金管,进给比对其旋压成形过程几乎不产生影响,但在旋制如图 4-56 所示的非轴对称管件时,同样因多道次缩径旋压成形而产生加工硬化作用,当采用小的进给比时会因塑性降低而产生破裂现象。图 4-71(a)为采用不同进给比时的旋压件;图 4-71(b)所示裂纹所产生的部位均在 0°域,这是由于该区域的变形程度最大,与数值模拟结果相吻合。

(a) 不同进给比时的旋压件   (b) 破裂部位

图 4-71 进给比 f 偏小而引起的工件口部微裂纹(退火态)

3. 应变分布规律

图 4-72 为经过五道次缩径旋压成形后网格圆的变形情况(网格圆原始直径为 8mm)。由图可见,在 0°域附近网格圆伸长最多,说明在该区域变形程度最大,在

180°域附近网格圆伸长最少,说明该区域变形程度最小,而在 90°及 270°域附近网格圆的伸长介于两者之间。该试验结果与图 4-60 的数值模拟结果相吻合。

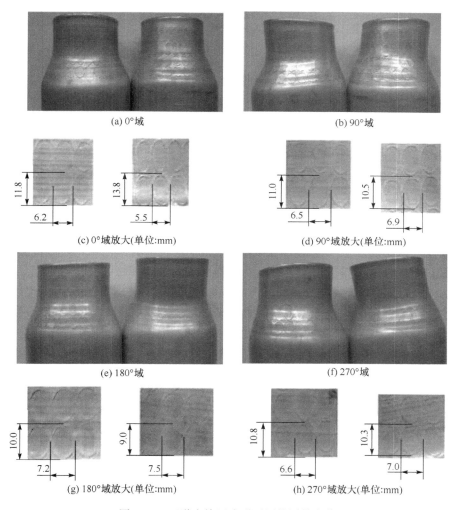

图 4-72　五道次旋压成形后网格圆的变化

图 4-73 为经过 11 道次缩径旋压成形后工件口部形状的模拟结果与试验结果的比较。由图可见,旋压成形后所获得的偏心及倾斜件口部金属呈非轴对称分布,在毛坯向 0°域(右移)偏心或(顺时针)倾斜的一侧工件轴向伸长最大。这是因为在偏心及倾斜件旋压成形时,每道次成形前先将工件沿 X 轴正向(右)平移或偏转,所以在 X 轴的正向,即 0°位置,工件的实际压下量是最大的;对应的 180°位置的实际压下量为最小;而在工件上下两侧的压下量相同,所以工件的变形是上下对称而左右不对称的。实际压下量的不同造成了工件各个位置的应变情况不同。0°

位置轴向伸长量最大,对应的 180°位置的轴向伸长量最小,90°、270°两个位置的伸长量介于 0°和 180°之间。

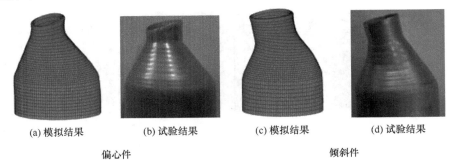

(a) 模拟结果　　　(b) 试验结果　　　(c) 模拟结果　　　(d) 试验结果

偏心件　　　　　　　　　　　　　倾斜件

图 4-73　11 道次旋压成形后工件口部形状

4. 壁厚分布规律

对于非轴对称件多道次缩径旋压成形,其口部壁厚减薄,为第一危险截面位置,而变形段中间部位的壁厚则随着旋压道次的增加而有所增加,但壁厚沿周向呈不均匀分布,且随旋压过程的进行而变化。因此,非轴对称件的壁厚分布已成为衡量其旋压成形质量的重要指标之一。由数值模拟结果可知,非轴对称件旋压成形时径向、切向和轴向应变均呈现出不均匀分布特点。为了验证模拟结果所获得的三维非轴对称偏心及倾斜件尺寸精度的变化规律,提供工程实用的科学依据,对比分析了多道次缩径旋压后工件变形中间部位壁厚变化的数值模拟和试验结果。试验所用到的旋轮运动轨迹参数如表 4-4 所示。

图 4-74 分别为偏心及倾斜件变形中间部位壁厚 t 随旋压道次变化的模拟值与实测值的比较。图中,$S_{0°}$、$S_{90°}$、$S_{180°}$ 及 $S_{270°}$ 分别表示 0°、90°、180°及 270°工件壁厚的模拟值;$E_{0°}$、$E_{90°}$、$E_{180°}$ 及 $E_{270°}$ 分别表示 0°、90°、180°及 270°工件壁厚的试验值;水平线表示毛坯原始壁厚 $t_0 = 1.8\mathrm{mm}$。

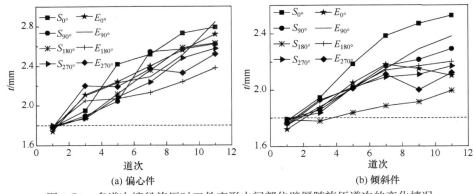

(a) 偏心件　　　　　　　　　　　　(b) 倾斜件

图 4-74　多道次缩径旋压时工件变形中间部位壁厚随旋压道次的变化情况

由图 4-74 可见,工件轴向伸长量的分布规律与模拟结果相似。在旋压的第一道次,由于采取的是往程旋压,工件壁厚均产生不同程度的减薄。而自第三道次之后,由于前面相邻道次为返程旋压,对工件的增厚效应比较明显,所以总体上基本表现为壁厚增加的趋势。实际生产中,如果想得到增厚的工件,则可以适当增加返程旋压的名义压下量,如果想控制工件的壁厚增加,则可以适当减小返程旋压的名义压下量,或者增加往程旋压的名义压下量。

本章还进行了工件壁厚偏差、椭圆度、直线度及扭曲度随旋压道次变化的试验研究,所得试验结果与有限元数值模拟结果的相对误差均不大于 10%。

5. 样品试制

对于如图 4-56 所示的偏心及倾斜件,其口部缩径率均达到 62%,需采用多道次缩径旋压成形工艺。根据前文数值模拟结果,为避免非轴对称零件缩径旋压成形时所产生的局部增厚或减薄现象,试验时采用三旋轮往返程交替旋压方式成形(图 4-57)。根据前文正交分析所得到的优化工艺参数,试验所采取的实际工艺条件如表 4-4 所示,所研制出的样品如图 4-75 所示。

(a) 一端偏心、一端倾斜

(b) 两端倾斜

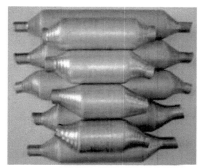

(c) 各种组合

图 4-75　排气歧管旋压样件

试验结果表明,采用旋压技术来生产排气歧管、消声器等,可以提高产品的塑性加工极限,将缩管率由 35% 左右提高到 60% 以上;与冲焊加工相比,可以使零件的加工工序数由 26 个减少到 2 个(两端偏心或倾斜部分分别进行多道次缩径旋压成形),可节约材料约 20%;可以显著降低产品的生产成本和提高产品的生产效率。

4.6.3　三维非轴对称管件缩径旋压力的试验研究

1. 旋压力的测量

1) 旋压力的测量装置

在设计旋压机床、拟定旋压工艺和设计旋压装置及工具时,都必须首先确定成形某一制件的作用力大小,这个重要参数除了采用理论分析和计算,试验研究也是一种很重要且有效的方法。

电测方法是工程上常用的对实际构件进行力的测量试验的方法之一。该方法首先将机械量转化为传感器相应的应力-应变,然后把应力-应变转换成各电参量的变化,再设计出某种电路,使之进一步转换成易于处理的电压(或电流)的变化,最后采用适当仪器观察或记录结果。其基本原理就是将非电量测量转化为电量测量[19]。

由于电阻应变片传感器具有结构简单、工作可靠、尺寸小以及适应性强等特点,所以目前旋压力的测量多采用较准确且可靠的电测试验方法。

旋压力的大小决定旋压设备结构及工艺特点,是设计指标参数,也是选择旋压工艺设备的重要依据。因此,测量装置要具备以下性能[51]。

(1) 灵敏度高、交叉干扰度小。

(2) 线性度好、稳定性高。

(3) 静刚度高。

(4) 动态特性好。

(5) 密封与屏蔽好。

由于总旋压力 P 的方向难以确定,常把它分解为三个相互垂直的径向、轴向和切向分力 P_r、P_a 和 P_θ 来进行分析计算,通常先测得 P_r、P_a 和 P_θ,然后合成为总旋压力 P。旋压力的测量方法通常有直接测量法和间接测量法两种。

直接测量法是指在直接承受旋压力作用的旋压机构件上,如旋轮座、旋轮轴或旋轮等零件的受力部位,安装专门设计的传感器进行旋压力测量的方法[19,52]。

间接测量法是利用旋压机上某一承受旋压力的零件作为弹性元件,在这些弹性元件的表面上贴有电阻应变片,根据应变片电阻大小的变化来对旋压力进行推导计算[19,34,36]。

直接测量法对旋压机的结构精度要求高,制造复杂且费用较高;而间接测量法具有结构简单、紧凑、动作灵活、制造方便等特点。由于非轴对称件旋压成形时,旋轮是绕着机床轴线旋转的,测力弹性体不能和旋轮做成一体,故采用间接测量方法,选用毛坯固定卡盘作为弹性元件,该测量装置的弹性体采用的是八角环结构[9]。如图 4-76 所示,管坯 6 通过卡盘下模 3 和卡盘上模 4 夹紧在卡盘上,旋压时毛坯固定卡盘受力并使安装在其下方的八角环产生弹性变形,八角环上电阻应变片阻值发生变化,电桥失衡,其应力、应变与旋压力之间存在一定的关系。通过信号放大器将应变信号转化成直流电压,经 A/D 转化成数字量,再由计算机及数据采集软件对采集信号进行分析处理,并根据标定曲线推算出旋轮所承受的变形力[9,53]。

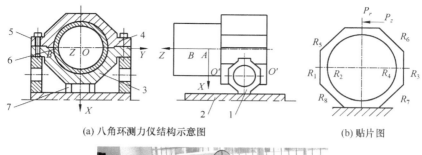

(a) 八角环测力仪结构示意图　　　　　　　　　(b) 贴片图

(c) 测力装置实物照片

图 4-76　测力装置示意图

1-八角环；2-底座；3-卡盘下模；4-卡盘上模；5-紧固螺栓；6-管坯；7-紧固螺栓

2) 旋压力的变化特点

对于非轴对称零件旋压成形，瞬时压下量最大的位置均位于旋轮公转角 $\gamma=0°$ 处，即旋轮公转至 X 轴正向时，旋压力达到最大值。图 4-77 分别为轴对称、偏心及倾斜件旋压时所记录的对应于 X 轴方向旋压分力 P_x 的电压变化情况。图中，纵坐标为测量电压信号，单位为 mV；横坐标为旋压时间，单位为 s；波峰所对应的旋轮公转角度 $\gamma=0°$，波谷对应的 $\gamma=180°$。

测量装置的标定是在 2000REGER 型拉伸试验机上进行的，标定曲线如图 4-78 所示。图中，横坐标为测量电压值，单位为 mV；纵坐标为旋压力值，单位为 N。根据该标定曲线，就可以将图 4-77 的电压变化曲线换算成旋压力变化曲线，由于旋压力与对应的电压呈线性比例，所以旋压力变化曲线与电压变化曲线的形状完全相同，只是纵坐标数值发生变化。

图 4-77(a) 为进给比 $f=1.0\text{mm/r}$，名义压下量 $\Delta_n=3\text{mm}$，轴对称件旋压成形时 P_x 的记录曲线。由图可见，波峰和波谷所对应的记录信号强度相等，即当旋轮公转角度 $\gamma=0°$ 和 $\gamma=180°$ 时的 P_x 相等。

图 4-77(b) 为进给比 $f=1.0\text{mm/r}$、道次偏移量 $\delta_i=1\text{mm}$、道次名义压下量 $\Delta_n=3\text{mm}$，偏心件旋压成形时 P_x 的记录曲线。由图可见，$\gamma=0°$ 时的电压值明显大于 $\gamma=180°$ 时的电压值，说明 $\gamma=0°$ 时，旋压力较大。与理论计算所得到的公转角度 γ 对偏心件旋压力的影响(图 4-14)相吻合。

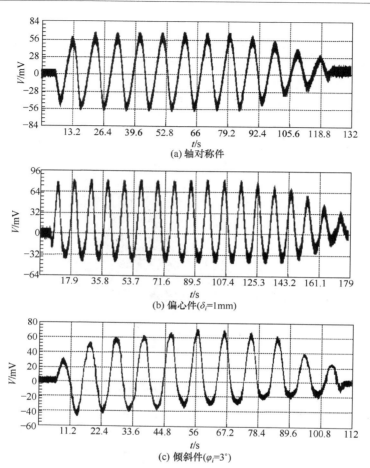

(a) 轴对称件

(b) 偏心件(δ_i=1mm)

(c) 倾斜件(φ_i=3°)

图 4-77　X 轴方向旋压分力的测量波形图

(f=1.0mm/r, Δ_n=3mm)

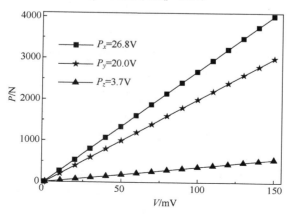

图 4-78　旋压力标定曲线

　　图 4-77(c)为进给比 $f=1.0\text{mm/r}$、道次倾斜角 $\varphi_i=3°$、名义压下量 $\Delta_n=3\text{mm}$、倾斜件旋压成形时 P_x 的记录曲线。由图可见,随着旋压过程的进行,在 $\gamma=0°$ 的 X 轴正向位置,电压信号强度的绝对值逐渐增加,而在 $\gamma=180°$ 的 X 轴负向位置,电压信号强度的绝对值逐渐减小。与理论计算所得到的公转角度 γ 对倾斜件旋压力的影响(图 4-16)相吻合。

　　图 4-77 测量的旋压力变化情况与图 4-79 所示的有限元模拟结果中曲线 P_x 的情况完全吻合。

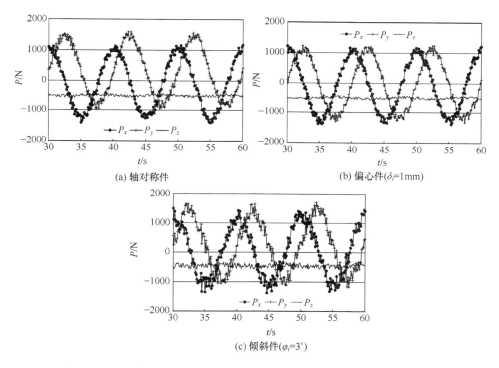

(a) 轴对称件　　　　　　　　　　(b) 偏心件($\delta_i=1\text{mm}$)

(c) 倾斜件($\varphi_i=3°$)

图 4-79　三向旋压分力的有限元数值模拟曲线($f=1.0\text{mm/r}$、$\Delta_n=3\text{mm}$)

2. 旋压力的试验验证

　　为了验证主应力法理论计算及有限元数值模拟所得到的旋压力的准确性,对这三种方法所得到的最大总旋压力进行分析对比,三种情况均采取返程旋压方式进行。

　　由前文分析可知,在旋轮公转的一个周期内,$\gamma=0°$ 时的旋压力最大,$\gamma=180°$ 时的旋压力最小。由于最大旋压力是选择旋压成形设备的重要依据,下面对道次偏移量 δ_i、道次倾斜角 φ_i、道次名义压下量 Δ_n 和进给比 f 等主要成形工艺参数对

最大旋压力 P_{max} 的影响进行比较。图中的符号 P-C、P-S、P-E 分别表示采用主应力法、有限元法和实测法得到的最大旋压力。

1) 偏心件旋压成形时旋压力的变化规律分析

(1) 道次偏移量 δ_i 对最大旋压力 P_{max} 的影响。

图 4-80 为 $r_\rho=10$mm、$\Delta_n=5$mm、$f=1$mm/r 时，道次偏移量 δ_i 对最大旋压力 P_{max} 的影响。由图可见，随着 δ_i 的增加，最大旋压力 P_{max} 随之增加。这是因为当 δ_i 增加时，由式(4-15)可知，Δ_{smax} 增加，从而导致 P_{max} 增加。

(2) 旋轮进给比 f 对最大旋压力 P_{max} 的影响。

图 4-81 为当 $r_\rho=10$mm、$\Delta_n=5$mm、$\delta_i=2.5$mm 时，进给比 f 对最大旋压力 P_{max} 的影响。由图可见，随着进给比 f 的增加，最大旋压力都在增加。这是因为当进给比增加时，将会有更多的材料同时参与塑性变形，从而导致变形抗力增加。

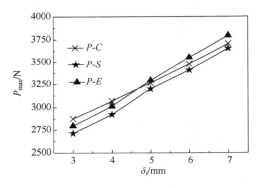

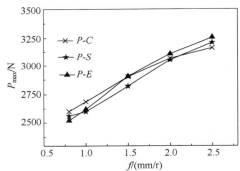

图 4-80　道次偏移量 δ_i 对最大旋压力的影响　　　图 4-81　进给比 f 对最大旋压力的影响

(3) 道次名义压下量 Δ_n 对最大旋压力 P_{max} 的影响。

图 4-82 为 $r_\rho=10$mm、$f=1$mm/r、$\delta_i=2.5$mm 时，道次名义压下量 Δ_n 对最大旋压力 P_{max} 的影响。由图可见，随着道次名义压下量的增加，最大旋压力都在增加。由式(4-15)可以看出，在其他条件不变的情况下，随着道次名义压下量 Δ_n 的增加，最大压下量增加，从而使最大旋压力 P_{max} 增加。

2) 倾斜件旋压成形时旋压力的变化规律分析

(1) 道次倾斜角 φ_i 对最大旋压力 P_{max} 的影响。

图 4-83 为 $f=1.0$mm/r、$\Delta_n=3$mm 和 $S=10$mm 时，道次倾斜角 φ_i 对最大旋压力 P_{max} 的影响。由图可见，当道次倾斜角 φ_i 增加时，最大径向旋压力和轴向旋压力都在增加。这是因为旋压时毛坯朝 0°域倾斜(图 4-12)，管坯的实际压下量随着倾斜角 φ_i 的增加而增加。

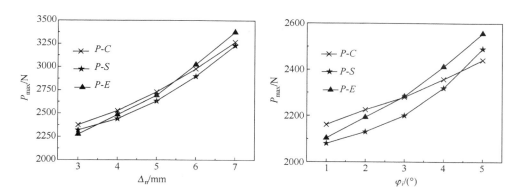

图 4-82 道次名义压下量 Δ_n 对最大旋压力的影响 图 4-83 道次倾斜角 φ_i 对最大旋压力的影响

（2）道次名义压下量 Δ_n 对最大旋压力 P_{max} 的影响。

图 4-84 为 $\varphi_i = 3°$、$f = 1.0\text{mm/r}$、$S = 10\text{mm}$ 和 $\gamma = 0°$ 时，道次名义压下量 Δ_n 对最大旋压力 P_{max} 的影响。由图可见，随着压下量的增加，最大径向旋压力和轴向旋压力都在增加，这主要是由于旋轮与工件的接触面积增加。

（3）进给比 f 对最大旋压力 P_{max} 的影响。

图 4-85 为 $\varphi_i = 3°$、$\Delta_n = 3\text{mm}$、$S = 10\text{mm}$ 和 $\gamma = 0°$ 时，进给比 f 对最大旋压力 P_{max} 的影响。由图可见，与偏心件旋压相同，随着进给比 f 的增加，最大径向旋压力和轴向旋压力都在增加。

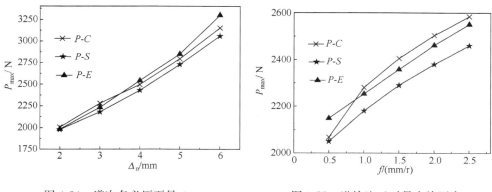

图 4-84 道次名义压下量 Δ_n
对最大旋压力的影响

图 4-85 进给比 f 对最大旋压力
最大旋压力的影响

由图 4-80～图 4-85 可以看出，理论计算结果和实际测量结果吻合很好。本章还对其他多种工艺参数搭配情况进行了计算，综合统计发现：总旋压力的主应力计算结果与实测结果最大误差不超过 20%，有限元模拟结果与实测结果最大误差不超过 15%，而主应力计算结果与有限元模拟结果最大误差也不超过 15%。由此可见，采用主应力法及有限元模拟对非轴对称件的旋压力进行理论计算是可行的。

4.6.4　三维非轴对称旋压件显微组织的变化

1. 试验条件

为探明旋压成形后显微组织的变化情况，对三维非轴对称偏心及倾斜件第五道次旋压后的金相组织进行观测，旋压工艺参数与模拟参数相同。观测是在 LEICA DMIRM 大型金相显微镜上进行的，采用 LEICA Q550MU 图像分析仪进行分析。

2. 结果分析

图 4-86 和图 4-87 分别为铝合金管件旋压前的纵、横向剖面金相显微组织图，所用铝管坯为挤压后的管材。由图 4-86 可见，管坯纵向截面基体上化合物质点沿挤压加工方向分布，化合物质点颗粒较大，晶粒呈等轴状。由图 4-87 可见，管坯横向截面基体上化合物质点随机分布，化合物质点颗粒较大，晶粒呈等轴状。

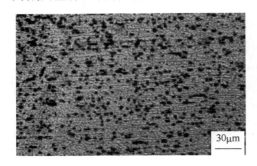　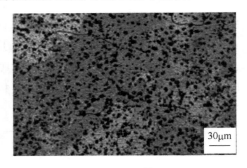

图 4-86　毛坯纵向基体金相组织图　　　　图 4-87　毛坯横向基体金相组织图

图 4-88 和图 4-89 分别为旋压后的偏心件沿 0°域内侧及外侧金相显微组织结构图。由图可以看出，金属经旋压成形后，其晶粒形状发生变化，变化趋势大体与金属宏观变形一致。原来等轴的晶粒沿延伸变形方向伸长。当变形程度很大时（图 4-89），晶粒呈现出一片如纤维状的条纹，称为纤维组织。晶体中原为任意取向的各个晶粒，会逐渐调整其取向彼此趋于一致而形成"变形织构"。由图还可以看出，试样外侧纤维组织比内侧明显，这是由于管坯外侧材料直接与旋轮接触，变形程度较大。

图 4-90 和图 4-91 分别为旋压后的倾斜件沿 0°域纵向内侧及外侧金相显微组织结构图。由图可以看出，与偏心件类似，倾斜类试样旋压后，由于材料半径方向收缩量更大，晶粒沿加工方向剧烈拉长，形成方向明显的加工流线。试样内侧变形量比试样外侧变形量稍小。

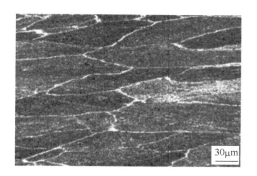

图 4-88　偏心件 0°域纵向内侧金相图

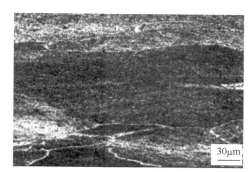

图 4-89　偏心件 0°域纵向外侧金相图

图 4-90　倾斜件 0°域纵向内侧金相图

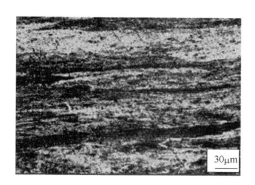

图 4-91　倾斜件 0°域纵向外侧金相图

　　图 4-92 和图 4-93 分别为旋压后的倾斜件沿 0°域横向内侧及外侧金相显微组织结构图。由图可见,倾斜类试样旋压后,试样横截面基体上化合物质点破碎,试样外侧晶粒沿加工方向拉长,形成方向明显的加工流线。试样内侧晶粒变形较小,纤维组织不明显。

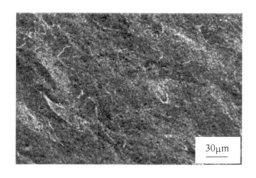

图 4-92　倾斜件 0°域横向内侧金相图

图 4-93　倾斜件 0°域横向外侧金相图

对比图 4-90～图 4-93 可见,倾斜件成形时,其纵向变形程度比横向要大得多。说明倾斜件旋压成形时,工件主要产生轴向伸长变形。

图 4-94 和图 4-95 分别为旋压后的倾斜件沿 180°域纵向内侧及外侧金相显微组织结构图。由图可见,倾斜类试样旋压后,试样沿 180°域纵向基体上化合物质点破碎,晶粒大小形状分布不均匀,试样外侧晶粒稍小且沿加工方向拉长,试样内侧晶粒较大且轻微变形。

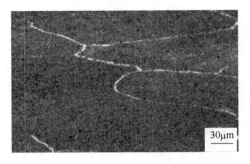
图 4-94　倾斜件沿 180°域纵向内侧金相图

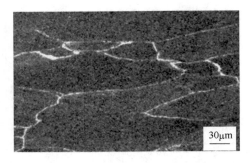
图 4-95　倾斜件沿 180°域纵向外侧金相图

对比图 4-92～图 4-95 可见,倾斜件旋压成形时,与 180°域相比,试样在 0°域基体上化合物质点破碎较剧烈,说明 0°域的变形程度较大,这是由于旋压成形时毛坯向 0°域倾斜。

图 4-96 和图 4-97 分别为旋压后的倾斜件沿 180°域横向内侧及外侧金相显微组织结构图。由图可见,倾斜类试样旋压后,试样沿 180°域横向基体上化合物质点破碎,晶粒大小形状变形不均匀,试样外侧晶粒稍小且沿加工方向拉长,试样内侧晶粒较大且轻微变形。

图 4-96　倾斜件 180°域横向内侧金相图

图 4-97　倾斜件 180°域横向外侧金相图

从金相图像来看,铝合金管经旋压成形后,其晶粒形状发生变化,变化趋势大体与金属宏观变形一致。原来等轴的晶粒沿延伸变形方向伸长。旋压成形使管坯原有组织及晶粒破碎,与 180°域相比,0°域原始晶粒破碎的程度加深,这很好地验证了数值模拟时 0°域变形程度较大的结果。在旋压件的壁厚截面上,越靠近外表面变形程度越大,远远超过了其他部位的变形量,晶粒已完全破碎,呈现出一片如纤维状的条纹,形成纤维状变形组织,使其强度和硬度大幅度增加。因此,非轴对称旋压件的力学性能远高于原始的 6061T1 管坯的力学性能。

4.7　本 章 小 结

三维非轴对称零件旋压成形技术突破了传统旋压成形技术只能加工轴对称回转体薄壁空心零件的局限,利用该项技术可整体成形出各部分轴线间相互平行或成一定夹角的偏心及倾斜类薄壁空心零件,属于旋压成形技术的重大突破。本章针对传统旋压工艺无法加工的三维非轴对称零件,在理论分析和试验研究的基础上,获得一种三维非轴对称类零件旋压成形方法及装置(发明专利号:ZL02114937.2),并进行了相关理论分析及试验研究。主要研究工作和结论如下。

(1) 对三维非轴对称偏心及倾斜件旋压成形方法进行了研究。结果表明,为突破常规旋压只能成形轴对称回转体类零件的限制,可使毛坯在成形过程中避开回转状态,不像传统旋压技术那样将毛坯装卡在机床主轴上随机床主轴旋转,而是将旋轮座安装在机床主轴上随机床主轴进行旋转;旋轮除与毛坯接触而进行自转外,还将与旋轮座一起绕毛坯公转,同时沿公转半径方向做进给运动;毛坯被固定在卡盘上,不但可沿机床的纵、横两个轴线方向做直线进给运动,同时可以在水平面内进行偏转运动;定义了偏移量、倾斜角、旋轮公转角、名义压下量等基本概念,并建立了上述工艺参数之间的数学表达式。

(2) 研制成功的一种基于 ARM 嵌入式四轴两联动多功能数控旋压成形机床(发明专利号:ZL02149794.X),不仅可用于成形非轴对称零件,还可用于成形轴对称零件;研制出的楔式旋转旋轮座(实用新型的专利号:ZL03247785.6),可实现使安装在其上的呈 120°均匀分布的三个旋轮在随机床主轴做回转运动的同时,沿垂直于机床轴线方向做径向进给运动。如果工件沿机床纵、横两个方向进行移动,便可成形出各部分轴线间相互平行的偏心类薄壁空心零件;如果工件在水平面内做偏转运动,便可成形出各部分轴线间成一定夹角的倾斜类薄壁空心零件;如果工件在沿机床纵、横两个方向进行移动的同时,还在水平面内做偏转运动,便可加工各部分轴线间既相互平行又成一定夹角的弯曲类薄壁空心零件;如果工件只沿机床纵向进行移动,便可以成形出轴对称薄壁空心零件。

(3) 运用主应力法推导出偏心及倾斜件缩径旋压成形时旋压力的计算公式,该公式直观地反映了成形工艺参数对旋压力的影响,为旋压设备的设计和旋压成形工艺参数的优化提供了切实可行的理论依据。结果表明,在偏心件旋压过程中,旋压力周期性变化,一个周期为旋轮绕工件公转一周,最大、最小旋压力发生的位置分别与最大、最小压下量的位置相对应;旋轮公转时旋压力周期性变化的幅度 P_{max}/P_{min} 取决于道次偏移量 δ_i 的大小,δ_i 越大,则 P_{max}/P_{min} 越大。在倾斜件旋压过程中,旋压力做幅值渐变的周期性变化,一个周期为旋轮绕工件公转一周;在旋轮公转的一个周期内,根据旋轮公转平面相对于基准面的不同位置 S,旋压力可能出现一次极大值和极小值,也可能出现两次极大值和极小值;随着倾斜角 φ_i 的增加,最大旋压力 P_{max} 增加,最小旋压力 P_{min} 减小。

(4)以 MSC. MARC 软件为分析平台,对几何模型的建立、单元类型的选择、网格的划分、时间步长、接触和摩擦、重启动等关键问题进行了探讨;首次获得了一种能同时实现公转和自转旋轮运动轨迹计算的公式;首次探索出获得非轴对称零件成形时极值数据的时间步长设计方法;并以此对三维非轴对称偏心件及倾斜件三旋轮缩径旋压成形过程进行了有限元数值模拟。结果表明,偏心及倾斜件多道次缩径旋压成形时存在两个危险截面,工件的口部为第一危险截面所在区域,起旋处为第二危险截面所在位置。

(5)基于 MSC. MARC 软件,分别对非轴对称偏心及倾斜件旋压成形力及成形质量进行了数值模拟,通过对比分析两者与轴对称零件旋压之间的差异,揭示了非轴对称件缩径旋压时成形力的变化特点及工艺参数对成形力的影响规律;指出影响非轴对称零件的成形质量指标除了壁厚减薄率、椭圆度和直线度,还有轴向伸长量。结果表明,对旋压力及旋压件成形质量影响较大的工艺参数有旋压方式、名义压下量、偏移量、倾斜角、进给比、旋轮圆角半径,而旋轮直径和摩擦系数对旋压力及旋压件成形质量的影响不大。

(6)根据危险截面所在位置验证了模拟所得到的应力应变分布规律;利用网格圆的变化及旋压件显微组织的区别验证了模拟所得到的应变分布规律;利用电测方法验证了基于有限元数值模拟及主应力法所得到的旋压力变化规律;基于正交分析及有限元数值模拟结果,成功研制出三维非轴对称偏心及倾斜样件。

参 考 文 献

[1] 徐洪烈. 强力旋压技术. 北京:国防工业出版社,1984.

[2] Anon. Practical look at spinning and flow turning. Sheet Metal Industries,1975,52(2): 72-89.

[3] Runge M. Spinning and flow forming. Leifeld GmbH,Werkzeugmaschinenbau/Verlag Moderne Industrie AG,D-86895,Landsberg/Lech,1994:1-10.

[4] 高田佳昭. 日本における最新回転成形技術. 塑性と加工,2002,43(11):8-12.

[5] 西山三朗. スピニング加工技術の課題と制品例. 塑性と加工,2002,43(11):24-28.

[6] 夏琴香. 一种旋压成形方法及其装置:中国,ZL02114937.2,2004-12-29.

[7] 夏琴香. 一种多功能旋压成形机床:中国,ZL02149794.X,2005-2-16.

[8] 夏琴香,陈依锦,程秀全,等. 三维非轴对称薄壁管件旋压成形机床液压系统的研究. 塑性工程学报,2005,12(3):88-92.

[9] 任小龙. 偏心类管件旋压成形时变形力分析及测力装置的研究. 广州:华南理工大学硕士学位论文,2003.

[10] 陈依锦. 三维非轴对称旋压用旋转旋轮座及其液压系统的研究. 广州:华南理工大学硕士学位论文,2004.

[11] 夏琴香. 冲压成形工艺及模具设计. 广州:华南理工大学出版社,2005.

[12] 阎群. 数控旋压机床道次规划与实时控制的研究与实现. 北京:北京科技大学硕士学位论文,2001.

[13] 马振平,李宇,孙昌国,等. 普旋道次曲线轨迹对成形影响分析. 锻压技术,1999,(1):21-24.

[14] Masuj H,王强. 普旋过程中旋轮道次的制定对产品的影响. 锻压技术,1989,(5):45-51.

[15] Kang D C,Gao X C,Meng X F,et al. Study on the deformation mode of conventional spinning of plates. Journal of Materials Processing Technology,1999,91(1):226-230.

[16] 日本塑性加工学会. 旋压成形技术. 北京:机械工业出版社,1988.

[17] 陈适先,贾文铎,曹根顺,等. 强力旋压工艺与设备. 北京:国防工业出版社,1986.

[18] 王成和,刘克璋. 旋压技术. 北京:机械工业出版社,1986.

[19] Xia Q X,Shima S. Analysis on the spinning forces in flexible spinning of cones. Chinese Journal of Mechanical Engineering,2003,12(4):376-378.

[20] 肖作义. 对轮旋压工艺. 新技术新工艺,2000,(6):23-24.

[21] Xia Q X,Xiao G F,Long H,et al. A review of process advancement of novel metal spinning. International Journal of Machine Tools & Manufacture,2014,85:100-121.

[22] 陈企芳,孙存福. 劈开旋压成形技术及应用. 第七届全国旋压技术交流会,庐山,1996:119-125.

[23] Maschinenbau und Blechformtechnik GmbH & Co. KG. Innovation in chipless forming technology,2002.

[24] 俞汉清,陈金德. 金属塑性成形原理. 北京:机械工业出版社,1999.

[25] Hayama M,Kudo H. Analysis of diametrical growth and working forces in tube spinning. Bulletin of Japan Society of Mechanical Engineers,1979,22:776-784.

[26] 李小曼,夏琴香,冯万林,等. 主应力法及其在旋压成形中的应用. 第二届锻压装备与制造技术论坛,板材加工技术研讨暨产品信息交流会,成都,2005:96-103.

[27] 叶山益次郎. 回转塑性加工学. 东京:近代编辑社,1982.

[28] 邝卫华. 偏心类管件缩径旋压的数值模拟与工艺研究. 广州:华南理工大学博士学位论文,2005.

[29] 王强. 封头旋压成形技术研究. 哈尔滨:哈尔滨工业大学硕士学位论文,1987.

[30] 叶山益次郎,工藤泽明. 旋压加工的研究. 重型机械,1977,(1):39-51.

[31] 应国强. 三维有限元模拟技术在金属塑性成形中的应用. 锻压装备与制造技术,2003,(5):10-13.

[32] 陈家华,夏琴香,张世俊,等. 数值模拟方法在旋压技术中的应用. 机电工程技术,2005,

(2):11-12,53.

[33] 孙存福. 强力变薄旋压力的简易计算法. 航空工艺技术,1978,(6):5-10.

[34] 翟德梅,刘洁,于智宏. 旋压变形参数的测试装置. 金属成形工艺,2004,22(2):67-75.

[35] 李长胜,刘鹏. 旋压式无心轴托辊缩颈旋压力的试验研究. 塑性工程学报,2004,11(4):
67-70.

[36] 王锋. 无模缩径旋压工艺的力学分析与数值模拟. 西安:西北工业大学硕士学位论
文,1999.

[37] 王勖成. 有限单元法基本原理与数值方法. 2 版. 北京:清华大学出版社,1995.

[38] 应富强,张更超,潘孝勇. 金属塑性成形中的三维有限元模拟技术探讨. 锻压技术,2004,
(2):1-5.

[39] 胡福泰,王家勋. 封头旋压数值分析. 塑性工程学报,1999,(1):65-68.

[40] 高西成,康达昌. 薄壁筒收口旋压过程的数值模拟. 塑性工程学报,1999,(4):54-57.

[41] 张涛,林刚,周景龙. 旋压缩口过程的三维有限元数值模拟. 锻压技术,2001,(5):26-28.

[42] Quigley E,Monaghan J. Enhanced finite element models of metal spinning. Journal of Mate-
rials Processing Technology,2002,121:43-49.

[43] 郑岩,顾松东,吴斌. MARC 2001 从入门到精通. 北京:中国水利水电出版社,2003.

[44] 夏琴香. 三维非轴对称偏心及倾斜管件缩径旋压成形理论与方法研究. 广州:华南理工大
学博士学位论文,2006.

[45] 张宝生. 高度非线性有限元分析软件 MARC 及在接触分析中的应用. 应用科技,2001,
(12):36-39.

[46] 赵宪明,吴迪,吕炎. 筒形件强力旋压变形机理的有限元分析. 塑性工程学报,1998,(3):
61-65.

[47] Xue K M,Wang Z,Lu Y,et al. Elasto-plastic FEM analysis and experimental study of diame-
tral growth in tube spinning. Journal of Materials Processing Technology, 1997, 69:
172-175.

[48] 全国旋压学术委员会. 旋压技术手册与标准. 北京:机械工业出版社,2004.

[49] 徐灏. 机械设计手册 第 3 卷. 北京:机械工业出版社,1994.

[50] Yao J G,Makoto M. An experimental study on spinning of taper shape on tube end. Journal
of Materials Processing Technology,2005,166(1):405-410.

[51] 刘经燕,王建萍,陈益瑞. 测试技术及应用. 广州:华南理工大学出版社,2004.

[52] 孔德仁,朱蕴璞,狄长安. 工程测试与信息处理. 北京:国防工业出版社,2003.

[53] 冯万林,夏琴香,程秀全,等. 旋压力的测试方法及试验研究. 锻压装备与制造技术. 2005,
(4):88-92.

第5章　非圆横截面空心零件旋压成形技术

随着航空航天、武器装备、石油化工、生物医学和交通运输等行业的迅速发展，非圆横截面薄壁空心零件的应用越来越广泛。在武器装备领域，非圆横截面布撒器因具备远程滑翔和朝不同方向抛撒子弹药的能力而备受各国重视[1~3]；非圆横截面弹体的巡飞弹由于具有隐身性能好、升阻比高、便于储存等优点，已成为各国研制新型导弹的重要发展方向[4,5]。在石油化工领域，非圆横截面容器（如各种洗槽、电镀槽、锅炉联箱、运输槽车、搅拌盒体等）因结构紧凑、平稳性好、比表面积大和传热效率高等优点而获得广泛应用[6]。此外，在同等刚度、强度指标下，非圆横截面空心零件具有节省材料和减轻重量的显著特点[7]，因而在追求轻量化的交通运输行业（特别是汽车制造业）有广阔的应用前景[8]。

第4章在国家自然科学基金项目"三维非轴对称零件旋压成形理论和方法研究"的资助下，成功地突破了旋压技术只能加工轴对称零件的局限，采用旋压方法实现了具有两个或两个以上回转轴线、且各部分轴线间相互平行或成一定夹角的三维非轴对称空心零件的完整制造[9,10]。但不论轴对称回转体零件还是三维非轴对称零件，其垂直于零件轴线的横截面均为圆形。为了实现采用旋压技术成形出非圆横截面空心类零件，日本的 Amano 和 Tamura 曾在 1984 年借助车床加工椭圆横截面零件的十字滑槽机构使旋轮产生椭圆运动轨迹，采用剪切旋压方式成形出椭圆形横截面空心零件[11]，该研究最早证明了非圆横截面空心零件旋压的可行性。我国的高西成和康达昌等也曾在 1997 年进行了类似的研究，采用十字滑槽机构使得芯模（芯棒）在成形过程中产生径向运动，从而在芯模（芯棒）与旋轮之间形成椭圆运动轨迹，采用拉深旋压方式成形出椭圆形横截面筒形件、采用无芯模旋压方式成形出椭圆形横截面锥形件[12,13]。上述机构所获得的旋压运动轨迹精度较差，旋压件椭圆短轴部分壁厚减薄严重（最大壁厚减薄达 23%），因此限制了其应用。

近十年来，非圆横截面薄壁空心零件旋压成形技术的研究再次引起各国学者的关注。德国的 Awiszus 和 Meyer 等于 2005 年提出借助弹簧产生的张力从径向压紧旋轮来成形金字塔形非圆横截面空心类零件[14]，并成功地旋制出凸三边形横截面空心零件，但成形凹三边形横截面空心零件时则出现了明显起皱和不贴模。由于弹簧张力无法与非圆旋压过程中不断变化的径向力高度匹配，故无法得到高精确的旋轮运动轨迹。日本的 Arai 等于 2003 年研制出两轴运动的非圆横截面空心零件旋压成形装置，由电机和滚珠丝杠驱动旋轮的轴向和径向进给，通过安装在旋轮座的压力传感器的反馈控制电机的工作，以保证旋轮径向旋压力不变[15,16]，成功地旋制出含直边的非圆横截面空心类零件(四边形横截面空心零件);并于2006年采用直线电机代替"旋转电机加滚珠丝杠"来驱动旋轮,提高了旋轮的径向最大推力,成功地旋制出椭圆形横截面空心零件[17]。日本的 Shimizu 于 2010 年研制了由电机控制旋轮的径向进给和芯模的轴向进给的非圆横截面空心零件旋压成形装置,成功地旋制出椭圆形横截面和四边形横截面空心零件[18]。德国的Awiszus 等再次于 2010 年对旋压机床进行改造,增加了伺服电机控制两轴运动的工作台,以控制旋压过程中旋轮的轴向和径向进给,并成功地旋制出凹三边形横截面空心零件[19]。日本的 Arai 等于 2010 年再次在五轴旋压成形机床上对非圆横截面空心零件旋压和非轴对称旋压进行了综合研究,采用无芯模旋压的方式进行了轴线为曲线,横截面为圆形、椭圆形以及多边形的曲轴线空心零件的旋压成形试验[20,21]。作者等于 2008 年提出了基于靠模驱动的非圆横截面空心零件旋压成形方法并研制出相关装置[22,23],成功应用于三边圆弧形[24~26]、四边圆弧形[27~29]和五直边圆弧形[30,31]等多边形横截面空心零件的拉深旋压成形。

上述研究表明旋压技术可广泛应用于各种复杂类型的非圆横截面空心零件的成形,并发现壁厚分布、回弹等成形质量以及旋压力变化规律等具有与常规旋压不同的特点,但其成因的解析与成形质量的提高还有待深入研究。

本章在国家自然科学基金项目"非圆横截面空心零件旋压成形方法及变形机理研究"(50775076)的资助下,以圆弧形和直边形等不同类型横截面空心零件为研究对象,综合采用理论分析、有限元数值模拟和试验研究等手段,对非圆横截面空心零件旋压成形机理进行研究;研制出高精度的非圆横截面空心零件旋压成形装置,并对三边形横截面空心零件旋压成形进行试验研究,成功旋制出三直边圆角形零件;通过应变网格试验获得三边圆弧形横截面空心零件三向应变和等效应变分布规律;通过电测方法实测得到旋压过程中旋压力的变化规律及工艺参数的影响;并通过试验对理论分析结果及数值模拟结果进行验证。

5.1　非圆横截面空心零件旋压成形工艺

本节通过对非圆横截面空心零件旋压成形工艺特点的分析,综合对比伺服电机加滚珠丝杠驱动、电液伺服驱动、直线电机驱动、金属靠模驱动各自优势和不足,提出基于靠模往复驱动的非圆横截面空心零件旋压成形工艺方法,从几何角度对非圆横截面空心零件(以下简称"非圆横截面件")旋压工艺进行分类,并提出衡量非圆横截面件变形难易程度的指标。

5.1.1　非圆横截面件旋压成形工艺及分类

1. 非圆横截面件旋压成形工艺

目前非圆横截面件主要采用冲压或管件内高压成形。简单形状的非圆横截面件可由冲压直接成形,而形状复杂的非圆横截面件,则需分成几个部分,首先由冲压成形,再采用焊接的方法制成,这就存在加工成本高、加工效率低、零件性能差等不足。管件内高压成形可用于成形矩形、椭圆等非圆横截面件,但需要超高压力源(≥400MPa)、高压密封和精密自动控制[8]。旋压是实现非圆横截面件完整制造的潜在技术,旋压产品具有良好的力学性能、较高的尺寸精度和表面光洁度,所需总变形力较小,可大大降低功率和能耗,可实现无废料或少废料成形[32]。对于非圆横截面件等异形件,根据成形过程中毛坯厚度的变化情况,此类零件的旋压工艺主要有拉深旋压和剪切旋压两种[33]。

　　拉深旋压是普通旋压中最主要和应用最广泛的成形方法。它与传统的冲压拉深成形工艺相类似,但不用冲头(凸模)而用芯模、不用冲模(凹模)而用旋轮来成形工件。由于是靠旋轮的运动旋制工件,所以与拉深相比,其加工条件的自由度更大,能旋制出较复杂的回转零件。

　　拉深旋压分为单道次拉深旋压和多道次拉深旋压两种[34]。单道次拉深旋压是指旋轮只需沿芯模移动一次(即进行一道次旋压)就能成形(图 2-3),由于其极限拉深系数小,所以应用范围有限。对于拉深系数大的深圆筒件或其他形状复杂零件的成形,则采用多道次拉深旋压(图 2-25)。多道次拉深旋压为往程旋压和返程旋压相结合成形,通过旋轮反复多道次循环移动,将毛坯逐次旋制成所需形状的产品。多道次旋压拉深的关键是旋轮移动轨迹的构成及与此相关的旋轮移动的规则。

　　不改变毛坯的外径而改变其厚度,以制造圆锥形等各种轴对称薄壁件的旋压称为剪切旋压(锥形变薄旋压)。毛坯可以是厚壁圆板或方板,也可以是预制件。在剪切旋压过程中,坯料在旋轮作用下,遵循正弦规律变形,产生预定的减薄,成为圆锥体(图 2-53)[33]。

　　当芯模半锥角为 α、坯料壁厚为 t_0、工件壁厚为 t 时,旋压前后壁厚关系为 $t = t_0 \sin\alpha$,符合正弦规律。正弦规律是制定剪切旋压工艺参数的依据。在锥形件剪切旋压过程中,变形区属剪切和弯曲的复合变形[35]。剪切变形时,坯料与锥体壁厚任何点变形前后半径距离均相等,并保持与轴线平行;弯曲变形时,坯料与锥体壁厚中心任何点保持不变。而实际变形时,弯曲与剪切同时进行,旋轮圆角半径较大时弯曲变形占优势,旋轮圆角半径较小时剪切变形占主导。但无论弯曲变形还是剪切变形,变形后的壁厚均等于变形前壁厚乘以半锥角的正弦值。

　　对于非圆横截面件,若采用剪切旋压,因半锥角是变化的,无法保证壁厚的均匀性;而采用拉深旋压时,其壁厚不会发生明显变化,所以采用拉深旋压来成形非圆横截面件。

　　对非圆横截面件旋压成形而言,在任一截面上,旋轮的径向进给随着零件边缘轮廓到芯模中心距离的变化是变化的。工件旋转一周时,旋轮须随之产生高频率的径向往复移动,随着零件边缘轮廓到芯模中心距离的增加,旋轮须高速后退;反之,须高速前进(图 5-1)[9]。为此,实现旋轮高频率的径向往复移动并与芯模保持恒定的间隙就成为旋压成形非圆横截面件的关键[26]。

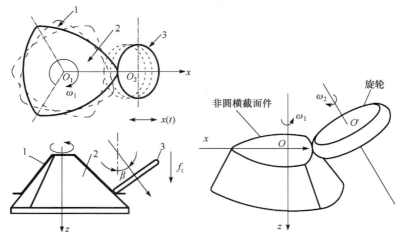

图 5-1　非圆横截面件旋压原理图

1-工件;2-芯模;3-旋轮

非圆横截面件旋压时,旋轮的径向位移随着主轴旋转角度的不同而产生高频率的往复变化,为此需要研制出具有高频运动功能的旋轮座。目前国外所采用的旋轮往复驱动方式有以下几种。

(1) 伺服电机加滚珠丝杠。伺服电机加滚珠丝杠驱动是通过控制伺服电机的旋转,将丝杠的回转运动转换为螺母的直线运动,从而驱动刀架相对工件做径向直线进给运动,加工出非圆横截面件的表面轮廓。优点:定位精度较高,空回误差可以调整到很小,丝杠输出较小的转矩,螺母能产生很大的轴向力。不足:刀架需要在螺母的带动下做高频往复直线运动来加工非圆横截面件,目前一般的交流、直流伺服电机的频响难以达到要求,国外 100Hz 以上的伺服电机虽已商品化,但是成本较高,而且在高频往复驱动时,丝杠和滚珠之间存在磨损和弹性变形等问题[26]。

(2) 直线电机驱动。直线电机驱动的原理是通过磁场与通电导体之间的相互作用,将电能直接转换成直线运动的动能,这种驱动方式直接产生直线运动。优点:简化机械结构,避免了机械元件在加工过程中产生的弹性变形、间隙、磨损、发热等造成的进给运动滞后和非线性误差,实现了"零传动"。此外,其最明显的优点是响应快,能达到瞬时的高加速度和减速度。不足:直线电机的控制难度大,因为在实际的旋压过程中旋压力的变化、系统参数的摄动和各种干扰直接作用在电机上,没有任何缓冲或削弱环节,如果控制系统鲁棒性不强,会造成系统失稳和性能下降。其次,因受到材料磁饱和特性及散热等问题的限制,直线电机产生的推力较小,虽然通过合理设计磁场,并使用高磁能、高矫顽力的稀土永磁材料,可以提高系统性能,但这将导致成本急剧上升,增大线圈体积虽能增大推力,但随着线圈体积和质量的增加,频响将降低。

满足旋压成形非圆横截面件旋压力和旋轮往复频率要求的国产直线电机及配套的驱动器,其价格是伺服电机加滚珠丝杠的 20 倍以上,进口的高性能直线电机价格更高达 25 万元以上[28~30]。

为此,本章提出基于金属靠模的驱动方式。金属靠模驱动是利用靠模控制旋轮和工件的相对运动轨迹,从而形成所需的表面形状。优点:加工范围较广,针对不同轮廓的非圆横截面件的成形,只要更换靠模即可;造价远低于以上两种驱动方式,结构简单、输出力大、加工稳定性好、控制方便。不足:整个机构各环节之间的装配误差及刚性对加工精度影响较大,靠模的制造误差和机械磨损也会影响加工精度;此外,采用靠模驱动频响较低[18,31]。

传统的靠模仅依靠自身型面的特点为刀具提供所需的轨迹,并不对刀具提供驱动力,驱动力是通过弹簧或者液压系统提供的。为提高试验装置的紧凑性和刚度,本章提出去掉弹簧和液压系统,将结构设计为异轴异侧驱动方式,以实现既能依靠靠模自身型面为旋轮提供准确的轨迹,又可为旋轮座提供较大的驱动力的目的[26]。

旋压成形时,通过靠模横截面的变化将旋轮相对工件的径向进给运动提升到动态水平,实现旋轮的径向往复运动;通过齿轮传动实现芯模与靠模的同步同角速度旋转,保证了旋轮径向进给与芯模(机床主轴)转角之间的精确协调。旋压成形过程中,轴向移动平台在伺服电机的驱动下沿机床的纵向(Z 轴)做直线运动,实现纵向进给;安装在机床径向移动平台上的旋轮座(连同旋轮)在靠模的驱动下做往复直线运动,进而实现旋轮往复径向进给(图 5-2)[36]。

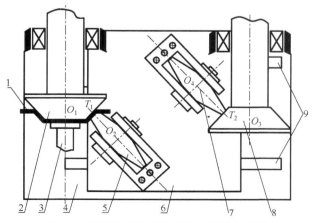

图 5-2　基于靠模驱动的旋压成形装置简图

1-坯料;2-芯模;3-尾顶;4-轴向移动平台;5-旋轮;6-径向移动平台;7-靠轮;8-靠模;9-径向导轨

其工作过程如图 5-3 所示[26]。

（1）将圆形毛坯通过尾顶夹紧在非圆横截面形芯模的端面。

（2）将芯模安装在机床主轴上随主轴一起做匀速旋转运动。

（3）将旋轮座安装在直线导轨的滑块上，将直线导轨固定于机床的工作台上，旋轮随芯模转角的变化在直线往复驱动装置的驱动下沿导轨做高速往复直线运动。

（4）工作台在伺服电机的驱动下沿机床横（X 轴）、纵（Z 轴）两个方向做直线插补运动。

（5）安装在旋轮座上的旋轮随工作台沿机床纵、横两个轴线方向做直线插补运动的同时，随芯模转角的变化沿导轨做高速往复直线运动，并与毛坯接触在摩擦力的作用下做自转运动。

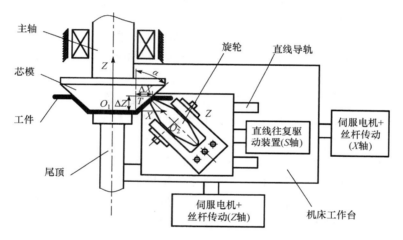

图 5-3　非圆横截面件数控旋压原理图

将机床纵、横两个方向分别定义为 Z 轴和 X 轴，将直线往复驱动装置的运动方向定义为 S 轴，则旋轮的运动轨迹可由 X、Z 和 S 三轴联动而获得，具体可参见文献[26]。

2. 非圆横截面件旋压工艺分类

非圆横截面形状繁多，常见的有椭圆形、正多边形、长方形等；其中正多边形与圆形横截面有密切关系：边数越多，正多边形越接近圆；边数越少，正多边形非圆特征越明显。从某种意义上，正多边形可以理解为连接圆形横截面和非圆横截面的桥梁。因此，本章对比了正多边形横截面与圆形横截面零件的旋压，以获得非圆横截面旋压成形机理[36]。

研究结果表明，非圆横截面轮廓至成形中心距离的变化对旋压成形中应力应变分布、旋压力大小、壁厚分布及成形缺陷(起皱、破裂等)等有重要影响[15,25,31,37]。因此,有必要首先对正多边形横截面轮廓至成形中心(也是其几何中心,以下统称中心)距离的变化进行分析。如图 5-4 所示,正多边形轮廓至中心最长距离等于其半径(外接圆半径),最短距离等于其边心距(内切圆半径),最长距离与最短距离之差等于正多边形直边与其外接圆组成的弓形的矢高。本章采用相对矢高 F(矢高/半径)衡量正多边形与圆之间的近似程度。不同多边形相对矢高如表 5-1 所示。

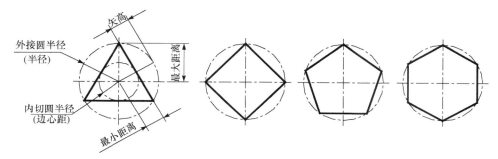

图 5-4　正多边形形状参数示意图

表 5-1　正多边形相对矢高 F

边数	3	4	5	6	7	8	9	10
相对矢高	0.5	0.293	0.191	0.134	0.099	0.076	0.060	0.049

由表 5-1 可见,正三边形相对矢高最大,达 0.5;随着正多边形边数的增加,相对矢高逐渐减小。当正多边形的边数达到 7 之后,相对矢高即小于 0.1,与正三、四、五和六边形相比小了一个数量级,可认为其比较接近于圆形。因此,本章对正多边形非圆横截面件旋压的研究以相对矢高较大的正三、四、五和六边形横截面(下文简称三、四、五和六边形)为主要研究对象。

根据零件横截面形状,可将非圆横截面件旋压成形工艺按图 5-5 所示进行分类。由于旋压成形过程芯模转速较高,为了避免机床振动过大,设计了两种类型的多边形横截面。

(1)圆弧形横截面(图 5-6),对多边形进行了光滑过渡处理,直边由大半径圆弧代替、顶点以小圆角过渡。

(2)直边形横截面(图 5-7),顶点以小圆角过渡。

根据母线的形状,可将旋压成形的空心零件分为直筒形、锥形和曲母线形。其中,锥形件的旋压成形最具代表性;直筒形空心零件可以理解为半锥角为 0° 的锥形件的特例;曲母线形空心零件可以理解为无限多锥形件的组合,因此本章以锥形件为主要研究对象。

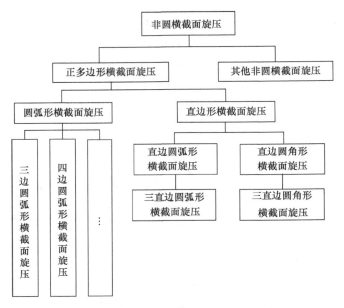

图 5-5 非圆横截面件旋压分类

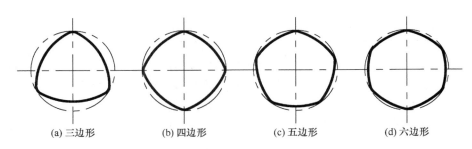

(a) 三边形　　(b) 四边形　　(c) 五边形　　(d) 六边形

图 5-6 圆弧形横截面

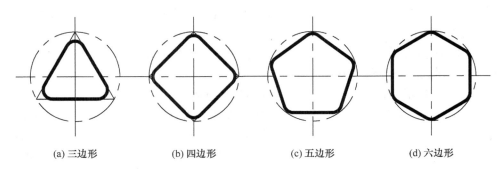

(a) 三边形　　(b) 四边形　　(c) 五边形　　(d) 六边形

图 5-7 直边形横截面

圆弧形横截面锥形件,由大小圆锥面组成(图 5-8(a))。直边形横截面锥形包含两种:①直边圆弧形横截面锥形件,由直边面和圆锥面组成(图 5-8(b));②直边圆角形横截面锥形件,由直边面和圆角面组成(图 5-8(c)),类似于正棱台。

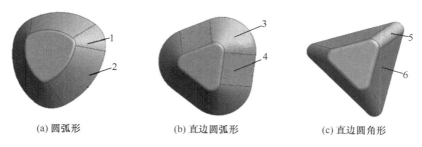

(a) 圆弧形　　　　　(b) 直边圆弧形　　　　　(c) 直边圆角形

图 5-8　三边形横截面件锥形件示意图

1-小圆锥面;2-大圆锥面;3-圆锥面;4-直边面;5-圆角面;6-直边面

5.1.2　变形难易程度分析

平板坯料拉深旋压的变形程度与冲压工艺的拉深成形大致相同,因此可参考后者对前者进行分析。本章所研究的圆形横截面空心零件和多边形横截面空心零件由圆锥面、直边面和圆角面等组成。其中,圆锥面的成形与锥形件拉深成形类似,而直边面和圆角面的成形则分别与盒形件直边部分和圆角部分的拉深成形类似。锥形件(图 5-9)的变形程度一般采用相对高度 H/d_2' (高度/大端直径)来衡量[38]。有关锥盒形件变形程度的研究还很少,主要参照直壁盒形件(图 5-10)的变形程度进行分析[39]。直壁盒形件一般用相对高度 H/r (高度/圆角半径)来衡量其可变形程度[39]。

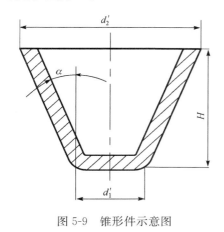

图 5-9　锥形件示意图

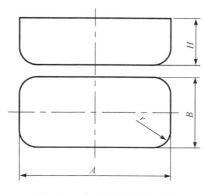

图 5-10　直壁盒形件示意图

直壁盒形件变形时直边部分和圆角部分相互影响,其影响程度随盒形件相对

圆角半径 r/B（圆角半径/直边短边长度）和各组成面相对高度（直边面的相对高度为 H/B（高度/直边短边长度），圆角面的相对高度为 H/r（高度/圆角半径））的不同而不同，因此需要综合考虑相对圆角半径 r/B、直边相对高度 H/B 和圆角相对高度 H/r [40,41]。

本章采用相对高度 H' 和相对圆角半径 R' 来衡量非圆横截面锥形件的变形程度，相对高度越大，相对圆角半径越小，旋压成形越困难。

为了便于与锥形件进行比较，将非圆横截面件的相对高度 H' 分为三种（表5-2）：圆锥面相对高度为 $H/(2r_2)$（高度与大端直径之比，与锥形件相对高度的定义一致）；直边面相对高度为 H/A（高度与大端直边长度之比）；圆角面相对高度 $H/(2r)$（高度与圆角直径之比）。上述各字母的定义如图5-11所示。非圆横截面件的相对圆角半径 R' 分为三种（表5-2）：圆弧形横截面锥形件相对圆角半径为 r_2/L（大端面小圆弧半径与大端面大圆弧长度之比）；直边圆弧形横截面锥形件相对圆角半径为 r_2/A（大端面圆弧半径与直边长度之比）；直边圆角形横截面锥形件相对圆角半径为 r/A（圆角半径与大端面直边长度之比）。

表 5-2　相对高度 H' 与相对圆角半径 R'

相对高度 H'	圆锥面	$H'=H/(2r_2)$，高度与大端直径之比
	直边面	$H'=H/A$，高度与大端直边长度之比
	圆角面	$H'=H/(2r)$，高度与圆角直径之比
相对圆角半径 R'	圆弧形横截面	$R'=r_2/L$，大端面小圆弧半径与大端面大圆弧长度之比
	直边圆弧形横截面	$R'=r_2/A$，大端面圆弧半径与直边长度之比
	直边圆角形横截面	$R'=r/A$，圆角半径与大端面直边长度之比

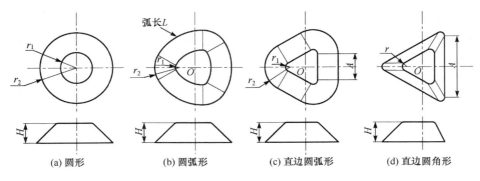

图 5-11　不同类型横截面空心零件示意图

由图 5-12 可知,当圆角半径增大时,直边长度减小,相对圆角半径 R' 迅速增大;当圆角增大至相互相切时,直边长度为零,此时相对圆角半径 R' 可以认为是无穷大。当零件高度和外切圆锥高度相同时,三直边圆角形横截面锥形件相对高度最大、相对圆角半径最小,因此其变形难度最大;三直边圆弧形横截面锥形件成形难度次之;三边圆弧形横截面锥形件成形难度再次之;圆形横截面锥形件成形难度最小。

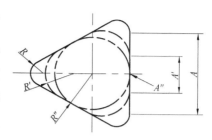

图 5-12　相对圆角半径 R' 极限状态

5.2　非圆横截面件旋压成形数值模拟关键技术

由于非圆横截面件旋压成形数值模拟技术有别于圆截面件旋压成形,本节对非圆横截面件旋压成形时的坯料设计、模型离散、旋轮运动控制、多核并行运算等有限元数值模拟关键技术进行研究[36]。

5.2.1　非圆截面件旋压成形数值模拟模型

为了便于有限元模拟计算,对有限元模型进行必要的简化和假设。

(1) 忽略变形中因摩擦产生的温度效应。

(2) 忽略旋轮自转对成形的影响。

(3) 忽略计算过程中惯性力、重力的影响。

(4) 假设旋轮和芯模均为刚性体,在旋压过程中不发生任何变形。

1. 坯料设计

毛坯形状及尺寸的确定是板材成形工艺设计中的一个重要问题,合理的毛坯形状不仅能有效改善拉深旋压成形过程中材料的应力分布状况、提高产品的质量,而且可以节省材料、减少甚至免去后续的修边工艺。

由于板料拉深旋压与板料冲压工艺中的拉深成形有较大的相似性,本章参考拉深成形时坯料的设计,通过 DynaForm 软件的坯料尺寸设计模块(blank size enginering,BSE)对拉深旋压板料进行设计。以三直边圆角形横截面空心零件(以下简称"三直边圆角形零件")为例,坯料设计流程如图 5-13 所示:①零件实体造型;②导入零件几何模型至 DynaForm 软件;③自动曲面网格剖分及网格质量检查与修补;④定义坯料材料与厚度;⑤坯料展开计算;⑥获得坯料形状轮廓。

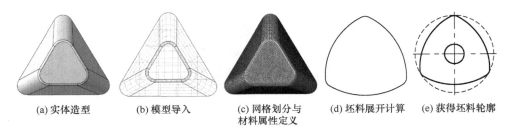

(a) 实体造型　　(b) 模型导入　　(c) 网格划分与　　(d) 坯料展开计算　　(e) 获得坯料轮廓
　　　　　　　　　　　　　　　材料属性定义

图 5-13　坯料设计

2. 几何模型

以三直边圆角形零件旋压成形为例,数值模拟几何模型如图 5-14 所示,主要由芯模、旋轮、尾顶和坯料组成。芯模首先由 Pro/E 软件进行建模,然后以 IGES 数据格式导入 MSC.MARC;尾顶和旋轮在 MSC.MARC 中直接创建;坯料则首先由 AutoCAD 软件建立平面模型,然后以 DXF 格式导入 MSC.MARC。

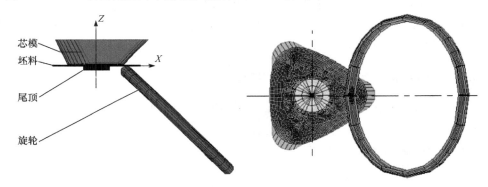

图 5-14　非圆横截面件旋压几何模型

3. 模型离散

有限元的基本方法是将连续体离散化成仅在节点处相连的单元,在单元内部用一定的函数描述位移和应变。一般来说,节点位移常被选作基本变量求解基本方程,得到平衡状态的数值解,再从位移求得应变、应力、温度场等一系列变量。因此,变形体离散单元类型的选择和网格划分对求解时间和求解精度有重要影响。目前,旋压成形有限元数值模拟常采用壳单元、四面体单元和六面体单元。壳单元不能很好地反映两个物体同时接触的现象[42];四面体单元结构简单,生成较为容易,但其单元体质量不高,计算结果精确度低;六面体单元可以以较少的网格重划分次数达到较高的计算精度[43]。因此,本章采用六面体单元(即 MSC.MARC 软件提供的八节点六面体 7 号单元)。

有限元六面体单元典型生成方式有映射单元法、基于栅格法、几何变换法和改进八叉树法等。由于本章研究选用的材料为平板坯料,形状较规则,故采用几何变换法,由二维四边形网格通过扩展形成六面体单元。二维四边形网格的划分可采用以下两种方法进行。

(1) 规则网格:利用 CONVERT 自动网格生成技术通过设定径向和切向分割份数将坯料中性面划分成四边形网格,同时通过设置偏移系数控制径向、切向网格的疏密度。

(2) 平均网格:利用 AUTOMESH 设定平均网格长度把坯料中性面划分成四边形网格。

以三直边圆角形零件坯料为例,对上述两种划分方法进行对比。板料厚度为2mm,为了研究厚度变化,坯料厚度方向至少需要划分为两层[44],每层厚度为1mm;为了保证网格质量,需保证网格最长边与最短边之比小于 3,即平面网格边长必须≤3mm。采用规则网格时离散化模型如图 5-15(a)所示,网格数目为10488;采用平均网格时离散化模型如图 5-15(b)所示,网格数目为 7282。与前者相比,后者网格数目减少 30% 以上;网格数目的显著减少必将明显提高模拟效率[45],因此采用平均网格。

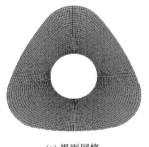

(a) 规则网格 (b) 平均网格

图 5-15 坯料离散化模型

4. 接触条件

1) 定义接触体与摩擦

设定芯模、旋轮和尾顶为刚体,坯料为变形体。变形体初始位置必须是固定的,实现方式有两种:①使用边界条件给节点空间定位;②使用 GLUE 功能。GLUE 是一种特殊的接触模型,是常规接触功能的扩展运用,通过施加很大的分离力使两个接触体黏合在一起,接触体之间无相对滑动速度。GLUE 功能简捷有效,因此采用 GLUE 固定坯料与尾顶。旋轮与毛坯之间的接触采用库仑摩擦模型,摩擦系数为 $0.05^{[46]}$。

2) 运动控制

在 MSC.MARC 软件数值模拟中,刚体运动的控制一般采用以下三种方式:位移控制、速度控制和载荷控制。采用给定位移或速度控制刚体运动比载荷控制简单,计算效率更高[47]。此外,旋压成形过程旋轮所受载荷是未知的,无法采用载荷控制,因此通常采用位移或速度控制旋压成形有限元模拟过程中旋轮的运动。非圆横截面件旋压成形过程中,芯模的转动和旋轮的轴向进给运动较简单,可采用位移或速度控制;但旋轮径向运动随零件横截面轮廓的变化而变化,难以通过采用位移或速度控制。作者等提出首先通过 MSC.ADAMS 软件对非圆横截面件旋压过程进行运动仿真,获得不同时刻旋轮的位置数据并保存为 MSC.MARC 用户子程序可读取的数据文件(*.csv),然后对 MSC.MARC 进行二次开发,借助用户子程序接口 MOTION,连接由 Fortran 语言编写的子程序(图 5-16(a))调用旋轮的位置数据,从而实现旋轮运动轨迹的精确控制[25,48]。

由于弹塑性有限元法求解的未知量是节点位移增量,即首先计算节点的位移量,然后推算其对应单元的应变值,再计算积分点应力。变形体(坯料)的转动势必延长计算单元节点位移增量的时间,从而延长有限元模拟分析时间。本章提出采用坯料静止的运动边界条件(图 5-17(b)),即模拟过程中坯料和芯模保持不动,旋轮做轴向和径向进给的同时绕芯模轴线转动。其运动控制子程序如图 5-16(b)所示,旋轮绕芯模的转动在 MSC.MARC 软件中通过角速度控制,旋轮中心每一增量步的 X、Y 和 Z 坐标值由子程序控制。

```
SUBROUTINE MOTION(X,F,U,TIME,DTIME,NSURF,INC)    / 子程序语句/
IMPLICIT REAL*8(A-H,O-Z)                          / 变量类型说明/
DIMENSION X(6),U(4),F(6),D(15001)                 / 数组说明/
********************************************************************
      OPEN(10,FILE='file_name.csv')               / 打开数据文件file_name.csv/
      READ(10,20)D                                / 输入旋轮位置数据/
20    FORMAT(F16.5)                               / 指定输入格式/
      CLOSE(10)                                   / 断开数据文件file_name.csv/
      IF(NSURF.EQ.4)THEN                          / 指定旋轮的编号=4/
       IF(INC.EQ.0)THEN
       U(3)=-0.4D0                                / 设定旋轮Z向初始速度/
       ELSE
       I=INC+1
       U(1)=(D(I)-X(1))/DTIME                     / 计算旋轮当前增量步平均速度/
       U(3)=0.4D0                                 / 设定旋轮每增量步Z向速度/
       WRITE(*,30)U(1)                            / 输出旋轮当前增量步平均转动速度/
       WRITE(*,40)U(3)                            / 输出旋轮当前增量步Z向速度/
       WRITE(*,50)X(1)                            / 输出旋轮当前增量步X坐标/
       WRITE(*,60)D(I)                            / 输出旋轮下一增量步X坐标/
       WRITE(*,70)I                               / 输出模拟当前增量步/
30     FORMAT(1X,'U(1)=',F16.5)                   / 指定输出格式/
40     FORMAT(1X,'U(3)=',F16.5)                   / 指定输出格式/
50     FORMAT(1X,'X(1)=',F16.5)                   / 指定输出格式/
60     FORMAT(1X,'D(I)x=',F16.5)                  / 指定输出格式/
70     FORMAT(1X,'I=',I5)                         / 指定输出格式/
      END IF
     END IF
RETURN
END
```

(a) 坯料运动

```
SUBROUTINE MOTION(X,F,V,TIME,DTIME,NSURF,INC)    / 子程序语句/
IMPLICIT REAL*8(A-H,O-Z)                          / 变量类型说明/
DIMENSION X(6),V(4),F(6),D(120002)               / 数组说明/
**********************************************************************
      OPEN(10,FILE='file_name.csv')              / 打开数据文件file_name.csv/
      READ(10,20)D                               / 输入旋轮位置数据/
20    FORMAT(F16.5,F16.5)                        / 指定输入格式/
      CLOSE(10)                                   / 断开数据文件file_name.csv/
      IF(NSURF.EQ.4)THEN                          / 指定旋轮的编号=4/
        IF(INC.EQ.0)THEN
          V(3)=0.6D0                              / 设定旋轮Z向初始速度/
        ELSE
          I=INC+1
          V(1)=(D(2*I-1)-X(1))/DTIME              / 计算旋轮当前增量步X向平均速度/
          V(2)=(D(2*I)-X(2))/DTIME                / 计算旋轮当前增量步Y向平均速度/
          V(3)=0.6D0                              / 设定旋轮每增量步Z向速度/
          WRITE(*,30)V(1)                         / 输出旋轮当前增量步X向平均速度/
          WRITE(*,40)V(2)                         / 输出旋轮当前增量步Y向平均速度/
          WRITE(*,50)X(1)                         / 输出旋轮当前增量步X坐标/
          WRITE(*,60)X(2)                         / 输出旋轮当前增量步Y坐标/
          WRITE(*,70) I                           / 输出模拟当前增量步/
          WRITE(*,80)D(I*2-1)                     / 输出旋轮下一增量步X坐标/
          WRITE(*,90)D(I*2)                       / 输出旋轮下一增量步Y坐标/
30        FORMAT(1X,'V(1)=',F16.5)               / 指定输出格式/
40        FORMAT(1X,'V(2)=',F16.5)               / 指定输出格式/
50        FORMAT(1X,'X(1)=',F16.5)               / 指定输出格式/
60        FORMAT(1X,'X(2)=',F16.5)               / 指定输出格式/
70        FORMAT(1X,'I=',I6)                      / 指定输出格式/
80        FORMAT(1X,'D(I)x=',F16.5)              / 指定输出格式/
90        FORMAT(1X,'D(I)y=',F16.5)              / 指定输出格式/
        END IF
      END IF
RETURN
END
```

(b) 坯料静止

图 5-16 运动控制子程序

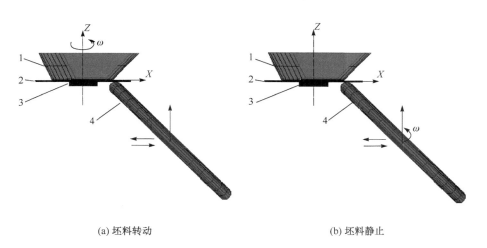

(a) 坯料转动   (b) 坯料静止

图 5-17 运动边界条件

1-芯模；2-坯料；3-尾顶；4-旋轮

5. 材料特性

所用坯料为冷轧碳素钢薄板 SPCC，依据《金属材料室温拉伸试验方法》(GB/T 228—2002)，使用 INSTRON 2369 型拉伸试验机进行单向拉伸试验，SPCC 的材料力学性能参数如表 5-3 所示，真实应力-应变曲线方程为

$Y = 571.8\varepsilon^{0.22}$ [25]。

表 5-3　SPCC 材料力学性能

杨氏模量 E/GPa	泊松比 μ	屈服应力 σ_s/MPa	抗拉强度 σ_b/MPa	硬化指数 n	强化系数 K
182.9	0.26	218	327	0.22	571.8

6. 载荷工况

1) 增量有限元格式

MSC. MARC 软件提供的增量有限元格式包括 T. L. (total Lagrange formulation)和 U. L. (update Lagrange formulation)。由 3.2 节分析可知, U. L. 更适用于板料旋压成形分析,因此选择 U. L.。U. L. 包含两种分解方法:①大应变加法分解(large strain-additv);②大应变乘法分解(large strain multiplicative)。前者适用范围较广且应用较广泛[49],故本章采用前者。

联合采用大位移程序(large displacement)、更新 Lagrange 格式大应变加法分解和常膨胀设置(constant dilatation)求解,得到应力和应变分别是柯西应力和对数应变,即真实应力和真实应变[50]。

2) 收敛判据

非线性有限元方程的求解是通过迭代增量来完成的。MSC. MARC 软件提供的迭代收敛判据主要为三类[49]:①残差检查,用来度量迭代的近似位移所产生的内力(矩)与外载荷之间的不平衡程度是否达到要求,该判据为软件默认设置。②位移检查,用来度量两次迭代位移或转动之差与增量步内实际的位移或转动变化相比是否达到要求。在接触分析中,相对位移更能准确地获得接触体之间的相对位置。③应变能检查,用来度量两次迭代应变能之差与增量步内实际的应变能变化相比是否达到要求。应变能表征系统的平均量,一般用于评定总体的迭代精度,不适用于含局部高应力和大应变区的旋压成形。残差收敛容差的标准设置为0.1,不一定适合于所有分析;在同一个分析中可能出现采用残差检查是收敛的而采用位移检查却是不收敛的情况[50]。因此,为了保证真正的求解收敛,同时采用残差检查和位移检查。

3) 步长选择

步长可采用固定时间步长(fixed)和自适应时间步长(adaptive time stepping)两种[51]。由于所建立的非圆横截面件旋压成形数值模拟模型需通过子程序调用旋轮的位置数据,而这些位置数据是一系列与时间点对应的离散数据点,所以需要采用固定时间步长。时间步长的选择受模型最小单元尺寸限制,最小单元尺寸越小,时间步长越短。时间步长的选择应综合考虑芯模转速和单元尺寸的影响,保证每个单元的变形时间均在小于单倍步长范围内。

7. 含运动子程序的并行运算

并行运算可有效提高塑性成形数值模拟效率[52,53]。MSC. MARC 软件不仅支持单 CPU 分析,还具有利用 NT 或 UNIX 平台上的单机多核 CPU 或多网格节点(包括 SMP、MPP、Clusters 三种平台)实现大规模并行运算的功能。MSC. MARC 软件基于区域分解法的并行运算是将有限元模型划分成若干个子区域,每个区域由一个 CPU 计算;子区域相互作用通过公共边界迭代完成,可最大限度实现有限元分析过程并行化,并行效率可达准线性(甚至线性)。本章研究通过单机多核 CPU 并行运算提高非圆横截面件旋压成形数值模拟效率。由于所建立的非圆横截面零件旋压成形模拟需要启用子程序调用旋轮的位置数据,进行并行运算时则需在子程序中增加并行运算辅助子程序[54]。

1) 含子程序的并行运算辅助子程序

在 MSC. MARC 软件中进行含子程序的并行运算时,首先需要根据 CPU 的数目分别保存数据文件(1file_name. csv,2file_name. csv,…),然后通过并行运算辅助子程序(图 5-18)使得每个 CPU 分别读取各自的数据文件。

```
include 'cdominfo'                  / 调入公共函数cdominfo/
include 'jname'                     / 调入公共函数jname/
include 'prepro'                    / 调入公共函数prepro/
include 'machin'                    / 调入公共函数machin/
character file*200,line*200
file=dirjid(1:ljid)                 / 字符串dirjid包含输入文件路径/
length=last_char(file)
  if (nprocd.gt.0) then             / nprocd为域分解数目/
    if(iprcnm.lt.10) then           / iprcnm为处理器数目/
    write(file(length+1:length+2), '(i1)') iprcnm
  else
  write(file(length+1:length+3), '(i2)') iprcnm
  endif
endif
length=last_char(file)
file=file(1:length)//'file_name.csv'
```

图 5-18　并行运算辅助子程序

2) 并行运算的性能评价指标

评价并行运算或并行环境的性能一般采用运行时间、加速比 s_p 和效率 E_p[53]。加速比 s_p($s_p = t_s/t_p$,t_s 为计算在单处理机上执行的时间,t_p 为使用 n 个处理机时计算的实际执行时间)对一个计算在一台处理机上运算所用的时间与在 n 台处理机上并行运算所用的时间进行比较,反映了并行运算对运行时间的改进程度。并行运算模拟效率 E_p($E_p = s_p/n$,n 为处理器数目)则反映并行系统中每台处理器的平均利用情况。

3）系统设置

数值模拟工作在 HP 工作站（HP Z800 Workstation）上进行，配置英特尔四核 CPU（Intel Xeon E5506），所用操作系统版本为 Microsoft Windows Server 2003，采用模拟软件版本为 MSC. MARC 2005 R2。在进行并行运算前需激活 MSC. MARC 软件的 Cluster Manager Service（群集管理服务）功能，具体操作如表 5-4 所示。

表 5-4　激活 MSC. MARC 软件的 Cluster Manager Service 功能

步骤	具体操作
1	打开 MSC. MARC 软件所在的本地硬盘
2	找到 rcluma-update. bat 文件 \MSC. Software\MSC. MARC\2005\MARC2005\nt_mpich\bin\rcluma-update. bat
3	输入 Login（本机用户名），Domain（local）和 Password（密码） 注：在 Password：后面输入密码时，光标没有提示，也不会后退，输完密码后回车即正常退出 DOS 界面

5.2.2　数值模拟运算效率与精度对比研究

本节以三直边圆角形零件旋压为例，对比研究不同运动边界条件的模拟（表 5-5），模拟时间如图 5-19 所示。结果如下：①坯料随芯模一起转动，模拟时间为 95.98h；②坯料静止，模拟时间为 44.42h，模拟时间缩短 53.72%。因此，建议采用运动边界条件②。

表 5-5　运算效率比较方案

序号	运动边界	CPU	系统配置
1	坯料转动	1 核	
2	坯料静止	1 核	HP Z800 Workstation
3		2 核	CPU：Intel Xeon E5506 2.13　4MB/800 QC
4		3 核	内存：HP 8GB（4×2GB）DDR3-1333 ECC
5		4 核	

采用运动边界条件②，以三直边圆角形零件旋压为例分别进行 1 核、2 核、3 核和 4 核并行运算模拟，模拟时间如图 5-19 所示。与 1 核模拟运算相比，2 核并行运算时模拟时间减少 23.82%；与 2 核并行运算相比，3 核并行运算时模拟时间减少 29.31%；与 3 核并行运算相比，4 核并行运算时模拟时间仅减少 3.43%。并行运算加速比 s_p 和效率 E_p 如图 5-20 所示。与 1 核模拟比较，2 核、3 核和 4 核并行运算加速比 s_p 分别为 1.31、1.85 和 1.92，处理器利用效率 E_p 分别为 0.66、0.62 和

0.48，模拟时间分别减少 23.82％、46.15％和 48.00％。由此可见，3 核并行运算性能最优（以较少的 CPU 资源获得较高的模拟效率）。

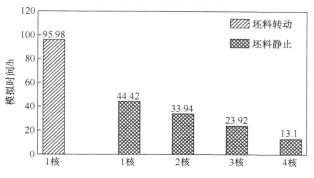

图 5-19　不同条件下的模拟时间

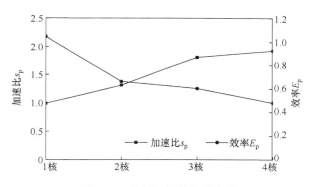

图 5-20　并行运算效率的变化

图 5-21 和图 5-22 分别为不同条件下模拟所得制件的整体等效应变分布图和等效应变沿切向的分布图（测量位置如图 5-21(a)所示）。

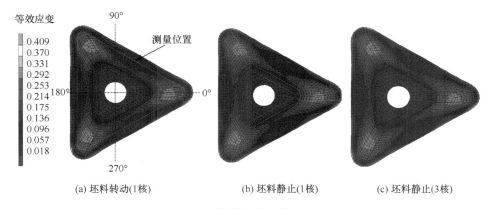

(a) 坯料转动(1核)　　　　(b) 坯料静止(1核)　　　　(c) 坯料静止(3核)

图 5-21　不同模拟条件的等效应变分布

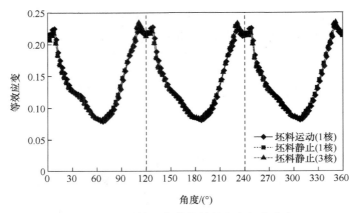

图 5-22　不同模拟条件的等效应变切向分布

由图 5-21 和图 5-22 可知,不同运动边界条件(坯料转动和坯料静止)以及并行运算对非圆横截面件旋压成形过程金属的变形无明显影响,即对模拟精度的影响可以忽略。由此可见,所提出的坯料静止的运动边界条件和多核并行运算可在不降低模拟精度的前提下有效提高非圆横截面件旋压有限元数值模拟的效率(与采用坯料转动的运动边界条件和单核运行模拟相比,模拟时间减少 76.97%)。

5.3　非圆横截面件旋压成形机理研究

塑性成形过程中,金属坯料发生塑性变形而改变形状,其变形机理即为金属材料的塑性流动模式[55]。旋压成形机理是指旋压成形过程中变形是如何发生和发展的[56]。德国的 Awiszus[19]、日本的 Arai[20] 及作者等的前期研究[28,37,48]表明,非圆横截面件旋压在壁厚、回弹、旋压力等方面具有与常规旋压不同的特点,但具体成因的解析还有待对非圆旋压成形机理的深入研究。本节基于有限元数值模拟,系统研究圆形、圆弧形和直边形等不同类型横截面空心零件旋压成形过程,获得其变形方式、等效应力应变分布、应变状态、壁厚分布及回弹情况的异同,揭示非圆横截面件几何参数(相对高度 H'、相对圆角半径 R' 等)的影响。本节以非圆特征最明显的三边形横截面空心零件(以下简称"三边形零件")为例,模拟研究旋压成形过程中旋压力的变化规律及主要工艺参数对成形质量的影响规律。

5.3.1　不同类型横截面空心零件旋压成形机理研究

1. 三边形零件旋压成形

1) 研究方案的拟定

以非圆特征最明显的三边形零件为例,通过数值模拟对比分析如图 5-23 所示的三边圆弧形、三直边圆弧形和三直边圆角形零件旋压成形情况。零件几何参数如表 5-6 所示,尺寸参数如表 5-7 所示,主要工艺参数如表 5-8 所示。为了便于进行结果分析,对图 5-23 所示的各横截面切向角度进行定义。

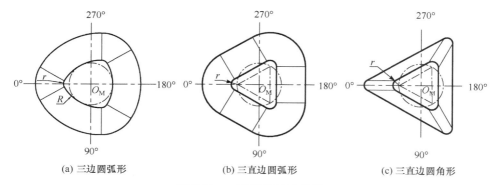

(a) 三边圆弧形　　　　　(b) 三直边圆弧形　　　　　(c) 三直边圆角形

图 5-23　三边形零件示意图

表 5-6　三边形零件几何参数

零件类型		相对高度 H'	相对圆角半径 R'
三边圆弧形横截面	小圆锥面	0.39	0.39
	大圆锥面	0.17	
三直边圆弧形横截面	圆锥面	0.39	0.91
	直边面	0.71	
三直边圆角形横截面	圆角面	1.76	0.09
	直边面	0.32	

表 5-7　圆形横截面与三边圆弧形横截面空心零件几何参数

空心零件类型		相对高度 H'	相对圆角半径 R'
圆形横截面		0.17	无穷大
圆形横截面(偏心旋压)		0.17	无穷大
三边圆弧形横截面	小圆锥面	0.39	0.39
	大圆锥面	0.17	

表 5-8　主要工艺参数

主轴转速 $n/(\mathrm{r/min})$	旋轮进给比 $f/(\mathrm{mm/r})$	旋轮直径 D_R/mm	旋轮圆角半径 r_ρ/mm
120	0.8	160	7

2) 成形过程与旋压变形方式

图 5-24(a)为三边圆弧形横截面空心零件(以下简称"三边圆弧形零件")旋压

过程中工件纵截面的变化情况。由图可见,成形高度 $H \leqslant 3.5\text{mm}$ 时,坯料的变形为剪切旋压变形;成形高度 $3.5\text{mm} < H < 5.5\text{mm}$ 时,大圆锥面区域坯料的变形为同时兼有剪切旋压和拉深旋压的复合变形,小圆弧区域坯料的变形为剪切旋压变形;成形高度 $H \geqslant 5.5\text{mm}$ 时,大圆锥面和小圆锥面坯料的变形均为同时兼有剪切旋压和拉深旋压的复合变形;成形结束时零件高度为 17.4mm,大圆锥面和小圆锥面坯料外轮廓单边缩径量分别为 2.80mm 和 1.80mm(图 5-25(a)),由此可见大圆锥面的拉深旋压变形程度大于小圆锥面。

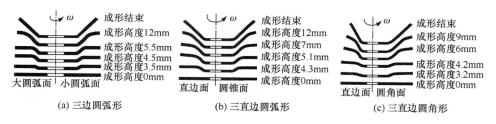

图 5-24　三边形零件旋压成形过程工件纵截面的变化

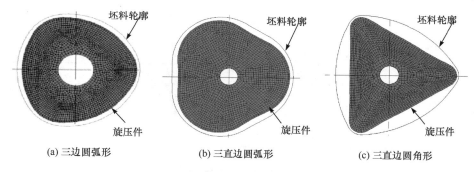

图 5-25　三边形横截面旋压件与坯料比较

　　图 5-24(b)为经数值模拟后所得到的三直边圆弧形零件旋压过程中工件纵截面的变化情况。由图可见,成形高度 $H \leqslant 4.3\text{mm}$ 时,坯料外轮廓保持不变,法兰区域保持直立和平整,坯料的变形为剪切旋压变形;成形高度 $4.3\text{mm} < H \leqslant 5.1\text{mm}$ 时,直边面坯料外轮廓出现轻微缩减且法兰区域出现前倾斜,而圆锥面坯料外轮廓保持不变且法兰区域呈现直立状态,说明直边面区域坯料的变形为兼有剪切旋压和拉深旋压的复合变形,而圆锥面区域坯料的变形为剪切旋压变形;成形高度 $H > 5.1\text{mm}$ 时,直边面坯料外轮廓的缩减及法兰区域的前倾斜逐渐明显,圆锥面逐渐出现外轮廓的缩减且法兰区域的前倾,直边面和圆锥面坯料的变形均为同时兼有剪切旋压和拉深旋压的复合变形。旋压结束时直边面和圆角面坯料外轮廓单边缩径量分别为 3.49mm 和 1.90mm(图 5-25(b)),可见直边面的拉深旋压变形程度大于圆锥面。

图 5-24(c)为三直边圆角形零件旋压过程中工件纵截面的变化情况。由图可见,成形高度 $H \leqslant 3.2$mm 时,坯料外轮廓保持不变,坯料法兰区域保持直立和平整,坯料的变形为剪切旋压变形;成形高度 3.2mm$<H \leqslant 4.2$mm 时,坯料外轮廓保持不变,直边面法兰区域出现前倾斜而圆角面法兰区域保持直立状态,说明直边面区域坯料的变形为兼有剪切旋压和拉深旋压的复合变形,而圆角面区域坯料的变形为剪切旋压变形;成形高度 $H>4.2$mm 时,法兰区域前倾程度逐渐明显,直边面坯料外轮廓出现明显缩径量,而圆角面坯料外轮廓的缩径不明显。旋压结束时直边面和圆弧面坯料外轮廓单边缩径量分别为 7.30mm 和 1.00mm(图 5-25(c)),可见直边面的拉深旋压变形程度明显大于圆角面。

从三边形零件不同组成面相对高度之间的差异来看,三边圆弧形最小,其次为三直边圆弧形,三直边圆角形最大。比较上述三种横截面空心零件金属切向流动情况(图 5-26)可知,随着零件不同组成面相对高度之间差异的增加,金属从相对高度较大的组成面两侧沿切向向相对高度较小的组成面两侧的流动逐渐明显,使得法兰区更容易失稳,出现前倾甚至起皱(图 5-27)。

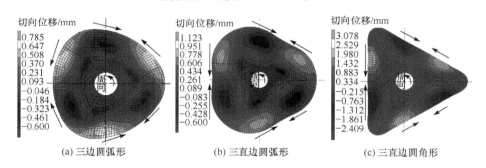

(a) 三边圆弧形　　　　　(b) 三直边圆弧形　　　　　(c) 三直边圆角形

图 5-26　三边形零件旋压成形金属切向流动

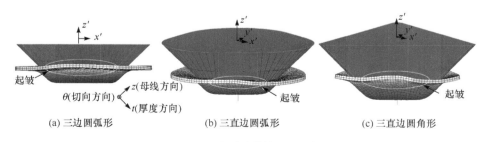

(a) 三边圆弧形　　　　　(b) 三直边圆弧形　　　　　(c) 三直边圆角形

图 5-27　三边形零件旋压过程起皱

3) 等效应力应变分布与应变状态

图 5-28 分别为三边形零件等效应力应变的分布情况。由图可见,等效应力应

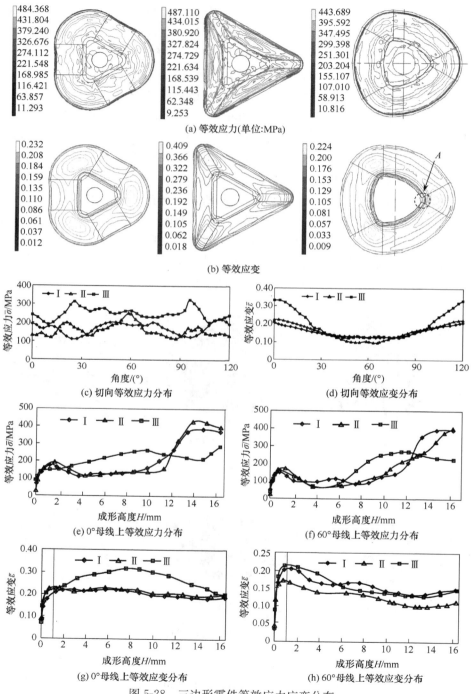

图 5-28　三边形零件等效应力应变分布

Ⅰ-三边圆弧形；Ⅱ-三直边圆弧形；Ⅲ-三直边圆角形

变均呈 120°循环对称分布,且随局部相对高度的增加而增加。由图 5-28(d)可见,与冲压拉深成形类似,由于在 0°、120°、240°局部位置的相对高度较大,其等效应变也比相邻位置更大,而且由于三边圆弧形、三直边圆弧形、三直边圆角形在这些位置的圆弧半径依次减小,即相对高度依次增加,所以不仅这些位置的等效应变依次增加,与相邻位置等效应变的差值也依次增加。

图 5-29(a)、(b)、(c)分别为三边圆弧形、三直边圆弧形和三直边圆角形零件的应变状态。由图可见,三类零件底部圆角区应变状态相同,两向受拉一向受压,金

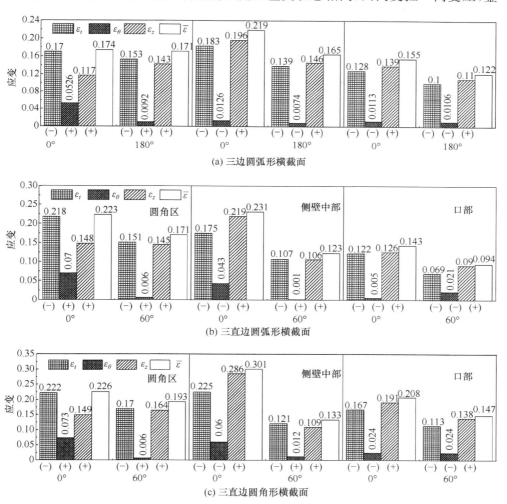

(a) 三边圆弧形横截面

(b) 三直边圆弧形横截面

(c) 三直边圆角形横截面

图 5-29 三边形零件应变状态

属母线方向受拉伸而伸长减薄,切向受拉伸而扩径减薄,厚向受压缩而发生壁厚减薄;口部应变状态也相同,一向受拉两向受压,金属母线方向受拉伸而伸长,切向受压缩而缩径增厚,而厚向受压缩而发生壁厚减薄;侧壁中部的应变状态不同,圆锥面和圆角面侧壁中部为一向受拉两向受压的应变状态,而直边面侧壁中部与口部不同,为两向受拉一向受压的应变状态,即侧壁平面中部在切向也为伸长状态,这主要是由于平面在旋轮作用下壁厚减薄,但在母线方向的伸长量不足以全部消化,从而在切向也产生少量伸长。

4)壁厚分布与回弹

图 5-30 为三边形零件沿切向的壁厚分布情况(测量位置为侧壁中部)。由图可见,三边圆弧形、三直边圆弧形和三直边圆角形零件切向壁厚变化趋势一致:相对高度较大的组成面中间位置(0°、120°、240°)减薄最严重,而在其相邻区域(60°附近),相对高度较小,使得壁厚减薄有所减缓。三直边圆角形零件圆角面减薄最严重,其次是三直边圆弧形零件圆锥面。

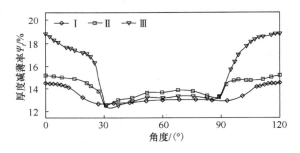

图 5-30 三边形零件切向厚度减薄率分布(侧壁中部)

I-三边圆弧形;II-三直边圆弧形;III-三直边圆角形

图 5-31 为三边形零件沿母线方向的壁厚分布情况。由图可见,沿母线方向壁厚变化趋势一致:在成形初期壁厚减薄逐渐增加,在成形到达一定高度后达到最大值,然后壁厚减薄逐渐减少;口部区域壁厚略有增厚。

表 5-9 为不同零件最大壁厚减薄率和回弹角的比较。由表可见,三直边圆角形零件最大壁厚减薄率最大(18.99%)、三直边圆弧形零件和三边圆弧形零件的最大壁厚减薄率较接近(分别为 15.18%、14.56%)。由此可见,壁厚最大减薄主要受相对高度(即变形程度)的影响,相对高度越高,减薄越严重;回弹角最大为三直边圆弧形零件,其次为三直边圆角形零件,三边圆弧形零件最小。

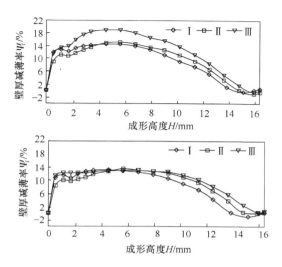

图 5-31　三边形零件沿母线方向厚度分布

Ⅰ-三边圆弧形；Ⅱ-三直边圆弧形；Ⅲ-三直边圆角形

表 5-9　三边形零件最大壁厚减薄率与回弹角

零件类型	最大壁厚减薄率 $\Psi_{rmax}/\%$		回弹角 $\Delta\alpha/(°)$	
	$0°$	$180°$	$0°$	$180°$
三边圆弧形横截面	14.56	13.25	0.63	0.98
三直边圆弧形横截面	15.18	13.63	1.49	2.22
三直边圆角形横截面	18.99	13.17	1.20	1.73

2. 不同边数圆弧形零件旋压

1) 研究方案

通过数值模拟对比研究三、四、五和六边圆弧形零件(图 5-32)旋压成形情况。不同边数圆弧形零件几何参数如表 5-10 所示,尺寸参数如表 5-7 所示,主要工艺参数如表 5-8 所示,各横截面切向角度的定义如图 5-32 所示。

表 5-10　不同边数圆弧形零件几何参数

圆弧形横截面锥形件		相对高度 H'	相对圆角半径 R'
三边	小圆锥面	0.39	0.39
	大圆锥面	0.17	
四边	小圆锥面	0.39	0.50
	大圆锥面	0.16	

续表

圆弧形横截面锥形件		相对高度 H'	相对圆角半径 R'
五边	小圆锥面	0.39	0.62
	大圆锥面	0.15	
六边	小圆锥面	0.39	0.74
	大圆锥面	0.15	

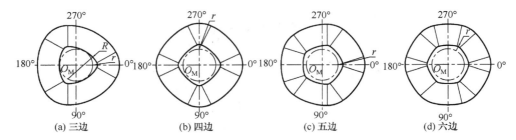

图 5-32　不同边数圆弧形零件

2）成形过程与旋压变形方式

如图 5-24(c)所示，四、五、六边圆弧形零件的成形过程与三边圆弧形零件基本一致，成形初期为剪切旋压，在成形中期和后期为兼有剪切旋压和拉深旋压的复合变形。

3）等效应力应变分布与应变状态

图 5-33 为四、五和六边圆弧形零件等效应力应变分布情况，三边圆弧形零件等效应力应变分布如图 5-28 所示。由图 5-33 及图 5-28 可见，三边至六边圆弧形零件等效应力应变的切向分布主要由零件的几何形状决定，分别呈 120°、90°、72°和 60°循环对称分布；随着边数的增加，圆周方向大小圆锥面之间的等效应力应变分布逐渐均匀（图 5-34）。

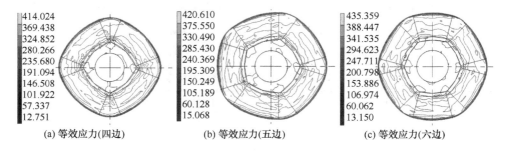

(a) 等效应力(四边)　　(b) 等效应力(五边)　　(c) 等效应力(六边)

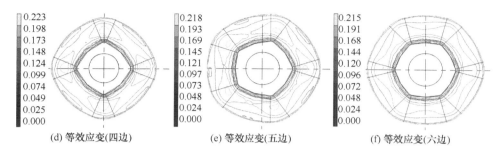

(d) 等效应变(四边)　　(e) 等效应变(五边)　　(f) 等效应变(六边)

图 5-33　不同边数圆弧形零件等效应力(单位:MPa)应变分布

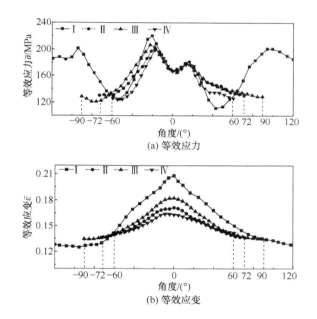

(a) 等效应力

(b) 等效应变

图 5-34　不同边数圆弧形零件沿切向等效应力应变分布

Ⅰ-三边;Ⅱ-四边;Ⅲ-五边;Ⅳ-六边

　　图 5-35 为不同边数圆弧形零件大小圆锥面中间纵截面等效应力应变沿母线方向的分布情况。由图可见,圆角区和侧壁等效应力较小且较均匀,最大等效应力出现在口部;随着边数的增加,横截面相对圆角半径增大,等效应变逐渐减少且趋近于圆形横截面。

　　不同边数(三、四、五和六边)圆弧形零件小圆锥面的相对高度相等 H'(均为0.78),大圆锥面的相对高度 H' 相当(0.30～0.32),相对圆角半径 R' 逐渐增大(分别是 0.39、0.50、0.62 和 0.74)。如图 5-35 曲线 Ⅴ 所示,相对圆角半径 R' 的增加,使得小圆锥面的等效应变分布逐渐接近于圆锥面。另外,随着相对圆角半径 R' 的

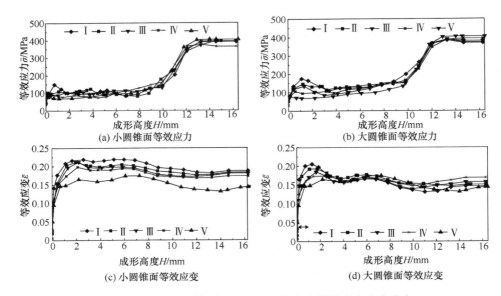

图 5-35　不同边数圆弧形零件沿母线方向等效应力应变分布

Ⅰ-三边；Ⅱ-四边；Ⅲ-五边；Ⅳ-六边；Ⅴ-圆形横截面

增加,小圆锥面圆心角越来越小,使得其中间纵截面至两侧变形均由于变形程度较小的大圆锥面的存在而减小,同时也使得小圆锥圆周方向等效应变的分布逐渐均匀。同理,相对圆角半径 R' 的增加,圆心角越来越小的大圆锥面的等效应变受变形程度较大的小圆锥面的影响而增大,整个横截面圆周方向等效应变的分布逐渐均匀。六边圆弧形零件大小圆锥面的最大等效应变分别为 0.174 和 0.198,差别仅为 0.024,应变分布均匀程度近似于圆形横截面空心零件。

图 5-29(a)和图 5-36～图 5-38 分别为三、四、五和六边圆弧形零件的应变分布状态。由图可见,四种形状的零件相应部位的应变状态相同:底部圆角区为两向受

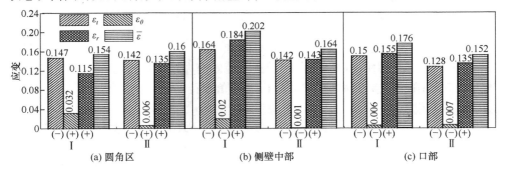

图 5-36　四边圆弧形零件应变状态

Ⅰ-小圆锥面中间母线；Ⅱ-大圆锥面中间母线

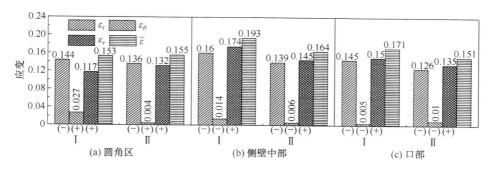

图 5-37 五边圆弧形零件应变状态

Ⅰ-小圆锥面中间母线；Ⅱ-大圆锥面中间母线

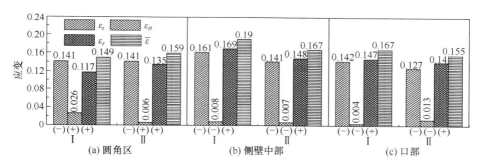

图 5-38 六边圆弧形零件应变状态

Ⅰ-小圆锥面中间母线；Ⅱ-大圆锥面中间母线

拉一向受压应变状态，金属母线方向受拉伸而伸长减薄，切向受拉伸而扩径减薄，厚向受压缩而发生壁厚减薄；侧壁中部和口部为一向受拉两向受压应变状态，金属母线方向受拉伸而伸长，切向受压缩而缩径增厚，厚向受压缩而发生壁厚减薄。边数的增加对小圆锥面中间母线各部位三向应变值变化的影响较有规律：圆角区厚向应变和切向应变有所降低，而母线方向应变基本不变；侧壁中部厚向应变和母线方向应变有所降低，切向应变取决于轴向伸长量而可能出现切向正应变或负应变；口部切向应变有所降低，母线方向应变有所降低。

4）壁厚分布与回弹

图 5-39 为三边至六边圆弧形零件沿切向壁厚分布情况（测量位置为侧壁中部）。由图可见，切向壁厚变化趋势一致：相对高度较大的小圆锥面中间位置减薄最严重；从圆锥面中间至两侧，由于旋轮接触面积增加而使得壁厚减薄有所减缓。随着边数的增加，小圆锥面最大壁厚减薄有所降低，而大圆锥面的最大减薄有所增加。这是因为随着边数的增加，相对圆角半径 R' 增加，小圆锥面和大圆锥面的圆心角越来越小，变形程度相对较小的大圆锥面对小圆锥面变形的缓解作用更加充

分,使得小圆锥面的壁厚减薄有所降低;同时大圆锥面圆心角减小后,大圆锥面的整体变形受小圆锥面的影响更加充分,使得最大壁厚减薄也有所增加。

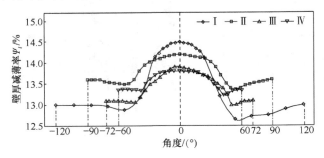

图 5-39　不同边数圆弧形零件沿切向壁厚分布(侧壁中部)

Ⅰ-三边;Ⅱ-四边;Ⅲ-五边;Ⅳ-六边

由图 5-39 还可以看出,四、五、六边圆弧形零件母线方向壁厚减薄率的分布与三边圆弧形零件基本一致:在成形初期壁厚减薄逐渐增加,在侧壁中下部达到最大值,然后壁厚减薄逐渐减少;口部区域壁厚略有增厚。不同边数圆弧形零件大圆锥面和小圆锥面最大壁厚减薄率和回弹角如表 5-11 所示。由表可见,随着相对圆角半径 R' 增加,大小圆锥面最大壁厚减薄率的差别越来越小。此外,随着相对圆角半径 R' 增加,小圆锥面中间母线的回弹角逐渐增大,而大圆锥面中间母线的回弹角逐渐减小,两者的差别逐渐减小。六边圆弧形零件大小圆锥面之间最大壁厚减薄率相差 0.4%,回弹角相差 0.2°,其均匀程度接近于圆形横截面空心零件旋压。

表 5-11　不同边数圆弧形零件最大壁厚减薄率与回弹角

边数	最大壁厚减薄率 $\Psi_{t\max}$/%		回弹角 $\Delta\alpha$/(°)	
	小圆锥面	大圆锥面	小圆锥面	大圆锥面
三边	14.56	13.25	0.63	0.98
四边	14.35	13.25	0.65	0.94
五边	14.09	13.52	0.69	0.91
六边	14.06	13.66	0.70	0.90

5.3.2　三边形横截面空心零件旋压成形旋压力变化规律

1. 研究方案

旋压力指坯料对旋轮的接触反力,是选择旋压成形设备的依据,也是影响旋压件成形质量的重要工艺参数之一。旋压设备与工艺装置的工作条件、旋压件的加工精度与成形所需功率等均与旋压力密切相关。文献[26]研究表明,非圆横截面件旋压成形时,旋压力不仅随着旋轮轴向进给行程的变化而变化,而且随芯模转角的变化而变化,其复杂程度远远超过圆形横截面空心零件旋压。由 5.3.1 节可知,三边形零件旋压成形无论应力应变分布还是壁厚分布均最不均匀,其旋压力变化理论上也将是最复杂的。因此,本节重点研究三边形(含三边圆弧形和三直边圆角形)横截面空心零件旋压成形过程旋压力的变化,揭示非圆横截面件旋压的旋压力变化规律。为了便于试验验证,根据现有试验条件对三边形横截面重新进行尺寸设计,三边圆弧形和三直边圆角形零件尺寸参数分别如表 5-12 和表 5-13 所示。

表 5-12　三边圆弧形零件尺寸参数

小端面外轮廓		厚度	高度	底部圆角半径	半锥角
大圆弧半径 R/mm	小圆弧半径 r/mm	t/mm	H/mm	r'/mm	α/(°)
58.14	23.5	2	25	5	45

表 5-13　三直边圆角形零件尺寸参数

小端面外轮廓	厚度	高度	底部圆角半径	半锥角
圆角半径 r/mm	t/mm	H/mm	r'/mm	α/(°)
25	2	25	5	45

2. 三边圆弧形零件旋压力变化规律

表 5-14 为三边圆弧形零件旋压数值模拟用主要工艺参数,模拟得到的旋压力-时间曲线如图 5-40 所示。由图可见,旋压成形开始后,坯料在旋轮的作用下逐渐从弹性变形进入塑性变形,母线方向旋压力 P_z 和厚向旋压力 P_t 迅速增大;在零件底部圆角区旋压成形结束时,P_z 和 P_t 分别增至 1600N 和 700N(P_z 的增加速度大于 P_t),而切向旋压力 P_θ 处在较低水平(160N);在零件侧壁旋压成形前期(成形时间 15～35s),P_z、P_t 和 P_θ 稍有上升;在零件侧壁旋压成形后期(成形时间 35～65s),坯料法兰宽度逐渐减小,P_z、P_t 和 P_θ 也逐渐下降。在零件口部旋压成形阶段,P_z、P_t 和 P_θ 逐渐下降至零值。旋压成形过程中,P_z、P_t 和 P_θ 最大值分别为 1780N、850N 和 190N。

表 5-14　旋压力数值模拟时的主要工艺参数

旋轮直径 D_R/mm	旋轮圆角半径 r_ρ/mm	旋轮安装角 β/(°)	坯料厚度 t_0/mm	进给比 f/(mm/r)	主轴转速 n/(r/min)
240	7	45	2.0	0.4	60

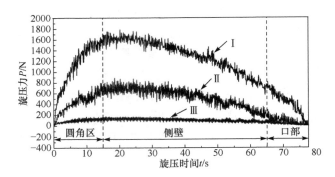

图 5-40　三边圆弧形横截面空心零件旋压力-成形时间曲线

Ⅰ-母线方向旋压力 P_z；Ⅱ-厚向旋压力 P_t；Ⅲ-切向旋压力 P_θ

　　图 5-41、图 5-42 和图 5-43 分别为三边圆弧形零件圆角区、侧壁和口部旋压过程旋压力的变化情况。由图可见，母线方向旋压力 P_z、厚向旋压力 P_t 和切向旋压力 P_θ 均呈周期性变化。0°和 120°为小圆锥面中间母线位置，27.49°、92.51°和 147.49°为小圆锥面与大圆锥面连接位置，60°为大圆锥面中间母线位置；即 27.49°～92.51°对应大圆锥面，92.51°～147.49°对应小圆锥面。P_z 在大圆锥面中间位置附近为最小值，而在小圆锥面中间位置附近为最大值；从大圆锥面中间母线位置至小

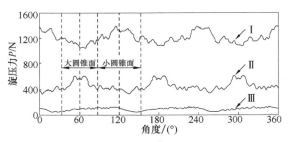

图 5-41　三边圆弧形零件旋压力变化情况（圆角区）

Ⅰ-母线方向；Ⅱ-厚向；Ⅲ-切向

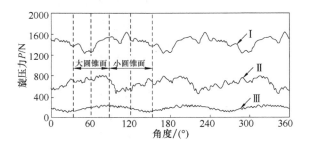

图 5-42　三边圆弧形零件旋压力变化情况（侧壁）

Ⅰ-母线方向；Ⅱ-厚向；Ⅲ-切向

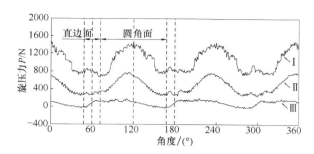

图 5-43　三边圆弧形零件旋压力周期性变化(口部)
Ⅰ-母线方向；Ⅱ-厚向；Ⅲ-切向

圆锥面中间母线位置，P_z 逐渐增大。P_t 变化趋势与 P_z 相反，在大圆锥面中间母线位置附近为最大值，而在小圆锥面中间母线位置附近为最小值；从大圆锥面中间母线位置至小圆锥面中间母线位置，P_t 逐渐减小。P_θ 的最大值和最小值均位于大小圆锥面连接位置。

　　同一周期内母线方向旋压力 P_z 的变化主要受坯料变形程度影响。从相对高度来看，大圆锥面为 0.15，而小圆锥面为 0.26，前者明显小于后者。由此可推知，同一个周期内，小圆锥面中间母线位置的变形程度远大于大圆锥面中间母线位置，小圆锥面与大圆锥面连接位置金属的变形同时受小、大圆锥面侧边金属变形的影响，变形程度介于小、大圆锥面中间母线的变形程度之间，即小圆锥面中间母线位置变形程度最大，连接位置次之，大圆锥面中间母线位置最小。因此，P_z 最小值出现在变形程度最小的大圆锥面中间位置附近，而最大值出现在变形程度最大的小圆锥面中间位置附近；从小圆锥面中间位置至大圆锥面中间位置，P_z 逐渐减小。

　　同一周期内厚向旋压力 P_t 的变化主要受横截面曲率影响。如图 5-44 所示，当两个球体相接触压下量相同时，其压扁长度 L 随球体半径(r_1 和 r_2)的增大而增大[32]。假定旋压过程同一转动周期(近似为同一横截面上)内变形区单位压力不变，大圆锥面的半径明显大于小圆锥面，因此大圆锥面对应压扁长度将大于小圆锥面，大圆锥面对应的接触面积也将大于小圆锥面，从而使得大圆锥面旋压成形时厚向旋压力 P_t 大于小圆锥面。

　　切向旋压力 P_θ 周期性变化主要由旋轮接触点沿切向变化引起。若用 P_θ' 和 P_t' 表示旋轮接触点变形区的切向旋压力和厚向旋压力(图 5-45)，则按芯模方位确定的切向旋压力可表示为 $P_\theta = P_\theta'\cos\varphi' + P_t'\sin\varphi'$，其中 φ' 为旋轮接触点沿切向

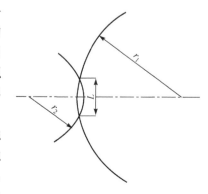

图 5-44　两球体的弹性压扁

移动所产生的夹角,当芯模转角位于 0°时,φ' 为 0°;芯模转动在 360°范围内时,φ' 则在 0°上下周期波动。因此,P_θ 的极值应出现在 φ' 波动范围的两个端点,即相邻区域连接处的母线上。

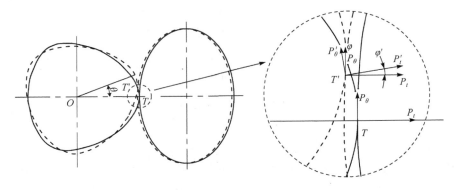

图 5-45   切向旋压力 P_θ 变化

图 5-46 为零件高度 H 由 25mm 增至 54mm 时,试验测得的三边圆弧形零件旋压力与时间关系曲线。由图可见,三向旋压力(P_z、P_t 和 P_θ)的变化趋势与图 5-40一致,但由于零件相对高度较高,零件高度为 54mm 时的小圆锥面相对高度(0.34)大于零件高度为 25mm 时的相对高度(0.26),坯料变形程度大,因此三向旋压力 P_z、P_t 和 P_θ 的最大值大于前者;此外,由于零件高度较高,成形过程中稳定旋压阶段较明显,即成形时间 T 为 20~100s 时,三向旋压力基本保持不变。

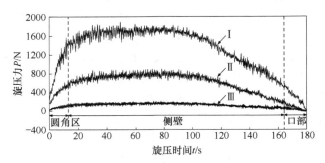

图 5-46   三边圆弧形零件旋压力-成形时间曲线($H=54$mm)
Ⅰ-母线方向旋压力 P_z;Ⅱ-厚向旋压力 P_t;Ⅲ-切向旋压力 P_θ

3. 三直边圆角形零件旋压力变化规律

表 5-15 为三直边圆角形零件数值模拟时的主要工艺参数,所获得的旋压力与时间关系曲线如图 5-47 所示。

表 5-15　主要工艺参数

旋轮直径 D_R/mm	旋轮圆角半径 r_ρ/mm	旋轮安装角 $\beta'/(°)$	坯料厚度 t_0/mm	进给比 $f/(mm/r)$	主轴转速 $n/(r/min)$
240	9	45	2.0	0.4	60

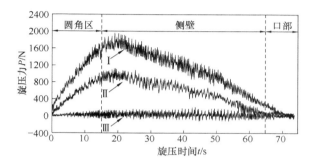

图 5-47　三直边圆角形零件旋压力-成形时间曲线
Ⅰ-母线方向旋压力 F_z；Ⅱ-厚向旋压力 F_t；Ⅲ-切向旋压力 F_θ

由图 5-47 可见,三直边圆角形零件三向旋压力(P_z、P_t 和 P_θ)的变化趋势与三边圆弧形零件旋压一致,但最大值差别较大,P_z、P_t 和 P_θ 最大值分别达到 1984N、1137N 和 250N,分别比三边圆弧形零件相应旋压力最大值大 11.15%、13.38% 和 13.36%。这主要是由于三直边圆角形零件的相对高度大于三边圆弧形零件,坯料变形程度较大,因此成形所需旋压力也较大。

图 5-48 和图 5-49 分别为三直边圆角形零件旋压成形时圆角区和侧壁区旋压力的变化情况。由图可见,与三边圆弧形零件旋压成形相同,三直边圆角形零件旋压成形时三向旋压力同样呈周期性变化规律。图中,0°和120°为圆角面中间母线位置,53.87°、66.13°和173.87°为圆角面与直边面连接位置,60°为直边面中间位置;即 53.87°~66.13°对应直边面,66.13°~173.87°对应圆角面。

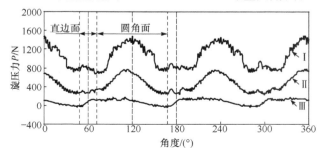

图 5-48　三直边圆角形零件旋压力周期性变化(圆角区)
Ⅰ-母线方向旋压力 P_z；Ⅱ-厚向旋压力 P_t；Ⅲ-切向旋压力 P_θ

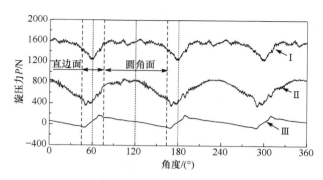

图 5-49　三直边圆角形零件旋压力周期性变化（侧壁中部）

Ⅰ-母线方向旋压力 P_z；Ⅱ-厚向旋压力 P_t；Ⅲ-切向旋压力 P_θ

由图 5-48 和图 5-49 可见，受坯料变形程度的影响，母线方向旋压力 P_z 最小值出现在变形程度最小的直边中间位置附近，而最大值出现在变形程度最大的圆角面中间位置附近；从圆角面中间位置至直边面中间位置，P_z 逐渐减小。受横截面曲率的影响，厚向旋压力 P_t 最小值出现在曲率为零的直边面中间位置，而最大值出现在曲率不为零的圆角面中间位置。受旋轮接触点切向移动的影响，切向旋压力 P_θ 极值出现在接触点切向移动距离最大的连接处。由于三直边圆角形零件旋压时旋轮接触点在切向移动明显，接触点位于圆角与直边连接处时，旋轮所受的厚向旋压力 P_t 方向与旋轮接触点周围变形区产生的厚向旋压力 P_t 方向所成夹角 φ'（约为 12°，P_t 的定义如图 5-45 所示）明显大于三边圆弧形零件（约为 3°），因此切向旋压力 P_θ 变化幅度较明显。

5.3.3　工艺参数对三直边圆角形零件旋压成形质量的影响

为了揭示主要工艺参数对非圆零件旋压成形质量的影响，并为试验过程中工艺参数的选择提供理论依据，以三直边圆角形零件为研究对象，采用数值模拟与正交试验设计相结合的方法对其旋压成形过程进行分析。

1. 正交试验设计及数值模拟结果

三直边圆角形零件旋压成形中，可控工艺参数主要为旋轮直径 D_R、旋轮圆角半径 r_ρ、相对间隙 Δc（$\Delta c = 100\%(c-t_0)/t_0$，$c$ 为芯模与旋轮之间的间隙，t_0 为坯料厚度）、主轴转速 n 和旋轮进给比 f。以上述五个工艺参数为影响因素，每个因素设五个水平（表 5-16），进行正交试验设计 $L_{25}(5^5)$，共进行 25 次试验，试验方案及数值模拟结果如表 5-17 所示。

表 5-16　正交试验因素水平表

水平 \ 因素	A 旋轮直径 D_R/mm	B 进给比 f/(mm/r)	C 相对间隙 Δc/%	D 圆角半径 r_ρ/mm	E 主轴转速 n/(r/min)
1	160	0.2	0	5	25
2	200	0.3	−5	7	45
3	240	0.4	−10	9	60
4	280	0.5	−15	11	80
5	320	0.6	−20	13	108

表 5-17　正交试验方案与结果

试验号	因素					试验结果			
	A 旋轮直径 D_R/mm	B 进给比 f/(mm/r)	C 相对间隙 Δc/%	D 圆角半径 r_ρ/mm	E 主轴转速 n/(r/min)	最大壁厚减薄率 $\Psi_{t\max}$/%		回弹角 $\Delta\alpha$/(°)	
	列号					圆角面	直边面	圆角面	直边面
	1	2	3	4	5				
1	1(160)	2(0.3)	1(0)	2(7)	2(45)	16.657	11.535	2.062	1.473
2	1	3(0.4)	3(−10)	3(9)	3(60)	10.304	8.338	1.362	1.501
3	1	4(0.5)	2(−5)	4(11)	4(80)	10.495	8.521	2.496	2.730
4	1	5(0.6)	4(−15)	5(13)	5(108)	11.062	9.081	2.396	2.343
5	1	1(0.2)	5(−20)	1(5)	1(25)	15.938	10.869	0.941	1.358
6	2(200)	2	3	4	5	10.059	7.069	2.087	1.829
7	2	3	2	5	1	14.433	8.814	2.356	1.944
8	2	4	4	1	2	10.809	9.392	0.772	0.925
9	2	5	5	2	3	11.436	10.071	1.653	1.975
10	2	1	1	3	4	17.689	13.482	2.179	1.918
11	3(240)	2	2	5	3	14.684	10.851	1.260	1.216
12	3	3	4	2	4	11.897	9.284	1.061	1.303
13	3	4	5	3	5	13.171	9.235	2.164	2.086
14	3	5	1	4	1	12.378	10.843	1.202	1.129
15	3	1	3	5	2	13.788	10.614	2.462	2.868
16	4(280)	2	4	3	1	11.426	10.656	1.745	2.493
17	4	3	5	4	2	10.922	8.717	1.660	1.718
18	4	4	1	5	3	16.400	12.663	1.803	1.421
19	4	5	3	1	4	10.832	9.434	1.565	1.155

续表

试验号	A 旋轮直径 D_R/mm	B 进给比 f/(mm/r)	C 相对间隙 Δc/%	D 圆角半径 r_ρ/mm	E 主轴转速 n/(r/min)	最大壁厚减薄率 Ψ_{tmax}/% 圆角面	直边面	回弹角 $\Delta\alpha$/(°) 圆角面	直边面
	1	2	3	4	5	圆角面	直边面	圆角面	直边面
20	4	1	2	2	5	16.660	12.036	1.510	1.648
21	5(320)	2	5	5	4	14.619	10.477	2.007	2.128
22	5	3	1	1	5	17.694	13.765	2.187	2.378
23	5	4	3	2	1	10.445	9.642	1.085	1.024
24	5	5	2	3	2	10.361	9.776	1.032	0.570
25	5	1	4	4	3	14.977	10.075	2.576	2.022

2. 正交试验结果分析

表 5-18 为旋轮直径 D_R、旋轮圆角半径 r_ρ、相对间隙 Δc、主轴转速 n 和旋轮进给比 f 五个因素(工艺参数)对各质量指标影响的极差分析。

表 5-18 极差分析

指标		A	B	C	D	E
		1	2	3	4	5
圆角面最大壁厚减薄率 Ψ_{tmax}	K_1		64.456	79.051	80.818	69.956	64.620
	K_2		64.425	67.445	66.632	67.094	62.536
	K_3		65.917	65.249	55.428	62.951	67.800
	K_4		66.240	61.320	60.171	58.831	65.532
	K_5		68.097	56.069	66.085	70.301	68.646
	$\overline{k_1}$		12.891	15.810	16.164	13.991	12.924
	$\overline{k_2}$		12.885	13.489	13.326	13.419	12.507
	$\overline{k_3}$		13.183	13.050	11.086	12.590	13.560
	$\overline{k_4}$		13.248	12.264	12.034	11.766	13.106
	$\overline{k_5}$		13.619	11.214	13.217	14.060	13.729
	R		0.734	4.596	5.078	2.294	1.222

（注：表 5-18 表头中"因素"下列号为 1、2、3、4、5，分别对应 A、B、C、D、E）

指标		因素				
		A	B	C	D	E
		列号				
		1	2	3	4	5
直边面最大壁厚减薄率 $\Psi_{t\max}$	K_1	48.344	57.077	62.287	54.311	50.824
	K_2	48.828	50.587	49.998	52.569	50.034
	K_3	50.827	48.917	45.097	51.486	51.998
	K_4	53.506	49.453	48.488	45.226	51.198
	K_5	53.735	49.205	49.370	51.648	51.185
	$\overline{k_1}$	9.669	11.415	12.457	10.862	10.165
	$\overline{k_2}$	9.766	10.117	10.000	10.514	10.007
	$\overline{k_3}$	10.165	9.783	9.019	10.297	10.400
	$\overline{k_4}$	10.701	9.891	9.698	9.045	10.240
	$\overline{k_5}$	10.747	9.841	9.874	10.330	10.237
	R	1.078	1.632	3.438	1.817	0.393
圆角面回弹角 $\Delta\alpha$	K_1	9.258	9.669	9.433	6.726	7.329
	K_2	9.047	9.161	8.656	7.371	7.989
	K_3	8.149	8.626	8.561	8.482	8.655
	K_4	8.283	8.321	8.550	10.021	9.307
	K_5	8.887	7.849	8.426	11.025	10.345
	$\overline{k_1}$	1.852	1.934	1.887	1.345	1.466
	$\overline{k_2}$	1.809	1.832	1.731	1.474	1.598
	$\overline{k_3}$	1.630	1.725	1.712	1.696	1.731
	$\overline{k_4}$	1.657	1.664	1.710	2.004	1.861
	$\overline{k_5}$	1.777	1.570	1.685	2.205	2.069
	R	0.222	0.364	0.201	0.860	0.603
直边面回弹角 $\Delta\alpha$	K_1	9.406	9.813	8.320	7.033	7.949
	K_2	8.591	9.140	8.109	7.425	7.554
	K_3	8.603	8.844	8.377	8.568	8.136
	K_4	8.436	8.187	9.087	9.428	9.234
	K_5	8.122	7.174	9.264	10.704	10.285
	$\overline{k_1}$	1.881	1.963	1.664	1.407	1.590
	$\overline{k_2}$	1.718	1.828	1.622	1.485	1.511
	$\overline{k_3}$	1.721	1.769	1.675	1.714	1.627
	$\overline{k_4}$	1.687	1.637	1.817	1.886	1.847
	$\overline{k_5}$	1.624	1.435	1.853	2.141	2.057
	R	0.257	0.528	0.231	0.734	0.546

1) 工艺参数对最大壁厚减薄率 $\Psi_{t\max}$ 的影响

图 5-50 为旋轮直径 D_R、旋轮圆角半径 r_ρ、相对间隙 Δc、旋轮进给比 f 和主轴转速 n 等五个工艺参数对最大壁厚减薄率 $\Psi_{t\max}$ 的影响；图 5-51 为各工艺参数与最大壁厚减薄率 $\Psi_{t\max}$ 的关系。由图 5-51 可见，各工艺参数对圆角面中间母线最大壁厚减薄率 $\Psi_{t\max}$ 影响的显著程度为：相对间隙 Δc＞旋轮进给比 f＞旋轮圆角半径 r_ρ＞旋轮直径 D_R＞主轴转速 n；各工艺参数对直边面中间母线最大壁厚减薄率 $\Psi_{t\max}$ 影响的显著程度为：相对间隙 Δc＞旋轮圆角半径 r_ρ＞旋轮进给比 f＞旋轮直径 D_R＞主轴转速 n。以下将对影响程度较显著的因素，即相对间隙 Δc、旋轮进给比 f 和旋轮圆角半径 r_ρ 进行分析。

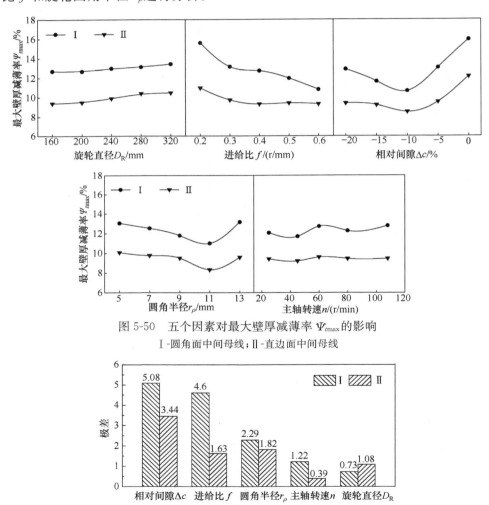

图 5-50　五个因素对最大壁厚减薄率 $\Psi_{t\max}$ 的影响

Ⅰ-圆角面中间母线；Ⅱ-直边面中间母线

图 5-51　五个因素与最大壁厚减薄率 $\Psi_{t\max}$ 关系图

Ⅰ-圆角面中间母线；Ⅱ-直边面中间母线

相对间隙 Δc 对最大壁厚减薄率 Ψ_{tmax} 的具体影响如下：当相对间隙 Δc 为 0 时，壁厚减薄最严重；当相对间隙由 0 降低至 -10% 时，壁厚减薄有较大改善；而当相对间隙由 -10% 降低至 -20% 时，壁厚减薄反而加剧。由此可知，选择适当的相对间隙 Δc 对获得均匀的壁厚至关重要。传统圆形横截面空心零件单道次拉深旋压认为，将间隙取得稍小于板料厚度，使得坯料在带有减薄作用的条件下成形，增大整个旋压成形过程中坯料整体的塑性变形和由此产生的加工硬化，可以提高坯料厚向应变的均匀性[32,57]，从而改善局部位置壁厚过度减薄现象。非圆横截面件旋压成形时，不同部位变形程度相差较大，采用适当的相对负间隙，使得旋轮在厚向对坯料产生一定的压力从而产生一定的压应变，还有利于提高同一横截面上厚向应变的均匀性。从正交试验结果来看，三直边圆角形零件旋压成形最佳相对间隙 Δc 为 -10%。

进给比 f 对最大壁厚减薄率 Ψ_{tmax} 的具体影响如下：当旋轮进给比由 $0.2\text{mm}/\text{r}$ 增加至 $0.6\text{mm}/\text{r}$ 时，圆角面中间母线和直边面中间母线最大壁厚减薄率 Ψ_{tmax} 均降低、壁厚减薄减少。这主要是因为较高的进给比有利于减少旋压过程中旋轮与坯料接触轨迹重叠的区域，从而使得零件壁厚的减薄得以减轻。

旋轮圆角半径 r_ρ 对最大壁厚减薄率 Ψ_{tmax} 的具体影响如下：当旋轮圆角半径 r_ρ 由 5mm 增加至 11mm 时，壁厚减薄得到改善；而当旋轮圆角半径 r_ρ 由 11mm 增加至 13mm 时，壁厚减薄反而加剧。传统圆形横截面空心零件单道次拉深旋压认为，增大旋轮圆角半径可以增加坯料与旋轮行进前方接触平缓程度[57]，一方面会改善金属轴向流动从而改善壁厚的减薄，但另一方面会增加法兰区域的切向压缩变形，使得法兰区域因加工硬化而增大变形抗力，从而阻碍金属的轴向流动。因此，从改善金属壁厚减薄方面考虑，旋轮圆角半径存在一个最合理值。从正交试验结果来看，三直边圆角形零件旋压成形最佳旋轮圆角半径 r_ρ 为 11mm。

对于圆截面零件，旋轮直径 D_R 和主轴转速 n 对旋压成形过程影响不显著[57]。而在三直边圆角形零件旋压过程中，随着旋轮直径 D_R 的增加，圆角面中间母线和直边面中间母线的最大壁厚减薄率 Ψ_{tmax} 均缓慢加剧。其原因主要是在非圆横截面件旋压过程中旋轮直径 D_R 的增加将导致旋轮与坯料的接触点切向移动距离加大，即接触点以上述中间母线为中心的波动范围增大，促使材料自中间母线沿切向流动，从而使得中间母线位置壁厚减薄情况加剧。随着主轴转速的增加，最大壁厚减薄率 Ψ_{tmax} 稍有增加，但不显著；这与圆形横截面空心零件旋压一致[57]。

2）工艺参数对回弹角 $\Delta\alpha$ 的影响

旋轮直径 D_R、旋轮圆角半径 r_ρ、相对间隙 Δc、主轴转速 n 和旋轮进给比 f 五个因素（工艺参数）对回弹角 $\Delta\alpha$ 的影响如图 5-52 所示。

由图 5-53 可见，五个因素对圆角面中间母线和直边面中间母线回弹角 $\Delta\alpha$ 影响的显著程度为：旋轮圆角半径 r_ρ＞主轴转速 n＞旋轮进给比 f＞旋轮直径 D_R＞

相对间隙 Δc。以下将对影响程度较显著的因素，即旋轮圆角半径 r_ρ、主轴转速 n 和旋轮进给比 f 进行分析。

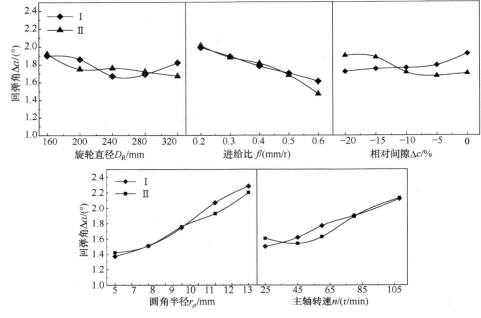

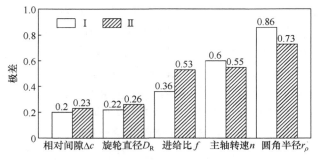

图 5-52　五个因素对回弹角 $\Delta\alpha$ 的影响

Ⅰ-圆角面中间母线；Ⅱ-直边面中间母线

图 5-53　五个因素与回弹角 $\Delta\alpha$ 关系图

Ⅰ-圆角面中间母线；Ⅱ-直边面中间母线

不同旋轮圆角半径 r_ρ 对回弹角 $\Delta\alpha$ 的具体影响如下：随着旋轮圆角半径 r_ρ 从 5mm 增加至 13mm，回弹角 $\Delta\alpha$ 近似线性增加。这主要是由于旋轮圆角半径较大时，接触面积增大导致材料变形不够充分，从而弹性变形所占比例有所增加，因此卸载后回弹较严重。

主轴不同转速 n 对回弹角 $\Delta\alpha$ 的具体影响如下：当主轴转速 n 由 25r/min 增加

至 108r/min 时,回弹角基本呈逐渐增加的趋势。这主要也是因为转速较大时,材料变形时间较短,变形不够充分,使得不贴模(即回弹)程度加剧。

旋轮不同进给比 f 对回弹角 $\Delta\alpha$ 的具体影响如下:当旋轮进给比由 0.2mm/r 增加至 0.6mm/r 时,圆角面中间母线和直边面中间母线回弹角 $\Delta\alpha$ 均逐渐降低。这是由于旋轮进给比 f 较大时,沿母线方向的旋压力增加,使得材料贴模性更好,所以回弹角较小。

5.4　三边形零件旋压成形试验研究

非圆横截面件旋压是一项全新的技术,目前的研究主要以工艺试验为主,一方面证实了非圆横截面件旋压的可行性,另一方面则揭示了非圆横截面件旋压在成形质量、旋压力变化等方面的特点[19,20,37,58]。本节以三直边圆角形零件和三边圆弧形零件为研究对象,研制出非圆横截面件旋压试验工装,通过应变网格试验研究三边圆弧形零件应变分布规律,通过电测方法获得三直边圆角形零件和三边圆弧形零件旋压成形过程旋压力变化规律与坯料厚径比、旋轮圆角半径、主轴转速、旋轮进给比等主要工艺参数对旋压力的影响。一方面对数值模拟模型和数值模拟结果进行试验验证,另一方面则是深入研究坯料厚径比等工艺参数对成形质量与旋压力的影响。

5.4.1　试验设备与靠模研制

1. 试验设备

试验在 HGPX-WSM 型数控旋压机床上进行的,加装了基于靠模驱动的非圆横截面件旋压成形装置,如图 5-54 所示。

图 5-54　基于靠模驱动的旋压成形装置

1-芯模;2-尾顶;3-轴向移动平台;4-旋轮;5-径向移动平台;6-靠轮;7-靠模;8-导轨;9-齿轮

　　工作原理如下：坯料由尾顶夹紧在芯模上随着主轴一起旋转；芯模与靠模通过齿轮传动实现同步同角速度旋转；轴向移动平台在伺服电机的驱动下沿机床的轴向（Z 轴）运动，实现轴向进给；安装在有直线导轨的径向移动平台上的旋轮座（连同旋轮）在靠模的驱动下做快速径向运动，进而实现旋轮径向往复进给；旋轮与芯模之间的间隙在成形过程保持不变，从而使工件壁厚均匀。

　　2. 靠模研制

　　在基于靠模驱动的非圆横截面件旋压成形装置的基础上，研制出了三直边圆角形零件旋压成形靠模。作者等对基于解析法[26,48]、离散数据点拟合法[27]及虚设滚子法[30]的靠模设计方法进行研究，研制出可用于旋制三边圆弧形、四边圆弧形及五直边圆弧形零件的成形靠模。由于离散数据点拟合法较简便，且精度较高，本章对其进行改进，并应用于三直边圆角形零件旋压成形靠模的设计。图 5-55 为三直边圆角形零件旋压成形的靠模及芯模形状。

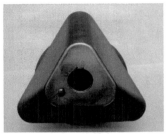

(a) 靠模三维模型　　　　　　(b) 靠模实物照片　　　　　　(c) 芯模实物照片

图 5-55　三直边圆角形零件靠模和芯模

　　3. 旋压力测量系统

　　1）测力系统

　　旋压力是指坯料对旋轮的接触反力，是旋压设备选择与结构参数设计的重要依据。本章对非圆横截面件旋压成形过程中旋压力的变化进行测量与分析。电测方法为工程上力能参数测量的常用方法[59,60]，其测力系统原理如图 5-56 所示。旋轮所受旋压力由八角环测力元件（图 5-54）测得并经传感器转换成电信号，由动态应变仪将信号放大并转换成数字量，再由计算机及数据采集软件进行信号采样与分析处理（图 5-57）[32]。P_t、P_θ 和 P_z 分别表示旋轮在厚向、切向和母线方向所受旋压力；P' 为坯料推动旋轮径向后退产生的压力。

　　2）旋压力标定

　　在实际旋压过程中，通过测量系统获得的仅是电信号，需要利用标定试验获得力与电压关系，即可获得旋压过程中的真实旋压力数据。标定的过程是给测量系

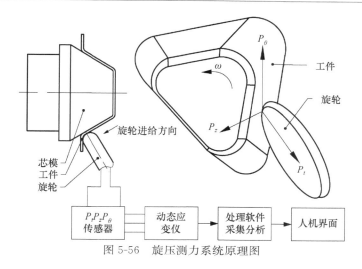

图 5-56 旋压测力系统原理图

图 5-57 旋压力测量系统

统输入大小已知的载荷 $P_{标定}$,获得不同大小载荷下对应的电压示值 U,进而获得力与电压示值之间的对应关系。

通过标定试验,获得旋压力与电压之间的关系如下:

$$\begin{cases} P_{z实测} = 795.53U \\ P_{t实测} = 2548U \\ P_{\theta实测} = 563.5U \end{cases} \tag{5-1}$$

式中,旋压力 P 单位为 N;电压 U 单位为 mV。

5.4.2 三直边圆角形零件旋压成形试验研究

1. 数值模拟模型可靠性检验

以三直边圆角形零件为例,采用与表 5-15 相同的工艺参数通过试验从成形过程、成形件高度、壁厚减薄和旋压力等角度验证了数值模拟模型的可靠性。

三直边圆角形零件旋压成形过程如图 5-58 所示,与数值模拟过程一致:随着旋轮的进给,坯料在旋轮作用下逐点连续发生塑性变形;成形高度 $H \approx 5\text{mm}$ 时,直边面法兰区域出现前倾;随着旋压的继续进行,直边面法兰区域前倾程度逐渐明显,直边面与圆弧面连接处形成轻微起皱(图 5-58(b))。由于起皱不严重,属于可展平的活皱,皱波逐渐被旋轮压平[33]。旋压结束时,旋压件(图 5-58(d))的高度为 24.5mm,直边面和圆弧面坯料外轮廓单边缩径量分别为 10mm 和 3.0mm(图 5-59),与模拟结果基本一致(表 5-19)。

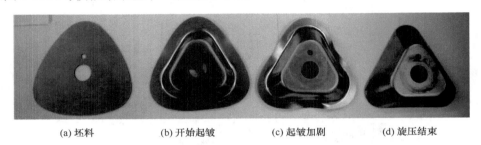

(a) 坯料　　　　(b) 开始起皱　　　　(c) 起皱加剧　　　　(d) 旋压结束

图 5-58　三直边圆角形零件旋压成形过程

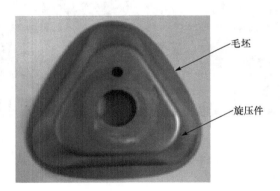

毛坯

旋压件

图 5-59　三直边圆角形旋压件与毛坯之比较

表 5-19　试验结果与模拟结果对比

参数		模拟结果	试验结果	相对误差
工件高度 H/mm		23.8	24.5	-2.86%
坯料外轮廓单边缩径量/mm	直边面	9.57	10	-4.30%
	圆角面	3.32	3.0	10.67%
最大壁厚减薄率 $\Psi_{t\max}/\%$		13.03	13.54	-3.77

参数		模拟结果	试验结果	相对误差
最大旋压力/N	母线方向 P_z	2196	1984	9.65%
	厚向 P_t	1437	1137	20.88%
	切向 P_θ	288	250	13.19%

注:相对误差＝100%×(模拟结果－试验结果)/试验结果。

　　试验所得旋压件最大减薄(最大壁厚减薄率 $\varPsi_{t\max}$ 为 13.54%)略大于模拟结果(最大壁厚减薄率 $\varPsi_{t\max}$ 为 13.03%),主要是试验所采用靠模装置存在模拟时没有考虑的重量,因而成形过程中的惯性力对坯料产生附加压力,加重了壁厚的减薄。试验测得的母线方向旋压力 P_z、厚向旋压力 P_t 和切向旋压力 P_θ 的最大值分别为 2196N、1437N 和 288N。母线方向旋压力 P_z 与模拟结果基本一致,误差小于 10%;厚向旋压力 P_t 误差较大(20.88%),主要是因为靠模装置在成形过程中,当零件横截面轮廓至旋转中心的距离增加时,坯料推动旋轮、靠轮及工作台等径向后退,在厚向产生了较大的附加压力。厚向旋压力 P_t 的增加,也导致了切向旋压力 P_θ 的增加。

　　综上所述,本章所建立的数值模拟模型具有较高的可靠性。

　　2. 旋压力变化规律及工艺参数对旋压力的影响

　　1) 旋压成形过程旋压力变化规律

　　图 5-60 给出了进给比 $f=0.4\text{mm/r}$、转速 $n=60\text{r/min}$、旋轮圆角半径 $r_\rho=9\text{mm}$ 和零件高度 $H=25\text{mm}$ 时,三直边圆角形零件旋压成形时所测得的旋压力与时间关系曲线。由图可见,三向旋压力(P_z、P_t 和 P_θ)的变化趋势与数值模拟结果

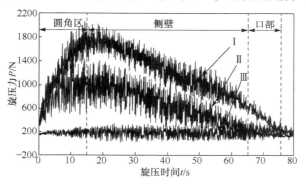

图 5-60　三直边圆角形零件旋压力-成形时间曲线
Ⅰ-母线方向旋压力 P_z;Ⅱ-厚向旋压力 P_t;Ⅲ-切向旋压力 P_θ

(图 5-47)一致,但由于试验过程中存在模拟时并未考虑的旋轮、靠轮等运动部件的惯性力,P_z、P_t 和 P_θ 的最大值分别达到 2196N、1437N 和 288N,略大于模拟结果。

图 5-61 为三直边圆角形零件旋压过程中,母线方向旋压力 P_z、厚向旋压力 P_t 和切向旋压力 P_θ 的变化规律(选取成形时间为 30～31s,对应成形高度约为 12mm,即位于零件总高度中部,处于稳定旋压阶段)。

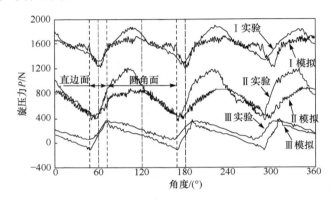

图 5-61　三直边圆角形零件旋压成形旋压力周期性变化

Ⅰ-母线方向旋压力 P_z;Ⅱ-厚向旋压力 P_t;Ⅲ-切向旋压力 P_θ

由图 5-61 可以看出,试验结果与数值模拟结果的变化趋势一致,三直边圆角形零件旋压成形过程中三向旋压力同样呈周期性变化。受坯料变形程度的影响,母线方向旋压力 P_z 最小值出现在变形程度最小的直边中间位置(如 60°)附近,最大值出现在变形程度最大的圆角面中间位置(如 120°)附近;从圆角面中间位置至直边面中间位置,P_z 逐渐减小。受横截面曲率及相对高度的影响,厚向旋压力 P_t 最小值出现在曲率为零的直边面中间位置(如 60°),最大值出现在曲率不为零的圆角面中间位置(如 120°)。受旋轮接触点切向移动的影响,切向旋压力 P_θ 最大值和最小值均出现在相邻区域连接处的母线上,如图 5-43 所示。

2)主要工艺参数对旋压力的影响

(1)旋轮进给比 f 对旋压力的影响。

图 5-62 给出了主轴转速 $n=60$r/min、旋轮圆角半径 $r_\rho=9$mm、坯料厚径比 $t_0/D_0=0.013$(坯料厚径比 t_0/D_0 为坯料厚度 t_0 与外切圆直径 D_0 之比,t_0/D_0 为 0.013 时对应零件高度 $H\approx25$mm)时,不同旋轮进给比 f 对最大旋压力的影响。由图可见,随着进给比的增加,三向旋压力逐渐增大。这主要是因为旋轮进给比 f 增加时,单位时间内参与变形的材料体积增加,从而导致三向旋压力增加。

(2)主轴转速 n 对旋压力的影响。

图 5-63 给出了旋轮进给比 $f=0.4$mm/r、旋轮圆角半径 $r_\rho=9$mm、坯料厚径

比 $t_0/D_0 = 0.013$(对应零件高度 $H \approx 25\text{mm}$)时,主轴转速 n 对最大旋压力的影响。由图可见,随着主轴转速 n 的增加,三向旋压力逐渐增大;旋压力的变化趋势与文献[17]所得结果一致。这是因为实际旋压过程中,主轴转速增加将导致旋轮等运动部件的惯性力增加,所以三向旋压力逐渐增加。

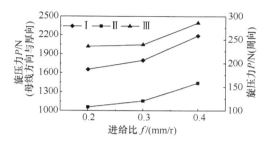 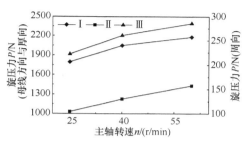

图 5-62 不同进给比 f 对最大旋压力的影响　　　图 5-63 不同主轴转速 n 对最大旋压力的影响
　Ⅰ-母线方向 P_z;Ⅱ-厚向 P_t;Ⅲ-切向 P_θ　　　　Ⅰ-母线方向 P_z;Ⅱ-厚向 P_t;Ⅲ-切向 P_θ

(3) 坯料不同厚径比 t_0/D_0 对旋压力的影响。

图 5-64 给出了旋轮圆角半径 $r_\rho = 9\text{mm}$、旋轮进给比 $f = 0.4\text{mm/r}$ 和主轴转速 $n = 60\text{r/min}$ 时,不同厚径比 t_0/D_0 对最大旋压力的影响。由图可见,随着坯料不同厚径比 t_0/D_0 的减小,三向旋压力迅速增大。这主要是由于当坯料厚度相同的情况下,坯料厚径比的减小意味着零件相对高度增大,使得旋压成形时坯料金属变形程度增大,从而导致变形所需的旋压力增大。

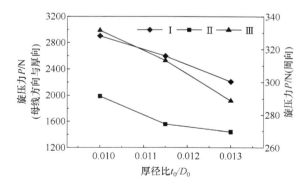

图 5-64 坯料不同厚径比 t_0/D_0 对旋压力的影响
Ⅰ-母线方向 P_z;Ⅱ-厚向 P_t;Ⅲ-切向 P_θ

3. 旋压件成形质量控制

图 5-65 为采用 DynaForm 软件的坯料尺寸设计模块(blank size enginering,

BSE)所设计的三种厚径比的坯料($t_0/D_0=0.013,0.0115,0.010$,对应成形后的零件高度 H 约为 25mm、35mm、45mm)。试验所采取的主要工艺参数如表 5-20 所示;所得到的旋压件如图 5-66 所示。由于旋压件由圆锥面和直边面组成,通过常规的测厚仪器难以精确测量其壁厚,因此采用三坐标测量仪进行检测。

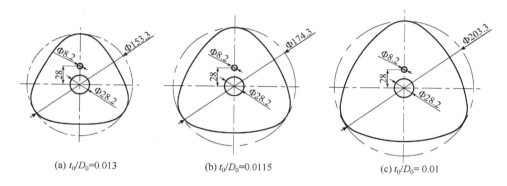

(a) $t_0/D_0=0.013$　　　　(b) $t_0/D_0=0.0115$　　　　(c) $t_0/D_0=0.01$

图 5-65　坯料简图(单位:mm)

表 5-20　主要工艺参数

旋轮直径 D_R/mm	旋轮圆角半径 r_ρ/mm	旋轮安装角 β'/(°)	坯料厚度 t_0/mm	坯料厚径比 t_0/D_0	进给比 f/(mm/r)	主轴转速 n/(r/min)
240	9	45	2.0	0.0130	0.20	25
				0.0115	0.30	45
				0.0100	0.40	60

图 5-66　三直边圆角形零件旋压件

1）外观质量

如图 5-67 所示，在坯料厚度不变的情况下，当坯料厚径比 t_0/D_0 逐渐减小，即板厚较轮廓尺寸逐渐增大时，旋压件口部起皱现象逐渐加剧。

(a) $t_0/D_0 = 0.013$　　　　(b) $t_0/D_0 = 0.0115$　　　　(c) $t_0/D_0 = 0.01$

图 5-67　旋压件口部情况

总体而言，上述三种零件口部较平整，与 DynaForm 模拟结果相比，高度误差≤1mm。由此可见，DynaForm 软件坯料尺寸设计模块（BSE）适用于三直边圆角形零件拉深旋压用平板毛坯的设计。

2）壁厚变化及其影响因素

图 5-68 为旋轮圆角半径 $r_\rho = 9mm$、旋轮进给比 $f = 0.40mm/r$、主轴转速 $n = 60r/min$ 和坯料厚径比 $t_0/D_0 = 0.013$ 时，旋压件壁厚减薄率 Ψ_t 沿高度 $H = 5mm$ 的侧壁中部横截面切向及沿口部切向的分布情况。由图可见，制件口部壁厚基本保持不变，而侧壁中部整体发生减薄且不同位置壁厚减薄不同：圆角面中间（0°和120°）壁厚减薄最严重，而直边面中间（60°）减薄最轻微；由圆角面中间（0°）至直边面中间（60°），壁厚减薄逐渐减弱；圆角区壁厚减薄明显大于直边面。由此可见，制件横截面上壁厚减薄情况与曲率有关：曲率越大，减薄越严重。

图 5-69 为制件壁厚减薄率 Ψ_t 沿 0°和 60°母线的分布规律。由图可见，底部圆角区和侧壁中部的减薄较大，厚度变化沿母线方向的分布规律与冲压拉深工艺相近。

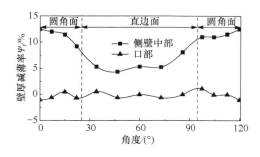

图 5-68　壁厚减薄率沿切向分布

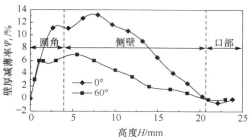

图 5-69　壁厚减薄率沿母线方向分布

（1）坯料厚径比 t_0/D_0 的影响。

图 5-70 为旋轮圆角半径 $r_\rho = 9mm$、旋轮进给比 $f = 0.30mm/r$ 和主轴转速 $n =$

45r/min 时,坯料不同厚径比 t_0/D_0 对旋压件在 0°和 60°母线上壁厚减薄率 Ψ_t 的影响规律。由图可见,坯料厚径比 t_0/D_0 越小,制件壁厚减薄越严重。这主要是由于相同厚度的坯料旋压成形进入稳定旋压阶段时,其厚径比 t_0/D_0 越小,毛坯法兰尺寸越大,母线方向拉力也越大,从而导致该区域壁厚减薄率越严重。

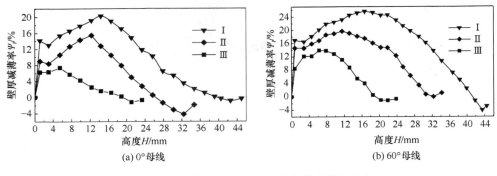

图 5-70　坯料厚径比 t_0/D_0 对壁厚减薄的影响

Ⅰ-t_0/D_0=0.01;Ⅱ-t_0/D_0=0.0115;Ⅲ-t_0/D_0=0.013

(2) 主轴转速 n 的影响。

图 5-71 为旋轮圆角半径 r_ρ=9mm、旋轮进给比 f=0.20mm/r 和坯料厚径比 t_0/D_0=0.013 时,主轴转速 n 对旋压件在 0°和 60°母线上壁厚减薄率 Ψ_t 的影响规律。由图可见,壁厚减薄率 Ψ_t 沿高度的变化趋势一致,总体上主轴转速对壁厚的影响不明显,这与 5.3.3 节模拟结果一致,只是受运动部件惯性力的影响,低转速情况下 0°母线上的壁厚减薄率较小。

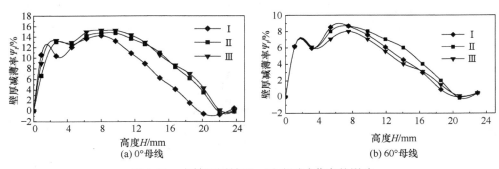

图 5-71　主轴不同转速 n 对壁厚减薄率的影响

Ⅰ-n=25r/min;Ⅱ-n=45r/min;Ⅲ-n=60r/min

(3) 旋轮进给比 f 的影响。

图 5-72 为主轴转速 n=25r/min、旋轮圆角半径 r_ρ=9mm 和坯料厚径比 t_0/D_0=0.013 时,旋轮进给比 f 对旋压件在 0°和 60°母线上壁厚减薄率 Ψ_t 的影响规律。由图可见,壁厚减薄率 Ψ_t 沿高度方向的变化趋势一致,随着进给比的增加,

壁厚减薄率呈减小趋势。最大壁厚减薄率 Ψ_{tmax} 分别出现在高度为 8mm 和 6mm 的位置附近。旋轮进给比 f 为 0.20mm/r、0.30mm/r 和 0.40mm/r 时,0°母线最大壁厚减薄率 Ψ_{tmax} 分别为 14.06%、11.98% 和 10.16%,60°母线最大壁厚减薄率 Ψ_{tmax} 分别为 8.53%、8.33% 和 7.81%。

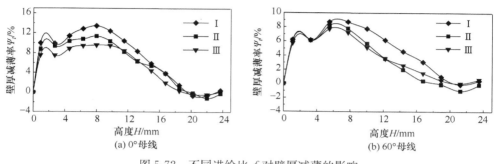

图 5-72　不同进给比 f 对壁厚减薄的影响

Ⅰ-f=0.20mm/r;Ⅱ-f=0.30mm/r;Ⅲ-f=0.40mm/r

由此可见,较高的旋轮进给比 f(0.40mm/r)可以降低三直边圆角形零件的最大壁厚减薄。这是因为旋压过程中旋轮与坯料的接触轨迹为螺旋线,当进给比较大时接触轨迹重叠的区域减小,从而使得零件壁厚的减薄得以减轻。但过大的进给比容易导致起皱、口部不平整和表面出现压痕等缺陷,因此进给比不宜过大。

5.4.3　三边圆弧形零件旋压成形试验研究

1. 试验方案与成形过程

试验时所研究的三边圆弧形零件相关尺寸参数(零件高度为 54mm)如表 5-13 所示,所采用的主要工艺参数如表 5-21 所示。图 5-73 为三边圆弧形零件旋压成形过程所获得的半成品照片。由图可见,随着旋压过程的进行,变形金属坯料在旋轮作用下逐点连续发生塑性变形;成形高度 $H<31$mm(法兰宽度 $W>24$mm)时,坯料外轮廓保持不变,法兰区域保持直立和平整;成形高度 $H=31$mm(法兰宽度 $W=24$mm)时,坯料法兰区域出现微起皱现象;随着旋压的继续进行,坯料外轮廓逐渐减少,法兰区域起皱的皱波逐渐增大;但由于起皱不明显,其皱波在旋压过程中被旋轮压平,最终得到成形质量良好的旋压件(图 5-74)。

表 5-21　主要工艺参数

旋轮直径 D_R/mm	旋轮圆角半径 r_ρ/mm	旋轮安装角 β'/(°)	坯料厚度 t_0/mm	进给比 f/(mm/r)	主轴转速 n/(r/min)
240	7、9、11	45	2.0	0.15、0.2、0.3、0.4	25、45、60

(a) 坯料　　　(b) 成形高度 H=30mm　　　(c) 成形高度 H=40mm　　　(d) 旋压件

图 5-73　三边圆弧形零件成形过程

(f=0.15mm/r, n=45r/min)

2. 应变分布规律

1）应变网格试验

试验采用圆形网格（记初始直径为 d_0'，d_0'=5mm），用金属丝印油墨在坯料上印刷应变网格（图 5-75）。成形过程中旋轮与芯模之间的间隙保持为坯料厚度（2mm）。坯料安装时将印有网格的表面放置在芯模一侧，以避免因旋轮挤压材料而引起的网格损坏。采用标准旋轮，旋轮直径 D_R 为 240mm，圆角半径 r_ρ 为 7mm；主轴转速 n 为 45r/min，旋轮进给比 f 为 0.15mm/r。

图 5-74　三边圆弧形旋压件　　　　　图 5-75　坯料（已印网格）

2）试验结果

图 5-76 为旋压成形结束后应变网格照片。为了便于讨论，将旋压件分为底部区、圆角区、侧壁和口部。

由三边圆弧形零件旋压成形模拟结果（图 5-28）可知，该零件应变呈 120°循环对称分布。选取如图 5-76 所示剖面线区域（大于 120°对应区域）进行测量和分析，以全面反映三边圆弧形零件应变分布规律。由图 5-76 可见，底部区域网格保持不变，侧壁网格沿母线方向发生明显的拉长而形成椭圆。设网格变形后形成椭圆的长、短轴长度分别为 d_1 和 d_2，其分别与母线方向和切向对应。根据长、短轴的长度

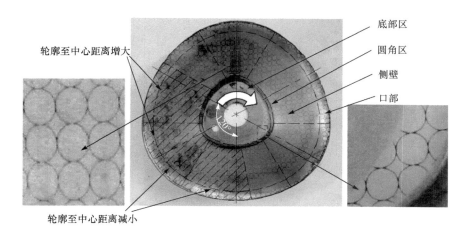

图 5-76　三边圆弧形旋压成形件

和网格原始直径 d'_0 可求得母线方向和切向的应变 ε_z 和 ε_θ：

$$\varepsilon_z = \ln(d_1/d'_0) \tag{5-2}$$

$$\varepsilon_\theta = \ln(d_2/d'_0) \tag{5-3}$$

根据体积不变原理可得，厚向应变 ε_t 为

$$\varepsilon_t = -\varepsilon_z - \varepsilon_\theta \tag{5-4}$$

忽略剪应变，则等效应变 $\bar{\varepsilon}$ 为

$$\bar{\varepsilon} = \frac{\sqrt{2}}{3}\sqrt{(\varepsilon_z - \varepsilon_\theta)^2 + (\varepsilon_z - \varepsilon_t)^2 + (\varepsilon_\theta - \varepsilon_t)^2} \tag{5-5}$$

采用超景深三维显微镜 VHX-600E 放大 20 倍对网格圆进行逐个测量，通过 Microsoft Office Excel 2003 软件计算得到母线方向应变 ε_z、切向应变 ε_θ、厚向应变 ε_t 和等效应变 $\bar{\varepsilon}$。借助 MATLAB 7.0 软件绘制得到上述应变的等值线图，如图 5-77所示。

3）试验结果分析

（1）变形方式与应变状态。

平板坯料拉深旋压在法兰宽度大于某一临界值时实际上为剪切旋压，在法兰宽度小于临界值后则是兼有剪切旋压和拉深旋压的复合变形[61,62]。由图 5-73 可见，三边圆弧形横截面零件旋压成形底部圆角区和侧壁时，坯料外轮廓保持不变，符合剪切旋压的特征；由图 5-77 可见，侧壁的应变属于一向拉伸、两向压缩的应变类型：母线方向受拉伸、切向和厚向受压缩，其中切向应变远小于母线方向应变和厚向应变。由此可知，非圆横截面件旋压成形时，侧壁坯料变形方式为剪切旋压。旋压成形口部时，坯料外轮廓逐渐减小；口部应变同样属于母线方向受拉伸、切向和厚向受压缩的一向拉伸、两向压缩的应变类型，其中切向应变较小，以母线方向

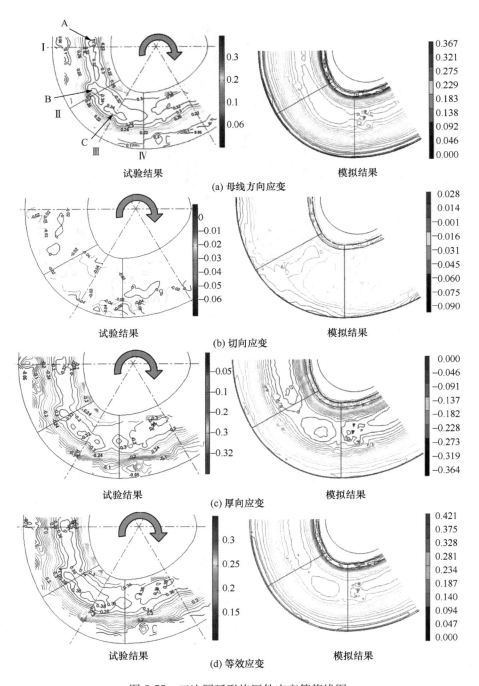

图 5-77 三边圆弧形旋压件应变等值线图

应变和厚向应变为主；与侧壁切向应变相比，口部的切向应变有所增大。由此可知，非圆截面零件旋压成形时，坯料的口部变形是以剪切旋压为主、兼有拉深旋压的复合变形。

（2）应变分布。

母线方向应变 ε_z 分布：试验所得该方向应变的范围为 $[0.06,0.34]$，从圆角区至口部，应变值先增大再减小。设大圆锥面侧壁中下部中间部位为 A 区、大小圆锥面侧壁中部连接部位为 B 区、小圆锥面侧壁中部中间部位为 C 区（图 5-77(a)）。母线方向应变最大值（0.34）出现在 A、B 和 C 区域，且 A 区面积比 C 区大；应变最小值出现在口部。大小圆锥面中间母线两侧的应变不完全对称，横截面轮廓至中心距离增大一侧（具体位置见图 5-76）的应变比距离减小一侧大。

切向应变 ε_θ 分布：该方向应变的范围为 $[-0.06,0]$，应变值总体较小（其最大应变值比母线方向应变 ε_z 和厚向应变 ε_t 小一个数量级）。最大应变出现在大小圆锥面口部。侧壁应变范围为 $[-0.04,0]$，最小应变值（0）出现在大圆锥面中部中间位置。

厚向应变 ε_t 分布：该方向应变的范围为 $[-0.32,-0.05]$，其变化趋势与母线方向应变 ε_z 一致。

等效应变 $\bar{\varepsilon}$ 分布：该应变的范围为 $[0.08,0.38]$，其变化趋势与母线方向应变 ε_z 一致。

侧壁母线 Ⅰ、Ⅱ、Ⅲ 和 Ⅳ（图 5-77(a)）上应变的分布如图 5-78 所示。由图可明显看出，各母线上的应变主要为母线方向应变 ε_z 和厚向应变 ε_t，且随高度的变化而发生明显变化；切向应变 ε_θ 最小且变化较小。各母线上母线方向应变 ε_z、厚向应变 ε_t 和等效应变 $\bar{\varepsilon}$ 在侧壁中部附近同时出现绝对值最大值，但不同母线上最大值对应的高度不同：母线 Ⅰ、Ⅱ、Ⅲ 和 Ⅳ 上最大值对应高度分别为 18mm、22.5mm、27.5mm 和 24.5mm。比较母线 Ⅰ（大圆锥面中间母线）和 Ⅲ（小圆锥面中间母线）的应变分布可明显看出，小圆锥中间母线上不仅变形较大，而且在高度 7～42mm 均为变形较大区域。母线 Ⅱ 与 Ⅳ 均为大小圆锥面的连接线，但应变变化不同，前者较接近于母线 Ⅰ，而后者较接近于母线 Ⅲ。

相同工艺条件下数值模拟所得母线方向应变 ε_z、厚向应变 ε_t 和等效应变 $\bar{\varepsilon}$ 范围分别为 $[0.00,0.367]$、$[-0.364,0]$ 和 $[0,0.421]$，其最值稍大于试验结果，最值误差分别为 7.94%、13.75% 和 10.79%。侧壁母线 Ⅰ、Ⅱ、Ⅲ 和 Ⅳ 上模拟与试验所得应变的比较如图 5-78 所示，两者变化趋势相同。与试验结果相比，侧壁母线 Ⅰ、Ⅱ、Ⅲ 和 Ⅳ 上模拟结果最大误差分别为 13.50%、18.75%、10.00% 和 12.12%。其中曲线 Ⅱ 误差较大，主要是因为旋压成形时曲线 Ⅱ 对应位置坯料推动旋轮实现快速径向后退产生了附加压应变。数值模拟所得应变最值稍大于试验结果，主要是因为模拟所得应变为单元网格各节点积分值，而试验所得应变为应变网格圆的平

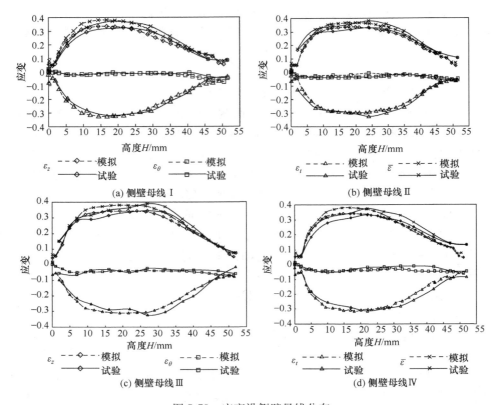

图 5-78　应变沿侧壁母线分布

均应变值,因此前者较大。总体而言,模拟结果与试验结果基本一致,模拟结果具有较高的精度。

3. 旋压件成形质量控制

1) 旋轮圆角半径 r_ρ 对壁厚减薄的影响

图 5-79 为主轴转速 $n=60$r/min、旋轮进给比 $f=0.15$mm/r 时,旋轮圆角半径 r_ρ 对壁厚减薄率的影响规律。由图可见,最大壁厚减薄率随着旋轮圆角半径的增加而减小。这主要是因为圆角半径较大时,旋轮与坯料轴向的接触较平缓,坯料金属轴向流动更容易,有利于减轻零件壁厚的减薄现象。

2) 旋轮进给比 f 对壁厚减薄率的影响

图 5-80 为主轴转速 $n=60$r/min、旋轮圆角半径 $r_\rho=7$mm 时,旋轮进给比 f 对壁厚减薄率的影响规律。由图可见,最大壁厚减薄率随着旋轮进给比 f 的增加而减小。这是因为随着旋轮进给比的增加,旋压过程中旋轮与坯料接触轨迹重叠区域减小,从而减缓了旋压件壁厚的减薄情况。

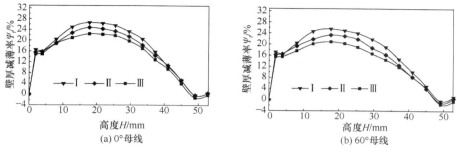

图 5-79　不同旋轮圆角半径 r_ρ 对壁厚减薄率的影响

Ⅰ -r_ρ=7mm；Ⅱ-r_ρ=9mm；Ⅲ-r_ρ=11mm

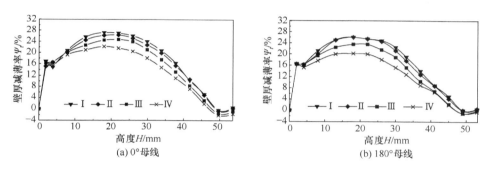

图 5-80　不同进给比 f 对壁厚减薄率的影响

Ⅰ -f=0.15mm/r；Ⅱ-f=0.20mm/r；Ⅲ-f=0.30mm/r；Ⅳ-f=0.40mm/r

5.5　本 章 小 结

　　本章以圆弧形和直边形等不同类型横截面空心零件为研究对象,采用应用最广泛的平板毛坯普通旋压成形方式,综合采用理论分析、有限元数值模拟和试验研究等手段,研究了非圆横截面件旋压成形过程旋轮运动特点及其影响,突破了旋轮运动控制、并行运算等非圆旋压数值模拟关键技术,通过数值模拟系统研究了多种非圆横截面件的旋压成形机理,获得了一种非圆横截面件的旋压成形方法及其设备(发明专利号:ZL200810219517.4),并通过试验对理论分析及数值模拟结果进行了全面验证。主要研究工作和结论如下。

　　(1) 对非圆横截面件旋压进行了分类,对非圆横截面件旋压成形过程的变形特点进行了理论分析,提出非圆横截面件变形程度分析方法。对大变形弹塑性有限元基本理论进行了阐述,对坯料设计、模型离散、旋轮运动控制、并行运算等有限元数值模拟关键技术进行了研究,开发了面向并行运算的旋轮运动控制子程序,建立了基于 MSC. MARC 软件的非圆旋压横截面件三维弹塑性有限元数值模拟模型。通过改变模型离散方法和运动边界条件设置并采用并行运算有效提高了非圆横截面件旋压成形数值模拟计算效率。研究表明,采用坯料静止的运动边界条件和多核并行运算可在不降低模拟精度的前提下使非圆横截面件旋压数值模拟时间减少 76.97%。

（2）以三维弹塑性数值模拟为分析手段,系统研究了圆弧形和直边形等不同类型横截面空心零件旋压成形过程,获得了其变形方式、等效应力应变分布、应变状态及壁厚分布规律。结果表明,非圆横截面件旋压最大等效应变和壁厚最大减薄主要受其组成面的相对高度即变形程度的影响,相对高度越高、等效应变越大,减薄越严重;当非圆横截面件各组成面的相对高度不同时,相对高度较大的组成面金属沿切向往相对高度较小的组成面流动,产生切向压应力,使法兰区域不稳定性增加。随着零件不同组成面之间相对高度差异的增加,金属从相对高度较大的组成面两侧沿切向往相对高度较小的组成面两侧的流动逐渐明显,使得法兰区更容易失稳,出现前倾甚至起皱。

（3）以非圆特征明显的三边形零件为例,研究了旋压成形过程中旋压力的变化规律与影响因素。结果表明,三边形零件旋压成形时,母线方向旋压力最大,其次是厚向旋压力,切向旋压力最小。同一个旋转周期内,三向旋压力呈周期性变化。母线方向旋压力主要受坯料变形程度影响,最小值出现在变形程度最小的零件组成面中间位置附近,最大值出现在变形程度最大的零件组成面中间位置附近。厚向旋压力的变化主要受横截面曲率影响,对于圆弧形横截面,曲率较小的组成面对应的厚向旋压力较大;对于直边圆角形横截面,曲率不为零的组成面对应的厚向旋压力较大。切向旋压力周期性变化主要是由旋轮接触位置切向变化引起的,受切向移动位置与厚向旋压力共同影响,极值出现在切向移动距离最大的位置。

（4）以三直边圆角形零件为例,结合正交试验设计,研究了主要工艺参数（旋轮直径 D_R、旋轮圆角半径 r_ρ、相对间隙 Δc、主轴转速 n 和旋轮进给比 f 等）对成形质量（壁厚减薄和回弹等）的影响。结果表明,主要工艺参数对圆角面最大壁厚减薄率 Ψ_{tmax} 影响的显著程度为:相对间隙 Δc＞旋轮进给比 f＞旋轮圆角半径 r_ρ＞旋轮直径 D_R＞主轴转速 n;对直边面最大壁厚减薄率 Ψ_{tmax} 影响的显著程度为:相对间隙 Δc＞旋轮圆角半径 r_ρ＞旋轮进给比 f＞旋轮直径 D_R＞主轴转速 n;对回弹角 $\Delta \alpha$ 影响的显著程度为:旋轮圆角半径 r_ρ＞主轴转速 n＞旋轮进给比 f＞旋轮直径 D_R＞相对间隙 Δc。选择适当的相对间隙 Δc 对获得均匀的壁厚至关重要,最佳相对间隙 Δc 为 -10%。较高的进给比 f 有利于减少零件壁厚减薄和回弹。

（5）研制出了高精度的非圆横截面件旋压工装,并对三边形零件旋压成形进行了试验研究,成功研制出横截面最复杂的非圆零件——三直边圆角形零件。通过应变网格试验获得了三边圆弧形零件三向应变和等效应变分布规律。通过电测方法实测得到旋压过程中旋压力的变化规律及工艺参数的影响。从成形过程、成形件高度、壁厚减薄和旋压力等角度来看,本章所建的数值模拟模型是可靠的;试验所得的应变分布、应变状态、旋压力、工艺参数对成形质量的影响规律等与数值模拟结果吻合良好。

(6) 相对于圆形横截面空心零件,非圆横截面件旋压最大的特点是"不均匀性",主要体现在非圆横截面件不同组成面的变形程度不同,相对高度较大的组成面变形较大,不同组成面的变形相互制约。从最大等效应变、最大壁厚减薄率和回弹角来看,六边圆弧形零件不同组成面之间的均匀程度较高,近似于圆形横截面零件旋压。

参 考 文 献

[1] 白宏伟,叶蕾,陈英硕. 非圆截面布撒器发展及装备现状. 飞航导弹,2008,(8):16-20.

[2] Zaloga S. AGM-158 JASSM. World Missiles Briefing,2006,8:56-60.

[3] Gertler J. Air force next-generation bomber:Background and issues for congress. Congressional Research Service,2009,12:89-95.

[4] 纪秀玲,张太恒,何光林. 非圆截面巡飞弹气动特性实验研究. 南京理工大学学报(自然科学版),2010,34(1):71-74.

[5] Smith T R,McCoy E M,Krasinski M,et al. Ballute and parachute decelerators for FASM/Quick look UAV. AIAA-2003-2142. Monterey:AIAA,2003.

[6] 高红利,洪锡纲. 非圆形截面容器的特点及其应力计算. 暨南大学学报(自然科学版),2003,24(1):87-89.

[7] 邱家骏. 工程力学. 北京:机械工业出版社,2004.

[8] 赵中里,韩静涛. 汽车轻量化中的管材内高压成形技术. 现代制造工程,2005,(8):114-116.

[9] 夏琴香. 一种旋压成形方法及其装置:中国,ZL02114937.2,2004-12-29.

[10] 夏琴香. 三维非轴对称零件旋压成形机理研究. 机械工程学报,2004,40(2):153-156.

[11] Amano T,Tamura K. The study of an elliptical cone spinning by the trial equipment. Proceedings of the 3rd International Conference on Rotary Metalworking Processes,Kyoto,1984:312-224.

[12] Gao X C,Kang D C,Meng X. Experimental research on a new technology of ellipse spinning. Journal of Materials Processing Technology,1999,94:197-200.

[13] 程秋谋,康达昌. 椭圆异形件旋压工艺的研究. 塑性工程学报,1997,4(1):56-59.

[14] Awiszus B,Meyer F. Metal spinning of non-circular hollow parts. Proceedings of the 8th International Conference on Technology of Plasticity,Verona,2005:353-355.

[15] Arai H. Robotic metal spinning-shear spinning using force feedback control. Proceedings of IEEE International Conference on Robotics and Automation,Taipei,2003:3977-3983.

[16] Arai H. Robotic metal spinning-forming non-axisymmetric products using force control. Proceedings of IEEE International Conference on Robotics and Automation,Barcelona,

2005：2691-2696.

[17] Arai H. Force-controlled metal spinning machine using linear motors. Proceedings of IEEE International Conference on Robotics and Automation，Orlando，2006：4031-4036.

[18] Shimizu I. Asymmetric forming of aluminum sheets by synchronous spinning. Journal of Materials Processing Technology，2010，210：585-592.

[19] Sebastian H，Birgit A. Numerical and experimental investigations of production of non-rotationally symmetric hollow parts using sheet metal spinning. Steel Research International，2010，81(9)：998-1001.

[20] Arai H. Synchronous die-less spinning of curved products. Steel Research International，2010，81(9)：1010-1013.

[21] Özer A，Arai H. Robotic metal spinning-experiments with cascaded position-velocity control with an add-on vibration suppressor for enhanced trajectory tracking. Proceedings of ICROS-SICE International Joint Conference，Fukuoka，2009：2621-2626.

[22] 夏琴香，程秀全. 非圆截面零件的旋压成形方法及其设备：中国，ZL200810219517. 4，2010-9-1.

[23] 程秀全，夏琴香. 一种非圆截面钣金零件的回转加工装置：中国，ZL200920053635. 2，2009-12-30.

[24] 夏琴香，程秀全. 一种三角形截面零件的旋压成形设备：中国，ZL200820204304. X，2009-9-2.

[25] 张帅斌. 三角形截面空心零件旋压工艺研究及有限元数值模拟. 广州：华南理工大学硕士学位论文，2009.

[26] 詹欣溪. 三角形横截面空心零件旋压成形方法及旋压力试验研究. 广州：华南理工大学硕士学位论文，2009.

[27] 吴小瑜. 四边圆弧形横截面空心零件旋压成形数值模拟及试验研究. 广州：华南理工大学硕士学位论文，2010.

[28] Xia Q X，Zhang P，Wu X Y，et al. Research on distributions of stress and strain during spinning of quadrilateral arc-type cross-section hollow part. International Conference on Mechanical，Industrial，and Manufacturing Engineering，Melbourne，2011：17-20.

[29] 程秀全，吴小瑜，夏琴香. 四边圆弧形横截面空心零件旋压成形壁厚分布规律的研究. 第五届泛珠三角塑性工程(锻压)学术年会，德阳，2010：60-64.

[30] 王映品. 五边形截面空心零件旋压成形数值模拟与工艺研究. 广州：华南理工大学硕士学位论文，2011.

[31] 夏琴香，王映品，程秀全. 五边形横截面零件旋压成形壁厚变化规律研究. 第十二届全国塑性工程学术年会，重庆，2011：496-499.

[32] 王成和，刘克璋. 旋压技术. 北京：机械工业出版社，1986.

[33] 赵云豪，李彦利. 旋压技术与应用. 北京：机械工业出版社，2007.

[34] 日本塑性加工学会. 旋压成形技术. 陈敬之，译. 北京：机械工业出版社，1984.

[35] 陈适先，贾文铎，曹根顺，等. 强力旋压工艺与设备. 北京：国防工业出版社，1986.

[36] 赖周艺. 非圆横截面空心零件旋压成形机理研究. 广州：华南理工大学博士学位论文，2012.

[37] Xia Q X, Lai Z Y, Zhan X X, et al. Research on spinning method of hollow part with triangle arc-type cross section based on profiling driving. Steel Research International, 2010, 81(9): 994-997.

[38] 李健. 圆锥形零件极限拉深系数及合理压边力的研究. 重庆：重庆大学硕士学位论文，2002.

[39] 贺军涛. 盒形件拉深的研究. 长春：吉林大学硕士学位论文，2004.

[40] 杨玉英. 盒形件成形机理的探讨. 锻压技术，1989，(6)：13-17.

[41] 刘红生，邢忠文，杨玉英. 方盒形件拉深成形无网格法模拟. 机械工程学报，2010，46(4)：48-53.

[42] Quigley E, Monaghan J. Enhanced finite element models of metal spinning. Journal of Materials Processing Technology, 2002, 121: 43-49.

[43] 吕军，王忠金，王仲仁. 有限元六面体网格的典型生成方法及发展趋势. 哈尔滨工业大学学报，2001，33(4)：485-490.

[44] 夏琴香. 三维非轴对称偏心及倾斜管件缩径旋压成形理论与方法研究. 广州：华南理工大学博士学位论文，2006.

[45] 刘劲松，张士宏，肖寒，等. MSC. MARC 在材料加工工程中的应用. 北京：中国水利水电出版社，2010.

[46] 夏琴香，胡昱，孙凌燕，等. 旋轮型面对矩形内齿旋压成形影响的数值模拟. 华南理工大学学报（自然科学版），2007，35(8)：1-6.

[47] 阚前华，常志宇. MSC. MARC 工程应用实例分析与二次开发. 北京：中国水利水电出版社，2005.

[48] 夏琴香，吴小瑜，张帅斌，等. 三边形圆弧截面空心零件旋压成形的数值模拟及试验研究. 华南理工大学学报（自然科学版），2010，38(6)：100-106.

[49] 陈火红. MARC 有限元实例分析教材. 北京：机械工业出版社，2002.

[50] 陈火红，于军泉，席源山. MSC. MARC/Mentant 2003 基础与应用实例. 北京：科学出版社，2004.

[51] 郑岩，顾松东，吴斌. MARC 2001 从入门到精通. 北京：中国水利水电出版社，2003.

[52] 童隆长. 塑性加工过程有限元法模拟的现状和困难. 塑性工程学报，2002，9(4)：1-6.

[53] 孙家昶，张林波，迟学斌，等. 网络并行计算与分布式编程环境. 北京：科学出版社，1996.

[54] MSC. Software. MSC. MARC 2005 R2(Volume D): User Subroutines and Special Routines. Los Angeles: MSC. Software Corporation, 2005.

[55] 刘建生，陈慧琴，郭晓霞. 金属塑性加工有限元模拟技术与应用. 北京：冶金工业出版社，2003.

[56] 赵宪明，吴迪，吕炎. 筒形件强力旋压变形机理的有限元分析. 塑性工程学报，1998，5(3)：61-65.

[57] 日本塑性加工学会. 旋压成形技术. 北京：机械工业出版社，1988.

[58] Musica O, Allwood J M, Kawai K. A review of the mechanics of metal spinning. Journal of Materials Processing Technology, 2010, 210(1): 3-23.

[59] 冯万林, 夏琴香, 程秀全, 等. 旋压力的测试方法及试验研究. 锻压装备与制造技术, 2005, (4): 88-92.

[60] Ammar A A, Jallouli M, Bouaziz Z. Design and development of a dynamometer for the simulation of the cutting forces in milling. International Journal of Automation and Control, 2011, 5(1): 44-60.

[61] Quigley E, Monaghan J. Metal forming: An analysis of spinning process. Journal of Materials Processing Technology, 2000, 103(1): 114-119.

[62] Kang D C, Gao X C, Meng X F, et al. Study on deformation mode of conventional spinning of plates. Journal of Materials Processing Technology, 1999, 91(3): 226-230.

第6章　多楔带轮旋压成形技术

带传动用于传递动力和运动,是机械传动中重要的传动形式,已得到越来越广泛的应用。近年来,特别是在汽车工业、家用电器和办公机械以及各种新型机械装备中使用相当普遍。带传动具有结构简单、传动平稳、价格低廉、无需润滑及可以缓冲吸振等特点,使得带传动在机械传动中占据了重要地位,而且从易损件向传动的功能部件演变,在许多场合替代了其他传动形式[1]。传统的皮带轮采用锻、铸造毛坯经切削加工而制成,采用这种方法制作的皮带轮不但笨重而且转动惯量大,启动和制动时耗能高,在加工过程中环境污染大,且要去除大量的金属材料。也有采用冲压法和胀压法加工皮带轮的,但是采用冲压法一般只能做分体结构的单槽带轮;胀压法只可制作整体结构的单槽、双槽和三槽折叠式带轮,其板料厚度限制在1.5mm以下。这两种方法制作出的皮带轮尺寸精度低、平衡性能差,满足不了现代机械产品中传动稳定性的要求[2]。钣制旋压皮带轮作为皮带轮一种新型的结构形式,以其重量轻、精度高、强度高、节能、节材、价格低廉、动平衡好、无环境污染等特点,已广泛应用于汽车发动机的曲轴皮带轮、水泵皮带轮、风扇皮带轮、转向皮带轮、发电机皮带轮等,并逐步淘汰了锻、铸造等其他形式的传统皮带轮,产生了良好的社会效益和经济效益[3]。所以,目前加工技术发达的国家,越来越多地倾向于采用旋压技术来加工工程机械和汽车上所使用的带轮件。20世纪80年代初,美国采用拉深-旋压方法制造"V"形槽钣制带轮获得成功,这种旋压法制造的钣制带轮克服了传统铸造带轮的缺点,不但重量轻、平衡性能好、精度高、成本低,且生产效率高。随后联邦德国、日本等国家也迅速发展相应的技术产品,并且生产出各类型号的应用型旋压机,广泛应用于生产汽车发动机上的水泵轮、风扇轮、主轴轮、空调压缩机胀紧带轮、减振器和传感器带轮、汽车刹车片等[4,5]。我国从1985年开始进行带轮旋压工艺的研究,于1992年成功研制出具有国际先进水平的立式数控带轮旋压机[6]。东风汽车工程研究院在90年代围绕东风公司8t柴油发动机风扇带轮齿形旋压,针对旋齿过程中齿尖充不满、轮齿表面质量差、旋齿过程中存在飞边及径向裂纹等缺陷进行了深入研究,并提出解决措施[7]。东风汽车车轮有限公司也针对折叠式旋压带轮进行了工艺分析,研究了其旋压成形原理,并介绍了其工艺流程及工艺设计中应该注意的问题[8]。而上海易初通用机器有限公司则根据自身产品要求,通过引进德国旋压设备,研究了带轮旋压成形工艺,并对旋压带轮节约增效课题进行了探索与应用[9]。20世纪末,国内许多厂家对单槽轮、双槽轮、劈开轮的生产技术已经成熟,而多楔轮的生产技术还未完全成熟,基本还是采用进口多楔轮。故进入 21 世纪以来,钣制带轮旋压技术的研究主要集中在多楔带轮的成形工艺和变形机理以及钣制旋压带轮质量控制方面。目前,钣制旋压带轮作为带轮一种新型的结构形式,以其重量轻、动平衡性好、精度好、生产效率高、成本低等优点,已被汽车、摩托车、拖拉机、家电及工业自动化等行业广泛应用,并具有逐步淘汰锻、铸造等其他形式传统带轮的趋势,产生了良好的社会效益和经济效益[10]。

　　本章依托广东省教育部产学研结合项目"钣制带轮近净成形工艺和数控旋压设备研究及生产线的组建"(2006D90304021),以六楔带轮为研究对象,深入分析带轮旋压的成形原理及技术难点,设计出合理的成形预制坯,并且制定合理可行的六楔带轮成形工艺路线,包括预成形、腰鼓成形、增厚成形、预成齿及整形五个工步;同时对多楔带轮旋压成形进行全流程数值模拟,获得相关工艺参数的影响规律。在有限元数值模拟的理论基础上,针对多楔带轮旋压成形工艺特点以及自行研制的 HGQX-LS45-CNC 型立式数控旋压机床的性能要求,设计出四工位旋轮座,并对多楔带轮旋压成形进行试验研究;通过对旋压过程中的缺陷分析和质量评价,提出相应的解决方案,获得合格的带轮旋压件,成形工艺稳定可靠。

6.1　钣制带轮旋压成形技术及工艺特点

6.1.1　带轮制造方法

　　带轮是一种重要的机械传动零件,广泛应用于各种机械设备传动中。带轮传统生产方法是采用锻、铸造毛坯经切削加工而成,其缺点是浪费材料、生产率低、产品精度低,并需进行转动平衡试验[11]。为了克服这些缺点并实现皮带轮的轻量化,近 30 年来世界各国均致力于皮带轮先进生产方法的研究开发,其中旋压成形就是目前最流行的一种成形新工艺。

　　1) 传统制造技术

　　带轮的传统制造工艺是采用锻、铸造毛坯经切削加工制成的。采用这种方法制作的皮带轮,其重量大、转动惯量大、材料利用率低、加工时间长、成本高。由于铸坯内部易出现缺陷,带轮的动、静平衡性差,难以保证高速运转传动系统的稳定性。而且转动惯量大使传动系统的能耗增加,在频繁启动和制动过程(如汽车发动机)中,不仅使传动轴承受负荷大,而且影响三角带的寿命,降低启动和制动的快速性。此外,锻造、铸造车间劳动环境差、消极因素多、事故发生率高,集苦、脏、累、险于一体,是以特种困难为特征存在于机械制造厂的。在加工过程中所形成的油雾、粉尘、烟雾、化学微粒、噪声等容易引起操作者的皮肤、呼吸系统、听力系统的疾病,甚至癌症;另外,温度条件差,长时间高温作业会影响人的消化系统和泌尿系统,在忽冷忽热的刺激下,会影响人的思维和情绪,对工作有厌恶感,以致降低工效。同时,热辐射也相当严重,锻造、铸造车间的高温源会发出有害射线,易使人体尤其眼睛受到损伤,同时高温物体易造成烧伤或烫伤。因此,多年前人们就已开始探索如何改进带轮结构及相应的加工方法[12]。

2) 冲压焊接成形

采用冷冲压法制造皮带轮是利用板材先分别冲出两个可成形皮带轮半槽的碟形件,然后将两件通过焊接或铆接连成一体,形成一个单槽皮带轮。这种皮带轮是钣制皮带轮的早期结构形式,用此法生产效率较高,但其槽角精度、带轮的尺寸精度主要取决于焊、铆接时组合装配的质量。由于焊接组合常因零件受热易产生翘曲变形,其轮槽的径向跳动和端面偏摆经常超差,尺寸精度不好,且只能生产单槽皮带轮,现在已经很少使用[2,13]。

3) 冲压胀形法

胀形皮带轮是钣制皮带轮中的一种整体结构形式,成形方法是先将板坯拉深成带凸缘的筒形件,凸缘即为皮带轮"V"形槽的一个侧面,筒段外径与带轮槽底径相等。将这种预制坯置于分瓣、分段组合成的模具中,在密封的毛坯内腔注入高压油,在轴向和径向压力作用下,迫使预制坯变形段与模具相应部分贴面成形,这种方法可成形出整体多槽皮带轮,比冲压皮带轮进了一步,因此一度被现代化工业所接受。采用液压胀形法制造的折叠式带轮,由于变形时液压油与几乎整个带轮内腔表面作用,变形力较大,所以其板料厚度一般在 1.5mm 以下,胀压皮带轮由于靠多向合模而成形,所以在"V"形槽上不免留下多道合模的痕迹。产品精度完全由模具加工精度保证,而且合模模具在加工中难以保证很高的加工精度等级。根据生产厂的实践,带轮槽面径向跳动量超差达 30%。模具复杂,制造成本高,变换产品尺寸需要更换全套工装,对产品更新换代很不适应,这是胀压法制造皮带轮的缺点[2,13]。

4) 旋压成形法

在机械产品中如何节约原材料并能提高产品质量、减轻产品的重量、延长使用寿命、降低产品的制造成本和能源消耗以及减少加工工时一直是人们关注的焦点。钣制旋压成形皮带轮以金属板料为毛坯,经过落料、拉深等冲压工序制成筒状,然后将其装夹在带有顶压座的芯模上,使其随主轴一起旋转,通过若干不同齿形的旋压成形轮分别沿径向施加压力,从而成形为带轮[14]。采用旋压成形方法生产的带轮与铸、锻造后经机加工的皮带轮相比较具有以下优点[15,16]。

(1) 所消耗的毛坯重量约轻 60%,即节省了原材料。由于重量轻、转动惯量小,带轮在启动、制动中能耗低,提高了整机性能。

（2）材料密度和壁厚均匀。因其是整体结构，成形工艺合理，尺寸精度高（即槽面径向跳动量一般在 0.1～0.2mm），动平衡性好。

（3）旋压用工具和模具的费用低。同铸造和锻造相比，旋压用工具和模具的费用为铸、锻造模具费用的 1/5，而且强度高、寿命长，旋轮具有可通用性（即同一形式旋轮可旋压不同直径的皮带轮），旋压过程可自动完成，工序周转和运输过程中的损坏率低。

（4）旋压皮带轮表面质量好。旋压过程可以消除原材料和预制毛坯制作中产生的表面损伤，多楔带轮槽面的粗糙度 R_a 可达 1.6～0.2μm。

（5）无环境污染。皮带轮旋压成形技术属无切削、静态压力成形工艺，对环境没有任何的影响及污染，工人劳动条件好，劳动强度低。

6.1.2　带轮旋压技术

1. 带轮旋压技术发展现状

旋压成形带轮以其自身的优点在各种机械设备上得到推广及应用，已成为节料、节能的换代产品。钣制旋压带轮采用冷轧钢板为坯料，经旋压成形（即塑性变形）而成，从结构形式一般可分为劈开式带轮、折叠式带轮、多楔式带轮（多齿多槽"V"形轮）和组合式带轮（图 6-1）[17]。

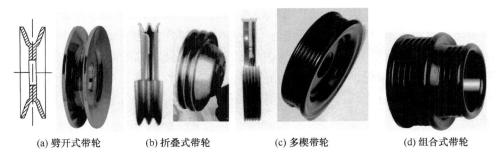

(a) 劈开式带轮　　　(b) 折叠式带轮　　　(c) 多楔带轮　　　(d) 组合式带轮

图 6-1　钣制带轮

先进工业国家早在 20 世纪 70 年代初就已经开始采用旋压成形技术生产钣制皮带轮，以德国 Leifeld 公司制造的 VK1-20、VK1-45、PFC214-1T、HK60CNC 旋压机为例，它可生产出汽车发动机上的水泵轮、风扇轮、主轴轮、空调压缩机张紧带轮、减振器、传感器带轮、汽车刹车片等，其技术水平是属国际领先水平的；其次是美国的 Autospin 公司、日本的 Nihon Spindle 公司，这些公司在 80 年代大都是从卧式回转成形工艺形式发展过来的，在钣制皮带轮旋压成形技术上有很强的代表性[18～20]。

我国对钣制皮带轮旋压成形技术的研究最早兴起于 20 世纪 80 年代末期。主要应用研究是从航天工业发展开始的,后逐步转向汽车、拖拉机、摩托车、农用插秧机、联合收割机、洗衣机等行业的发展。以原航空航天部六二五所、北京航空航天大学等科研院校所为代表的应用研究取得了巨大的成功,北京航空航天大学制造的 VPS-20 吨立式数控"V"形带轮旋压机、VPS-30 吨立式数控型带轮旋压机被原机械工业部确立为"八五"科技成果推广项目,广泛地应用在汽车零部件生产制造业,并为我国轿车工业引进技术的国产化工作奠定了基础[15,21]。

目前,德、日、美等国在带轮旋压技术上现已趋于成熟。在国内,北京航空航天大学和国内其他一些研究单位开展了劈开轮、折叠轮、多楔轮(多"V"带轮)以及组合式带轮旋压成形机理的研究,通过对旋压成形过程的金属流动和受力情况的分析及大量的工艺试验,得出由金属板材经拉深成形出预制毛坯,再经旋压成形出"V"形槽,而形成的皮带轮(通称钣制旋压皮带轮)是钣制带轮中最佳的皮带轮结构形式。这种形式的带轮不仅重量轻、省料、节能,而且生产效率高,不污染环境;旋压成形后的"V"形槽金属纤维流向合理,零件质量高。

2. 带轮旋压技术特点

旋压皮带轮一般是由板材经拉深形成预制毛坯,在专用的旋压设备上采用旋压成形法成形出整体皮带轮。它是在冲压带轮和胀压带轮基础上发展起来的一种新型皮带轮,可形成单槽、双槽、多槽皮带轮(槽数为 3～8)。旋压皮带轮按成形方法分为劈开法、缩旋法和滚旋法三种[22]。

1) 劈开法

劈开法的制造过程如下:首先预成形轮劈裂毛坯,接着成形轮将裂缝扩大,然后两轮从不同方向同时作用于一块圆板,边劈边扩大成形。该方法一般只用于旋压单槽带轮(图 6-1(a)),成形效率高,经济效果好。不仅可用于单槽皮带轮的生成,而且可成形各种轻型整体车轮的轮辋,可进行批量生产[13,23]。

2) 缩旋法

由板材拉深成筒形件作为预制坯,将毛坯置于专用带轮旋压机的上、下主轴顶压模之间,使其随主轴一起旋转,在具有特定型面的预成形轮和成形轮依次对毛坯筒壁施加径向压力,和顶压模施加轴向压力的综合作用下,迫使毛坯筒形段产生径向收缩并均匀分配到由旋轮和顶压模形成的"V"形缝隙中成形。成形过程符合只改变毛坯形状而料厚基本不减薄的变形特点。为了控制"V"形槽底料厚减薄,在缩旋中采用逐步过渡的办法,即先预成形再过渡到成形旋压,同时对坯料轴向加压补充并产生折叠,最终形成"V"形槽。这种带轮有单、双和三槽之分,槽形有多种,带轮通称折叠式带轮[8,13](图 6-1(b))。

3) 滚旋法

滚旋法也是本章要研究的方法,该方法用于制造多楔带轮(槽数为 3～8),又称多"V"形带轮(poly-V pulley)(图 6-1(c))。这种形式的带轮占据空间小,传扭能力大,是带轮传动的发展方向。采用滚旋法,材料的变形方式与缩旋法不同,它在板料厚度方向发生剧烈变形。其预制毛坯通常也采用筒形件毛坯,通过预成形轮和成形轮分别作用,在圆筒壁上旋压出"V"形槽。但在成形"V"形槽之前要保证筒壁有足够的厚度。一般采用足够厚的初始毛坯或在预成形时采用增加成形段筒壁厚度的方法。在旋压"V"形槽时,一般轴向要加以足够的压力,防止材料轴向流失而填充不满齿顶[13,24]。

　　传统带轮制造工艺以铸、锻件切削成形,冲压拉深焊接成形及冲压拉深压胀成形为主。带轮铸、锻件切削成形法是对铸、锻造毛坯进行切削加工,具有加工工序多、耗能耗时的缺点;带轮冲压拉深焊接成形法是利用板材先分别冲出两个可形成带轮半槽的碟形件,然后将两件通过焊接或者铆接成一体,形成一个单槽皮带轮,但其槽角精度、带轮的尺寸精度受焊、铆接时组合装配的质量影响,且易因受热产生翘曲变形,影响尺寸精度;带轮冲压拉深压胀成形法先将板坯拉深成带凸缘的筒形件,再通过相应的液压胀形模具进行带轮的压胀成形[15,25]。根据上述对传统带轮制造工艺与带轮旋压成形工艺的比较,带轮旋压成形工艺具有自身突出的特点,如表 6-1 所示[10]。

表 6-1　带轮制造工艺对比分析

特点	成形工艺			
	铸、锻件 切削成形	冲压拉深 焊接成形	冲压拉深 压胀成形	冲压拉深 旋压成形
结构合理性	差	较差	好	好
金属纤维承载合理性	差	较差	好	好
材料利用率	低	较低	高	最高
劳动条件	差	差	较差	好
槽质量	表面出现砂眼	轮廓不清楚	轮廓不清楚	好
表面质量	差	较差	好	最好
动平衡性	差	较差	好	最好
结构重量	重	较重	轻	最轻
尺寸精度	差	差	较好	好
尺寸形状精度稳定性	差	差	差	好
生产效率	低	一般	较高	高

特点	成形工艺			
	铸、锻件 切削成形	冲压拉深 焊接成形	冲压拉深 压胀成形	冲压拉深 旋压成形
专用工装费	较低	较低	高	适中
设备	简单	简单	较复杂	复杂
工时费用	100%	15%～20%	15%～20%	10%～15%
适用批量	小、中批量	小、中批量	大批量	大批量以上
其他	需平衡试验	要进行处理	预制坯热处理	不用处理

6.1.3　多楔带轮旋压成形原理及工艺分析

1. 多楔带轮常见结构与用途

多楔带(也称多"V"带)是在环形平胶带的绳芯结构基础上,在带的内表面制出若干纵向等间距分布的 40°三角楔而成的(图 6-2)。多楔带传动兼有平带的柔软和"V"形带摩擦力大的优点。由于较"V"形带薄,三角楔的高度小,带与带轮"V"形槽侧边的相对滑动速率小,传动平稳。带轮直径可以做得很小,结构紧凑。带自身的质量小,可用于轮轴垂直于地面的传动[26]。多楔带轮是与多楔带相配套的传动零件,其常见结构及用途如图 6-3 所示。

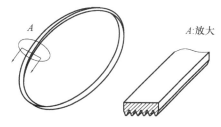

图 6-2　多楔带

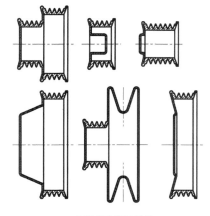

(a) 多楔带轮常见结构

(b) 发动机用多楔带轮

图 6-3　多楔带轮常见结构及使用

采用旋压成形技术所制作的多楔带轮,金属纤维走向与齿形相适应,保持了其连续性,其齿槽部分不需要再加工,其他部分净成形或留少许机加工余量。与同样材质所制造的铸造和锻造后切削加工带轮相比,可使带轮加工的材料利用率由目前的40%左右提高到70%以上,提高带轮强度60%以上,提高生产效率60%左右,因此可以提高机械设备、汽车零部件的使用寿命,减少意外事故的发生。此外,采用旋压成形技术成形带轮还有许多显著优点[27,28]:①旋压成形时,工件表面产生均匀塑性变形,一些表面缺陷和刻痕容易被压平,因此经旋压成形的带轮有较高的精度和较好的表面粗糙度。②齿面材料的均匀塑性变形,产生了冷作硬化层,加之表面粗糙度降低,使得工件耐磨性、疲劳强度和使用寿命都显著提高。③拉深、胀形、旋压等工艺不要求复杂的设备,易于实现自动化生产。

2. 多楔带轮旋压成形原理

1) 体积转移原理

多楔带轮"V"形槽的旋压成形属于回转成形,是采用带有"V"形槽的旋轮在压力作用下相对于旋转的毛坯做径向进给运动,旋轮逐步挤入旋转的毛坯中,产生局部连续的塑性变形,从而旋压出"V"形槽。根据塑性变形体积不变规律,旋轮轮齿进入毛坯壁部的旋转体积等于流出毛坯壁部的旋转体积(图6-4),体积转移只发生在局部的轴向和径向,即带轮"V"形槽的成形是通过毛坯壁厚的增厚和减薄而成形。因此,在旋压"V"形槽时,毛坯壁厚要满足旋压"V"形槽要求的厚度[13,29,30]。

2) 金属流动控制

成形旋轮挤入毛坯筒壁,当进给深度较小时,变形区局限在旋轮齿尖附近,金属被挤出形成较浅的"凹形"。随着进给深度的增大,变形区扩大,深入毛坯整个壁厚,使旋轮齿尖附近的材料主要沿轴向流动,旋轮两齿尖之间的材料相互挤压,转向以径向流动为主形成零件轮齿。成形角 φ'(图6-4)越大,材料越容易沿径向流动;φ'越小,径向流动的趋势减弱。多楔带轮成形角为70°,所以有利于材料产生以径向为主的塑性流动进而形成轮齿。但是在多楔带轮旋压槽形过程中,要求坯料不产生整体的轴向变形,金属只能在一个齿内产生局部转移形成齿槽和齿尖。为达到这一要求,在旋压"V"形槽时要保证有足够的轴向压力以限制材料产生轴向转移[13,29,30]。

3) 多楔带轮旋压成形的技术难点

（1）板料增厚。

多楔带轮的旋压成形坯料多为平板毛坯,经拉深成形得到厚度 t_0 基本不变的杯形坯料。考虑多楔带轮零件本身的强度要求,齿部应有足够的厚度 B(图6-5),同时为了成形出饱满的齿部轮廓,要有足够体积的材料进行转移,即足够的成齿前

厚度 C（图 6-5）。为了减轻零件重量及降低零件"V"形槽部分的成形难度，应尽可能减小板坯厚度 t_0，即希望 $C > t_0$。因此，采用厚度 t_0 偏小的板坯来制作多楔带轮零件，必须对坯料的成齿部分（如零件壁部）预先增厚至 C，而其他部分（如零件底部）仍保持原始厚度 t_0。

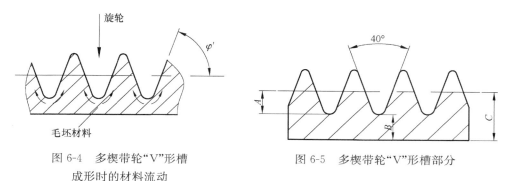

图 6-4　多楔带轮"V"形槽　　　　　　　　图 6-5　多楔带轮"V"形槽部分
成形时的材料流动

如果采用原始厚度为 C 的板坯，不仅造成浪费，还给旋压成形增添了困难。因为当板厚较大时，将增加零件"V"形槽部分的成形难度，导致旋压坯料与芯模之间可能存在较大的间隙，减小了旋压成齿过程中变形材料向有利方向流动并填充零件齿形的趋势[23,30~33]。

下面介绍几种常用的将毛坯局部增厚的工艺方法[31]。

① 轴向压缩增厚。

将准备压制"V"形槽的预制件装入封闭式的模具中。模具的空腔预留比筒壁 B 更大的空间，即模壁间隙为 C，如图 6-5 所示。其上下两端的模具结构件应至少有一件能纵向滑行，并在滑行中向预制件筒形段施加压力，迫使其向横向流动而增厚。在压力机的强大动量作用下，当金属材料流动填满模腔空间时，会出现瞬间极大的压力峰。为防止压力峰对模具和设备的破坏作用，可以把模腔的外壁（或内壁，或下部，或其整体的一部分）做成力超限时可伸缩的半弹性体，或采取其他办法来解决压力高峰问题。这是此方法的一个难点。另一种免去此问题的方法是：轴向加压时只内壁用模具支持，外壁用几个平旋轮轻压于表面。

② 弯曲增厚。

把要压制"V"形槽的毛坯板料，先旋压成图 6-6(a)所示的中凸的腰鼓形筒件（或内部加液压胀凸，或轴向加压力压弯，均可制成腰鼓形件），再把腰鼓形筒件放入长度限定的模具中，在长度不伸张的情况下，用平旋轮对腰鼓形筒件径向施压（图 6-6(c)），把腰鼓形筒压平成直壁筒，于是壁部增厚（图 6-6(b)）。也可以把直壁筒先制成有几个波浪形的筒形件，再在限定其长度不能伸张的情况下将波纹压平增厚（图 6-7）。

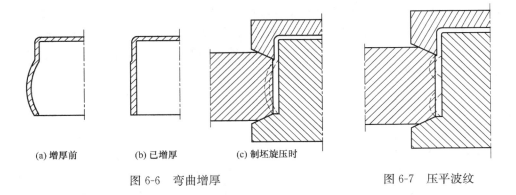

(a) 增厚前　　　　　(b) 已增厚　　　　　(c) 制坯旋压时

图 6-6　弯曲增厚　　　　　　　　　　　图 6-7　压平波纹

③ 缩径增厚。

把要增厚的那段预制件的筒形部位,进行径向缩径旋压,并使那部分材料不能向纵向流动。于是随着直径的缩小,其壁厚有所增加。此方法增厚的数值受直径收缩量的限制。

（2）防扩径。

材料受挤压时,总是倾向于朝着阻力最小的方向流动。旋压"V"形槽时,材料不但有从圆筒形壁部流进"V"形槽侧尖峰的趋势,也有沿切向流动使筒壁变薄工件直径扩大的趋势。例如,出现多楔槽中段的扩径,出现"腰鼓形"[23,30~33]（图 6-8）。

防止工件直径扩大不仅要从旋压工艺上采取措施,还可从带轮设计上想办法。例如:

① 加强刚度。有意加强多楔槽两旁的轮缘、辐板等结构的刚度,以牵制多楔槽部位的扩径。

② 增强抗弯。在多楔槽部位的"底板"之下制出多条密排的纵筋条（图 6-9）。这些纵筋条既起着增强多楔槽部位抗纵弯曲的作用,使"腰鼓形"的变形减小,又可以适量减薄"底板"的厚度,有减弱材料沿切向流动的作用。

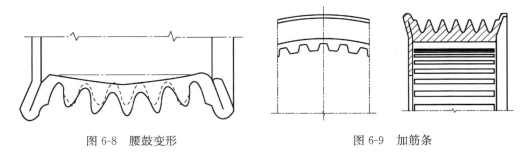

图 6-8　腰鼓变形　　　　　　　　　　　图 6-9　加筋条

（3）旋压多楔槽。

为防止材料发生轴向流动,一般都在旋压多楔槽时将筒形预制件的轴向长度用模具和施加压力控制,使其不能伸长。旋压多楔槽的方法如下[23,30～33]。

① 制出成品。

将预成形件筒形部分的内壁贴靠在模具的圆柱面上,用成形旋轮对预制件筒形壁做一次旋压,制出成品(图 6-10)。一次压成虽然快捷,但旋轮寿命短。

② 旋压多楔槽。

将预成形件筒形部位的内壁贴靠在模具的圆柱面上,经过两道或三道旋压制出成品。这两道或三道旋轮的形状设计各不相同。先用齿顶为钝三角形的旋轮旋压第一次,再用成品尺寸的旋轮做第二次旋压,制出成品(图 6-11)。也有第一道用尖而薄齿形的旋轮旋压,第二道换成齿形较宽齿尖有圆角的旋轮旋压,第三道用成品尺寸的齿形轮旋压出图纸所要求的精度。

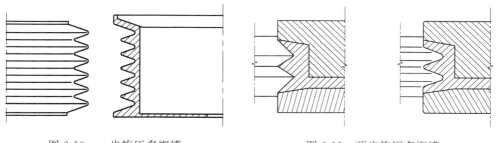

图 6-10　一步旋压多楔槽　　　　　　　图 6-11　两步旋压多楔槽

在旋压多楔带轮齿槽时要严格控制金属材料只做径向转移(流动),即旋出槽底时形成齿尖。如旋轮压下量不到位,则齿尖不能封满;如压下量过大,齿尖虽可以完全封满,但过大的压下量挤出的材料无处流动(径向由旋轮封死,轴向被芯模限制不能流动),造成很大的压缩内应力。当旋轮退出时,取下零件,自然产生应力释放,两端轮缘的限制使工件中间鼓起,形成腰鼓形,槽角扩大。为防止出现腰鼓形,严格控制径向压下量是十分重要的。

3. 多楔带轮旋压成形工艺分析

多楔带轮旋压成形工艺涉及因素较多,在给定零件图后,首先要对零件进行工艺分析,对零件的使用要求、结构形式、尺寸精度、毛坯材质和表面状况及生产经济性等众多因素进行全面综合考虑,才能制定出较佳工艺方案,获得必要的工艺方案。

1) 注意问题

采用旋压成形方法生产的多楔带轮,虽然其形式、规格、尺寸不同,但其加工过程大体是一样的。其工艺流程是:下料—落料—拉深—切边—胀形(增厚)—切边—旋压—去毛刺—表涂—检验。所以,在旋压成形多楔带轮时应特别注意以下几个问题[28]。

（1）一个带轮产品是由几种机床通过多道工序共同完成的，带轮旋压机只完成最后一道工序，即皮带槽形的旋压成形工作，所以对旋压前的带轮预制坯件尺寸精度必须严格控制。预制坯件一般是通过拉深、冲孔、切边等工序获得的，为提高预制坯的尺寸精度，必然给制造过程带来诸多困难。

（2）皮带轮轮槽旋压成形是塑性变形过程，因此材料因素以及变形区材料的应力状态对槽形角度误差有显著影响。对于多楔带轮，旋压后由于应力释放，增大了槽角误差，在工艺上难以补偿和消除。

（3）带轮旋压工艺参数是一个多因素、多水平问题，必须通过旋压试验进行优化配置，必要时可采用正交试验设计法。工艺参数选取应不严重引起槽形精度和槽底材料变薄超差。

2）多楔带轮零件模型

图 6-12 为某汽车发动机用带轮，该带轮属于五齿六槽的整体式钣制多楔皮带轮。由于带轮需要与皮带配合以达到传动的目的，所以"V"形槽的尺寸精度要求较高，零件中槽角（40°±0.5°）、槽间距（3.56mm）、齿端面斜角（10°±2°）、齿槽圆角半径（0.5mm）和齿顶圆角半径（0.3mm）都需要保证。槽表面粗糙度及表面的跳动量要求必须严格，否则多楔带和多楔带轮配合不好，达不到设计要求的传动效率，并且对多楔带的寿命有很大影响（如带磨损程度加大或易割裂皮带）。零件的其他外形尺寸（12°和Φ144.86mm）也有严格要求，这些尺寸可以通过模具成形以及机加工得到。此外，带轮外观不允许有裂纹、锋边、毛刺，楔面不允许有较明显的划痕、刮伤及其他影响质量的缺陷。所以，"V"形槽成形是整个零件成形的关键。

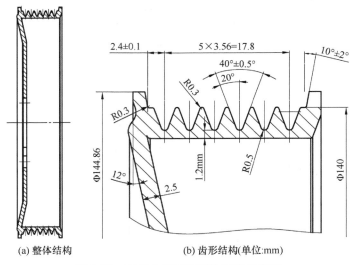

(a) 整体结构　　　　　　　　(b) 齿形结构(单位:mm)

图 6-12　五齿六槽多楔带轮结构示意图

3) 预制坯设计

多楔带轮制作过程主要分为两个阶段：一是制作旋压用杯形预制坯；二是将预制坯夹持在带轮旋压机上，旋出 "V" 形槽。由此可见，多楔带轮成形质量不仅取决于旋压工序，还取决于预制毛坯的精确度。

（1）预制坯的要求。

由于多楔带轮的成形是体积成形，预制坯设计首先要满足体积要求。根据零件尺寸，同时考虑后续加工中的切削余量，利用三维软件 Pro/E 绘制零件的三维模型，如图 6-13 所示。通过计算，获得多楔带轮的体积 $V_0 = 7.96 \times 10^4 \, \text{mm}^3$。

图 6-13 多楔带轮三维模型

除了体积要求，预制坯还要求成形段的内部无严重裂痕，没有大块杂质等严重不均现象，不允许有严重的划伤、压伤，须清除预制坯材料表面的污垢和毛刺，成形段壁厚均匀。

（2）尺寸确定。

杯形预制坯可以利用板料通过冲压拉深或拉深旋压的方式来制取，这里采用冲压拉深工艺。预制坯使用厚度为 2.5mm 的钢板拉深成形，经过修边、冲孔和切边获得如图 6-14 所示的预制坯。多楔带轮的部分外形尺寸，如 12°、2.5mm，经过拉深、矫形已满足零件图要求。考虑到零件的最大外径为 144.86mm，且转角处将被折叠挤压，所以设计旋压预制坯外径为 146mm。预制坯的高度通过体积不变的原则换算得到。

（3）材料选用。

根据实际厂家要求，选取 StW24，其化学成分以及力学性能如表 6-2 所示。

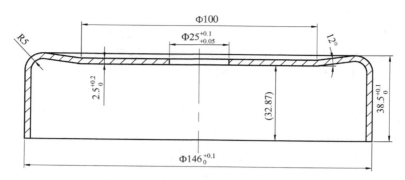

图 6-14　预制毛坯（单位：mm）

表 6-2　StW24 的化学成分和力学性能

化学成分/%					抗拉强度 σ_b	延伸率
C	Mn	P	S	Al	/MPa	/%
0.08	0.40	0.03	0.03	0.02	410	28

4）工艺路线

（1）设计原则。

从预制坯到旋出合格的零件，其工艺路线多种多样，没有唯一答案，却有较佳选择。本工艺路线遵循以下设计原则。

① 遵循前述体积转移原理。成形旋轮挤入材料的体积等于材料流出毛坯原始界面的体积，即 $V_入 = V_出$。

② 由前文分析可知，旋压多楔带轮时毛坯壁厚需要达到一定的数值，否则将无法旋压出合格的零件。对于本章所研究的多楔带轮，旋压齿槽所需的最小厚度为 2.76mm（图 6-15），而预制坯的厚度为 2.5mm，所以首先要对预制坯进行局部增厚。预制坯的局部增厚采用前述弯曲增厚工艺。

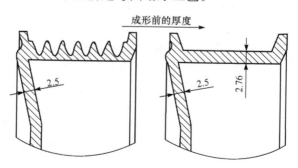

图 6-15　成形齿槽前的厚度（单位：mm）

③ 为了降低机床负荷,尽量避免一步完成金属变形,应设计多个工步逐次完成变形,但是由于加工硬化的问题,工步不能太多。

④ 考虑材料流动的合理性,遵循最小阻力定律,使材料尽量沿着径向流动,填充旋轮齿形,从而成形多楔带轮。

(2) 变形方案。

遵循上述设计原则,设计预成形、腰鼓成形、增厚、预成齿和整形五个工步,各工步分别完成相应的成形,逐次变形,如图 6-16 所示。

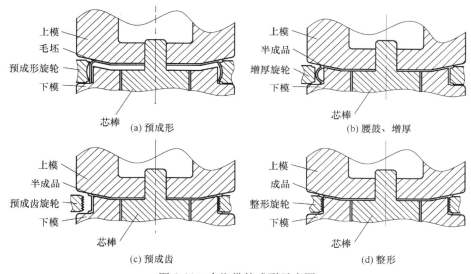

图 6-16　多楔带轮成形示意图

① 预成形。如图 6-16(a)所示,将预制坯放在下模上,通过芯棒和上模定位,并且随着主轴一起旋转。预成形旋轮对预制坯径向加载进给,同时上模适当下压,预成形旋轮达到指定位置后停留一段时间,然后反向退出。成形完成后预制坯的直段部分被旋压成“鼓”形环状,变形后材料厚度基本保持不变,将这时的半成品称为预成形件。

② 腰鼓成形。预成形结束,上模下压至预成形件的上壁与下模接触。在轴向压力的作用下,预成形件形成腰鼓形状。如图 6-16(b)所示,将这时的半成品称为腰鼓件。

③ 增厚。如图 6-16(b)所示,腰鼓成形后,上下模固定不动,增厚旋轮做径向进给运动,为了防止金属轴向流动,上模施加一定的轴向压力。增厚旋轮进给到指定位置后停留一段时间,然后反向退出,腰鼓形筒壁被压平,从而实现壁部增厚,将这时的半成品称为增厚件。

④ 预成齿。局部增厚完成后即可进行齿槽的旋压,齿槽旋压可以一步成形,也可以多步成形。一步成形虽然快捷,但是旋轮寿命短;多步成形时材料加工硬化严重,同样不利于旋压成形。考虑到零件尺寸以及工艺难度,采用两步成形法。如图 6-16(c)所示,首先使用齿形角度为 $50°\sim60°$ 的预成形轮[34],旋压局部增厚部位。上模施加轴向压力,预成齿旋轮径向进给达到指定位置停留一段时间,预成形旋轮的槽形被填满,成形出轮齿,然后旋轮反向退出,将这时的半成品称为预成齿件。

⑤ 整形。预成齿结束后进入最后一步整形工序,使用齿形角度为最终角度的旋轮进行成形。如图 6-16(d)所示,上模仍然施加轴向压力,整形旋轮径向进给到指定位置后停留一段时间,旋轮槽形被填满,最终旋出槽形,然后整形旋轮反向退出,将这时的成品称为整形件。

由于采用了旋压成形工艺,材料流线不被切断,并产生冷作硬化,组织致密,使轮槽的强度和硬度均有提高。

6.2　多楔带轮旋压成形有限元实现方法及模型建立

为了客观真实地模拟多楔带轮旋压成形工艺过程、研究其成形机理,基于大变形弹塑性有限元模型和有限元软件 Deform-3D,并结合试验条件选择恰当的工艺参数和摩擦模型,得到了较为合理的力学模型。

6.2.1　多楔带轮旋压成形有限元建模关键技术

1. 网格重划分技术

在金属成形、弹性体类材料大变形、大应变分析中,Deform-3D 软件采用基于更新的 Lagrange 参考系描述的分析方法[35,36]。也就是将一个增量开始的构形作为度量变形和应力的参考状态,并不断更新后继增量的参考状态。这种分析方法有很多优点,但其缺陷在于单元的最大变形量受到限制。因为过度的大变形可能造成单元严重畸变,从而使以此为参考构形的后继增量分析在质量低劣的网格上完成,影响结果精度,甚至导致分析的中止。为了使分析在足够的精度下继续进行,有必要采用新的网格,并将原来旧网格中的状态变量映射到新划分的网格上。这种在分析过程中重新调整网格的技术称为 Remesh Technology,即网格重划分技术。网格重划分基本上有三个步骤:其一是用连续函数定义旧网格上所有变量;其二是定义一个覆盖旧网格全域的新网格;其三是确定新网格单元积分点上的状态变量和节点变量。

有限元分析的精度和效率与单元密度和单元几何形态之间存在密切关系。

Deform-3D 软件有功能强大的网格自动重划技术,能够纠正因过度变形产生的网格畸变,自动重新生成形态良好的网格,提高计算精度,保证后续计算的正常进行。Deform-3D 软件的这种网格技术能够强有力地支持高效而精确地完成大型、复杂的线性和非线性问题分析。Deform-3D 软件采用三角化的局部平滑方法定义旧网格上连续的状态变量。首先,从旧网格单元积分点的状态变量线性外推至节点,获得单元节点的状态变量值。然后,对旧网格的单元进行三角形化的细划处理。也就是说,每个二维的四边形或三角形单元都被细划成更小的三角形单元;每个三维的四面体、五面体或六面体单元都被离散成更小的四面体单元。用旧细划网格的三角坐标可以描述新网格上任意一个节点的空间位置。通过插值,不难获得新网格单元节点变量和单元积分点的状态变量。

Deform-3D 软件提供的网格重划分准则有:侵入深度、最大打击增量、最大时间增量和最大步长增量。也可以将这些重划分准则任意组合使用。注意,当将这些准则组合使用时,只要符合其中的一条准则,系统便会自动进行网格的重新划分。

1) 侵入深度准则

侵入深度准则又分为绝对侵入深度准则和相对侵入深度准则,本章主要采用相对侵入深度准则。侵入深度准则基于检查单元边和其他接触体的距离。如果超过侵入深度极限,需要网格重划分。侵入深度极限可自行设定,系统默认值为 0.7。

2) 最大打击增量准则

当主模的单次打击值超过设定值时,系统自动进行网格的重新划分。

3) 最大时间增量准则

当模拟过程中每步的时间增量超过设定值时,系统对物体进行网格重划分。

4) 最大步长增量准则

当步长增加值超过设定值时,进行网格重划分。

2. 摩擦模型

摩擦是一种非常复杂的物理现象,它与接触表面的硬度、湿度、法向应力和相对滑动速度等特性有关。旋压成形中旋轮在摩擦力的作用下被动转动。旋轮与变形体之间的摩擦不同于一般刚性体之间的摩擦,属于塑性成形中的摩擦问题。塑性成形中的摩擦有其独特的特点,有限元分析中需要对摩擦模型进行特殊处理。

塑性成形中的摩擦不同于机械零件间的摩擦,它是伴随着变形金属的塑性流动而产生的,被加工表面上各点的塑性流动情况各不相同,因此接触面上各点的摩擦也可能不一样。目前对于摩擦机理仍在不断研究之中。由于摩擦机理的复杂性,有限元数值模拟时均采用简化的摩擦力学模型。数值模拟中所采用的典型摩擦模型主要有:库伦摩擦模型、剪切模型以及线性黏滑摩擦模型等[37,38]。

其中,黏滑摩擦可以模拟接触体从黏性到滑动的摩擦突变,将摩擦状态分为黏性摩擦区、过渡区、滑动摩擦区,在分析过程中存储摩擦状态和摩擦力的大小。对三个不同的区域分别采用不同的方法进行处理。这种模型的特点是可以精确描述滑动摩擦,模拟真实的黏性摩擦。但数据存储量较大,并且在本研究中,毛坯和旋轮均为圆柱体,在旋压成形中它们之间的接触面积不大,接触体之间产生的热也较切削加工小,两者之间可以认为只有切向的滑动运动,所以相对于另外两种摩擦模型,采用黏滑摩擦并不合适,而采用滑动摩擦模型(包括库伦定律和剪切定理)则较为合适。

库伦摩擦模型是目前工程中使用最广泛的摩擦模型,除了不用于块体锻造成形,在许多加工工艺分析和其他有摩擦的实际问题中都被广泛使用。

库伦摩擦模型为[37,38]

$$\sigma_{fr} \leqslant -\sigma_n t \sigma_{fr} \leqslant -\mu' \sigma_n t \tag{6-1}$$

式中,σ_n 为接触节点法向应力;σ_{fr} 为切向(摩擦)应力;μ' 为摩擦系数;t 为相对滑动速度方向上的切向单位矢量。

库伦摩擦模型又常常写成节点合力的形式,即

$$f_t \leqslant -\mu' f_n t \tag{6-2}$$

式中,f_t 为剪切力;f_n 为法向反作用力。

实际上经常可以看到,当法向力给定以后,摩擦力随 v_r 或 $\Delta\mu'$ 的值会产生阶梯函数状的变化。

如果在数值计算中引入这种不连续性,往往会导致数值困难。经过平滑处理得到修正的库伦摩擦模型为

$$\sigma_{fr} \leqslant -\mu' \sigma_n \frac{2}{\pi} \arctan\left(\frac{v_r}{r_{v_{cnst}}}\right) t \tag{6-3}$$

式中,v_r 为相对滑动速度向量。

经过平滑处理以后,摩擦力的作用就等效于在节点接触面法线上作用一个刚度连续的非线性弹簧。$r_{v_{cnst}}$ 的物理意义是发生滑动时接触体之间的临界相对速度,它的大小决定了这个数学模型与实际呈阶梯状变化的摩擦力的接近速度。库伦摩擦是依赖于法向力和相对滑动速度的高度非线性现象,它是速度或位移增量的隐式函数,其数值包含两个部分:一个是施加切向摩擦力的贡献;另一个是对系统刚度矩阵的贡献,如果完整地考虑这种摩擦对刚度的贡献会导致系统系数矩阵出现非对称,所需要的计算机内存和 CPU 处理时间都会上升。

试验证明,当法向力或法向应力过大时,库伦摩擦模型常常与试验观察结果不

符,由库伦定律预测的摩擦应力会超过材料的流动应力或失效应力,此时,一般需采用基于切应力的摩擦模型,基于切应力的摩擦模型认为摩擦应力是材料等效切应力的一部分,公式为[37,38]

$$\sigma_{fr} \leqslant -v \frac{\bar{\sigma}}{\sqrt{3}} t \tag{6-4}$$

式中,$\bar{\sigma}$ 为等效应力;v 为摩擦因子;t 为相对滑动速度上的切向单位向量。

　　按照运动学特征,摩擦分为滑动摩擦和滚动摩擦。滑动摩擦的特性是以物体表面上的所有点沿另一物体表面做切向运动;滚动摩擦中,相互作用的物体表面上各点逐渐接近,进入接触然后分开。旋压属于局部的塑性体积成形,在旋轮以较高速度公转与自转的过程中,接触区法向力或法向应力较大,滑动摩擦表现出高度非线性特性。因此,旋压有限元分析中摩擦的处理可采用修正的库伦模型或剪切模型。本研究采用后者,即剪切模型。

　　在模拟中考虑到实际情况,对摩擦模型进行简化:忽略摩擦热对摩擦系数的影响,摩擦系数在旋压过程中保持不变,取摩擦系数为 0.1。

6.2.2　模型简化与假设

　　在有限元模拟分析中,采用 Deform-3D 软件能够解决塑性成形中如材料非线性、接触、大变形问题。为了建立一个合理的有限元力学模型,在保证计算模拟的几何特性、力学特性与真实情况相似的条件下,进行如下简化及假设。

　　(1) 皮带轮属于轴对称的回转体,在模拟过程中可以采用对称技术,即只取其一部分扇区有效地进行分析(图 6-17)。运用这种技术不仅可以真实有效地反映模拟结果,而且可以减少单元数目,很大程度上缩短计算时间,提高工作效率。

 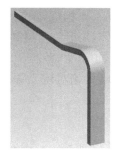

(a) 整体毛坯　　　　　　　　　　　　　　(b) 对称形状

图 6-17　多楔带轮旋压模拟对称技术

　　(2) 在成形皮带轮时,变形区域集中在壁部,而中心部位不发生变形,所以在建立模型时进行适当简化,忽略未变形部分(图 6-18)。

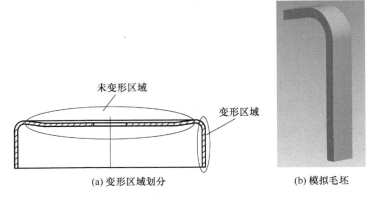

图 6-18　多楔带轮旋压模拟简化毛坯

（3）在旋压过程中，旋轮挤压毛坯会产生大量的热量，使得温度上升，因此旋压过程中使用冷却液以保持毛坯处于常温状态。在本模拟中不考虑温升对旋压的影响，温度设定为 20℃。

6.2.3　模拟分析模型

Deform-3D 系统没有直接实体建模的功能，因此必须通过中间格式，如 ∗.STL、∗.UNV、∗.IGS 等格式导入实体模型。首先在 Pro/E 的实体设计模块中创建预制坯、旋轮、上模、下模、芯棒的三维实体模型，然后将实体模型保存为 ∗.STL格式以便 Deform-3D 软件前处理器阅读器读取。

通过前面的简化、假设以及上面实体模型的准备，现可以用 Deform-3D 软件的前处理器 Preprocessor 建立有限元模拟计算模型（图 6-19），整个模型由预制坯、旋轮、上下模和芯棒构成，预制坯定义为弹塑性体（Elasto-Plastic），旋轮、上下模和芯棒定义为刚体（Rigid）。预制坯用四面体四节点单元划分网格，整个坯料初始划分四面体单元 3401 个，节点 1024 个。同时激活网格的自适应和网格重划分，设置网格重划分准则为相对侵入深度（Remesh Criteria—Relative Interference Depth）

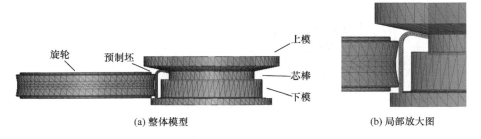

图 6-19　多楔带轮旋压有限元模型

大于 0.7 时进行网格重划分,防止严重的单元畸变、接触体之间的穿透现象。两对接触之间的摩擦类型都定义为剪切摩擦(Shear),其值为 0.1。StW24 属于优质碳素结构钢,国内外的代表牌号对比如表 6-3 所示[39,40],模拟时材料采用 Deform-3D 软件材料库中 AISI-1008,杨氏模量 $E = 206754Pa$,泊松比 μ 为 0.3,主轴转速 $n = 360r/min$。

表 6-3　国内外优质碳素结构钢对比

国家	中国 GB/T 700	日本 JIS	美国 ASTM	德国 DIN
代表牌号	08,08AL,10,15,35	SPHE,S20C,S35C,S45C	1008	St14,StW24

6.3　多楔带轮旋压成形数值模拟结果分析

多楔带轮旋压成形是一种连续局部塑性成形工艺,成形带轮需要经过预成形、腰鼓成形、增厚成形、预成齿和整形等多个工步。在塑性成形过程中,金属材料的塑性变形规律、金属变形量的分配、齿槽的成形情况、旋轮与工件之间的动态接触、芯模与工件的摩擦现象,都是十分复杂的问题。因此,需要考虑多种因素,设定合理的工艺参数及边界,正确运用数值模拟的后处理方法定性和定量地研究带轮旋压成形规律和主要工艺参数对成形结果的影响规律,才能获得接近实际状况的理论分析结果,优化生产工艺。

本节通过运用有限元软件 Deform-3D 对多楔带轮旋压成形全流程进行数值模拟,针对不同工步的成形要求,设计不同的成形旋轮。模拟结果较好地反映出金属的流动状态,应力、应变的分布,并分析了进给比、上模下压位移、旋轮型面等工艺参数所引起的旋压金属流动情况的变化,获得了相关工艺参数的影响规律。

6.3.1　预成形

1. 预成形条件

预成形涉及多个参数,如旋轮型面、进给比、上模下压位移。预成形的目的是将预制坯的直段部分旋压成"鼓"形环状,为下一步的腰鼓成形做准备,所以旋轮型面必须是"凹"形。为了对比旋轮的成形效果,设计了两个不同旋轮型面,如图 6-20 所示,旋轮进给比 f_1 分别为 0.2mm/r、0.3mm/r、0.4mm/r,上模下压位移 l 分别为 0.5mm、1.0mm、1.5mm、2.0mm、2.5mm。

预成形结束后预成形件壁部形成"鼓"形,为了定量判断预成形的效果,可以用弧高 h' 来评定,其评定方法如下(图 6-21):测量"鼓"形段最高与最低两点之间的高度,其值即为弧高 h'。

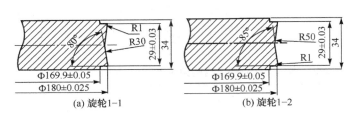

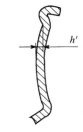

图 6-20　预成形用旋轮(单位:mm)　　　　　图 6-21　预成形评定方法

2. 金属流动情况

图 6-22 为采用预成形旋轮 1-1、旋轮进给比 $f_1 = 0.4\text{mm/r}$、上模下压位移 $l = 1.5\text{mm}$ 成形时,变形金属的流动情况。初始状态下,预成形旋轮没有径向进给,预制坯没有发生变形,筒壁呈直线形。由于旋轮型面呈"凹"形,当旋轮径向进给时,旋轮的两个圆角首先接触预制坯,而中间并没有接触预制坯,呈中空状。预制坯筒壁受到旋轮的压迫会产生一定的缩径,预制坯与旋轮圆角接触部位壁厚容易出现减薄现象。所以,在成形过程中上模要适当地下压,利用旋轮上方的金属填充减薄部位,防止圆角部位壁厚的过分减薄;同时通过上模的下压,可以迫使预制坯筒壁填充旋轮型面。成形完成后,预制坯的直壁部分成形为"鼓"形,为下一步的腰鼓成形做好准备。

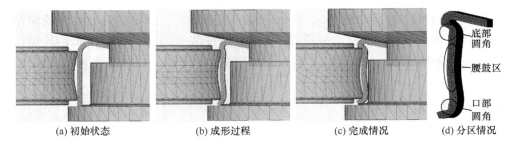

图 6-22　预成形金属流动情况

图 6-23 为成形完成后,以预成形件与上模接触的最外端为参考点,底部圆角和口部圆角之间变形部分沿轴向的尺寸变化。

由图 6-23(a)可以看出,与预制坯 73mm 的半径相比,预成形件的半径减小了 3~4mm,由于外形是鼓形,中间的半径略大。图 6-23(b)为预成形件变形段的厚度变化。由图可以看到,预制坯的厚度为 2.5mm,成形完成后口部圆角部位的金属在切向沿下模圆角向外流动,使该部位的壁厚与预制坯壁厚相比略有减小,但是

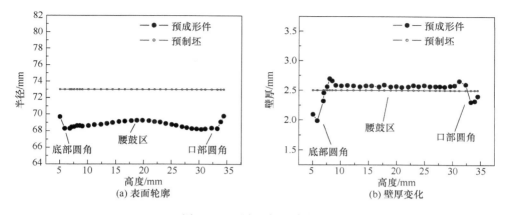

图 6-23　预成形件尺寸变化

这不会影响下一步成形;值得注意的是,口部圆角成形部位的壁厚不能过度减薄,否则金属材料不足会影响下一步预成形的效果。底部圆角由于旋轮的径向进给及切向压缩作用,壁厚明显减薄;但是由于该部位金属在成形完毕后折叠在一起,所以其壁厚的减薄不会对旋压成形造成影响。在腰鼓区壁厚略有增加。在圆角部位与腰鼓区的过渡区壁厚增厚较多,形成两个峰值,这是因为旋轮径向进给,圆角部位壁厚减薄,金属向轴向流动,由于上模的下压作用,金属在圆角部位与腰鼓区的过渡区形成了一定的金属堆积,但是该部位的金属堆积可以通过后续工序整平,不影响旋压成形。

3. 旋轮进给比的影响

图 6-24 为采用预成形旋轮 1-1、上模下压位移 $l=1.5$mm 成形时,旋轮进给比对预成形的影响情况。

从图 6-24 可以看到,在相同上模压下位移的情况下,旋轮进给比越大,金属径向流动速度越大,旋轮与预制坯的瞬时实际接触时间较少,金属变形不充分,预成形件回弹也比较大,造成金属难以贴合旋轮型面,预制坯表面不容易弯曲形成"鼓"形。随着进给比的减小,金属变形速度减小,毛坯表面与旋轮贴合较好,但是进给比过小,旋轮与预制坯旋转接触次数增多,会造成预制坯局部减薄过大,同时降低生产效率。由图 6-24(d)可见,随着进给比的增大,弧高逐渐减小,不利于成形"鼓"形。但是,预成形的整体效果涉及下一步腰鼓成形,所以在满足成形条件的情况下,应尽量使用大的进给比。

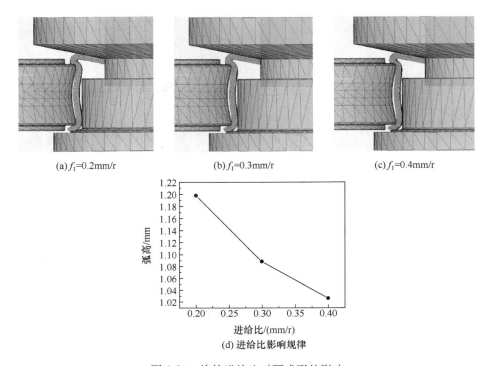

(a) f_1=0.2mm/r　　　　　　　(b) f_1=0.3mm/r　　　　　　　(c) f_1=0.4mm/r

(d) 进给比影响规律

图 6-24　旋轮进给比对预成形的影响

4. 上模下压位移的影响

图 6-25 为预成形旋轮 1-1、旋轮进给比 $f_1 = 0.4$mm/r 成形时，上模下压位移对预成形的影响规律。

由图 6-25 可见，上模下压位移不同，预制坯轴向压缩量也不一样，随着下压位移的增大，在成形过程金属向下移动量增大，不仅弥补了减薄部位金属材料不足，而且逐渐填充旋轮中间成形段，旋轮型面得到有效的填充。从图 6-25（d）可以看到，随着上模下压位移增大，弧高增大，说明上模下压位移增大是有利于成形"鼓"形的。但是上模下压位移要适中，否则将产生成形缺陷。下压位移过小，金属的轴向流动量小，旋轮上方的金属堆积过多，而圆角成形部位由于缺料容易产生减薄现象，预制坯筒壁受到旋轮挤压后不易成形"鼓"形结构；下压位移过大，虽然有利于预制坯筒壁成形"鼓"形结构，但是金属向下流动太多造成旋轮上方金属材料不足，在圆角成形部位同样容易产生减薄现象。

5. 旋轮型面的影响

图 6-26 为采用旋轮进给比 $f_1 = 0.4$mm/r、上模下压位移 $l = 1.5$mm 成形时，

不同旋轮型面对预成形的影响。

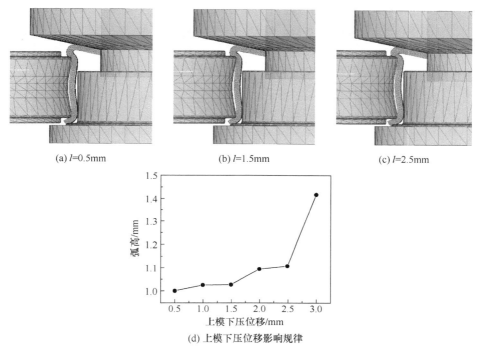

(a) *l*=0.5mm　　　　　　(b) *l*=1.5mm　　　　　　(c) *l*=2.5mm

(d) 上模下压位移影响规律

图 6-25　上模下压位移对预成形的影响

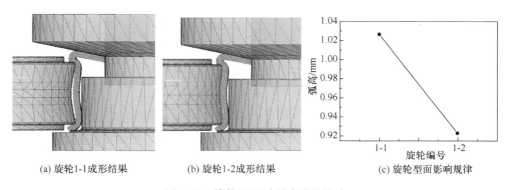

(a) 旋轮1-1成形结果　　　(b) 旋轮1-2成形结果　　　(c) 旋轮型面影响规律

图 6-26　旋轮型面对预成形的影响

　　由图 6-26 可见，由于两个旋轮型面弧度不同，预制坯在成形过程中金属变形程度也不同，而且成形的"鼓"形结构也有差别。旋轮 1-1 由于型面角度大，成形的"鼓"形结构也大，这有利于下一步的腰鼓成形。但是型面角度并不是越大越好，型面角度大，圆角部位较为突出，在径向进给时，旋轮圆角成形的部位壁厚容易减薄，而且旋轮型面不容易填充满。相对于旋轮1-1，旋轮1-2型面角度小，型面过渡较为平缓，旋轮径向进给时旋轮型面与预制坯表面接触较为均匀，金属流动情况好，在成形时型面能得到有效填充；但是由于型面角度小，"鼓"形结构小，对下一步成形不利。两种旋轮对预成形各有利弊，考虑到预成形件以及下一步腰鼓成形的要求，在保证腰鼓成形成功的条件下，预成形旋轮的型面角度尽量取大值。

6. 应力应变情况

图6-27为采用预成形旋轮1-1、旋轮进给比$f_1=0.4$mm/r、上模下压位移$l=1.5$mm成形时，变形金属的三向应力以及等效应力分布云图。

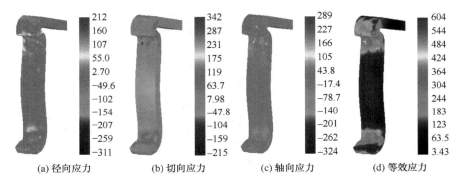

(a) 径向应力　　　　(b) 切向应力　　　　(c) 轴向应力　　　　(d) 等效应力

图6-27　预成形件应力云图（单位：MPa）

图6-27(a)为预成形件的径向应力分布云图。由图可见，旋轮径向进给，预制坯表面受到挤压作用，金属处于压应力状态。由于旋轮型面呈"凹"形，径向进给时旋轮圆角部位先接触预制坯，中间部位后接触预制坯，圆角成形部位的缩径量等于旋轮的进给量，所以圆角成形部位径向应力较大，而中间成形段的径向压应力较小。

图6-27(b)为预成形件的切向应力分布云图。由图可见，预成形件的切向应力基本为压应力，说明在旋压过程中切向上金属受到旋轮的挤压作用。但是在圆角成形部位，存在切向拉应力，这是由于上模的下压以及旋轮的进给作用，在圆角部位形成了局部凹陷，旋压过程中预制坯是旋转的，局部凹陷回转一周形成环形凹槽，预制坯在圆周方向的缩短不能完全补偿壁厚的减薄，金属沿着切向伸长，总体壁厚与预制坯相比减薄，从而形成拉应力。

图6-27(c)为预成形件的轴向应力分布云图。由图可见，成形过程中，上模施加一定压力并且逐渐下移，预制坯受到压缩，所以预成形件的轴向应力基本为压应力。

图6-27(d)为预成形件的等效应力分布云图。由图可见，等效应力的最大值也出现在两个圆角部位，使这两个地方成为旋压成形过程中的危险部位，在实际生

产中应予以注意。

图 6-28 为采用预成形旋轮 1-1、旋轮进给比 $f_1 = 0.4\text{mm/r}$、上模下压位移 $l = 1.5\text{mm}$ 成形时，预成形件的三向应变以及等效应变云图。

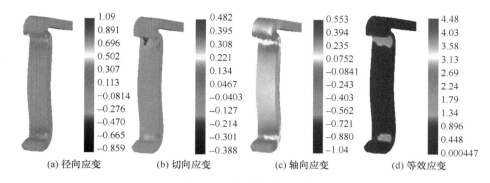

(a) 径向应变　　　　　(b) 切向应变　　　　　(c) 轴向应变　　　　　(d) 等效应变

图 6-28　预成形应变云图

图 6-28(a) 为预成形件的径向应变分布云图。由图可见，预成形后工件腰鼓区的径向应变略微有所增加，而且呈现从成形段中心向两边逐渐增大的趋势，说明在成形过程中厚度的变化是不均匀的，这是因为成形时旋轮不同部位与预制坯接触时间不同。由于旋轮圆角先接触预制坯，该圆角部位的径向压缩量较大，在圆角成形部位径向应变为压应变，此处厚度有所减薄，这与前面的工艺分析相同。

图 6-28(b) 为预成形件的切向应变分布云图。由图可见，当旋轮径向作用于预制坯时，切向上的金属首先被压成内凹形，当旋轮公转时，周围的金属同样被挤压，因此在切向上的金属均受到挤压作用，产生压缩变形，应变均为负值，模拟结果与实际情况完全相符。切向应变为负值也说明工件的圆周尺寸减小，工件产生缩径成形。同径向应变一样，切向应变在旋轮圆角成形部位出现最大值。

图 6-28(c) 为预成形件的轴向应变分布云图。由图可见，轴向应变在中间成形段由拉应变逐渐向两边过渡到压应变，这是因为成形过程中上模下移，预制坯的直壁部分成形为"鼓"形，在金属厚度基本不变的情况下，中间部分金属相当于被拉伸，但是靠近上下两端上模压缩作用明显，轴向应变为压应变。在圆角成形部位，轴向应变出现最大的拉应变，这是由于旋轮圆角进给时与预制坯之间形成"凹"形，造成金属厚度减薄的同时迫使金属产生向两侧的轴向流动。

图 6-28(d) 为预成形件的等效应变分布云图。由图可见，圆角部位的应变最大，成为危险部位，在成形时应予以注意，而其他部位的变形程度不大。

6.3.2　腰鼓成形

在预成形结束后，旋轮没有进给运动，上模将继续下压到指定位置，以便使预成形件成形为腰鼓形状。成形的效果取决于之前预成形的结果。根据旋压机床的性能参数,在腰鼓成形过程中上模的下压速度设为 $v=10\mathrm{mm/s}$ 。

1. 成形结果

图 6-29 为预成形件(成形旋轮 1-1、旋轮进给比 $f_1=0.4\mathrm{mm/r}$ 、上模下压位移 $l=1.5\mathrm{mm}$)经过腰鼓成形后金属的流动情况。在成形之前,预成形件"鼓"形的壁厚较均匀,与预制坯的壁厚相比略有增加(图 6-23)。腰鼓成形过程中,预成形件的下端支撑在下模上,由于预成形件的"鼓"形结构,成形时上模压缩金属迫使预成形件发生更大的弯曲,形成明显的"鼓"形,为下一步增厚工艺做好准备。

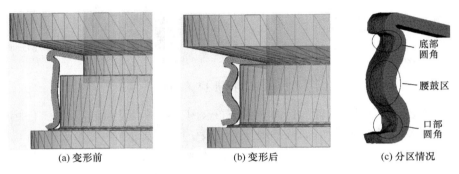

　　(a) 变形前　　　　　　　　　　　(b) 变形后　　　　　　　　　(c) 分区情况

图 6-29　腰鼓成形金属流动情况

图 6-30 为腰鼓成形后,以腰鼓件与上模接触的最外端为参考点,底部圆角和口部圆角之间变形部分沿轴向的尺寸变化。由图可见,腰鼓件中间部分的半径与预成形件的半径(图 6-23)相比有所增大,最大半径达到 72.2mm。上模下压以后,金属材料压缩在腰鼓区,除了底部和口部圆角成形的部位,腰鼓件的壁厚与预制坯的壁厚相比明显增加。

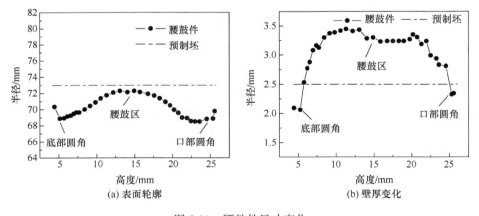

　　　　(a) 表面轮廓　　　　　　　　　　　　　　(b) 壁厚变化

图 6-30　腰鼓件尺寸变化

2. 腰鼓成形失败

如前所述,腰鼓成形的效果取决于之前预成形的结果,成形失败的主要原因是预成形件的"鼓"形结构不理想,预成形的曲率不足,不利于腰鼓成形。如图 6-31(a)所示,在腰鼓成形时,工件的下端与下模接触,上模下压的轴向压力既会在中间部位产生向外的胀形力 P_1,又会在坯料的口部产生向外的扩口力 P_2。但如果"鼓"形结构不佳,以扩口力 P_2 导致的扩口变形为主,便出现腰鼓成形失败,如图 6-31(b)所示。

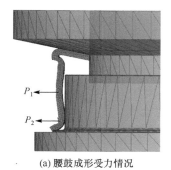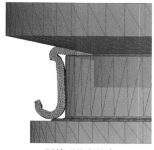

| (a) 腰鼓成形受力情况 | (b) 腰鼓形状未能成形 |

图 6-31　腰鼓成形失败

预成形的结果对腰鼓成形有直接影响。模拟结果表明,预成形采用预成形旋轮 1-1、旋轮进给比 $f_1 = 0.4\text{mm/r}$、上模下压位移 $l = 1.5\text{mm}$ 时,成形的预成形件在腰鼓成形过程中能顺利完成,且效果最好,而采用其他参数成形的预成形件在腰鼓成形过程中都容易导致腰鼓成形失败。

3. 应力应变情况

图 6-32 为预成形件(成形旋轮 1-1、旋轮进给比 $f_1 = 0.4\text{mm/r}$、上模下压位移 $l = 1.5\text{mm}$)经过腰鼓成形后金属的三向应力和等效应力云图。

由图 6-32 可见,由于没有旋轮的进给运动,金属沿着径向自由流动,上模下压的过程中工件的外径与预成形件相比有所增大(图 6-23 和图 6-30),径向应力基本为拉应力;但是在"鼓"形最大的部位,径向应力为压应力。这是因为在腰鼓成形时上模下压,工件弯曲成明显"鼓"形,壁厚增大,金属材料向内挤的倾向增大,这使金属在径向产生了压应力。切向应力在腰鼓区为压应力,而且没有太大的变化,但是在底部圆角成形部位切向应力为拉应力并达到最大值。这是因为在上模下压过程中,金属轴向流动的同时产生径向流动,底部出现扩径现象。轴向应力在圆角成形部位为压应力,这是由于上模的下压作用,使腰鼓件成形出明显的"鼓"形,外径增

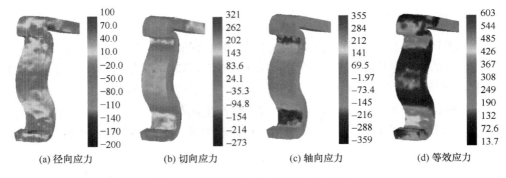

(a) 径向应力   (b) 切向应力   (c) 轴向应力   (d) 等效应力

图 6-32　腰鼓件应力云图(单位:MPa)

大。但是在"鼓"形最大的部位轴向应力为拉应力,这是因为上模下压,工件弯曲,在腰鼓件外侧金属拉伸变长,金属受到拉应力。从等效应力云图来看,在旋轮圆角成形部位应力达到了最大值,而中间段的应力较小。

图 6-33 为预成形件(成形旋轮 1-1,旋轮进给比 $f_1=0.4$mm/r,上模下压位移 $l=1.5$mm)经过腰鼓成形后金属的三向应变和等效应变云图。

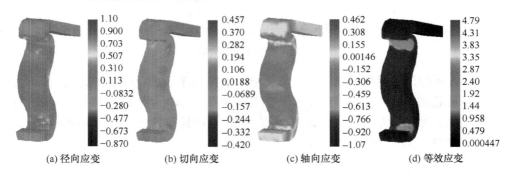

(a) 径向应变   (b) 切向应变   (c) 轴向应变   (d) 等效应变

图 6-33　腰鼓件应变云图

由图 6-33 可见,由于上模的轴向压缩,腰鼓件成形出明显的"鼓"形,径向应变为拉应变,表明壁厚增加。切向应变为压应变,且在旋轮圆角成形部位达到了最大值。轴向应变基本为压应变,这是压缩作用的结果;但是在圆角成形部位轴向应变为拉应变,表明在该部位出现局部伸长。这是因为上模下压时预成形件的"鼓"形增大,在底部圆角成形部位金属发生一定的弯曲,造成拉应变,而口部圆角成形部位的拉应变是由金属扩径造成的。由等效应变云图可见,应变的最大值也出现在两个圆角部位,圆角部位的壁厚与预制坯相应处壁厚相比有所减少(图 6-30),使这两个地方成为旋压成形过程中的危险部位,在实际生产中应予以注意。

6.3.3　增厚成形

1. 增厚成形条件

增厚成形采用前文所述的弯曲增厚,即在上下模固定不动的情况下,用旋轮对腰鼓件径向施压,把腰鼓件"鼓"形压平,达到壁部增厚的目的。利用成形效果最好的腰鼓件进行增厚成形,其中腰鼓件是经过预成形和腰鼓成形两个工步成形的,两个工步的成形参数如下。

预成形:旋轮 1-1、旋轮进给比 $f_1=0.4\text{mm/r}$、上模下压位移 $l=1.5\text{mm}$。

腰鼓成形:上模的下压速度设为 $v=10\text{mm/s}$。

下文提到的腰鼓件均为上述参数成形的腰鼓件。成形带轮楔槽时,壁部形状及厚度对成形效果有很大的影响,而"鼓"形及"筒"形壁厚对带轮楔槽成形较为有利。由于增厚件的壁部形状是由旋轮型面决定的,所以为了比较分析不同旋轮的增厚效果,设计了两种型面的旋轮(图 6-34),旋轮进给比 f_2 分别为 0.2mm/r、0.3mm/r、0.4mm/r。

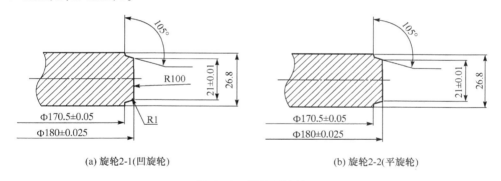

(a) 旋轮2-1(凹旋轮)　　　　　　　　　(b) 旋轮2-2(平旋轮)

图 6-34　增厚用旋轮

2. 金属流动情况

图 6-35 为采用增厚旋轮 2-1、进给比 $f_2=0.4\text{mm/r}$ 时,腰鼓件在增厚过程中的金属流动情况。

在初始状态旋轮没有接触腰鼓形件,随着旋轮的径向进给,金属沿着径向收缩,腰鼓件的"鼓"形结构被压平,金属在旋轮的作用下会沿着轴向流动,如图 6-35(b)中箭头所示。所以,在成形过程中上模必须施加轴向压力并且固定不动,把金属限制在一定的成形范围之内,除了径向和轴向的金属流动,在旋轮的公转下金属还会产生切向变形。由于上模轴向加压同时固定不动,旋轮和上模之间相当于半封闭的成形模腔,旋轮进给时金属会外溢,如图 6-35(b)中区域Ⅰ所示。金属外溢过多将会造成增厚不足,同时影响增厚件下部自由端的直径,通过设计合理的旋轮形状

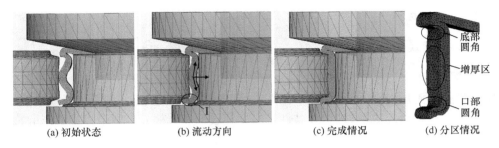

图 6-35　增厚成形金属流动情况

可以有效避免金属过多外溢，图 6-34 中 Φ170.5mm 的台阶就是为实现此目的而设计的。

　　图 6-36 为增厚完成后，以增厚件与上模接触的最外端为参考点，底部圆角和口部圆角之间变形部分沿轴向的厚度变化。由图可见，与初时预制坯 2.5mm 的厚度相比，增厚件在增厚区的厚度明显增加，厚度大于成形齿槽所需的 2.76mm 最小厚度，达到了预期的增厚目的。

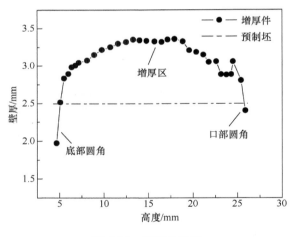

图 6-36　增厚件壁厚

3. 旋轮进给比的影响

　　图 6-37 为采用增厚旋轮 2-1 增厚时，不同进给比对增厚效果的影响。进给比的大小，对旋压过程影响很大，与零件的尺寸精度、表面光洁度、旋压力的大小等都有密切关系。

　　由图 6-37(a)、(b) 可见，当进给比 $f_2 = 0.2$mm/r 或 0.3mm/r 时，由于进给比较小，成形终了之前腰鼓件与旋轮的旋转接触次数增加，回弹现象可以得到有效抑

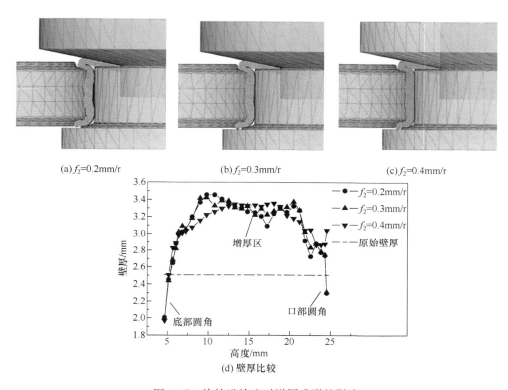

(a)f_2=0.2mm/r   (b)f_2=0.3mm/r   (c)f_2=0.4mm/r

(d) 壁厚比较

图 6-37 旋轮进给比对增厚成形的影响

制,成形件的表面质量好。

由图 6-37(c)可见,加大旋轮进给比时,旋轮与工件的瞬时实际接触时间较少,金属变形不充分,使工件的回弹增大,但是较大的旋轮进给比有利于增厚成形,能避免金属过多地外溢。所以,在工件不起皱的情况下应尽量选取较大的进给比。

由图 6-37(d)可见,当进给比 $f_2=0.2$mm/r 或 0.3mm/r 时,增厚件的壁厚分布呈波浪状;$f_2=0.4$mm/r 时,壁厚分布呈"鼓"形,与旋轮型面相近,旋轮径向进给达到指定位置后对增厚件进行了一定的平整作用。根据壁厚分布情况来看,旋轮进给比 $f_2=0.4$mm/r 时有利于增厚成形。

4. 旋轮型面的影响

图 6-38 为采用进给比 $f_2=0.4$mm/r 增厚时,旋轮对增厚效果的影响。两个旋轮的型面略有不同,旋轮 2-1 为凹形,成形后增厚件呈中间厚两头薄的"鼓"形;而旋轮 2-2 为直壁,故增厚完成后壁厚是均匀的。从壁厚变化来看,两者的壁厚都大于成形楔齿所要求的最小壁厚 2.76mm,达到了增厚的目的。但是增厚的效果涉及下一工步,仅从形状和厚度不能判断两者优劣,将在 6.3.4 节中比较两者在预

成齿成形中的差异。

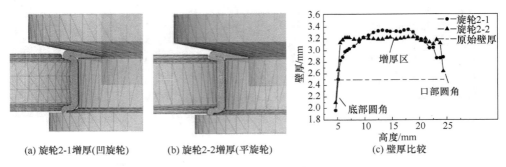

(a) 旋轮2-1增厚(凹旋轮)　　(b) 旋轮2-2增厚(平旋轮)　　(c) 壁厚比较

图 6-38　旋轮型面对增厚成形的影响

5. 应力应变情况

图 6-39 为采用增厚旋轮 2-1、进给比 $f_2 = 0.4\text{mm/r}$ 增厚时,金属的三向应力和等效应力云图。由图可见,旋轮径向进给压缩金属径向变形,金属由"鼓"形逐渐变平,径向应力基本为压应力,但是局部存在拉应力。旋轮绕着工件公转,金属沿着切向变形,切向应力为压应力,但是在增厚件下端切向应力为拉应力,这是因为旋轮径向进给,金属会沿着轴向及径向流动,金属在旋轮下端的约束力较小,造成金属外溢。在变形过程中,上模始终加以轴向压力,使得金属不能自由地轴向流动,故轴向应力表现为压应力,但是在中间局部轴向应力表现出拉应力。从等效应力云图来看,在圆角部位也出现了应力最大值,应予以注意。

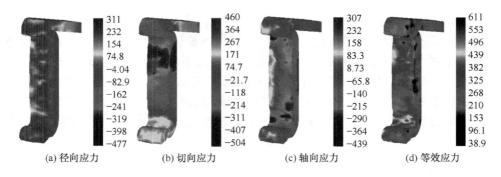

(a) 径向应力　　　　(b) 切向应力　　　　(c) 轴向应力　　　　(d) 等效应力

图 6-39　增厚件应力云图(单位:MPa)

图 6-40 为增厚件的三向应变和等效应变云图。由图 6-40(a)可见,经过增厚旋压,增厚件的径向为拉应变,表明工件的壁厚增加;而且径向应变较为均匀,成形效果较好,有利于下一步齿槽成形,达到了预期的增厚目的。由图 6-40(b)可见,旋压过程中,金属受到旋轮挤压沿着切向流动,产生压缩变形,应变均为负值;从工

件外形来看,表现为腰鼓件"鼓"形结构被压平,工件的直径减小。由图 6-40(c)可见,由于旋轮的径向压缩,增厚件的直径减小,同时上模的轴向加压,金属的轴向流动被限制在一定的范围之内,相当于金属被压缩,轴向应变为压应变。增厚件的等效应变如图 6-40(d)所示,在上下圆角部位应变出现最大值,对下一步的成形有一定的影响,在实际生产中应予以注意。

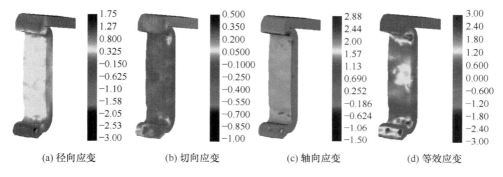

(a) 径向应变　　　　　(b) 切向应变　　　　　(c) 轴向应变　　　　　(d) 等效应变

图 6-40　增厚件应变云图

6.3.4　预成齿

1. 预成齿条件

增厚成形结束后将进行预成齿,利用成形效果最好的增厚件进行预成齿成形,增厚件是经过预成形、腰鼓成形和增厚成形三个工步得到的,每个工步的成形参数如下。

预成形:旋轮 1-1、旋轮进给比 $f_1 = 0.4\text{mm/r}$、上模下压位移 $l = 1.5\text{mm}$。

腰鼓成形:上模的下压速度设为 $v = 10\text{mm/s}$。

增厚成形:旋轮 2-1 和旋轮 2-2、旋轮进给比 $f_2 = 0.4\text{mm/r}$。

在增厚成形时采用了两种旋轮,但是仅从成形形状和厚度不能判断两者优劣,必须在预成齿成形中才能进行判断。将采用旋轮 2-1 成形的增厚件称为"鼓"形增厚件,采用旋轮 2-2 成形的增厚件称为"筒"形增厚件。

多楔轮旋压成齿过程分为两步,第一次预成齿是使用齿形角度为 $50°\sim60°$ 的预成齿轮,旋压凹形环状部位;当槽形填充满后,再用齿形角度为最终角度的旋轮进行整形旋压,最终旋出槽形[34]。在预成齿模拟过程中,设计了两种成形旋轮,如图 6-41 所示,旋轮进给比 f_3 分别为 0.1mm/r、0.2mm/r、0.3mm/r。

预成齿结束后预成形件成形出五个楔齿(从上往下数),为了定量判断预成齿的成形效果,可以用齿高不饱和度 κ 来评定,其评定方法如下(图 6-42):

$$\kappa = \frac{h_0 - h}{h_0} \times 100\% \qquad (6-5)$$

式中，h_0 为理论齿高；h 为实际齿高。

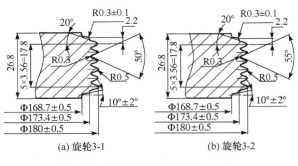

(a) 旋轮3-1　　　　　　　(b) 旋轮3-2

图 6-41　预成齿旋轮(单位：mm)

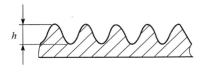

图 6-42　齿高不饱和度评定方法

2. 金属流动情况

图 6-43 为"鼓"形增厚件采用旋轮 3-2、进给比 $f_3 = 0.1$mm/r 时，预成齿成形过程中金属流动情况。

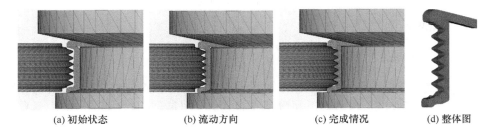

(a) 初始状态　　　(b) 流动方向　　　(c) 完成情况　　　(d) 整体图

图 6-43　预成齿金属流动情况

在增厚件上旋压"V"形槽的过程是旋轮对增厚件径向加载并进给，增厚件在厚度方向上产生预定的局部减薄或增厚而成形出"V"形槽。预成齿旋轮挤入增厚件筒壁，当进给深度较小时，被挤出的金属沿旋轮齿表面流动，形成明显的"凹"形，如图 6-43(b) 所示。随着进给深度的增大，变形区扩大，金属流动逐渐填充齿槽。由于旋压时金属材料在上下两端有产生单一轴向流动的趋势造成局部填充不满，因此必须加以足够的轴向力阻止金属轴向流动，这是成形"V"形槽的一个关键。另外，旋轮径向进给运动时，旋轮下表面的缝隙处金属会产生外溢，影响材料局部填充。所以，在旋轮设计上也要设计相应的形状，如图 6-41 中 Φ168.7mm 的台阶结构，目的就是阻止金属外溢，尽量使得金属填充满旋轮齿槽。

图 6-44 为齿高不饱和度 κ。由图可见，楔齿的成形质量较好，不饱和度 κ 在 5% 以内，中间三个齿的不饱和度较大，而两边的楔齿不饱和度 κ 最小。这是由于增厚件壁部呈"鼓"形，在旋压过程中旋轮先接触增厚件壁部中段，楔齿的成形顺序是先中间、后两边，而且金属径向流动的同时还有轴向流动，当中间几个楔齿成形

接近饱和时,两边的楔齿还没有达到饱和;由于旋轮楔槽型面约束,金属的轴向流动受阻,这时中间几个楔齿只能依靠径向的金属流动来成形,而两边的楔齿可以通过底部和口部金属的轴向流动以及径向金属的流动成形,旋轮达到指定位置后五个齿成形结束。在旋轮成形完成后退出,工件有一定的回弹,这也是造成齿高不饱和的原因。

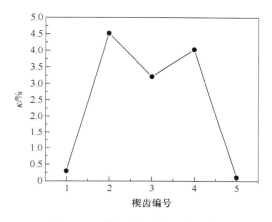

图 6-44　预成齿件齿高不饱和度

3. 增厚件型面的影响

在增厚成形中,设计了两种增厚旋轮,在增厚完成后得到"鼓"形增厚件和"筒"形增厚件,其壁厚型面分别为"鼓"形和"筒"形壁厚两种(图 6-38),两种壁厚的差异导致在预成齿过程中成形效果也是不同的。图 6-45 为"鼓"形增厚件和"筒"形增厚件均采用旋轮 3-2、进给比 $f_3 = 0.1\text{mm/r}$ 时的模拟结果。"鼓"形增厚件的壁厚中间厚、两端略薄,在成形时预成齿旋轮先接触中间,随着旋轮的进给,中间的金属在径向流动的同时会向两侧轴向流动;由于旋轮楔槽型面约束,当旋轮进给深度较大时,金属的轴向流动受阻,这时中间几个楔齿只能依靠径向的金属流动来成形,"鼓"形增厚件增厚区中间的壁厚较大,弥补了金属轴向流动的不足,而两边的楔齿可以通过底部和口部金属的轴向流动以及径向金属的流动成形,所以总体的成形效果较好。而"筒"形增厚件在成形时,旋轮同时与增厚件接触,金属虽然也会有一定的轴向流动,但是流动会受到旋轮型面的约束,壁厚不如"鼓"形增厚件大,从而造成楔齿填充不满。从齿高不饱和度 κ 结果上看,"筒"形增厚件在齿槽成形上效果较差,不能完全填充满齿槽,达不到预期的工艺要求。所以,采用"鼓"形增厚件预成齿较好。

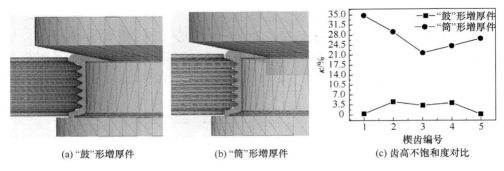

(a) "鼓"形增厚件　　　　(b) "筒"形增厚件　　　　(c) 齿高不饱和度对比

图 6-45　增厚件型面对预成齿的影响

4. 旋轮型面的影响

图 6-46 为"鼓"形增厚件采用进给比 $f_3 = 0.1\text{mm/r}$ 时,两个不同预成齿旋轮成形齿槽的模拟结果。两个旋轮型面的不同点在于成形角度不同,根据成形工艺要求,预成齿成形结束后,金属需要填充满旋轮齿槽,所以成形角度越小,旋轮齿槽较深,旋轮径向进给量就要越大,以此填满旋轮齿槽,但是留给下一步成形的整形量就越少,影响整形效果;反之,如果成形角度太大,预成齿完成后金属的变形量太小,而且预成齿成形后加工硬化严重,这都会加大最后一步整形的难度。故在设计预成齿旋轮时要考虑变形量分配的问题。通过模拟对比发现,采用旋轮3-1成形的预成齿件的齿高不饱和度 κ 较小,但是旋轮 3-1 和 3-2 预成齿完成后,剩余整形量的径向厚度分别为 0.2mm 和 0.5mm,根据工艺分析,0.5mm 的整形量较为合理。由以上分析,两个旋轮型面对楔齿成形各有优缺点,由于预成齿的效果涉及整形工步,为此在 6.3.5 节将比较两者在整形中的差异,从而得到最优结果。

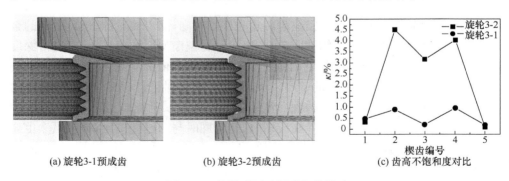

(a) 旋轮3-1预成齿　　　　(b) 旋轮3-2预成齿　　　　(c) 齿高不饱和度对比

图 6-46　旋轮型面对预成齿的影响

5. 旋轮进给比 f 的影响

旋压时进给比 f 要适当,过大或过小都可能造成机床的振动或爬行,影响工件表面质量。图 6-47 为"鼓"形增厚件采用旋轮 3-2 预成齿时,不同进给比成形楔齿的模拟结果。由图可见,进给比 $f_3＝0.1$mm/r,旋压时金属流动充分,径向填充齿槽,同时金属的轴向流动互相弥补各个部位的材料,能很好地填充齿形,成形出来的工件表面质量好。随着进给比的增大,金属的变形速度加快,金属的轴向流动减小,金属在径向方向成形较快,在成形后部分齿槽没能填满,达不到工艺要求。从齿高不饱和度 κ 来看,进给比越大,楔齿越难填满,随着进给比增大,虽然生产率提高,但是旋压力也增大,且工件的表面光洁度降低,所以在预成齿阶段应使用较小的进给比。

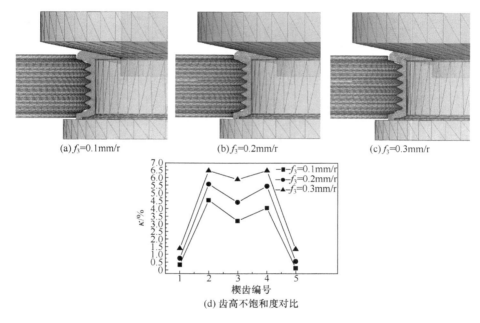

(a) $f_3=0.1$mm/r　　　　　(b) $f_3=0.2$mm/r　　　　　(c) $f_3=0.3$mm/r

(d) 齿高不饱和度对比

图 6-47　旋轮进给比对预成齿的影响

6. 应力应变情况

图 6-48 为"鼓"形增厚件采用旋轮 3-2、进给比 $f_3＝0.1$mm/r 时,预成齿件的三向应力和等效应力云图。

图 6-48(a)为预成齿件的径向应力云图。由图可见,在预成齿件的齿槽和轮齿部位径向应力表现并不一致,在齿槽部位,径向应力基本为压应力;而在齿顶部位,径向应力基本为拉应力。这是因为"V"形槽的成形过程是旋轮对增厚件径向加载并进给,旋轮挤入增厚件筒壁,在增厚件的受压部位成形齿槽,而在金属挤出的部位成形轮齿。

图 6-48(b)为预成齿件的切向应力云图。由图可见,切向应力的分布情况与

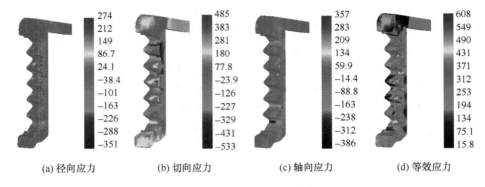

(a) 径向应力　　　(b) 切向应力　　　(c) 轴向应力　　　(d) 等效应力

图 6-48　预成齿件应力云图(单位：MPa)

径向应力类似，在齿槽部位为压应力，而在轮齿部位为拉应力。但是中间的三个轮齿部位切向应力表现出较大的拉应力，这是因为中间部位的成形厚度略大于两端，金属产生的变形也较大。

　　图 6-48(c)为预成齿件的轴向应力云图。由图可见，在轮齿部位轴向应力为拉应力，这是金属被挤出填充旋轮齿槽的结果。但是在齿槽部位，轴向应力的分布情况与径向应力和切向应力不同，在第二、第三和第四个齿槽(从上往下数)，轴向应力为拉应力，第一、第五个齿槽，轴向应力为压应力。这是因为增厚件壁厚呈"鼓"形，中间厚、两端略薄，旋轮径向进给时，金属向上下轴向流动，但是由于上模的轴向加压作用，金属的轴向流动受到了限制，从中间到两端流动越来越困难。

　　图 6-48(d)为预成齿件的等效应力云图。云图显示，中间齿的应力较大，而两端的齿应力较小，这是因为增厚件的中间厚度大，在成形时承受的变形力也较大。

　　图 6-49 为预成齿件的三向应变和等效应变云图。

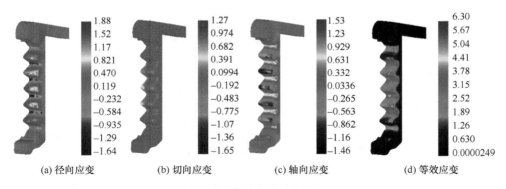

(a) 径向应变　　　(b) 切向应变　　　(c) 轴向应变　　　(d) 等效应变

图 6-49　预成齿件应变云图

　　图 6-49(a)为预成齿件的径向应变云图。由图可见，径向应变在齿槽部位和轮齿部位分别为压应变和拉应变，说明旋轮进给以后金属发生了径向流动，增厚件在

厚度方向上产生预定的局部减薄和增厚而成形出"V"形槽,这与实际工艺相符合。

图 6-49(b)为预成齿件的切向应变云图。由图可见,当旋轮公转时,齿槽部位的金属被挤压,因此在切向上的金属受到挤压作用,产生压缩变形,应变均为负值,轮齿部位由金属挤出成形,与增厚件相比,直径有所增大,切向应变为拉应变。切向应变为负值或正值,也说明了工件的圆周尺寸减小或增大。

图 6-49(c)为预成齿件的轴向应变云图。由图可见,成形过程中随着旋轮进给深度的增大,变形区扩大,使金属材料不仅有径向流动还要产生轴向流动,金属的轴向局部伸长,所以在齿槽部位轴向应变为拉应变,但是由于上模的加压以及旋轮型面的限制,在轮齿部位金属的轴向流动被限制,轴向应变为压应变。

图 6-49(d)为预成齿件的等效应变云图。由图可见,中间几个齿形成形较为均匀,达到预期目的。

6.3.5　整形

1. 整形条件

预成齿成形结束以后,用齿形角度为最终角度的旋轮进行整形旋压,最终旋出槽形。根据模拟结果,采用成形效果最好的预成齿件进行整形,预成齿件是经过预成形、腰鼓成形、增厚成形和预成齿成形四个工步得到的,每个工步的成形参数如下。

预成形:旋轮 1-1、旋轮进给比 $f_1 = 0.4$mm/r、上模下压位移 $l = 1.5$mm。

腰鼓成形:上模的下压速度设为 $v = 10$mm/s。

增厚成形:旋轮 2-1、旋轮进给比 $f_2 = 0.4$mm/r。

预成齿:旋轮 3-1 和旋轮 3-2、旋轮进给比 $f_3 = 0.1$mm/r。

在预成齿成形时采用了两种旋轮成形出两个预成齿件,但是仅从预成齿效果不能判断两者优劣,必须在整形中才能做出判断。将采用旋轮 3-1 成形的预成齿件称为预成齿件一、将采用旋轮 3-2 成形的预成齿件称为预成齿件二。整形过程采用的旋轮如图 6-50 所示,采用的旋轮进给比 $f_4 = 0.1$mm/r。

2. 金属流动情况

图 6-51 为预成齿件二在整形过程中金属的流动情况。整形过程金属的变形量不大,主要是为了成形最终尺寸,所以进给比要求小,保证金属流动充分和零件的表面光洁度。整形过程时上模轴向固定并施以一定压力;旋轮进给时,金属逐渐填充旋轮齿槽,加工完成后成形出最终尺寸。

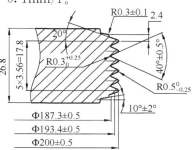

图 6-50　整形旋轮(单位:mm)

图 6-52 为整形件的齿高不饱和度 κ。由图可见,整形完成后楔齿成形效果较好,齿高不饱和度在 2% 以内。

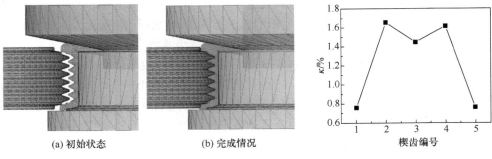

(a) 初始状态　　　　　　　(b) 完成情况　　　　　　楔齿编号

图 6-51　整形成形金属流动情况　　　　图 6-52　整形件齿高不饱和度

成形结束后整形件的应力应变分布情况与预成齿成形类似,这里不再赘述。

3. 预成齿件整形效果

图 6-53 为不同预成齿件的整形效果。由 6.3.4 节分析可知,当预成齿完成后,预成齿件剩余整形量的径向厚度分别为 0.2mm 和 0.5mm,其中预成齿件一的齿高不饱和度 κ 较小。但是经过整形后,预成齿件二的整形效果较好,成形的楔齿饱满,齿高不饱和度 κ 也较小。所以,采用旋轮 3-2 预成齿较为合理。

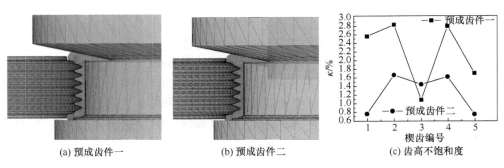

(a) 预成齿件一　　　　　　(b) 预成齿件二　　　　　(c) 齿高不饱和度

图 6-53　预成齿件整形效果

6.4　试验成形装置设计及调试

旋轮座是用来装夹旋轮、并使旋轮按照工艺过程的要求实现加压和快速进给,即执行旋压成形后的基本运动循环的部件,对旋压机的应用范围、成形精度、生产率和使用的方便程度等都有直接的影响。为此,旋轮座应满足以下要求[16]。

（1）满足旋压工艺过程所提出的要求，主要有：由设计方案中确定的旋轮及其旋轮座的数目；旋轮相对芯模（或主轴）的配置关系，即有关旋轮座的布局方面的要求；根据旋压件的形状、批量等要求，每个旋轮所完成的工作循环、工作方式。

（2）要求旋轮在旋轮座上相应装夹部位能牢固地安装，并且比较方便，有时还要求在安装时可以精确调整其位置，使旋轮与芯模、旋轮与毛坯之间分别保持所需的间隙和安装角，以及旋轮彼此之间的位置及其变化关系，以适应旋压工艺方案的要求。

（3）旋轮座的整个部件应具有足够的刚度，保证必要的加工精度和避免产生振动现象。为了提高刚度，旋轮座的结合面的层数应尽可能少；结合面的面积和结合面间的跨距也尽量大；导轨间隙应可以精细地调整到最小。

（4）运动精度高。因为旋轮座的横向滑架和纵向滑架的运动精度，以及多旋轮时它们的同步精度都将直接反映到旋压件的几何形状精度、尺寸精度和表面粗糙度上。因此，要求滑架的运动轨迹必须准确，移动均匀、平稳，没有爬行和阻滞等现象；多旋轮旋轮座，旋轮的不同步差应限于旋压工艺要求之内，各行程的终点位置应精确等。

（5）操作方便和安全。因为旋轮座是操作人员经常接近和操作的部件之一，所以其设计好坏在很大程度上决定了旋压机的操作是否方便和安全。为此，在设计时应正确地布置旋轮座的位置和留有适当的空间。

总之，为满足以上这些要求，在设计旋轮座时必须按照工艺要求合理地选择旋轮数量、运动循环、布局、结构和传动方式等，它取决于设备的总布局。

6.4.1　旋轮座设计方案

1. 旋轮座的布局原则

每一类旋压机的旋轮座布局都有一定特点，即使是同一类型旋压机，旋轮座的布局也不相同。在选择合理的旋轮座和工具架布局时，应注意以下几点[16]。

（1）适应不同类型旋压机的工作需要。例如，对通用型旋压机的旋轮座，大多采用单独的组合结构形式。无论立式还是卧式，均布置在主轴的一侧（或两侧），并使整个旋轮座方便地沿主轴轴线进行横向和纵向调整和定位。

（2）各旋轮架在工作中要互不妨碍。假如旋轮座在工作时互相干涉，不但将使它们不能工作，甚至造成碰撞和损坏，这是不允许的。如果勉强使用，在工序之间进行安装和拆卸，势必会降低设备的使用性能。

（3）旋轮座的布局应便于操作和调整，同时在工作时也应保证安全可靠。为达到此目的，在考虑布局时应尽可能做到安装的位置在操作者容易到达的地方；调整用的手轮、手柄结构位置应便于操作；安装位置要便于毛坯的装夹和成品的卸取。

但是在实际的旋压机上,往往由于结构上的原因,不能完全做到上述要求。这时应根据具体的需要和可能的情况,灵活运用这些原则。

2. 旋轮座的运动循环

由于旋压件的形状和所采用旋压法不同,要求旋轮在旋压过程中相对工件或芯模按一定规律运动。这个规律即运动循环。换句话说,旋轮座的运动循环是指旋轮在旋压过程中所走的运动轨迹[18]。

旋轮座的运动循环是旋压机整个工作循环的一部分。通常将旋轮座运动循环分为简单和复杂两种。根据对多楔带轮的工艺分析得知,成形多楔带轮时旋轮不仅有径向进给运动,而且上模须沿着轴向下压,即旋轮与上模有联动过程。但是单从旋轮运动轨迹来看,旋轮只做简单的直线往返运动,属于简单循环。简单的运动循环特点是:旋压过程中,旋轮相对工件(或芯模)沿着一条直线(或圆弧)运动。至于运动循环是由旋轮还是由芯模和工件运动来完成,在原则上是可以任意安排的,遵照"移轻就重"的原则,在结构上会更合理些,但是设计时还要根据具体情况来确定。

由此可见,这种运动轨迹是在旋轮与芯模之间间隙预先调整好后,工件、芯模与旋轮之间做相对的回转和直线运动。其运动循环是:工件进给—快退—停止。有时由于旋轮与工件相距较远,为了减少循环开始到进行旋压之间的空程时间,在工作行程前有一段行程是快速进程,即快速靠近。为适合多楔带轮旋压工艺的要求及达到精密成形的目的,旋压座采用伺服电机驱动。

3. 旋轮座的整体布局

由前文分析可知,多楔带轮旋压成形工艺路线为预成形、腰鼓成形、增厚成形、预成齿和整形五个工步,各工步分别完成相应的成形,逐次变形。为了完成所有工序,需要四个旋轮,即四个旋轮座,加工时预制坯固定在下模上,由主轴带动旋转,旋轮依次进给。遵循工艺方案设计原则,为了降低机床负荷,应充分利用四工位旋轮座的优势,尽量使变形区局限于预制坯中一小块区域,减小材料的变形抗力。同时,考虑到机床的构造以及生产时的操作方便,所设计旋轮座的结构布局如图 6-54 所示。

四个旋轮座均匀布置,整体结构紧凑,每个旋轮座可实现单独控制,不存在互相干涉。旋轮座由伺服电机驱动,为了便于操作,前后两个旋轮座采用同一驱动器驱动,中间通过拉杆连接,以便留出操作空间。成形过程中,预成形、腰鼓成形、增厚成形、预成齿和整形所需的旋压力大小不一样,预成形所需旋压力较小,而增厚成形、预成齿和整形需要的旋压力较大,腰鼓成形不需要采用旋轮成形,所以旋轮的

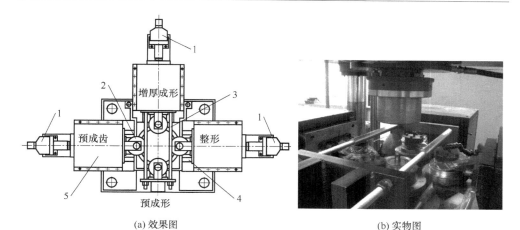

(a) 效果图   (b) 实物图

图 6-54 四工位旋轮座结构布局

1-伺服电机；2-旋轮；3-水平拉杆；4-导轨；5-旋轮座

装夹位置不能任意决定。前后两个旋轮座由同一个电机驱动，前旋轮座的受力依靠拉杆，受力载荷小，故预成形旋轮安装在前旋轮座上。考虑到工艺的连续性，增厚旋轮安装在后旋轮座，预成齿旋轮安装在左边旋轮座，整形旋轮安装在右边旋轮座。

4. 旋轮座的结构设计

旋轮座结构尺寸的确定，需要考虑机床的性能参数。四工位旋轮座安装在自行研制的 HGQX-LS45-CNC 型立式数控旋压机床上（图 6-55）。

该数控旋压机的主要参数如表 6-4 和表 6-5 所示。所要成形零件的尺寸也是影响旋轮座设计的一个因素，成形前毛坯的直径为 146mm、成形后零件的最小直径为 133.3mm。

图 6-55 HGQX-LS45-CNC
型数控旋压机

表 6-4 主机力能参数

主传动功率	工作泵功率	垂直轴向压力	水平径向压力	顶出压力
37kW	11kW	450kN	150kN	80kN

表 6-5 主机控制参数

位移	主缸行程：300mm	径向行程：100mm	顶出行程：20mm	主轴转速：0～500r/min
速度	0.5～20mm/s	0.1～25mm/s	0.1～25mm/s	无级调速

通过以上分析制定旋轮座的基本参数:旋轮的径向作用力 $P_r=150\mathrm{kN}$,成形过程中旋轮承受的轴向作用力较小,设计中轴向力忽略不计;径向进给距离 $S_z=100\mathrm{mm}$;初定旋轮径向进给速度:工进 $v_0=0.2\mathrm{mm/s}$、快速 $v_1=20\mathrm{mm/s}$。依据旋轮座所达到的基本参数,对旋轮座进行设计。图 6-56 为利用拉杆连接的双工位旋轮座,其他两个旋轮座的结构与图 6-56 中左边结构相同。

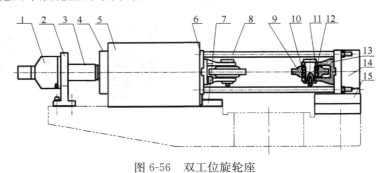

图 6-56　双工位旋轮座

1-伺服电机;2-固定架;3-联轴器;4-轴承座;5-盖板;6-旋轮后座;7-导轨;8-拉杆;9-旋轮;
10-轴承挡圈;11-旋轮轴;12-圆柱滚子轴承;13-旋轮叉;14-前旋轮架;15-滑块

6.4.2　旋轮组结构分析与设计

旋轮组的结构与机床可加工零件的尺寸有关,结构尺寸的确定还涉及旋轮的形状尺寸、滚动轴承的选择、旋轮的安装等因素。下面就这些因素对旋轮组结构的影响进行分析,以确定旋轮组的结构尺寸。

1. 旋轮组的结构

根据前文的工艺分析,成形时旋轮主要承受径向力,由 HGQX-LS45-CNC 型立式数控旋压机的力能参数可知,该径向力的极限值为 15kN。同时,多楔带轮旋压成形过程中,各工位旋轮沿径向进给,一方面要求旋轮不能与上下模发生干涉,另一方面旋轮安装高度(即旋轮与下模端面间隙)对成形过程影响较大。故本项目对旋轮安装结构进行优化设计,以达到无级调节旋轮安装高度的要求,如图 6-57 所示。

根据受力以及结构要求采用两个圆柱滚子轴承 NJ2210E(按 GB/T 283—1994)[41]。由于旋轮旋压时受到旋压力的作用,所以轴承必须加以周向固定。轴承的周向固定靠内圈与轴、外圈与旋轮之间的配合来保证。轴承与轴的配合采用基孔制,轴承与旋轮的配合采用基轴制。轴承与轴的配合与机械制造业中所采用的公差配合制度不同,轴承的内径公差多为负值。因此,在采用相同配合的条件下,轴承内径与轴的配合比通常的配合更紧密。轴承外径的公差虽为负公差,但其公差值与一般公差制度也不相同。根据轴承的受力特点,轴的公差采用 j6,旋轮内圈公差采用 N7。由于载荷的作用方向在两轴承之间,两个轴承采用面对面安装,这样安装布置的支承刚性好。

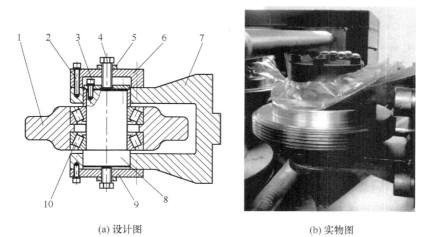

(a) 设计图　　　　　　　　　　　(b) 实物图

图 6-57　旋轮组结构图

1-旋轮;2-螺钉;3-内紧固螺钉;4-调节螺钉;5-紧固螺母;
6-端罩;7-旋轮叉;8-旋轮轴;9-底盖;10-圆锥滚子轴承

2. 旋轮的形状尺寸

图 6-58 为预成形旋轮、增厚旋轮、预成齿旋轮及整形旋轮,其具体尺寸参照图 6-20、图 6-34、图 6-41 及图 6-50。

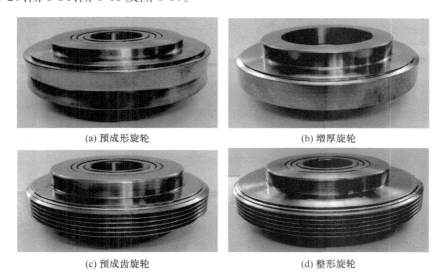

(a) 预成形旋轮　　　　　　　　　　　(b) 增厚旋轮

(c) 预成齿旋轮　　　　　　　　　　　(d) 整形旋轮

图 6-58　多楔带轮旋压成形旋轮

旋轮是旋压成形的主要工具之一,也是使旋压工艺取得良好效果的一个重要影响因素。工作时,它与毛坯直接接触,承受着巨大的接触压力、剧烈的摩擦和一定的工作温度(尤其是加热旋压时),旋轮设计正确与否,将直接影响工件的成形质量。旋轮的型面尺寸主要由各工序决定,旋轮直径 D_R 大小对旋压过程影响不大。D_R 值取大有利于提高工件表面光洁度,但会使旋压力略有增加。旋轮的最小直径受有关零部件(如轴和轴承等)极限强度的限制。因此,应尽可能使旋轮直径稍大些,以便加大轴和轴承的尺寸。为了避免旋压时发生振动,对旋轮而言,要求其直径 D_R 尽量不取芯模直径的整数倍。

3. 旋轮轴的设计

旋轮轴是旋轮组的一个重要组成零件,承担着很大的旋压力,所以其材料选用以及强度的校核是很重要的。

1) 旋轮轴的结构

轴的结构设计,从节省材料、减少重量的观点来看,轴的各截面最好是等强度的。但是从加工工艺观点来看,轴的形状越简单越好。简单的轴制造省工、热处理不易变形,并有可能减少应力集中。当决定轴的外形时,在能保证装配精度的前提下,既要考虑节约材料,又要考虑便于加工和装配。根据结构要求设计旋轮轴,具体尺寸如图 6-59 所示。轴的材料选用 40Cr,调质处理,硬度为 45～48HRC,抗拉强度 $\sigma_b = 735\text{MPa}$、屈服强度 $\sigma_s = 540\text{MPa}$[39]。

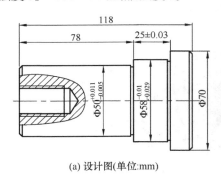
(a) 设计图(单位:mm)

(b) 实物图

图 6-59　旋轮轴的结构尺寸

2) 旋轮轴的受力分析

旋轮径向进给时,主要承受径向力作用,由主机性能参数可知,最大径向作用力 $P_r = 150\text{kN}$。图 6-60 是旋轮径向进给时轴的受力分析图,图中 A、C 点为圆柱滚子轴承的受力中心点,B 点为旋轮的受力中心点。成形过程中,由于旋轮轴固定不动,只承受弯矩作用,且在 B 截面达到最大值。

根据力的平衡,则有

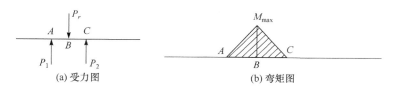

图 6-60　旋轮轴受力分析图

$$P_1 + P_2 = P_r \tag{6-6}$$

$$l_{AB} = l_{BC} \tag{6-7}$$

$$M_{max} = P_1 \times l_{AB} \tag{6-8}$$

求解得到 $P_1 = P_2 = 75\text{kN}, M_{max} = 1237.5\text{N} \cdot \text{m}$。

而 B 截面的抗弯截面模量为

$$W_B = 0.1d_B^3 \tag{6-9}$$

式中，d_B 为 B 截面的直径。求解得到 $W_B = 12500\text{mm}^3$。

B 截面的弯曲应力为

$$\sigma_{WB} = \frac{M_{max}}{W_B} \tag{6-10}$$

求解得到 $\sigma_{WB} = 99\text{MPa}$。

3）旋轮轴的强度校核

从以上分析可知，旋轮轴在旋轮径向进给时 B 截面所受的总应力最大，所以必须校核 B 截面以保证安全。由于旋轮轴没有受到脉动循环的转矩，所以只按弯矩校核轴的强度。

B 截面应力为

$$\sigma_{WB} = 99\text{MPa} < \sigma_s = 540\text{MPa}$$

且安全系数达到

$$S_\sigma = \frac{\sigma_s}{\sigma_{WB}} = 540/99 = 5.45$$

所以强度完全符合要求，安全。

4. 其他辅助部件

旋轮座是成形多楔带轮的主要装置，除此之外，还有其他一些辅助部件，如上模、下模和芯棒。上模、下模和芯棒在成形过程中都用来固定旋压预制坯，同时通过上模还可以对预制坯进行轴向加压，芯棒在零件成形完成后还可以起到顶出零件的作用。辅助部件根据旋轮座及成形零件的结构和尺寸要求，并在保证机构安全的条件下进行设计（图 6-61）。

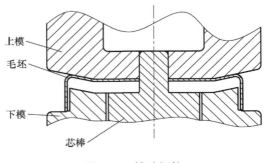

图 6-61　辅助部件

6.5　多楔带轮旋压工艺试验研究

通过有限元数值模拟,可以实时地描述金属塑性成形过程,给出金属塑性成形流动模式、各种物理场量的分布规律、详尽的塑性变形过程的力能参数,而且还可以预测塑性成形过程中的缺陷,优化塑性成形过程,对科学理论研究及生产实践都具有很大的指导作用[16,41,42]。但实践生产条件复杂,金属成形过程还受到诸多错综复杂的设备和工艺因素的综合影响,且其成形过程也是在集中变化载荷作用下发生多变弹塑性状态的过程。因此,有限元模拟方法在一定程度上还不能与实际完全吻合,与现实情况还不完全一致。数值模拟常常是对实际金属成形工艺的一种相似和抽象,存在某些力学模型及边界条件的简化,对于实际成形工艺过程中的许多复杂问题还不能完全反映或获得合理解释。因此,有限元数值模拟在很大程度上可以指导生产实践,但还需要通过工艺试验验证才能证明其可行性,不能完全代替实际的工艺试验探索[16,42,43]。

6.5.1　试验条件

1. 旋压设备及工装

工艺试验所用旋压设备为在广东省教育部产学研合作项目"钣制皮带轮近净成形工艺和数控旋压设备研究及生产线的组建"(2006D90304021)资助下所研制成功的 HGQX-LS45-CNC 型立式数控旋压机床(图 6-55)。该数控旋压机主要性能参数如表 6-4 和表 6-5 所示。

多楔带轮旋压成形由预成形、腰鼓成形、增厚成形、预成齿及整形五个工步组成,其中腰鼓成形是通过主轴直接下压预成形件所得的,故所研制的 HGQX-LS45-CNC 型立式数控旋压机床工装为四工位(图 6-54)。各工步所用旋轮安装在相应的旋轮座支架上,通过伺服电机驱动,旋轮通过直线导轨沿径向依次进给,完成五工步成形。

2. 数据测量

多楔带轮增厚成形阶段包括预成形、腰鼓成形及增厚成形三个工步。根据工艺研究分析,同时为了验证前述有限元数值模拟结论的有效性,分别选取预成形件、腰鼓件及增厚件的外侧轮廓和增厚件的厚度作为工艺试验的测量对象和评价指标。各工步工件外侧轮廓采用三坐标测量仪进行测量,增厚件侧壁厚度通过厚度千分尺测量。

采用型号为 WENZEL LH65 的德国进口三坐标测量仪(图 6-62)测量各工件外轮廓。测量过程中,工件通过测量工装安装,如图 6-62(c)所示。测量时,首先通过三坐标测量仪探针自动三维定位,然后沿工件轴向运动,逐点探测取得工件外侧轮廓数据点。其中,预成形件及腰鼓件侧壁每隔 0.5mm 进行接触测量;增厚件侧壁每隔 0.3mm 进行接触测量,所得数据精度达 0.0001mm。取得数据后通过数据处理软件 Origin 拟合成曲线,取得工件外侧轮廓曲线进行对比分析。

(a) 控制平台　　　　　　(b) 测量平台　　　　　　(c) 测量工装

图 6-62　WENZEL LH65 三坐标测量仪

增厚成形最终目的是要使工件侧壁增厚,故为了获取成形前后工件壁厚变化,对拉深预制坯 0°、90°、180°、270°方向侧壁口部、中部、底部三点进行测量(图 6-63),取得工件原始壁厚。在完成增厚成形后进行再次测量,以获得成形后侧壁增厚情况,作为评价指标分析增厚成形的可行性。

旋齿成形完成后,旋压工件需进行相应少量的机加工才能完成与图纸相符的带轮零件。本节主要考察带轮旋齿成形阶段的成形情况,定性分析旋齿成形质量,具体定量及定性的质量评价

图 6-63　预制坯标定测量示意图

将在 6.5.2 节进行详细分析和阐述。

3. 增厚成形工艺试验研究

1）工艺试验方案

试验采用材料为 08Al 的拉深预制坯。为验证不同工艺参数对增厚成形过程的影响,并根据设备工装情况及研究需要,按照有限元模拟的结果,取预成形时的旋轮进给比 f_1 为 0.4mm/r,预成形参数如表 6-6 所示;增厚成形的旋轮进给比 f_2 仍为 0.2mm/r、0.3mm/r、0.4mm/r,增厚成形的旋轮也与模拟所用的相同(图 6-34);并进行相关数据的测量和处理。

表 6-6 预成形工艺参数

水平	因素			
	进给比 $f_1/(\text{mm/r})$	旋轮底面与下模间隙 δ'/mm	径向压下量 Δ/mm	摩擦系数 μ'
1		0.2	4	
2	0.4	0.6	4.8	无润滑、润滑
3		1	5.2	

2）试验结果与模拟结果的比较分析

图 6-64 为预成形模拟与试验结果对比(其中 $f_1=0.4\text{mm/r}$、$l=1.5\text{mm}$、$\Delta=4.8\text{mm}$),可见试验与模拟结果基本吻合,最大误差仅为 0.88mm。图 6-65 为腰鼓成形模拟与试验结果对比(其中 $v=10\text{mm/s}$、$\mu'=0.3$),可见"鼓"形轮廓基本吻合,仅底部及口部缩径区的差异稍大,主要与主轴液压控制精度有关。验证结果表明,所建立的有限元模型具有较强的可靠性。

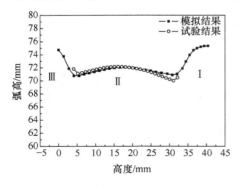

图 6-64 预成形模拟与试验结果对比

Ⅰ-底部区;Ⅱ-增厚区;Ⅲ-口部区

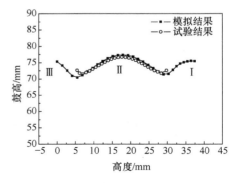

图 6-65 腰鼓成形模拟与试验结果对比

Ⅰ-底部区;Ⅱ-增厚区;Ⅲ-口部区

（1）预成形工艺参数分析。

为了验证理论分析结果，根据工艺试验方案及设备工装情况，以工艺参数主轴转速 $n=360\text{r/min}$、预成形进给比 $f_1=0.4\text{mm/r}$、预成形旋轮底面与下模间隙 $\delta'=0.2\text{mm}$、预成形旋轮径向压下量 $\Delta=4.8\text{mm}$ 完成相关工艺试验，相关对比参数如表 6-7 所示，试件如图 6-66 所示。

表 6-7　预成形及腰鼓成形工艺试验

工件号	因素				
	进给比 $f_1/(\text{mm/r})$	旋轮底面与下模间隙 δ'/mm	径向压下量 Δ/mm	摩擦状态	备注
1	0.4	0.2	4.8	无润滑	预成形件
2	0.4	0.2	4	无润滑	预成形件
3	0.4	0.2	5.2	无润滑	预成形件
4	0.4	0.6	4.8	无润滑	腰鼓件
5	0.4	1	4.8	无润滑	预成形件
6	0.4	1	4.8	无润滑	腰鼓件
7	0.4	0.2	4.8	无润滑	腰鼓件
8	0.4	0.2	4	无润滑	腰鼓件
9	0.4	0.2	5.2	无润滑	腰鼓件
10	0.4	0.2	4.8	润滑	腰鼓件

（a）工件照片　　　　　　　（b）预成形件　　　　　　　（c）腰鼓成形件

图 6-66　试验工件

① 摩擦系数 μ' 影响分析。

多楔带轮旋压成形工装下模的表面粗糙度对成形过程具有较大影响，属于有利摩擦。为了检验理论分析及数值模拟结果的有效性，通过简易方法改变摩擦系数进行研究。因下模加工完成后不便进行表面再处理，故通过添加润滑油来改变下模端面与毛坯的摩擦系数进行研究。图 6-67 为无润滑及有润滑状态下试验结果影响曲线。由图可见,摩擦系数越小,所成鼓形越小,且口部出现一定程度的扩口。根据图中无润滑状态腰鼓件外表面轮廓可知,鼓形对称性较好,工装下模端面粗糙度符合要求。

　　② 间隙 δ' 影响分析。

　　旋轮底面与下模间隙 δ' 对多楔带轮工件底部及口部尺寸具有较大影响。采用旋轮安装高度的无级调节机构,选取间隙 δ' 为 0.2mm、0.6mm、1mm 分别进行工艺试验,以腰鼓件底部半径 $R_底$ 和口部半径 $R_口$ 尺寸为评价标准,结果如图 6-68 所示。

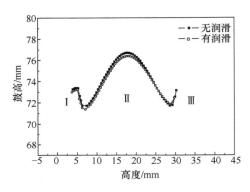

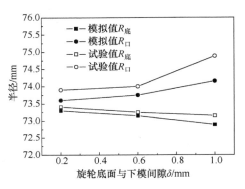

　　图 6-67　润滑状态试验曲线　　　　　　图 6-68　间隙 δ' 对腰鼓件的影响规律
Ⅰ-底部区;Ⅱ-增厚区;Ⅲ-口部区

　　由图 6-68 可见,工艺试验结果所得工件口部及底部半径均比模拟值稍大,但总体趋势及变化规律一致。间隙 δ' 越大,口部半径越大、底部半径越小,但均满足工件要求尺寸,其原因在于工艺试验工件具有一定的回弹。同时,由图中所示曲线可知,随着间隙 δ' 的增大,口部直径变化较为显著,而底部变化趋势较缓。当间隙 $\delta'=1$mm 时,其口部半径为 74.88mm。为了进一步分析,分别取出不同间隙下的 7 号(间隙为 0.2mm)、4 号(间隙为 0.6mm)及 6 号工件(间隙为 1mm)进行研究,如图 6-69 所示。

　　由图 6-69 中不同间隙工件侧面轮廓可知,6 号腰鼓件鼓形较低、轴向高度较高,没有达到工艺要求,而口部法兰半径明显较大。根据其腰鼓成形试验过程来看,6 号毛坯底面没有与上模顶部贴合,7 号及 4 号工件均压鼓成功且成形较好,取 6 号工件截面放大并进行力学分析,如图 6-70 所示。

　　由图 6-69 及图 6-70(a)可见,6 号工件缩径区较 7 号及 4 号工件更靠近工件底部,且口部具有一定的扩口现象。

图 6-69　工件侧面轮廓对比图

(a) 截面放大图

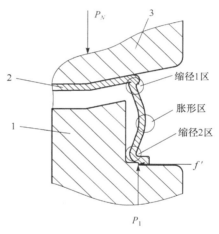

(b) 分析示意图

图 6-70　6 号工件力学分析

　　腰鼓成形的力学分析如图 6-70(b)所示,缩径 1 区的变形较小,没有达到预定的缩径目的,相当于筒形直壁。腰鼓成形时,机床上主轴下压,由于 6 号工件缩径 1 区变形区较 7 号及 4 号工件大大减小,导致产生的变形不大,故主要以传递轴向力为主。同时根据前述分析,由于 P_N 与 P_1 作用点具有一定的水平偏移,在这种情况下所需 P_N 大小比正常情况要大,在摩擦力 f' 不足的情况下,极易发生扩口现象,造成口部翻边及半径尺寸明显增大。因此,旋轮底面与下模间隙过大会导致预成形件缩径区偏上的缺陷,从而造成腰鼓成形所需压力超出设备正常使用吨位,6 号工件正是这种情况的典型例子。由此可见,旋轮底面与下模间隙不仅影响工件底部及口部尺寸,还对设备吨位具有额外要求,根据工艺试验的结果,间隙值应设定在 0.2mm 较为合适。

③ 径向压下量 Δ 影响分析。

图 6-71 为不同径向压下量对预成形件的影响规律。由图可知,其影响规律与模拟结果一致,压下量越大,预成形件的弧半径越小。当 Δ 为 4.8mm 及 5.2mm 时,其弧面轮廓基本一致,符合分析结果。

图 6-72 为不同径向压下量对腰鼓件的影响规律。由图可知,其影响规律与模拟结果一致,不同径向压下量对腰鼓成形质量有较大影响,压下量越小,鼓形不对称越明显。当 $\Delta=4$mm 时,工件口部缩径区较底部缩径区压缩变形更大,径向位移更大。根据试验与模拟结果的综合分析,生产实践中应在允许范围内选取较大的压下量,使工件内侧与芯模贴合,保证腰鼓成形所成"鼓"形的对称性,有利于增厚成形。

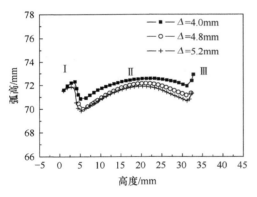

图 6-71　径向压下量对预成形件
的影响规律(试验)

Ⅰ-底部区;Ⅱ-增厚区;Ⅲ-口部区

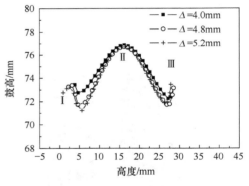

图 6-72　径向压下量对腰鼓件
的影响规律(试验)

Ⅰ-底部区;Ⅱ-增厚区;Ⅲ-口部区

(2) 增厚变形过程及工艺参数分析。

为了进一步研究增厚成形过程,在预成形工艺参数为进给比 $f_1=0.4$mm/r、旋轮底面与下模间隙 $\delta'=0.2$mm、旋轮径向压下量 $\Delta=4.8$mm、下模端面无润滑的基础上,进行增厚成形工艺试验研究;同时,工艺试验在旋轮完成进给后分别对旋轮是否在最终位置停留整平情形进行研究,以探讨此种情形下金属流动的状况对增厚件的影响。工件列表如表 6-8 所示,试件如图 6-73 所示。

表 6-8　增厚成形工艺试验

工件号	因素				
	进给比 $f_2/(mm/r)$	旋轮编号	表面是否停留	对于原拉深毛坯编号	旋轮进给最终位置 /mm
1	0.2	2-2(平)	否	4	68.25
2	0.2	2-1(凹)	否	9	68.25
3	0.3	2-2(平)	否	5	68.25
4	0.4	2-2(平)	否	6	68.25
5	0.2	2-2(平)	停留 5s	1	68.25
6	0.3	2-2(平)	停留 5s	2	68.25
7	0.4	2-2(平)	停留 5s	3	68.25
8	0.2	2-2(平)	否	8	70.5

(a) 工件列图　　　　　　　　(b) 增厚样件　　　　　　　　(c) 增厚件底部

图 6-73　试验工件

① 变形过程分析。

根据增厚成形数值模拟分析结果可知,增厚成形过程中旋轮径向进给,逐步与腰鼓件鼓形部分材料接触,使其在高速旋转的同时受到径向压缩,材料产生径向流动,并以鼓形顶点为分界产生相反方向的轴向流动。根据增厚成形工艺分析,完成最终增厚成形过程达到壁厚 2.76mm,旋轮径向进给位置的理论计算坐标为 68.25mm。选取 8 号工件进行试验,仅将旋轮径向进给至 70.5mm 便提前停止进给,分析其变形过程是否符合数值模拟分析结果,试验结果及对应模拟如图 6-74 所示。

图 6-74(a)为 8 号试验工件,将其划分为三个区域,底部区、旋轮接触区、口部区。图中,光亮带为旋轮接触区,也为工件侧壁变形区。与图 6-74(b)所示的模拟结果相比,三个区域的带宽基本吻合。

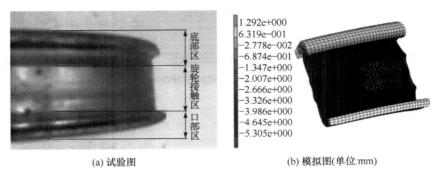

(a) 试验图　　　　　　　　　　　　　(b) 模拟图(单位:mm)

图 6-74　增厚成形中间过程示意图

取工件纵剖面,在上述三个区域的侧壁部分分别取上、中、下三个点测量壁厚,结果如表 6-9 所示。从表中看出,旋轮接触区厚度增厚效果最为明显,增厚率达23.2%,远大于理论要求增厚率10.4%;从底部及口部未与旋轮接触区厚度变化分析,其厚度也有一定增厚,但不太明显。由表中工件不同测量点壁厚数据分析,旋轮接触区整体增厚效果较为明显,但中间更厚,上下略薄;而底部及口部区靠近旋轮接触区厚度与其他测量点相比较厚。由此可见,在成形过程中腰鼓件鼓形受到径向压缩的同时,在高速旋转与旋轮接触过程中,金属材料从中间向两端流动,工件侧壁在成形过程中整体增厚,但呈中间最厚、两边略薄的厚度分布。

表 6-9　8 号工件成形前后壁厚比较

测量项目　　　　　壁厚/mm　区域	t/mm		
	底部区	中部区/旋轮接触区	口部区
拉深预制坯	2.52	2.59	2.75
测量 1(上)	2.71	3.03	2.82
测量 2(中)	2.62	3.25	2.77
测量 3(下)	2.78	3.02	2.75
试验工件测量平均值	2.703	3.1	2.78

注:试验工件测量上、中、下方向定义为工件底部为上、口部为下,沿该定义方向取点测量。

② 旋轮型面的影响。

基于上述预成形及腰鼓成形参数所成形的腰鼓件,单独改变增厚成形旋轮型面形状进行工艺试验,以探讨其对增厚成形的影响规律。

图 6-75 为不同旋轮型面所制工件,其中进给比 $f_2 = 0.2$mm/r。由图看出,不同旋轮型面所成增厚件侧壁外形轮廓具有差异:凹形旋轮(旋轮 2-1)所成工件侧壁外轮廓呈鼓形(图 6-75(a)),平旋轮(旋轮 2-2)所成工件侧壁外轮廓平整(图 6-75(b))。通过三坐标测量仪测量外侧轮廓曲线如图 6-76 所示。

(a) 鼓形增厚件　　　　　　　　　　　(b) 直壁增厚件

图 6-75　不同型面旋轮成形工件

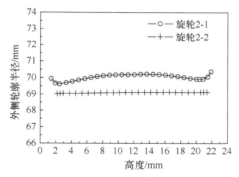

图 6-76　试验工件外侧轮廓

由图 6-76 可知,工件外侧轮廓与所成形旋轮型面吻合。增厚件内侧照片如图 6-77 所示,旋轮进给到理论成形位置,但内壁并未完全贴模,且鼓形增厚件贴模性不如直壁增厚件贴模性好。为了进一步分析不同旋轮型面增厚效果,利用壁厚千分尺测量工件侧壁厚度,不同旋轮型面成形工件壁厚分布如图 6-78 所示;同时与原始壁厚比较,处理数据如表 6-10 所示。

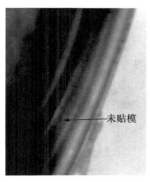

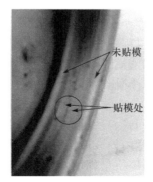

(a) 鼓形增厚件　　　　　　　　　　　(b) 直壁增厚件

图 6-77　增厚件内侧

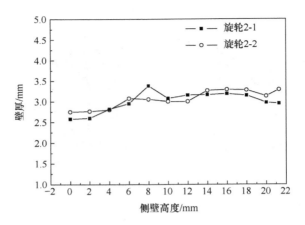

图 6-78　不同旋轮成形增厚件壁厚试验结果

表 6-10　不同增厚件壁厚参数

项目	工件	
	鼓形增厚件	直壁增厚件
最小壁厚/mm	2.58	2.75
最大壁厚/mm	3.38	3.285
最小增厚率/%	3.2	10
最大增厚率/%	35.2	31.4
平均增厚率/%	10.42	18.22

　　由图 6-78 可知,因增厚件内侧贴模没有达到理想状态,故壁厚分布不均,但反映了两种不同型面旋轮增厚的基本效果。凹形旋轮成形工件呈底部薄、口部厚的现象,厚度差别较大。同样,由图中曲线及表 6-10 中数据比较可知,平旋轮所成形增厚件壁厚较为均匀。同时平均增厚率也反映了平旋轮具有较好的增厚成形效果。

　　实际加工过程中,工件成形不仅与毛坯形状、尺寸精度、工装制造及装配精度等有关,在金属塑性变形中也会受到变形抗力等,同时旋轮进给机构也会具有一定的弹性退让,芯模受到径向压力时由于其轴承具有一定的径向间隙,沿受力方向具有避让(约 0.1mm)。因此,旋轮实际压下量应略大于理论压下量,以补偿机械误差及工件变形回弹。通过反复工艺试验,设定了 1mm 补偿量。采用旋轮 2-2 经试验所得工件侧壁内外成形情况如图 6-79 所示。由图可见,工件内外壁平整光滑、贴模性好,仅因压下量稍增,金属外流,出现小飞边,这种缺陷可以通过调节旋轮安装高度,减小旋轮底面与下模间隙得到改善。改善前后侧壁厚度分布如图 6-80 所示,可见壁厚较改善前均匀,基本保持在 2.9mm 左右,满足成齿所需壁厚要求。

(a) 外侧　　　　　　　　　　　　(b) 内侧

图 6-79　改善后工件

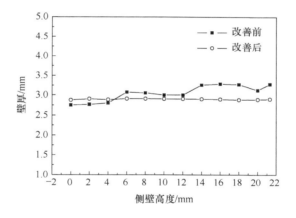

图 6-80　改善前后工件壁厚分布试验结果

4. 旋齿成形工艺试验研究

1) 工艺试验方案

　　将增厚成形阶段所得增厚件装夹在下模上,并用上模压紧,使之随下模和主轴一起旋转。旋转过程中,旋轮按照一定进给比径向进给,与增厚件表面接触,促使金属流动成形带轮所需齿形。根据文献[13]研究可知,旋齿成形过程中,金属材料不仅具有径向流动还存在轴向流动。根据工艺分析,要想轮齿成形质量较好,应尽量使材料发生径向流动而减小轴向流动。文献[13]指出,变形金属的轴向流动和径向流动的状态与成形角 φ' 有关(图 6-81)。当成形角 φ' 大于 60°时,会将以轴向流动为主转化为以径向流动为主;φ' 减小时,径向流动的趋势会减弱,形成以轴向为主的变形。

多楔带轮零件成形角为 70°(其成形旋轮即整形旋轮如图 6-82 所示),有利于材料进行以径向为主的塑性流动。但由于最终齿高 3.35mm,考虑到零件尺寸以及工艺难度,采用两步成形法。选取 65°成形角的旋轮进行预成齿(预成齿旋轮如图 6-83 所示),然后采用整形旋轮进行整形,得到最终工件。同时为了促使金属变形充分,选取预成齿及整形旋轮进给比 f 均为 0.1mm/r 进行工艺试验。

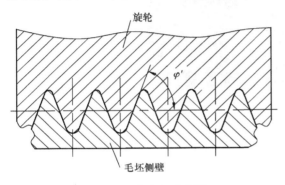

图 6-81　成形角示意图

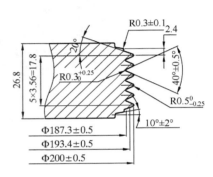

图 6-82　整形旋轮(单位:mm)

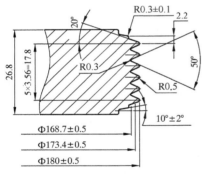

图 6-83　预成齿旋轮(单位:mm)

2) 试验结果分析

完成预成形、腰鼓成形、增厚成形工步后,将获得的增厚件用于多楔带轮旋齿成形工艺试验。各工步试验工艺参数如下。

预成形:进给比 $f_1 = 0.4$mm/r,旋轮底面与下模间隙 $\delta' = 0.2$mm,旋轮径向压下量 $\Delta = 4.8$mm,下模端面无润滑。

增厚成形:进给比 $f_2 = 0.2$mm/r,平旋轮 2-2。

预成齿:进给比 $f_3 = 0.1$mm/r,成形角 65°。

整形:进给比 $f_4 = 0.1$mm/r,成形角 70°,齿形与图纸工件尺寸一致。

图 6-84 为预成齿旋轮径向进给 0.5mm 的试验件,将其划分为三个区域:底部区、齿形区及口部区。底部和口部成形形状如图 6-85 所示,成形情况良好;轮齿部分的材料流动情况如图 6-86 所示,旋轮相邻两齿之间材料形成一个流动区,金属沿楔齿径向流动,在旋转过程中齿高逐渐增大,填充旋轮齿槽。

图 6-84 旋轮径向进给为 0.5mm 的工件   图 6-85 底部和口部成形情况

如图 6-87 所示,当旋轮进给至 1mm 时,齿形比图 6-84 中明显增高。随着预成齿旋轮径向进给到指定位置,并通过整形旋轮整形,最终多楔带轮旋压件如图 6-88(a)所示;放大其齿形,如图 6-88(b)所示。由图可见,其齿形饱满均匀,与旋轮齿形吻合较好,经测量满足零件图纸尺寸要求。

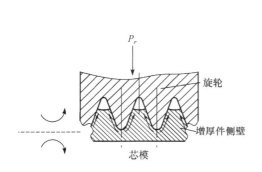

图 6-86 多楔带轮旋齿成形变形分析   图 6-87 旋轮进给 1mm 所得工件

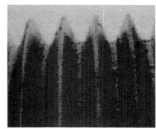

(a) 旋压件整体图   (b) 齿形放大图

图 6-88 多楔带轮旋压件

为了进一步验证关于旋轮型面数值模拟及试验分析结果,采用前述不同增厚旋轮型面所获增厚件进行了旋齿成形工艺试验,最终成形工件图及影响结果分别如图 6-89(a)、(b)所示。由图 6-89(a)可见,凹旋轮所成增厚件经旋齿成形后,最终工件齿形也呈鼓形分布,中间齿满而两侧填充不足。如图 6-89(b)所示,平旋轮所成增厚件得到的最终工件,其各个齿形高度一致,填充较好。由此可得,不管从增厚效果还是从旋齿效果来评价,平旋轮都更符合带轮旋压的要求,所成带轮旋压件质量较好。

(a) 旋轮2-1(凹旋轮)　　　　　　　　　(b) 旋轮2-2(平旋轮)

图 6-89　不同增厚旋轮型面对旋齿成形的影响

6.5.2　带轮旋压件成形质量评价

多楔带轮旋压成形过程中,影响其成形质量的因素是多方面的,不仅与毛坯形状尺寸精度、工装制造及装配精度、带轮旋压机装配精度有关,还与工艺调试精度、工艺参数、数控以及液压控制精度相关,同时还受到加工环境以及其他不可预知及控制的多方面复杂因素的影响[28,44]。目前针对一般带轮产品,评价指标主要包括尺寸精度、几何精度、平衡性能、表面质量以及金相组织等,并根据产品图纸要求相互验证,以检验多楔带轮是否满足应用要求。

所研究的旋压成形多楔带轮还不属于直接应用的带轮零件,因在旋压成形后还需进行少量机加工、表面处理等。但带轮旋压件已接近最终产品,特别是齿形部分已达到最终尺寸及精度要求,因此可参考常用带轮检验标准,结合带轮旋压件的实际情况,选取相应的评价指标对其进行质量评价。

1. 外观质量

根据前述数值模拟及试验研究所得各工步优化工艺参数,通过试验试制所得多楔带轮旋压成形件如图 6-90 所示。由图 6-90(a)可见,旋压件外形规则、轮廓分明、表面质量较好，轮齿清晰。由图 6-90(b)可见，工件端部台阶明显、光滑均匀、厚度合理，齿形填充饱满、均匀。由图 6-90(c)可见，内侧壁贴模性好、平整光滑均匀，底部与侧壁折叠处紧密，底部内侧光滑、表面质量好；口部法兰内侧台阶分明，符合设计及图纸要求。

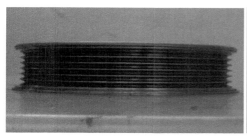

(a) 工件整体图　　　　　　　　(b) 工件局部放大图　　　(c) 工件内侧

图 6-90　旋压件成形状况

2. 尺寸检验

为了定量分析多楔带轮旋压件成形尺寸，通过对照图纸要求、结合工艺流程，来评价其尺寸精度。检测主要工具为常用的游标卡尺、厚度千分尺、角度千分尺等测量工件。检验项目主要包括：①带轮的轮廓尺寸，包括口部直径、底部尺寸、高度等，需具有足够的机加工余量；②楔齿部分的成形情况，包括齿形是否充满及楔槽角度等。具体参照尺寸及检验项目如图 6-91 所示，其中点划线处为拟预留的车削加工余量。为了提高检测的可靠性，所有数据均测量两次，最终取其平均值；同时，对两个不同多楔带轮旋压件进行测量和评价，最终检测结果如表 6-11 所示。

表 6-11　工件检验报告

序号	检验项目	图纸尺寸	加工余量 /mm	检验结果（受检数 2）		判定
				2 号工件	6 号工件	
1	端部直径/mm	$\Phi(144.86\pm0.5)$	$\geqslant0.5$	148.4	148.6	合格
2	底部直径/mm	$\Phi100$	±0.2	100.2	100.1	合格
3	齿端面斜角	$10°\pm1°$	—	9°30′	9°30′	合格
4	齿顶圆角半径/mm	$R0.3_{0}^{+0.25}$	—	0.45	0.45	合格

续表

序号	检验项目	图纸尺寸	加工余量/mm	检验结果(受检数2)		判定
				2号工件	6号工件	
5	厚度/mm	1.2	—	1.41	1.22	合格
6	V槽中心距/mm	17.8	—	17.9	17.85	合格
7	V槽角度	40°±0.5°	—	40°20′	40°15′	合格
8	齿根圆角半径/mm	R0.5$^{0}_{-0.25}$	—	0.46	0.46	合格
9	齿边距/mm	4.5	≥0.5	5.3	6.14	合格
10	环深度/mm	21.5	≥0.5	22.6	22.7	合格
11	直径/mm	Φ140	+0.5	140.1	140.6	合格
12	直径/mm	Φ(141.18±0.2)	≥0.5	141.45	141.45	合格
13	外圆跳动	↗0.35	—	0.25	0.15	合格
14	平面度	□0.1	—	0.18	0.14	合格

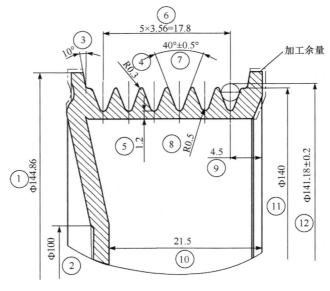

图 6-91　质量评价检验项目(单位:mm)

由表 6-11 检验数据可知,工件外轮廓尺寸均满足加工要求;楔齿部分属于近净成形,不需进行二次加工。多楔带轮旋压成形质量较好,满足图纸尺寸要求。

6.5.3　多楔带轮成形缺陷分析

目前有关多楔带轮旋压成形理论研究相关报道较少,针对其成形过程中的缺陷及其产生原因没有详细的阐述及理论分析。本节针对多楔带轮成形过程中的缺陷,指出影响各缺陷产生的因素及程度,并进行原因分析,为工程应用建立技术指标及要求。

1. 工件底部切断

图 6-92 为成形过程出现的工件底部切断现象,在预成形、增厚成形及预成齿各阶段都可能会出现。之所以均是在工件底部出现切断现象,主要是因为在预制杯形毛坯时,拉深成形导致这一部位(即底部圆角稍上的直壁部位)的壁厚减薄最为严重,在旋压成形时当与毛坯接触的旋轮部位圆角半径较小时,便会使坯料壁厚再次过度减薄,甚至导致切断。

(a) 增厚件底部切断

(b) 旋齿切断

图 6-92　底部切断示例

在工艺试验初期,预成形旋轮的圆角半径设计为 1mm(图 6-93(a)),在试验中产生过多次底部切断,或圆角接触区过分减薄、强度不够导致在后续工步中因旋轮与工件高速旋转而造成增厚件底部被切断(图 6-92)。因此,对后续预成形旋轮的圆角半径进行改进,增大为 2mm,如图 6-93(b)所示。试验结果表明,适当增加与被切断部位接触的旋轮相应位置的圆角半径,能很好地预防工件切断缺陷的发生。

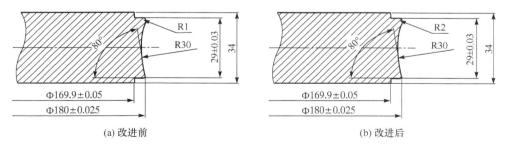

(a) 改进前　　　　　　　　　　　　　　(b) 改进后

图 6-93　预成形旋轮改进(单位:mm)

2. 压鼓失败

腰鼓成形工步出现的缺陷主要为底部扩径及口部翻边(图 6-94、图 6-95)。预成形件实质是预成形旋轮作用于杯形件的直壁,使其具有一定的初始弯度以降低其刚度,从而使其轴向受压时发生预定的胀形,得到理想的腰鼓件。但是若预成形时的初始弯度偏小或者预弯部分离底部和口部距离不对称,一方面将导致直壁部分支撑刚度过大,不易形成在直壁的中间部位胀形的腰鼓形状;另一方面又容易在较大的轴向压力作用下,在底部或口部产生局部失稳并进一步扩展:当预弯部分偏向口部时,底部容易失稳产生扩径并在后续轴向压力下加剧失稳,出现底部扩径而口部基本不变的情况,如图 6-94 所示;而当预弯部分偏向底部时,同样口部容易产生失稳扩径导致口部翻边现象,如图 6-95 所示。

图 6-94　底部扩径

图 6-95　口部翻边

由此可见,预成形工步的设计及成形质量对整个工艺过程至关重要,需要采用切实可行的方法来解决这类缺陷。

根据理论分析及工艺试验结果,预防这类缺陷产生的主要方法是:①预成形旋轮的径向进给量应能成形出足够弯度的预成形件;②预成形旋轮的安装高度位置要合适,并对上模下压量及位置精度进行严格控制。

3. 增厚件侧壁折叠

图 6-96 为增厚件侧壁折叠缺陷。由图 6-96(a)所示的工件外侧看出,这类缺陷在外部体现为沟槽;由图 6-96(b)可知,其侧壁剖面沟槽处呈燕尾形状。

出现这种缺陷的原因是所成形的腰鼓形状不对称(图 6-97),腰鼓形的上半部分母线与半径方向的夹角较小,因此依靠增厚来实现半径减小的难度增加,而更容易通过失稳卷曲来减小半径,从而出现折叠缺陷。

(a) 侧壁折叠工件　　　　(b) 侧壁剖面

图 6-96　侧壁折叠缺陷

图 6-97　不对称腰鼓

通过试验研究可知,毛坯初始壁厚的均匀性对腰鼓成形质量起着决定性作用。壁厚不均匀性越明显,其腰鼓越不对称。通过对大量不均匀壁厚工件进行试验,当不均匀性在 7% 以内时,基本能防止这类缺陷的产生;而不均匀性在 10% 以上的工件均出现这类缺陷。与此同时,试验研究还表明,选用较小的进给比有利于防止这类缺陷的产生。

4. 底部尺寸不足及口部飞边

图 6-98 为增厚旋压阶段工件底部尺寸不足以及出现口部飞边的现象。产生这种缺陷的主要原因是增厚旋轮的安装高度过高,一方面造成增厚旋轮上端面对工件底部造成径向挤压,缩小了底部半径;另一方面造成增厚旋轮与下模端面间隙过大,径向挤压时工件口部材料很容易向外流出,形成口部飞边。因此,要预防这类缺陷的产生,只需合理调节增厚旋轮安装高度,减小旋轮与下模端面的间隙。原则上是保证旋轮与下模端面不发生直接接触的情况下,采用最小的间隙。

正是针对这种情况设计了无级调节的旋轮安装机构(图 6-57(a))。图 6-99 为减小间隙后得到的增厚件,其端部及口部尺寸基本一致,完全消除了口部飞边,成形质量较好。需要注意的是,在旋齿成形阶段,同样会出现口部飞边,其解决措施与增厚阶段是一致的。

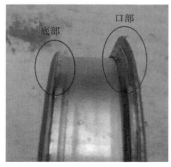

图 6-98　底部及口部缺陷

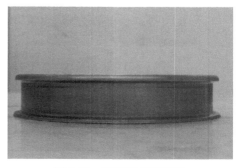

图 6-99　改善后的增厚件

5. 齿形不满

图 6-100 为成形过程中的轮齿缺陷,主要现象为最终成形后成形齿高不一致,个别轮齿成形不满。

图 6-100　成齿缺陷

该缺陷主要由拉深预制杯形坯时壁厚不均匀、底部圆角稍上位置壁厚过薄导致增厚件此处壁厚不足,从而造成个别轮齿成形不满。要改善这种情况,可以从以下方面着手:①改善拉深工艺,尽量减小拉深预制坯壁厚不均匀性;②加大增厚成形时的旋压力,在增厚阶段强力整平增厚件,消除壁厚不均匀的现象;③采用旋压成形预制坯,可以保证壁厚均匀性,但需要加大设备的投资。

6. 齿面质量较差

图 6-101 为成形后齿面质量较差的工件局部放大图。由图可见,轮齿表面不够光滑,体现为沿齿面具有分层纹路,不满足轮齿表面粗糙度的要求。根据工艺试验结果分析,可以从以下途径进行改进及预防:①改善旋轮表面粗糙度;②合理控制旋轮进给比及润滑条件。由试验可得,当进给比为 0.07mm/r 时,制件表面光洁度比进给比为 0.1mm/r 时得到明显改善。按照上述措施所得改善后工件的齿面放大图如图 6-102 所示。

图 6-101　齿面条纹　　　　　　　　　　图 6-102　改善后的齿面

6.6　本 章 小 结

本章在对多楔带轮旋压成形方法及机理进行深入分析及研究的基础上,创新性地提出一种含预成形、腰鼓成形、增厚成形、预成齿及整形五工步两阶段带轮旋压成形方法,并研制出一种立式四工位带轮数控旋压成形机床(发明专利号:ZL200710031162.1)。采用有限元数值模拟与工艺试验相结合的方法,对多楔带轮旋压成形过程的金属流动规律及工艺参数进行了研究;同时进行了多楔带轮旋压件的质量评价和缺陷分析。主要结论如下。

(1) 在传统带轮旋压成形的基础上,提出了五工步成形工艺,并根据其工艺性质及变形特点,将成形过程划分为增厚成形阶段及旋齿成形阶段。

(2) 预成形时旋轮进给比小,容易成形"鼓"形,但是会造成预制坯局部减薄过大;上模下压位移大,有利于成形"鼓"形结构,但是金属向下流动太多造成旋轮上方金属材料不足,在旋轮圆角的成形部位容易产生减薄现象;考虑到工艺要求,在保证腰鼓成形成功的条件下,预成形旋轮的型面角度应尽量取大值。

(3) 腰鼓成形使上模压缩预成形件形成明显的"鼓"形。成形结束后,腰鼓件中间部分的直径增大。预成形过程中如果工件侧壁弧线曲度偏小,在腰鼓成形时上模下压后金属向外流动,发生口部翘曲,而不能集中在中间变形段,易造成腰鼓成形失败。

(4) 增厚成形是使旋轮产生径向进给、金属沿着径向收缩、腰鼓件的"鼓"形结构被压平和筒壁整体显著增厚的过程。此阶段上模施加轴向压力,以防止金属的轴向流动。旋轮进给比太小,金属外溢过多,会造成工件下端直径不断扩大,不利于增厚,在工件不失稳的情况应尽量选取较大的进给比。

(5) 预成齿"V"形槽时,增厚件在厚度方向上产生预定的局部减薄或增厚而成形出"V"形槽,成形过程必须加以足够的轴向力阻止金属轴向流动。预成形旋轮成形角度越小,成形时径向压下量越大,留给下一步成形的整形量就越少;进给比增大,虽然会使生产率提高,但是旋压力也增大,且工件的表面光洁度降低,在预成齿阶段应使用较小的进给比。

(6) 整形过程总体变形量较小,主要为了成形最终尺寸,所以进给比要小,以保证金属流动充分和零件的表面光洁度。变形金属的三向应力及应变情况与预成齿类似。

参 考 文 献

[1] 秦书安. 带传动技术现状和发展前景. 机械传动,2002,(4):1-2,6.

[2] 陈芳雷,张治民,滕焕波. 旋压技术在皮带轮中的应用. 制造技术与机床,2007,(8):94-96.

[3] 刘金年. 汽车发动机 V 型皮带轮的旋压工艺. 科技与经济,2006,4:57-58.

[4] 王忠清,杨东法. 钣制旋压带轮在汽车行业中的发展及应用. 锻压机械,1999,1:7-9.

[5] 王凯. 浅谈钣制旋压皮带轮及组建带轮生产线的可行性分析. 生产技术与工艺管理,2001,13(2):29-30.

[6] 徐守昌,刘士钊. 钣制皮带轮旋压机的液压 PC 控制. 机床与液压,1998,3:29-30.

[7] 林军,胡大桥. 发动机风扇皮带轮齿形旋压加工试验研究. 汽车工艺与材料,1997,1:17-18.

[8] 雷娜,陈瑞珍. 折叠式旋压皮带轮工艺分析. 汽车科技,1999,4:26-28.

[9] 丁伟棠,徐定康. 旋压皮带轮节约增效的探索与应用. 上海节能,1999,9:23-24.

[10] 王甲子. 多楔带轮旋压成形方法及工艺研究. 广州:华南理工大学硕士学位论文,2009.

[11] 谢世伟. 多楔带轮旋压成形全流程数值模拟及工艺分析. 广州:华南理工大学硕士学位论文,2008.

[12] 李志广. 锻造车间的环境因数分析及其劳动保护对策. 机械工人(热加工),1999,(5):45-46.

[13] 郭刚健. 多 V 型带轮旋压工艺研究与成形质量分析. 北京:北京航空航天大学硕士学位论文,1995.

[14] 北京航空航天大学科技开发部. 带轮旋转成形技术与立式数控带轮旋压机床. 万方科技成果数据库,2008.

[15] 北京航空航天大学. 20t、30t 立式数控“V”型皮带轮旋压机. 万方科技成果数据库,2008.

[16] 王成和,刘克璋. 旋压技术. 北京:机械工业出版社,1986.

[17] 潘杰,徐伟城. 旋压皮带轮在联合收割机上的应用. 农村科技,2007,(7):78.

[18] Schmoeckel D,Hauk S. Tooling and process control for splitting of disk blanks. Journal of Materials Processing Technology,2000,98(1):65-69.

[19] 高田佳昭. 日本における最新回転成形技術. 塑性と加工,2002,43(502):8-12.

[20] 西山三朗. スピニング加工技術の課題と制品例. 塑性と加工,2002,43(502):24-28.

[21] 王玉辉,夏琴香,杨明辉,等. 数控旋压机床的发展历程及其研究现状. 锻压技术,2005,30(4):97-100.

[22] 杨东法,王忠清. 钣制旋压皮带轮在汽车行业的发展及其应用. 机电新产品导报,2000,(1-2):130-132.

[23] 张欣. 劈开式皮带轮加工问题的探讨. 轻工机械,2000,(4):53-54.

[24] 吴诗惇. 挤压理论. 北京:国防工业出版社,1994.

[25] 倪国耀,夏新荣,吴鹏飞. 旋压皮带轮. 汽车与配件,1995,13:13.

[26] 秦书安,曹助家. 多楔带传动的特点与应用. 机械制造,1990,(3):13-15.

[27] 郭刚健. 钣制多 V 型皮带轮 V 型槽旋压成形工艺研究. 第七届全国旋压技术交流会议,庐山,1996:126-131.

[28] 孙存福. 旋压带轮成形质量分析与带轮旋压机能力评价. 锻造与冲压,2005,(10):34-35.

[29] 欧阳瑞丽. 钣制旋压 V 带轮成形原理与工艺分析. 广西机械,2001,(3):28-30.

[30] 邢伟荣. 带轮旋压成形原理及工艺分析. 山西机械,2002,(3):35-36.

[31] 孙家钟. 旋压多楔带轮的三个问题. 第九届全国旋压技术交流会议,西安,2002:81-85.

[32] 肖海波. 皮带轮旋压工艺及其调试. 模具制造,2003,(7):32-34.

[33] 沙淑范,秦嵘. 钣制皮带轮的旋压加工工艺. 锻压机械,1999,(6):32-33.

[34] 北京超代成科技有限公司. 工艺分析. http://www.bjcdc.com/gongyi/gyfx.htm. [2016-3-1].

[35] 马琳伟. 曲轴锻造成形过程的数值模拟分析. 洛阳:河南科技大学硕士学位论文,2004.

[36] 佘斌. 薄壁方锥形件冷挤压变形过程的分析及数值模拟. 北京:北京科技大学硕士学位论文,2005.

[37] 陈火红. MARC 有限元实例分析教程. 北京:机械工业出版社,2002.

［38］朱谨,阮雪榆. 板料变形中两种摩擦模型的比较. 上海交通大学学报,1995,29(2):72-78.

［39］数字化手册系列(软件版)编写委员会. 机械设计手册(软件版)V3.0. 北京:机械工业出版社,2008.

［40］厦门开明集团(上海喜睿轩). 产品介绍. http://www.kaiminggroup.com/cpjs.php.［2016-3-1］.

［41］成大先. 机械设计手册(单行本) 轴承. 北京:北京工业大学出版社,2004.

［42］谢水生,王祖唐. 金属塑性成形工步的有限元数值模拟. 北京:冶金工业出版社,1997.

［43］应富强,张更超,潘孝勇. 金属塑性成形中的三维有限元模拟技术探讨. 锻压技术,2004,(2):1-5.

［44］吕日松,董万鹏,陈军. 金属塑性成形缺陷的数值模拟预测研究. 模具技术,2003,(3):3-4.

第7章 杯形薄壁内齿轮件旋压成形技术

杯形薄壁内齿轮通常采用切削制齿与焊接相结合的方式进行生产[1~3]。旋压成形技术的出现,有效地弥补了传统工艺复杂、产品质量稳定性差等不足,是齿轮加工领域内的一项技术创新[4]。日本 RISAN、德国 Leifeld 和 WF 等公司已经开发出一系列 CNC 数控旋压机床,并成功应用于车用内齿轮件的生产[5]。由于追求巨额利润(上述公司生产的内齿轮旋压设备售价均超过 1000 万元),内齿轮旋压成形的相关技术为上述机床制造公司所保密,相关研究成果鲜有公开报道。随着内齿轮旋压制造技术逐渐为国内汽车公司所认识,国内的一些机构开始进行内齿轮旋压设备的研制工作。作者等已成功开发出可用于内齿旋压成形的 HGPX-WSM 多功能数控旋压成形机床[6],所研发设备的售价仅为国外同类设备的 1/5 左右。同时,资料显示北京超代公司所研制的 CDC-S60 型皮带轮旋压设备可进行外径为 80~200mm 的内齿轮旋压成形[7]。

内齿轮是一类具有高精度要求的零件,要进行大批量生产,必须对工艺设计及其实施进行严格控制,任何一个环节出现的失误都将影响产品的成形精度。对于成形过程十分复杂的塑性成形工艺,现有的塑性成形理论尚不足以支持工(模)具几何参数和工艺参数的选择,成形参数选择的最佳途径还主要依靠经验[8]。因此,有必要从内齿轮旋压成形本身出发,对该过程中材料流动和变化规律进行分析,以如实地反映工艺情况,为生产实践中产品精度的预测与控制提供理论性的指导。

内齿轮旋压成形过程中,材料流动情况十分复杂,与传统的普通旋压和强力旋压存在明显的差异[9]。作者等在国家自然科学基金"杯形薄壁内啮合直齿圆柱齿轮旋压成形机理及应用研究"(50475097)及广东省科技计划"齿轮制造业以旋压代替切削的关键工艺与装备技术研究及应用"(2006B11901001)等项目的资助下,对内齿旋压成形技术进行了深入的研究,率先提出采用旋压成形技术来成形杯形薄壁圆柱内齿轮[9],并研发出相应的齿轮旋压工装[6]。文献[10]基于非线性有限元软件 MSC. MARC,对杯形薄壁矩形内齿旋压成形的工艺过程进行了数值模拟,研究了旋压成形时的应变分布和材料流动规律,以及压下量、进给比和旋轮圆角半径对内齿轮壁厚和伸长量的影响,并分析了试验中出现的典型缺陷和解决方案。文献[11]在矩形齿芯模的基础上,对不同的旋轮型面以及不同的旋压方式对内齿旋压的影响进行了数值模拟,分析了不同的工艺参数对齿形影响规律。结果表明,与台阶形旋轮相比,圆形旋轮更适合于杯形薄壁矩形内齿的旋压成形;且在合理取值范围内,圆角半径越大,成形质量越好。文献[12]对杯形薄壁梯形内齿轮旋压成形进行了数值模拟,讨论了芯模齿形角、减薄率、进给比、旋轮圆角半径等工艺参数对杯形薄壁梯形内齿轮旋压件成形质量的影响。结果表明,与切削加工不同,旋压成形后,齿轮件出现明显的纤维组织并形成变形织构,使其力学性能得到显著提高。文献[13]在有限元分析的基础上,结合工艺试验研究了杯形薄壁内齿轮件的旋压成形质量并进行了缺陷分析,得出在同样的道次总压下量情况下,采用错距旋压方式加工的内齿件布氏硬度要高于采用等距旋压方式加工的内齿件的结论。文献[14]采用 Q235 钢板完成了杯形毛坯的拉深旋压、渐开线内齿轮的旋压成形工艺试验研究,并对内齿轮旋压件进行了质量评定,表明其质量等级仅比旋压芯模低一级。文献[15]在上述研究的基础上,提出引入优化设计技术来进行工艺参数的选择,运用近似模型法建立了一个能反映内齿轮制件成形质量与工艺参数关系的数学模型;通过灰色关联度分析将多目标问题转换为单目标问题,实现了直廓内齿轮错距旋压的工艺参数优化。

此外,国内一些机构对另一类与内齿轮相似的零件——带纵向内筋筒形件的旋压成形展开了研究,该类零件与杯形薄壁内齿轮的区别在于其不带底。张利鹏等采用工艺试验的方法就减薄率、进给比和成形道次等参数对内筋成形的影响进行了研究[16]。薛克敏等对带纵向内筋筒形件旋压成形的工装进行了研究,并对工艺试验中出现的椭圆形端口和表面剥离等缺陷进行了成因分析[17]。许春停等采用有限元数值模拟方法对带纵向内筋筒形件滚珠反旋成形中出现的缺陷进行了分析[18]。江树勇等就材料、内筋数量、滚珠直径、壁厚减薄量、进给比等对内筋成形的影响进行了分析,并利用人工神经元网络对内筋成形高度和表面质量缺陷(包括表面剥皮、表面鳞片状剥离和波纹表面等)进行了预测和诊断[19]。

尽管这两类工件的结构要素在外观上相似,但二者的用途不同。轮齿的作用是传递运动和动力,出于传动精度的考虑,必须保证内齿的成形质量,尤其是轮齿的成形精度。而纵向内筋的作用在于提高筒形件的刚度和强度,因而只需保证内筋的成形高度即可。由于二者在产品制造精度方面的要求不同,所以在成形质量控制方面也存在很大的不同[15]。

本章主要围绕杯形薄壁内齿旋压变形机理、工艺参数间的制约关系、成形工艺以及工艺参数的优化展开研究。

7.1　内齿轮加工成形方法及其比较

与外啮合齿轮相比,内啮合齿轮的应用范围相对狭窄,但这种零件是车辆和仪器仪表中变速装置不可或缺的零件,例如,目前在汽车行业普遍使用的液力自动变速器(图 7-1(a))。液力自动变速器通过电磁阀来控制各个制动器和离合器,进而限制和接通行星齿轮组中各个运动部件的运动[20]，以便在发动机和车轮之间产生不同的变速比。其关键部件离合器和行星齿轮组[21]均使用了内齿轮。

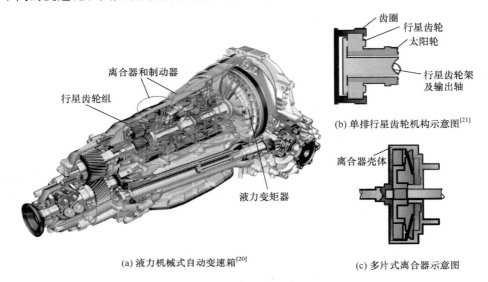

(a) 液力机械式自动变速箱[20]

(b) 单排行星齿轮机构示意图[21]

(c) 多片式离合器示意图

图 7-1　液力机械式自动变速器及其部件

这类内齿轮是一种内壁上带有小模数轮齿的薄壁回转体，用以实现两轴间动力或运动的传递。在行星齿轮组中，常使用一类称为齿圈的零件，该零件内壁带有渐开线齿形（图 7-2），其主要作用是通过与行星齿轮的啮合来传递扭矩（图 7-1(b)），属于机械零件中的内齿轮。在离合器内，则使用一种称为离合器壳体的零件（图 7-3），该零件内壁的齿形为梯形，其主要用途是与离合器片一起完成输入轴的接通和断开（图 7-1(b)），通过固定元件的位置或改变元件的连锁关系得到不同的传动状态，属于机械零件中的内花键。

图 7-2　齿圈

图 7-3　多片式离合器壳体

观察这两类零件可以发现：除了要实现动力或运动的传递，出于结构的需要，二者还同时充当着整体部件的外壳。因此,离合器壳体和内齿圈均被设计成带底的、内侧具有齿形的薄壁筒形件;除了齿形方面存在细微差异,二者的结构完全相同。由于零件的这一特点,工程上常将二者合称为杯形薄壁内齿轮。考虑到行文的方便,沿用这一叫法,并将其简称为内齿轮。这类零件除可应用于汽车变速箱组件外,亦可用于汽车的差速器[22](图 7-4)和同步器。

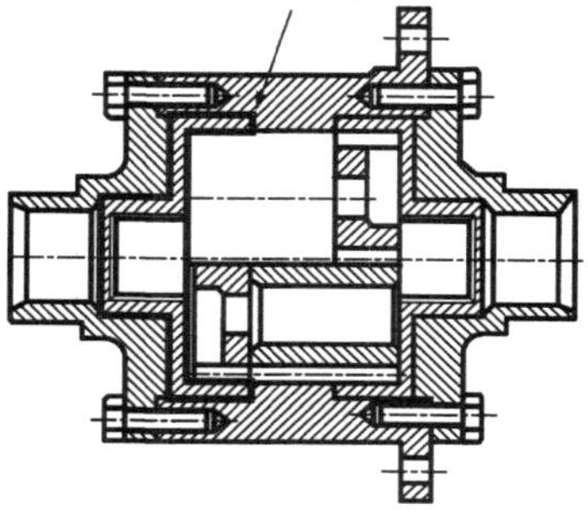

图 7-4　轿车用非对称限滑差速器示意图

7.1.1　内齿轮切削加工方法

内齿轮的应用使得传动结构变得更为紧凑,重量也得到了减轻,故在变速装置中获得了广泛的应用。但这类零件较易损坏,因此市场需求量极大[23]。由于该零件结构复杂,故加工难度较大。工程应用中多采用切削方式进行加工,但加工效率低,加工成本也很高。

常用的切削方式有拉削和插削两种[24]。插削加工过程中,在刀具的切削运动和刀具与工件间啮合运动的共同作用下,毛坯内侧齿槽部位的金属被逐步切除,并最终加工出齿形。为了保证轮齿的成形,刀具除了做上下往复运动,还必须与毛坯保持啮合传动关系,刀具运动复杂,且加工时间长,但加工设备简单,故该方法常用于内齿轮的小批量生产[25]。

与基于范成法的插削不同,内齿轮拉削属于仿形加工,拉刀各刀齿的廓形与齿槽的最终轮廓相似,一道次即可加工出所有的轮齿,其生产效率比插削要高出近25%;但拉刀的制造成本高,因此该方法仅适合大批量生产。由于该方法只能加工齿环,加工杯形薄壁内齿轮时,必须将工件设计成两件式,分别用拉削和冲压的方式加工出内齿轮的带齿部分和底部,然后用焊接的方式将二者焊接在一起[1~3]。

轮齿切削加工为断续切削的过程,且该过程伴有很大的冲击力,刀齿易出现磨损,故切削过程中需要使用切削液或切削油,以提高刀具的使用寿命和内齿轮的表面质量。切削液和切削油的使用,不仅会对作业环境和操作者的健康产生影响,而且处理切削液和切削油会增加制造成本,在一些国家,切削油处理的费用甚至达到加工总费用的 15%~30%[26]。此外,传统的齿轮切削技术还存在加工效率低、加工成本高等缺点。随着机床设计技术的提高以及刀具材料和涂层技术的飞速发展,国外开始将高速切削技术和干切削技术引入内齿轮加工中[27]。尽管涂层刀具的使用会增加成本,但高速、干切削技术的引入,一方面可以大大提高加工效率,另一方面刀具寿命的提高、切削油处理费用的节省,不仅有利于降低制造成本,而且有利于保护环境和节约自然资源。因此,高速、干切削技术是内齿轮加工未来的发展方向之一。

7.1.2　内齿轮塑性成形方法

近年来,机械行业尤其是高速发展的汽车行业和白热化的国际竞争,对齿轮的制造提出了新的要求,除了更高的制造精度,还对制造过程本身提出了诸如缩短制造周期、节省原材料和降低能耗等要求,力求在控制加工成本的同时保护环境,以实现可持续发展。受其影响,世界先进技术发达国家越来越多地探求采用优质、高效、低能耗、无污染和灵活生产的塑性成形方法来生产内齿轮件[28]。

英国、德国、美国等发达国家尝试采用冷挤压[29~31]、闭式模锻[32~34]等塑性成形技术生产薄壁内齿轮。日本在 1998 年将挤压技术引入内齿轮零件的生产中[35,36]。挤压成形内齿轮件时,毛坯在模具(工具)的作用下发生永久性变形,成形出所需形状和尺寸的齿轮(图 7-5)。采用塑性成形技术加工出的齿面一般不需要再加工或仅需进行少许精加工,因而该方法在材料利用率和产品质量的稳定性方面具有一定的优势。

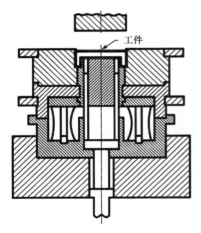

工件

图 7-5　内齿轮冷挤压成形示意图

从成形过程中毛坯各部位的塑性变形来看,挤压和闭式模锻属于整体成形,旋压属于局部成形。尽管整体成形具有生产效率高、加工精度容易保证的优点,但也存在设备规格大、模具体积大、成形压力大等问题[37];局部成形以毛坯的顺序变形来代替整体变形,在控制噪声和冲击载荷、降低能耗和设备力能参数方面具有优势[38]。因此,与挤压和锻造相比,内齿轮旋压成形工艺具有成形工具简单、所需成形载荷小、生产成本低等优点[39,40]。由于该技术极具应用价值[41],所以在推出后不久即被汽车工业发达国家应用于车用内齿轮的生产[34,35],在实际生产中正逐渐取代传统的冲压或焊接与切削相结合的生产方式。

在国外,齿轮旋压技术只是一些先进机床公司或齿轮制造厂家作为技术创新直接生产应用,基于成形机理和有限元仿真的理论研究还没有展开,相关的专利和研究成果也没有官方报道。

德国 WF 公司是一家著名的机械制造公司,开发了多种规格面向内齿旋压的机床。例如,WF VSTR 400/3 机床是一款杰出的具有高柔性和高生产率的强力旋压成形机床,特别适于制造用在传送和离合器中的内齿轮零件(图 7-6),它采用最先进的四轴 CNC 系统和紧凑、稳固、无振的三旋轮强力旋压机构,可以加工外径 50~400mm 的内齿轮零件。WF HDC 350 机床是一款用于成形具有内齿的离合器和一侧或两侧均具有齿形的变速箱组件的卧式强力旋压中心。另外,WF

HDC 600 卧式强力旋压成形中心可以在离合器和变速箱组件的单面或双面成形出复杂的内齿零件[23]。

图 7-6　旋压成形内齿轮

在国内,除作者等及前文提及的带纵向内筋筒形件旋压成形研究外,李继贞等[21]介绍了用旋压成形工艺方法来生产带内齿零件,如汽车离合器、行星齿轮内齿;比较了汽车离合器的旋压成形与其他无屑成形内齿和外齿的加工方法,以及旋压成形工艺与插齿加工和拉削加工。分析认为,旋压成形工艺比其他加工方法更高效和经济,旋压件具有连续的金属流线,为齿的抗断裂性能提供了保障;旋压成形带来的致密的齿形增加了齿的表面光洁度和耐磨性能,旋压件也无需热处理而影响加工精度。以上研究为内齿旋压成形工艺的开展和研究提供了一定的理论依据。

7.1.3　内齿轮常用加工及成形方法的比较

采用旋压方法成形的齿面金属流线完整、金属纤维组织分布合理(图 7-7),因此与切削方式相比,旋压成形的轮齿在齿根弯曲疲劳强度、齿面接触疲劳强度和齿面耐磨性等方面具有明显的优势[12]。

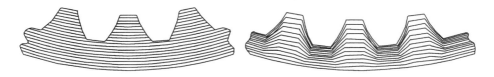

(a) 切削加工后的纤维组织　　　　　　　　(b) 旋压成形后的纤维组织

图 7-7　内齿采用切削加工及旋压成形后的纤维组织

受自身结构的影响,采用锻造和挤压工艺成形内齿轮时存在脱模难的问题,在实际生产中很少采用。真正能够形成规模生产的仅有插削、拉削和旋压等三种方法。与拉削和插削工艺相比,采用旋压技术成形同材质的齿轮,可将材料利用率由40%提高到80%以上、齿轮强度提高60%以上、制件重量减轻20%左右。因此,采用内齿轮旋压制件,可提高机械装备、汽车零部件的使用寿命,减少意外事故的发生[35]。由于内齿轮旋压技术刚面市十余年,现有加工设备昂贵,目前国内仅有少数企业应用。将其与目前普遍采用的插削和拉削技术(数据来自湖南某齿轮厂)比较可以发现(表 7-1)[15],旋压成形在生产成本和加工效率方面有着明显的优势,但过高的设备价格限制了该技术的应用。

表 7-1　内齿轮加工比较

加工方法	设备价格/万元	单件刀具成本/(元/件)	加工工时/(min/件)	加工特点
插削	62	6~7	120	加工效率低,刀具成本价高,但设备价格低,适合无底厚壁内齿轮中小批量生产
拉削	662	8	2	加工效率高,设备价格较高,但刀具成本高,适合无底厚壁内齿轮大批量生产
旋压	~1000	1	0.5~1.5	加工效率高,刀具成本低,但设备价格昂贵且工艺复杂,适合带底薄壁内齿轮大批量生产

7.2　杯形薄壁内齿轮旋压成形方法研究

7.2.1　内齿轮旋压成形工艺的拟定

内齿轮有三种齿形,分别为矩形齿(图 7-8(a))、梯形齿(图 7-8(b))和渐开线齿(图 7-8(c))。比较三类齿形可以发现,齿廓可以分为两类,一类为直廓,包括矩形齿和梯形齿;另一类为曲线齿廓,仅渐开线齿一种。从几何关系来看,矩形齿廓可视为梯形齿廓倾斜角为 0°时的特殊情况,随着梯形齿廓倾斜角度的减小,这两种齿廓趋于一致(图 7-8(a)和(b))。因此,本章以梯形及渐开线形齿廓为对象进行研究,前者倾斜角及后者压力角均为 20°[21],通过对其旋压过程的研究,了解内齿轮成形时应力应变的分布、材料的流动规律以及制件的成形特点等。

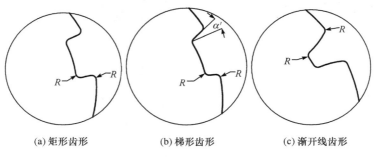

(a) 矩形齿形　　　　　　(b) 梯形齿形　　　　　　(c) 渐开线齿形

图 7-8　内齿轮齿廓

由于渐开线类内齿轮与直廓类内齿轮所用参数不同,为了便于分析,采用统一的几何参数来描述内齿轮。除将齿廓倾斜角定义为齿形角 α' 外,其他沿用齿轮参数的概念,分别为齿数 Z、齿厚 s、齿槽宽 b'、齿高 h、齿顶圆半径 r_a、分度圆半径 r_p(对于直廓内齿轮,分度圆为齿厚 s 与齿槽宽 b' 相等处的圆)、齿根圆半径 r_f($r_f = r_a + h$) 和轮齿有效长度 B'(图 7-9)。

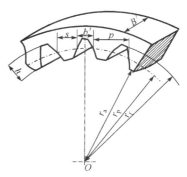

图 7-9　内齿轮参数示意图

依据目前的旋压理论,按照变形前后毛坯厚度是否发生显著变化将旋压工艺主要划分为普通旋压(不变薄旋压)和强力旋压(变薄旋压)两种[4]。而内齿旋压是在杯形毛坯内壁上单面成形出复杂的齿形,毛坯一部分金属(轮齿部分)增厚、另一部分金属(齿槽部分)减薄,故既不属于普通旋压也不能简单地将其归类于强力旋压。但由于轮齿部分增厚所需要的材料主要来源于齿槽部分的材料减薄,故可考虑采用与带芯模强力旋压类似的工艺方法成形。将杯形毛坯安装在带有外齿廓的芯模上,呈 120°均匀分布的三个旋轮沿径向进给一定的压下量 Δ,并沿着平行于机床主轴的方向做纵向运动。变形金属在旋轮和芯模的作用下,逐步受压的结果除产生轴向塑性流动外,其内壁材料因受芯模外齿廓的约束而形成齿形(图 7-10)。因杯形内齿轮带底,故采用正旋方式成形。

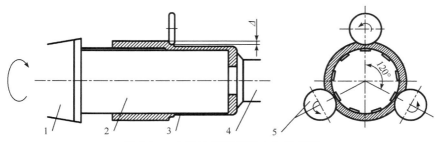

图 7-10　内齿轮旋压成形工艺示意图
1-主轴;2-芯模;3-毛坯;4-旋轮;5-尾顶

内齿轮旋压可以单道次成形,也可以多道次成形。但由于多道次成形时,道次之间存在加工硬化现象,多道次旋压成形后轮齿的齿高比单道次旋压一次成形时的低。因此,在实际生产时,应尽量采用单道次旋压成形[13]。

7.2.2　内齿轮旋压成形建模关键技术

对一种塑性成形工艺进行研究,首先要获得成形过程中材料的应力、应变和流动状态,只有掌握了该工艺的特点和规律,才能进行设计方案的分析和选择,从而有效缩短设计周期。因此,内齿轮旋压成形过程中材料内部各种场变量的获得是工艺分析和改进的关键[15]。

通过传统的经验法和工艺试验无法获得材料的变形规律,因此在研究过程中常采用物理模拟、解析法和数值模拟来获取成形过程中的应力、应变及其材料流动情况[20]。旋压常用的物理模拟法是坐标网格法[21],但该方法不适合内齿轮旋压成形分析。这是因为分析时需要将坐标网格刻划到毛坯的外表面或剖分面上,而内齿轮成形过程中材料在径向、轴向和切向均存在较大的流动,如刻划得太浅,成形结束后这些坐标网格将会被破坏,无法用于分析;如刻划得较深,则有可能对薄壁内齿轮的成形产生影响。而运用解析方法对内齿轮旋压成形进行理论上的计算不仅模型构建困难,求解精度也不能满足需求,因此解析法同样也不适合内齿轮成形分析。

内齿轮旋压过程的数值模拟是一个复杂的弹塑性大变形问题,成形过程中旋轮的连续局部加载、高应变梯度以及零件几何尺寸突变都使成形变得非常复杂。对该过程进行数值模拟涉及一系列关键技术问题,如接触边界条件的处理、几何模型的构建、网格的划分、材料模型的建立、摩擦模型的选择以及如何简化模型以提高模拟效率等。

1. 接触边界条件处理

对于非稳态塑性成形过程,毛坯的形状不断发生变化,边界节点与芯模表面的接触状态也随之改变。接触就是指物体间的互相碰撞和互切,这是一个边界条件

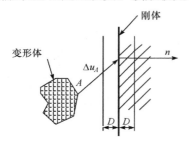

图 7-11　无穿透约束示意图

高度非线性的复杂问题,需要准确追踪接触前多个物体的运动以及接触发生后这些物体之间的相互作用,同时还包括正确模拟接触面之间的摩擦行为和可能存在的接触传热。在现实中,接触体相互不能穿透。因此,程序必须在这两个物体间建立一种关系,以防止它们在数值模拟分析中相互穿过,也就是接触物体间必须满足无穿透的约束条件(图 7-11)[34]:

$$\Delta u_A \cdot n \leqslant D \tag{7-1}$$

式中,Δu_A 为 A 点增量位移向量;n 为单位法向量;D 为接触距离容限。

数学上施加无穿透接触约束的方法有拉格朗日乘子法、罚函数法与直接约束法,MSC. MARC 采用直接约束法来处理接触问题[35,36]。在成形过程中,旋轮位置的不断变化使得边界条件不断改变,同时也使旋轮与毛坯外侧、芯模与毛坯内侧不断地接触与分离,边界条件呈现出高度非线性。为了准确追踪接触前多个物体的运动以及接触发生后物体间的相互作用,采用上下界盒形算法来判断节点是否

位于接触段/片的附近；当探测到旋轮和毛坯、芯模和毛坯发生接触时，使用边界条件直接约束运动体，即两者的运动约束转化成对节点自由度和节点力的约束，这是 MSC. MARC 独有的接触算法。由于该算法在接触描述方面具有计算精度高、适应性强的特点，故在 MSC. MARC 的接触分析中，既不需要增加特殊的界面单元，也不涉及复杂的接触条件变化，仅需增加部分系统矩阵带宽。这也是选择 MSC. MARC 作为数值模拟分析平台的原因之一。

在数值模拟中，接触算法被封装在数值模拟软件这个"黑盒"中，而求解过程能否收敛、求解过程是否稳定均有赖于模型构建阶段分析者输入的参数。因此，对于接触分析这样的强非线性问题，一个良好的接触算法仅仅是实现稳定求解的第一步。在充分了解接触算法特点的基础上，分析者必须根据工艺过程的特点来设置相关参数，以防止由接触状态的改变而导致收敛困难的问题。

由于 MSC. MARC 采用上下盒形算法进行接触探测，故数值计算接触过程中用于探测接触的参数——接触容限对计算精度和效率产生的影响很大。接触容限设置过大，未进入接触区域的节点将被划入接触范畴，会导致计算精度的下降；接触容限设置过小，在一定程度上会提高计算结果的精度，同时也会引发接触探测困难，导致因节点穿透而出现步长细分，进而影响计算效率。为缓解计算精度与计算效率间的矛盾，MSC. MARC 引入了偏斜系数，通过允许节点适当的穿透来减小接触判断的距离误差，以兼顾计算效率和计算精度。MSC. MARC 的默认接触容限为最小单元尺寸的 1/20，考虑到模型的最小单元尺寸为 0.2mm，这个精度对于内齿轮旋压成形分析已足够，故未对该参数进行修改；为避免节点被误判为进入接触状态，也为了提高收敛性，将偏斜系数设为 0.9，以提高穿透检查。

2. 几何模型的构建

数值模拟模型创建过程中，先根据所需成形工件的尺寸在三维建模软件 Pro/E 中创建出芯模的几何模型，然后将芯模表面转换成 IGES 格式导入 MSC. MARC 文件中，其余几何体直接在 MSC. MARC 中生成。三旋轮与毛坯的运动轨迹通过位移方式给定，其间将涉及旋压道次、道次压下量和进给比等参数。按杯形薄壁内齿轮旋压成形的工艺过程（图 7-10）建立的数值模拟模型如图 7-12 所示。毛坯底部由尾顶固定，变形受到约束；而毛坯口部为自由端，三旋轮以螺旋进给的方式挤压毛坯，在旋轮的作用下毛坯产生塑性变形。为提高模拟效率，对模型进行适当的简化，忽略材料各向异性、温度场变化以及惯性力等的影响。

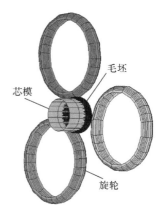

图 7-12　杯形薄壁内齿轮
旋压成形数值模拟模型

3. 网格的划分

用数值模拟分析得到的结果是一个近似值,单元的类型、单元的数目以及单元的排列形式等在很大程度上都会对分析精度产生影响。金属塑性成形问题一般采用四面体和六面单元来进行变形体的离散。六面体单元无论在分析精度,还是在辨识度方面均要好于四面体单元,同时还具有在大变形情况下不易发生网格畸变、划分单元数少等优点。由于分析对象属于中心对称回转体零件,形状规整,有利于六面体单元的划分,故选用八节点六面体等参单元进行变形体的离散。

单元类型选定后,便可对变形体进行网格划分,网格划分是否合理不仅关系着求解的精度,而且将直接影响求解的效率。要想实现节点力在单元间的传递,网格必须足够精细,以保证接触的连续性[37],所以模拟对象的最小尺寸即特征值将会决定划分网格的大小。内齿轮制件的最小尺寸为轮齿的过渡圆角半径,其值仅为 0.5mm。杯形毛坯厚度为 4mm、高度为 20mm,采用 MSC. MARC 的自动网格划分工具按单元最小边长 0.25mm、最大边长 0.75mm(对于六面体单元,可接受单元的边长比的范围应不大于 3),对杯形毛坯的直壁进行网格划分。在不考虑杯底单元数的情况下,单元数已高达 955×6×15(周向×厚向×高度方向)=85950。如此大的计算规模,很难在规定的时间内完成计算工作。而增大单元边长固然可以降低单元数量以提高计算效率,却无法满足计算精度的要求。

对于由边界条件变化引起的网格畸变问题,MSC. MARC 软件提供了功能强大的网格自适应和网格重划分功能,既可保证计算精度也可提高计算效率。网格自适应技术是在计算的初始采用较粗的网格,随着成形的进行,根据误差准则对存在较高梯度的区域,如应变、应变速率、温度、几何尺寸等变化比较剧烈的区域,进行网格细分;待细分区域内的分析完成,即恢复该区域原有的网格密度。网格重划分技术,则是在变形进行的过程中,对满足设定准则要求区域的网格进行重新划分,以纠正因过渡变形而出现的网格畸变,确保大变形分析能够继续进行。二者的相同之处在于初始网格数较少;不同之处在于调整后的网格,前者在计算完成后可恢复原有的网格密度,而后者则不可以恢复。

但上述两项技术,并不适用于内齿轮旋压成形的模拟。这是因为无论网格自适应还是网格重划分技术,都需要经过一个畸变网格判读、新网格划分、新旧网格间信息映射的过程,而这一切都要耗费 CPU 时间,进行的次数越多,耗费的时间越长。内齿轮旋压属增量成形,成形时变形区域很小,且该区域随旋轮与工件的运动不断变化,而网格畸变会出现在每个轮齿的侧面,这意味着整个模拟过程需要反复地采用网格自适应或网格重划分,从计算效率的角度来看,并不可取。

在内齿轮成形过程中,并非所有的单元都会出现畸变,单元畸变经常出现在变形体内侧,特别是靠近芯模侧壁的区域。因此,合理的网格划分方案应该是对畸变易出现区域内的网格进行局部细化,以保证分析结果的精度;而其他区域网格的划分则可以适当粗一些,以兼顾计算效率。按上述思路重新调整网格的划分,将主要变形区域内的最小单元边长取为 0.2mm(位于毛坯内侧的齿根过渡圆角处),最大单元边长取为 1mm(位于毛坯外侧对应齿根的部位),采用手动法进行网格划分,成功地将单元数降至 19440。

4. 摩擦模型的选择

金属塑性成形过程中,工(模)具与毛坯表面的摩擦情况十分复杂,受诸多因素的影响,目前尚不能就其机理与影响因素给出令人满意的解释。在数值模拟分析中,常用的近似摩擦模型有两种,一种是库伦摩擦模型,另一种是剪切摩擦模型。内齿轮旋压成形过程中工具与毛坯间频繁地发生接触与分离,在接触区域也可能存在速度分流或出现前滑、后滑现象,导致摩擦力的方向经常改变。对于这样的问题,只有剪切摩擦模型才能得到比较准确的结果。剪切摩擦模型认为摩擦应力是材料等效应力的一部分:

$$\sigma_{fr} \leqslant -\mu' \frac{\bar{\sigma}}{\sqrt{3}} t \qquad (7\text{-}2)$$

式中,$\bar{\sigma}$ 为等效应力;μ' 为摩擦系数。

由于接触区法向力或法向应力很大,滑动摩擦表现出高度非线性特征,用反正切函数平滑黏-滑摩擦之间的突变:

$$\sigma_{fr} \leqslant -\mu' \sigma_n \frac{2}{\pi} \arctan\left(\frac{v_r}{r_{v_{\text{cnst}}}}\right) t \qquad (7\text{-}3)$$

式中,v_r 为相对滑动速度;$r_{v_{\text{cnst}}}$ 为修正系数。

实际的成形中使用机油进行润滑,故数值模拟模型的摩擦系数取为 0.1[38]。

5. 数值模拟分析模型的简化

由于内齿轮的齿高相对毛坯的外径很小,且齿数众多,因此毛坯的网格划分普遍存在单元数过多、计算效率低下的问题。即使采用网格局部细化,在壁厚方向仅划分四层网格的情况下,仍然很难满足工程应用的需求。为此,有必要对模型进行进一步的简化,通过减小分析对象的规模来提高分析效率。

在精锻齿轮的建模过程中,常根据齿轮零件齿形的对称性,沿轴向取半个齿(或一个齿)进行建模[39]。与精锻这类整体变形不同,旋压属局部成形,旋轮的加载使得成形过程中材料在几何对称面上的流动呈现出不对称的特点。因此,无法采用在几何对称面上设置对称刚体的方法来降低计算规模。为此,在建模时采用循环对称技术将计算规模控制在可接受范围内。

1）循环对称技术

MSC. MARC 程序对连续单元能够自动生成一组特殊的紧固约束，对关于轴对称的几何体以及负载周期性变化的结构只取其一部分扇区有效地进行分析，这种技术称为循环对称技术[10]。运用这种技术不仅可以真实有效地反映模拟结果，而且可以减少单元数目，很大程度上缩短计算时间，提高工作效率。

如图 7-13 所示，取轴对称平面体的一个扇区，图中的 A 点和 B 点的位移向量应满足

$$u'_B = u_A \tag{7-4}$$

也可以表示为

$$u_B = Ru_A \tag{7-5}$$

式中，变换矩阵 R 取决于对称轴和扇区的夹角 α。在 MSC. MARC 中，循环对称选项要求输入的内容包括对称轴方向向量、对称轴上的一个点以及扇区的夹角 α 等。注意以下内容[10]。

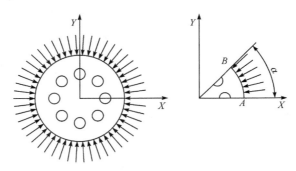

图 7-13　整体模型和扇区模型

（1）扇区两个边界的网格不一定要排列整齐。

（2）在夹角 α 扇区绕对称轴旋转扇区 $360/\alpha$ 次后能够组成完整模型的条件下，扇区的边界可以为任何形状。

（3）循环对称选项与接触选项可以联合使用。

（4）循环对称选项与全局网格重划分可以联合使用。

（5）在热-机耦合分析中，温度也可以定义为循环对称。

（6）对称轴上的节点会自动被约束在与对称轴垂直的平面上。

（7）对称轴可能的刚性运动会自动地被抑制。

（8）循环对称仅适用于连续单元；可以用于静态、动态、网格重划分和连接等分析中；不能用于单纯的热传递分析；可以用于所有包括接触的分析。

内齿轮属循环对称结构，符合使用循环对称的条件，在分析时只需取部分结构进行建模（图 7-14(a)），因此仅取毛坯的 1/6（三个齿）进行建模（图 7-14(b)），在其

他条件相同的情况下,大大减小了数值模拟模型的运算规模(表 7-2),并将运算时间降为整体模型的 14.78%。

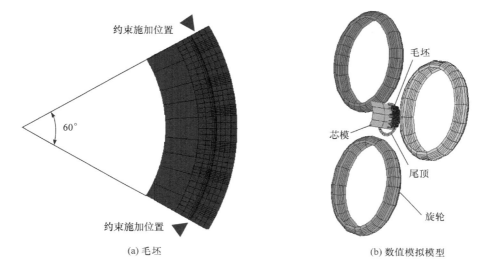

(a) 毛坯　　　　　　　　　　　　　　(b) 数值模拟模型

图 7-14　简化后的数值模拟模型

表 7-2　模型对计算时间的影响

计算机	类别	节点数	单元数	CPU 时间/h
CPU:Intel(R)2.0GHz	整体模型	25200	19440	429.5
内存:2.0GB	简化模型	8460	6430	61.34

2) 循环对称模型的验证

为了了解循环对称约束对模型的影响,将图 7-12 所讨论的完整模型(运用了网格局部细化)与本节讨论的循环对称模型分别提交 MSC.MARC 软件运算,然后取其等效应变进行比对,结果如图 7-15 所示[15]。从内齿制件的内外侧的等效应变来看,循环对称模型与完整模型的计算结果一致。从横截面处的云图来看,完整模型与循环对称模型存在少许差异。整体模型中轮齿处的等效应变沿圆周方向呈周期性分布,这与工件的结构特点相同;但两侧齿槽(图 7-15(b)圆圈标记处)与芯模轮廓间存在一定的间隙,表明该处存在贴模问题,而中间处的齿槽贴模情况良好。这是因为循环对称约束恰好施加在这两处齿槽的侧面(图 7-14(a)),致使该区域附近的一部分材料的变形发生了变化,但影响不大,故循环对称模型中间轮齿的变形与完整模型完全一致。为了避免循环对称约束对模型产生影响,在建模时可取三个齿,而分析则仅对中间的轮齿进行。

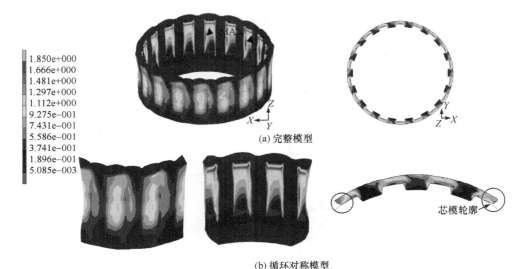

(a) 完整模型

(b) 循环对称模型

图 7-15　整体模型与循环对称模型结果比较

7.2.3　内齿旋压成形方法的有限元分析

1. 内齿轮件旋压成形质量评价指标

在传统旋压成形过程中,变形金属的流动方向主要为径向或轴向,普通旋压以径向流动为主,强力旋压以轴向流动为主。而齿轮旋压成形时,由于齿形之间的约束作用,变形金属的径向流动受到约束,轴向流动较容易(图 7-16)[13]。旋压工艺本身的特点,使得杯形薄壁内齿轮件在旋压成形时容易存在如下缺陷:工件的齿高沿轴向填充不均匀,由杯底到杯口,齿高呈逐渐减小的趋势;轮齿的齿高在周向填充呈现出不均匀的情况,先接触旋轮的一侧填充比较饱满,另一侧则未完全填充,从而形成不平的齿顶;金属材料在齿槽部分及轮齿部分的流动程度不同而使得杯口形成高低不平的波浪状[10]。

建立科学、有效且实用的零件质量评价标准和评价体系,是对工艺质量准确判断和评价的关键环节。齿轮旋压作为一种特殊的塑性制齿方法,目前还没有完备的精度和质量评价标准,本章采用旋压成形后的工件齿高 h 作为评价内齿轮件成形质量最重要的参数(图 7-17),计算公式为

$$h = t_1 - t_2 \tag{7-6}$$

式中,t_1 为轮齿部分的平均壁厚(mm);t_2 为齿槽部分的平均壁厚(mm)。

针对内齿旋压过程中易出现的缺陷问题,采用大型有限元分析软件 MSC. MARC,对杯形薄壁梯形内齿轮件旋压成形过程进行数值模拟。模拟时所采用的材料为 6061T1(退火态),其性能由拉伸试验获得(表 7-3)。划分网格时,使

用面网格扩展而成的三维六面体网格类型。三旋轮与毛坯的相对运动为螺旋式进给过程,旋轮与毛坯之间的接触采用剪切摩擦模型。

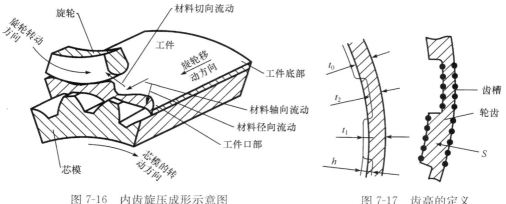

图 7-16　内齿旋压成形示意图　　　　　　　图 7-17　齿高的定义

表 7-3　6061T1(退火态)性能参数

杨氏模量 E/MPa	泊松比 μ	屈服强度 σ_s/MPa	抗拉强度 σ_b/MPa	硬化系数 n	强化系数 K/MPa	真实应力-应变拟合方程
67308	0.33	51.6	146.1	0.26	234	$\sigma = 234\varepsilon^{0.26}$

数值模拟中所使用的梯形齿芯模的几何参数如图 7-18 所示,芯模齿廓部分的

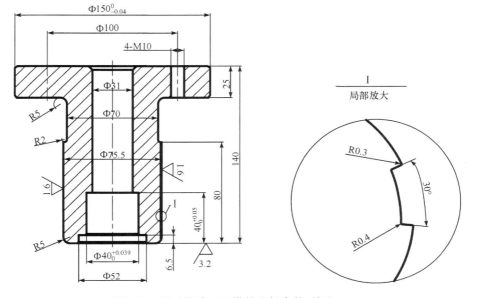

图 7-18　梯形齿旋压芯模的几何参数(单位:mm)

齿高为 1.5mm,梯形齿分度圆直径为 74mm,齿顶圆直径为 75.5mm,齿底圆直径为 72.5mm,梯形内齿形角为 30°;毛坯外径为 82mm、厚度为 3mm,高度为 30mm。毛坯在进行有限元离散化时所使用的网格为使用面网格扩展而成的三维六面体网格类型,在划分面网格时厚度方向分为三层,设定厚度方向偏移因子为"−0.2",将工件内侧单元相对加密。单元总数为 3840,节点总数为 5160。毛坯采用循环对称技术用 MSC. MARC 建立 1/6 圆周的有限元模型。模拟中所使用的旋轮为圆弧形旋轮,旋轮圆角半径为 15mm,旋轮直径为 200mm。

2. 齿高沿轴向填充不均匀缺陷及改进措施

在杯形内齿轮的旋压成形过程中,在旋压道次压下量较小、旋压力不足或材料塑性较差时,轮齿的齿高沿轴向填充是不均匀的(图 7-19)。这主要是由于在旋压的过程中,越接近杯口,材料沿轴向堆积量越少,材料轴向流动约束力越小,这使得材料更倾向于轴向流动,导致径向流动量减小。

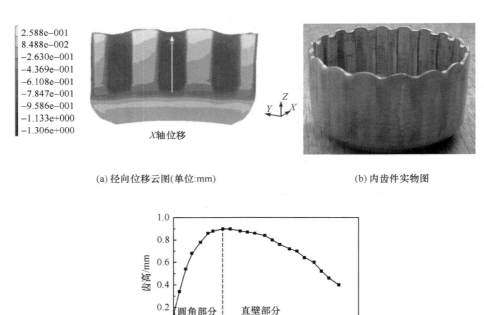

(a) 径向位移云图(单位:mm)　　　　　　　　(b) 内齿件实物图

(c) 齿高沿轴向变化趋势

图 7-19　齿高沿轴向填充不均匀的工艺缺陷

改善轮齿沿轴向填充不均匀缺陷的工艺措施主要在于抑制材料沿轮齿的轴向

流动,促进材料沿轮齿的径向填充。相对应的就是要抑制材料沿芯模齿槽的轴向流动,促进材料沿轮齿的径向填充。

由 2.3.3 节可知,采用三旋轮错距旋压时不但能保持径向力平衡,克服单轮旋压时径向力不平衡的弊端,而且可利用三个旋轮错距量的互相搭配创造一个良好变形区的优越条件,可以极大地提高变形量和工件的精度。为获得合理可行的薄壁内齿轮件旋压成形方法,对错距旋压及等距旋压过程进行数值模拟。

一般的旋压理论推荐第一个旋轮压下量最大,中间旋轮的压下量中等,后面旋轮的压下量最小,即 $\Delta t_1 > \Delta t_2 > \Delta t_3$[42]。对于不同的材料,其错距量的选择是不一样的(表 7-4)[43]。

表 7-4　错距量的选择

材料	径向错距量 a/mm	轴向错距量 b/mm
软材料(LF2 铝)	$\Delta/3 < b < (1+30\%)\Delta/3$	$b/\tan15° < a < b/\tan8°$
硬材料(马氏体时效钢)	$\Delta t/3$	r_ρ

注:Δ 为道次总的压下量,mm。

根据表 7-4 选择旋轮的轴向错距量为 2.5mm,径向压下量分别为 0.65mm、0.4mm 及 0.2mm,道次总的压下量为 1.25mm。而等距旋压则没有旋轮之间的轴向和径向错距量,只是单道次压下 1.25mm。

图 7-20 为分别用错距旋压和等距旋压时齿高的分布情况。由图 7-20(a)可知,错距旋压与等距旋压两种不同的加工工艺方式对轮齿厚度的变化趋势大致相同,轮齿的齿高由零件的杯底到杯口方向都呈现出逐渐减少的趋势。但错距旋压成形方式可在一定程度上缓解齿高沿轴向填充不均匀的工艺缺陷,其轮齿的厚度相对均匀一些,齿轮成形效果更为明显。这主要是由于在错距旋压中,旋轮在径向和轴向都有错距值,前轮对后轮形成反压的效果,使材料在两轮之间的轴向流动受到一定的抑制作用。由图 7-20(b)可知,错距旋压比等距旋压方式口部的轴向伸

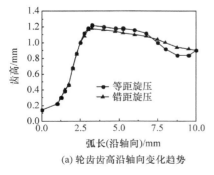

(a) 轮齿齿高沿轴向变化趋势

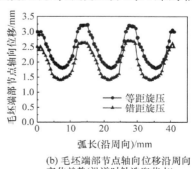

(b) 毛坯端部节点轴向位移沿周向变化趋势(沿逆时针选取节点)

图 7-20　错距旋压与等距旋压对内齿轮成形的影响

长量小。这主要是由于错距旋压把一道次工序的压下量分配给三个旋轮分别承担,这样一道次旋压就相当于三个旋轮同平面三道次旋压。这使得错距旋压后工件的加工硬化程度比等距旋压要高,但这也同时造成等距旋压在局部的齿形填充情况要好于错距旋压。但总体来说,利用错距旋压某种程度上抑制了材料的轴向流动,使材料更多地向径向流动,采用错距旋压时齿形填充的均匀度优于等距旋压。

3. 轮齿沿切向填充不均匀缺陷及改进措施

在杯形内齿轮的旋压成形过程中,当压下量较小时,每个轮齿均形成明显的周向高度不均的现象(图 7-21)。先接触旋轮的一侧已经填充饱满,另一侧未完全填充,形成不平的齿顶。这是因为按图 7-22 所示的芯模旋转方向,在旋轮与芯模齿顶之间挤压力的作用下,材料沿切向流动,实际上增加了区域 A 的工件壁厚。当芯模继续旋转时,旋轮脱离芯模齿顶,旋转到区域 A,上述挤压作用减小,所以区域 B 的壁厚增加效果也减小,而区域 C 的材料又不可能反向流动至区域 B,因此在压下量偏小的情况下,最终导致区域 B 不能使轮齿成形饱满,形成不平的齿顶(如图 7-22 已成形的轮齿所示)。因此,要想改善轮齿沿切向填充不均匀的工艺缺陷,在旋轮前金属不产生明显堆积的情况下,必须加大旋压成形过程中的旋轮压下量。

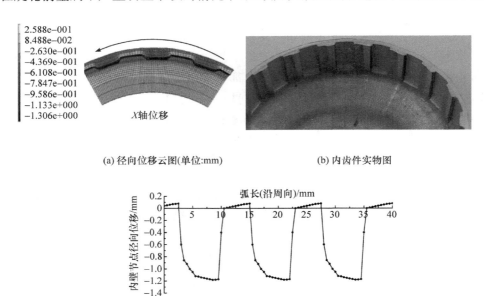

(a) 径向位移云图(单位:mm)　　　　　　(b) 内齿件实物图

(c)毛坯在轴向高度10mm位置处内壁节点径向位移沿周向变化趋势(节点按顺时针方向选取)

图 7-21　轮齿沿切向填充不均匀的工艺缺陷

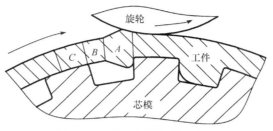

图 7-22　不平齿顶的形成过程

4. 波浪形齿顶缺陷成因及改进措施

在用如图 7-18 所示的梯形齿芯模成形内齿轮时,在成形后,毛坯的口都会呈现出如图 7-23 所示的波浪状,这主要是因为齿轮的齿槽部分及轮齿部分在旋压成形时的径向变形程度不同。齿槽部分径向变形程度小,所以轴向流动较多;而轮齿部分径向变形程度较大,故轴向流动较少。虽然波浪形齿顶可以通过旋压后切削去除,但如果在旋压成形过程中预先抑制毛坯口部波浪状缺陷,则可减少旋压后切削去除的金属材料。

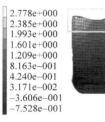
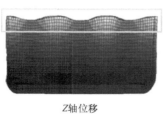

(a) 轴向位移云图(单位:mm)　　　　　　　　　(b) 内齿件实物图

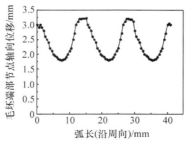

(c) 毛坯端部节点轴向位移沿周向变化趋势

图 7-23　毛坯口部波浪状工艺缺陷

改善波浪形齿顶缺陷可从芯模结构入手(图 7-24)。由图可见,新型梯形齿芯模上的齿廓并未贯穿芯模整个轴向距离,这样毛坯的成形可以分为两个阶段:一部分为成形内齿阶段；另一部分为类似于筒形件变薄旋压阶段。

(a) 原梯形齿芯模模型

销钉

(b) 新型梯形齿芯模模型

图 7-24　芯模的改进

当毛坯由成形内齿阶段转入筒形件变薄旋压阶段时，毛坯的变形状态由部分增厚和部分减薄状态转为完全变薄状态，材料流动趋势趋于统一，口部波浪状缺陷也随之消失。图 7-25 为使用新型齿芯模，分别采用错距旋压和等距旋压成形的内齿轮零件。

错距旋压

等距旋压

(a) 错距旋压　　　　　　　　　　　(b) 等距旋压

图 7-25　芯模形状对口部波浪状缺陷的改善作用

5. 旋轮型面对内齿轮旋压过程的影响

旋轮是旋压加工的主要工具之一，在杯形内齿轮旋压过程中是旋轮与毛坯直接接触，承受着巨大的接触压力、剧烈的摩擦和一定的工作温度（尤其是加热旋压时）。旋轮型面设计正确与否，将直接影响工件的成形质量和旋压力大小。

旋轮的具体结构、工件型面、表面情况及尺寸等均与旋压机的类型、用途、被加工工件的材料、形状、尺寸及其变形程度等有密切关系[44]。旋轮形状在旋压成形过程中起着非常重要的作用，不同的旋轮形状对旋压成形质量的影响非常大。如第 2 章所述，普通旋压一般选用直径为 D_R、圆角半径为 r_ρ 的圆弧状标准旋轮[45]；而筒形件流动旋压用旋轮的旋轮型面则多种多样。

杯形薄壁内齿轮件旋压成形既不属于普通旋压,也有别于传统意义上的流动旋压。为了研究不同旋轮型面对内齿轮旋压成形的影响,分别采用普通旋压用标准圆弧形(以下简称"圆弧形")旋轮和台阶形旋轮(其几何参数如图 7-26 所示)进行数值模拟。模拟时所采用的工艺参数为:道次压下量 Δ 为 2.0mm、进给比 f 为 2.0mm/r、芯模转速为 600r/min。

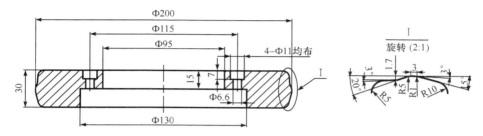

图 7-26　台阶形旋轮的几何参数(单位:mm)

图 7-27 为旋轮型面对梯形薄壁内齿轮件旋压成形过程的影响。由图可见,用台阶形旋轮旋压时工件的齿高低于用圆弧形旋轮旋压时工件的齿高。杯形薄壁内齿轮旋压是在杯形毛坯上单面成形出复杂的齿形,毛坯一部分金属(轮齿部分)增厚,另一部分金属(齿槽部分)减薄,材料受力变形的目的不是整体减薄而是局部增厚。在传统旋压成形过程中,毛坯材料的流动方向为轴向或径向,普通旋压以径向流动为主,强力旋压以轴向流动为主。圆弧形旋轮主要用于普通旋压,因为其利于金属材料的径向流动;台阶形旋轮主要用于强力变薄旋压,因为其利于金属材料的轴向流动。

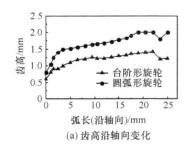

(a) 齿高沿轴向变化

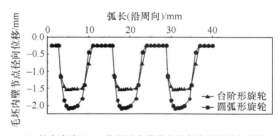

(b) 轴向高度10mm位置处内壁节点径向位移沿周向变化
(节点按逆时针方向选取)

图 7-27　旋轮型面对内齿轮旋压的影响

而在杯形内齿轮旋压成形时,由于齿形之间的约束作用,变形金属的径向流动受到约束,轴向流动较容易;为减少旋压成形工序、提高材料的利用率,希望变形材料主要在径向产生流动,轴向流动应设法抑制[46]。如图 7-27 所示,采用台阶形旋轮进行旋压时工件齿形沿轴向和周向的填充均匀度都优于采用圆弧形旋轮。

7.3　杯形薄壁内齿旋压成形机理研究

作为一种高效的局部塑性成形技术,内齿轮旋压成形不同于挤压和锻造;而制件壁厚沿圆周方向周期性变化的特点,又使之不同于传统意义上的流动旋压,其变形机理十分复杂。为了建立对内齿轮旋压成形的整体认识,有必要从材料内部的应力、应变入手,对材料的变形和流动规律进行研究,并就工(模)具几何参数和工艺参数对内齿轮旋压成形的影响予以进一步的探讨。

由于完整模型的计算费用过大,为此仅在应力应变和材料流动分析部分采用完整模型,以便能更清晰地了解材料的变形和流动规律;在工(模)具几何参数及工艺参数对内齿轮旋压成形影响部分,采用循环对称模型(图 7-28)进行探讨,以提高分析效率。

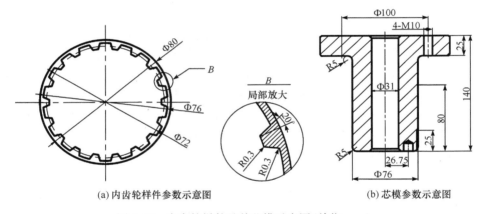

(a) 内齿轮样件参数示意图　　　　　　　　(b) 芯模参数示意图

图 7-28　内齿轮样件及其芯模示意图(单位:mm)

以图 7-28(a)所示梯形内齿轮为分析样件,而成形用的芯模则如图 7-28(b)所示。内齿轮样件的参数为:齿形角 α' 取 20°,齿数 Z 为 18,外径 d_e 为 80mm,齿根圆半径 r_f 为 38mm,齿高 h 为 2mm,分度圆半径 r_p 为 37mm。

7.3.1　应力应变分布情况

在内齿轮的成形过程中,毛坯内部变形区位置和范围、材料的流动情况,都由其受力情况决定。因此,掌握变形体内部各点的应力、应变状态及其随坐标的变化信息对于塑性成形问题的分析非常重要[47]。模拟所用材料为 Q235,根据 GB/T 228.1—2010《金属材料室温拉伸试验方法》对该材料进行纵向弧形剖条拉伸试验,通过拟合获得的真实应力-应变曲线为 $\sigma = 764.6\varepsilon^{0.215}$,其他力学性能参数如表 7-5 所示[14]。

表 7-5　Q235 材料性能参数

弹性模量 E/GPa	泊松比 μ	屈服强度 σ_s/MPa	硬化指数 n
206	0.3	258	0.215

模拟所用工艺参数如表 7-6 所示。

表 7-6　预制坯、工具及成形工艺参数

毛坯		芯模				圆弧形旋轮		工艺参数		
内径 d_0/mm	厚度 t_0/mm	外径 d_m/mm	齿高 h/mm	齿数 Z	齿形角 α'/(°)	直径 D_R/mm	圆角半径 r_ρ/mm	主轴转速 n/(r/min)	压下量 Δ/mm	进给比 f/(mm/r)
72.2	4.5	72	2	18	20	200	15	200	2.3	1

1.　应力分布情况

在内齿轮成形过程中,旋轮与毛坯的接触区域(如图 7-29 所示的 A 区)仅限于在毛坯表面很小的一部分,该区域材料在径向、切向和轴向(分别对应于图 7-29(a)中的 X、Y、Z 轴)均承受压应力(图 7-29(b)),变形区的材料具有良好的塑性,有利于内齿轮的成形。在接触区材料变形的影响下,接触区周围的区域间接受力,并产生弹塑性变形,因此成形时塑性变形将在接触区及其周围的很小范围内产生,并随着旋轮的移动而不断推进。

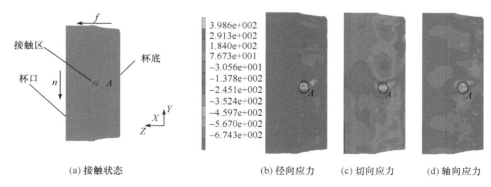

图 7-29　变形区域及应力分量在制件外侧的分布(单位:MPa)

图 7-30 和图 7-31 分别为成形过程中轮齿和齿槽部位的瞬时应力分布情况。由图可见,在接触区域内,应力在毛坯内外侧的分布存在明显的差异。这是因为坯料外表层先参与变形,且内表层的金属变形受内表面与芯模之间摩擦力的阻碍,使外表层的变形大于内表层,从而导致应力的绝对值沿壁厚方向逐渐减小[48];毛坯厚度的增加和压下量的减小,都可能导致毛坯两侧应力分布差异增大。在轮齿部

分,在材料与芯模凹槽底部接触之前,齿顶处的材料流动并不受约束,因此轮齿内外侧的应力分布差异明显,其中轴向应力的分布尤为明显,在齿顶处其值接近于零。在齿槽部分,毛坯内侧的材料流动受芯模外轮廓的约束,因此与轮齿部分相比,齿槽部分的应力分布差异并不明显。

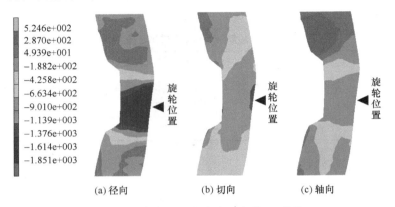

图 7-30　齿槽横截面的三向应力分布情况(单位:MPa)

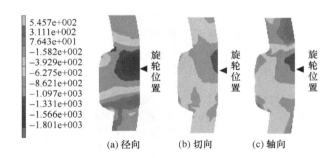

图 7-31　轮齿横截面的三向应力分布情况(单位:MPa)

2. 应变分布情况

图 7-32 为成形结束时内齿轮件沿径向、切向和轴向的应变云图,其中图 7-32(a)、(c)和(e)为整体应变云图,图 7-32(b)、(d)和(f)为距杯底 10mm 处截面的应变云图。由图可见,齿槽部分材料沿径向压缩,导致该处材料沿轴向和切向伸长;轮齿部分材料沿径向伸长,导致该处材料沿轴向伸长和切向压缩(图 7-32(g))。比较齿槽与轮齿部分的变形可以发现,二者在轴向的变形趋于一致,均为伸长变形;而在切向,齿槽部分为伸长变形,轮齿部分则产生压缩变形,材料在切向表现出局部伸长与局部压缩正是轮齿得以成形的关键。

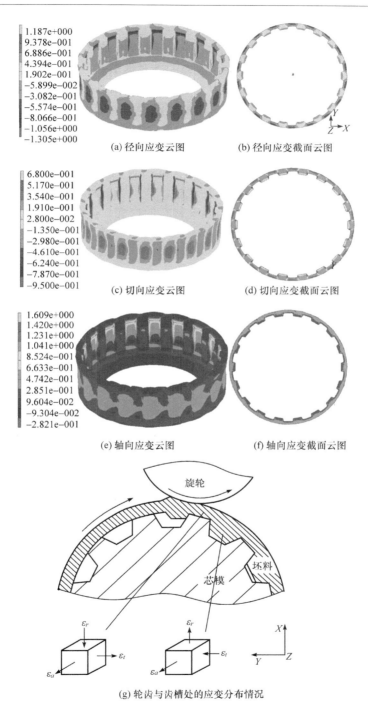

(a) 径向应变云图　　　　　　　(b) 径向应变截面云图

(c) 切向应变云图　　　　　　　(d) 切向应变截面云图

(e) 轴向应变云图　　　　　　　(f) 轴向应变截面云图

(g) 轮齿与齿槽处的应变分布情况

图 7-32　应变分布情况

轮齿部分的局部增厚和齿槽部分的局部减薄[49]导致内齿轮制件在圆周方向变形的分布不均;而成形过程中旋轮的局部加载,导致旋压制件在径向和轴向应变分布的不均。径向的应变分布不均与应力的绝对值沿壁厚方向逐渐减小有关;而轴向的应变分布不均则与加工过程中未变形材料的减少有关。随着加工的进行,未变形材料逐渐减少;相应地,未变形区材料对变形区的轴向约束也随之减小,变形区材料受力情况的改变,使得材料沿轴向的应变分布发生变化。

此外,靠近杯口的齿槽内侧也是值得关注的部位,该处的三向应变绝对值都很大,这与芯模的结构有关。由于成形制件为非贯通内齿轮,其有齿部分高度仅为25mm(图 7-28(a)),而成形制件的高度超过该值。当材料流动到芯模凹槽的底部时,受到阻碍,继而在该处形成堆积,因此材料的应变发生了突变。当成形所用芯模的轮齿贯通整个芯模高度或成形制件的高度小于齿宽时,这种突变将不会出现。

7.3.2 材料变形特点及流动规律分析

受加载方式和成形制件复杂性的影响,内齿轮成形过程中材料的变形和流动极为复杂,深入系统地分析内齿轮成形规律,有助于理解材料的变形情况,发现影响材料充填入芯模凹槽的因素,对成形缺陷的改进和成形方案的优化具有重要的理论意义和实用价值。

1. 材料的变形特点

对轮齿和齿槽部分的应力应变状态分析表明,二者在应力和应变分布方面存在很大的差异,但二者连续地分布于同一制件内,因此轮齿和齿槽部分的变形必将相互影响和相互制约。图 7-33 为内齿轮的等效塑性应变分布云图。由图可以看出,内齿轮旋压制件的变形表现出以下特点:第一,变形分布的周期性;第二,径向和轴向变形的不均匀性;第三,齿面变形的不对称性。

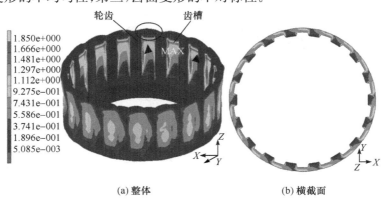

(a) 整体   (b) 横截面

图 7-33 等效塑性应变分布云图

（1）变形分布的周期性。

应变分析结果表明：齿槽部分的变形类似"镦粗"，壁厚明显减小；而轮齿部分变形类似"挤压"，壁厚存在一定的增加。在这样一个材料从增厚到减薄，再从减薄到增厚，周而复始的成形过程中，内齿轮旋压制件的变形在圆周方向同样呈现出周期性，如图 7-33 所示。这一变形特点是由制件壁厚分布的特点决定的。此外，由图还可以看出，减薄处的等效应变大于增厚处的，即齿槽部分的变形比轮齿部分要大，因此制件波浪状口部（图 7-33 圆圈所示部位）的波峰出现在齿槽部位[9]。

（2）径向和轴向变形的不均匀性。

材料的应变分布情况同时还表明，内齿轮制件的变形分布不均匀。变形不均匀是塑性成形中常见的情况，内齿轮旋压制件的这种变形不均匀性不仅表现在径向（即壁厚方向），还表现在轴向。

图 7-33（b）为距杯底 10mm 处横截面的等效应变分布情况。由图可见，径向变形分布并不均匀，齿槽部分尤为明显：其内侧的等效塑性应变（真实应变）分布范围为 0.1896～1.666，其外侧的等效塑性应变（真实应变）分布范围为 0.1896～1.112，这与成形过程中所受的应力有关。成形时外侧毛坯仅与旋轮接触，较易发生变形；而毛坯的内侧与芯模表面接触，接触所产生的摩擦力使得内侧材料的流动变得困难。因此，成形结束后，制件口部的外侧要稍高于内侧。

轴向变形分布不均与旋压的局部循环加载方式有关。内齿轮成形时旋轮以螺旋运动方式对毛坯连续加载，塑性变形区随旋轮轨迹从毛坯底部逐步地向毛坯口部扩展，变形区域材料所承受的来自于未变形区域材料的约束也随之减少变化，最终导致内齿轮的轴向变形量从杯底到口部逐渐减小。

（3）齿面变形的不对称性。

在结构上对称的两侧齿面，在变形上表现出不对称性。如图 7-33（a）所示，左侧齿面的等效塑性应变（真实应变）范围为 0.9275～1.297，右侧的等效塑性应变则为 1.481～1.85，两者差异很大。其中，右侧齿根还是最大等效应变出现的部位。

齿面处的变形不对称与旋压的成形方式有关，旋压属于局部连续成形技术，故两侧齿面不是同时成形的。在本章所采用的模型中，毛坯以顺时针转动的方式进入旋轮接触区，所以右侧齿面先成形，左侧齿面后成形。而这两侧的齿面分别与两个不同的齿槽相邻，故两侧轮齿处的材料流动存在差异，进而在变形方面也表现出不同。

2. 材料流动规律分析

由应变分析可知，在内齿轮的成形中，轮齿和齿槽在轴向的变形均为伸长，而在切向和径向的变形则迥然不同,因此成形过程中材料在切向和径向的流动更值得关注。此外,内齿轮旋压成形的目的不是整体减薄,而是局部增厚[49],因此轮齿部分的增厚才是成形的关键所在。有鉴于此,选取稳定成形阶段的一个横截面(距杯底 10mm 处),对该截面内轮齿和齿槽处的材料流动情况进行分析,以便更好地了解内齿轮旋压成形中材料在切向和径向的流动特点。

1) 材料整体流动情况

成形过程中的材料流动与该处的受力情况有关。在所用模型中,旋轮以逆时针旋转的方式接触毛坯,故旋轮施加在毛坯上载荷的切向分量也按逆时针方向分布(图 7-34(a)),径向分量则指向圆心。在这样的载荷作用下,毛坯材料整体呈现出逆时针流动充填入芯模凹槽的趋势(图 7-34(b)),尤其是外侧毛坯(图 7-34(c)中的材料流 1),由于应力的绝对值沿壁厚方向逐渐减小,所以沿壁厚方向,材料的切向流动和径向流动均明显减缓。

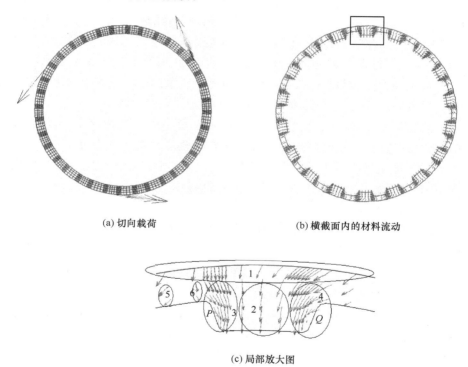

(a) 切向载荷　　　　　　　(b) 横截面内的材料流动

(c) 局部放大图

图 7-34　截面内材料的受力及流动情况

同时,轮齿部分和齿槽部分的变形情况对材料的流动也有影响。齿槽部分的切向伸长使得该处材料的切向流动得以增强,而径向收缩使材料的径向流动得以减缓;相反地,轮齿部分材料的径向伸长使得该处材料的径向流动有所加强;而轮齿部分材料的切向收缩使得齿面处材料向轮齿中部流动,因而轮齿部分材料呈现出填充芯模凹槽的趋势,如图 7-34(b)所示。因此,齿槽部分的切向流动明显强于轮齿部分,而轮齿部分的径向流动则强于齿槽部分。

2)材料充填芯模凹槽时的流动情况

内齿轮变形所具有的不均匀和不对称特点与成形过程中的材料流动有关。由于旋压成形内齿轮的变形分布具有周期性,下文以单个轮齿为研究对象,对其成形过程中横截面内的材料流动予以分析,以便更清晰地了解材料充填芯模凹槽时的流动情况。

(1)轮齿部分的材料流动。

如图 7-34(c)所示,在两侧材料充填芯模凹槽的过程中,材料的切向流动从齿槽到轮齿逐步减缓,到了轮齿中部,材料流 2 几乎以垂直的方式充填入芯模凹槽;旋轮切向载荷分量施加的方向性(逆时针方向),使得 P 侧材料充填芯模凹槽(材料流 3 的流动方向为顺时针)的趋势减缓、Q 侧材料充填芯模凹槽(材料流 4 的流动方向为逆时针)的趋势得以增强。因此,材料流 2 的位置偏向 P 侧,Q 侧材料的切向流动要大于 P 侧,且由 Q 侧填入芯模凹槽的材料也要多于 P 侧。在轮齿部分,除了材料的切向流动分布不均匀,材料的径向流动也不均匀。这是因为齿面处的材料与芯模凹槽侧壁接触,受摩擦力的影响,材料流 3 和 4 的径向流动速度要小于材料流 2(图 7-34(c))。因此,齿顶中部的材料要先于 P 侧齿面处的材料接触芯模凹槽底部,在轮齿成形的最后阶段,轮齿处材料的变形类似“镦粗”,齿顶圆角部分不易充满;而“镦粗”变形前齿顶处材料的径向分布并不均匀,这一特性决定了齿顶圆角部分是最难充满的区域。

(2)齿槽部分的材料流动。

由图 7-34(c)可知,受旋轮加载方向和材料充填芯模凹槽的双重影响,两侧齿槽的材料流动呈现出明显的差异。在先接触旋轮的 Q 侧,材料流动按逆时针方向流动。在后接触旋轮的 P 侧,内侧材料出现了分流:在轮齿部分材料的带动下,一部分材料(材料流 6)按顺时针方向流动,流入芯模凹槽,成形出轮齿;另一部分材料(材料流 5)则在毛坯外侧材料的带动下,按逆时针方向,沿芯模外轮廓流动,成形出齿槽。因此,内齿轮成形时,齿槽处的材料将发生分流,分别流向与之相邻的两个轮齿,分流处位于后接触旋轮一侧轮齿的齿根附近。

3. 材料流动对内齿轮成形的影响

轮齿成形过程中,材料流动的不均匀性和不对称性,将直接影响齿轮的成形质量,为此,下文就材料流动对内齿轮成形的影响进行分析。

1)材料流动对齿槽成形的影响

图 7-35 为成形完成后旋压制件的径向位移分布情况,其中图 7-35(b)为距杯

底 10mm 处制件内外侧节点的径向位移曲线。模拟结果表明,内齿轮成形时,齿槽处的直径尺寸与芯模外径一致。内齿轮旋压有别于传统的带芯模筒形件旋压,成形时齿槽处材料沿切向流入芯模凹槽成形出轮齿,故除轴向和径向流动外,材料还存在较大的切向流动。在毛坯的内侧,这种切向变形主要表现为轮齿处材料的收缩(图 7-32(d)),齿根圆直径略有减小,进而导致齿槽内侧与芯模外廓贴合紧密。因此,内齿轮齿根圆的成形精度很高。

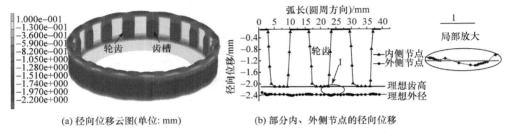

(a) 径向位移云图(单位: mm)　　　(b) 部分内、外侧节点的径向位移

图 7-35　旋压制件径向位移分布

2）材料流动对轮齿成形的影响

轮齿的成形过程,就是材料充填芯模凹槽的过程。复杂的材料流动,将对芯模齿槽的充填产生负面影响,旋压成形时除易出现前文所述的齿高沿轴向填充不均匀、轮齿沿切向填充不均匀及波浪形齿顶等缺陷外,轮齿还易出现齿面不对称、裂纹、外表面凹陷等缺陷[50]。

（1）齿面不对称。

如图 7-34(c)所示,旋轮逆时针方向的加载使 P 侧齿槽材料在充填入芯模凹槽时的切向流动(顺时针方向)受到影响,一方面由 P 侧流入芯模齿槽的材料减少;另一方面成形后的 P 侧齿面与芯模间贴合紧密。与此相反,旋轮的逆时针加载,致使 Q 侧齿槽的切向流动增强。一方面,导致由 Q 侧流入芯模凹槽的材料增多;另一方面,也导致轮齿侧壁材料的流动偏离芯模凹槽侧壁。因此,当参数选择不合理时,Q 侧材料过快的切向流动,将对轮齿 Q 侧齿面贴模产生不良影响,进而导致轮齿两侧齿面不对称(图 7-36)。

（2）裂纹。

图 7-37 为制件成形过程中的瞬时等效应力分布图。由图可见,先成形一侧的齿根处(三角标识处)是最大等效应力出现的位置,该处同时也是最大等效应变出现的位置(图 7-33(a)三角标识处)。因此,先成形一侧的齿根是成形过程中的危险部位。当工艺参数选择不当时,该处的等效应力将最先超过旋压材料的极限应力,从而导致裂纹等缺陷的出现。

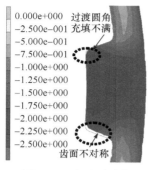
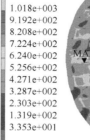

图 7-36　齿面不对称　　　　　　图 7-37　等效应力云图(单位:MPa)

(3) 材料流动对制件外表面成形的影响。

对轮齿成形时的材料流动分析表明,芯模凹槽侧壁的摩擦力(如图 7-38 中 P_f 所示)抵消了一部分变形力的作用,致使齿廓外侧的材料流动滞后于轮齿中部。因此,在图 7-35(b)所示的制件外侧节点的径向位移表明:外表面对应于齿槽部分的径向流动要小于对应于轮齿部分,且先成形一侧轮齿的径向流动要大于后成形一侧的,这是由内齿轮旋压成形工艺决定的,不可避免。图 7-35(c)所示模型的外表面最大径向位移偏差为 0.152mm,因此工艺参数的设置,将直接影响内齿轮制件外径的尺寸精度。

随着毛坯整体变形程度的增加,外表面对应轮齿部分和齿槽部分的径向位移差异明显增加。图 7-38 为毛坯壁厚 3.5mm,其他工艺参数不变的情况下所成形的轮齿。由图可以看出,在轮齿的外侧面出现了凹陷。在压下量不变、毛坯壁厚减小的情况下,毛坯的整体变形程度增加,致使轮齿中部材料流动加快,由于齿槽处的材料变形程度已达 66.7%,两侧无法及时补充这一空缺,旋压制件的外表面将出现周期性的凹陷。在内齿轮的成形过程中,为了防止旋压制件外侧表面出现明显的凹陷,要注意控制齿槽壁厚,以保证有足够的材料充填芯模齿槽。

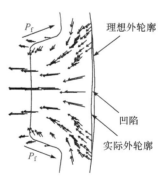

图 7-38　旋压制件外侧凹陷

7.3.3　几何参数和工艺参数对材料充填情况的影响

1. 材料充填情况评价

对内齿轮旋压成形的材料流动和变形情况分析表明,内齿轮旋压成形完全不同于传统的筒形件强力旋压。为了能够准确地分析毛坯选择、工(模)具设计和工艺参数变化等对成形过程中材料流动的影响,根据内齿轮旋压成形材料流动不均匀的特点,为衡量材料变形程度以及材料充填情况分别定义了评价指标。

1) 材料变形程度

内齿轮成形过程中,材料在旋轮和芯模的相互挤压作用下逐渐嵌入芯模凹槽,齿槽部分的材料出现减薄、轮齿部分的材料出现增厚,而轮齿部分材料的增厚是源于齿槽部分的材料减薄。为此,仍可采用流动旋压成形时的减薄率来表征材料的变形程度,即以齿槽部分的减薄率 Ψ_t 来衡量材料的变形程度:

$$\Psi_t = \frac{t_0 - t}{t_0} \times 100\% \tag{7-7}$$

式中,Ψ_t 为齿槽部分减薄率;t 为齿槽部分壁厚;t_0 为毛坯原始壁厚。齿槽部分减薄率 Ψ_t 越大,说明毛坯的变形程度越大;反之,则越小。

2) 材料充填情况

内齿轮旋压成形轮齿的成形是一个累积的过程,因此在内齿轮的成形过程中,材料充填芯模凹槽的情况是最值得关注的问题。受旋轮加载方式的影响,材料的径向充填并不均匀,即齿顶高度分布并不均匀。在轴向表现为径向充填高度从制件的底部到口部逐步下降;在圆周方向表现为先成形一侧的径向充填高度大于后成形的一侧。从保证轮齿成形的角度来看,提高材料的径向充填高度和控制充填的径向不均匀程度,均有利于轮齿的成形。为了考察不同工艺参数对轮齿成形过程中材料流动的影响,在前文齿高 h 的基础上,进一步提出采用相对齿高 λ 来评价轮齿处材料径向充填高度[11]和齿顶不均匀度 ξ 作为衡量齿顶材料充填情况[15]的评价指标。

(1) 相对齿高 λ。

对于材料充填凹槽的径向高度,采用相对齿高 λ 来评价轮齿处材料的充填高度,以此表征成形过程中材料径向流动的情况。轮齿相对高度 λ 的计算公式为[11]

$$\lambda = \frac{t_1 - t_2}{h} \times 100\% \tag{7-8}$$

式中,t_1、t_2 分别为轮齿及齿槽部分的平均壁厚;h 为理想齿高(图 7-17)。λ 越大,则材料的径向充填情况越好;反之,则表示材料的径向充填情况越差。

(2) 齿顶不均匀度。

由于旋轮和芯模的共同作用形成内齿,很容易形成不平齿顶的现象,所以引入齿顶不均匀度 ξ 作为衡量材料齿顶充填情况的指标,其定义如下[15]:

$$\xi = \frac{h_{max} - h_{min}}{h} \times 100\% \tag{7-9}$$

式中,ξ 是齿顶不均匀度;h_{max}、h_{min} 和 h 分别为成形内齿轮的最大齿高、最小齿高和理想齿高。ξ 的值越小,说明齿顶材料充填的均匀程度越好,即材料填充结果越好。

（3）分析指标获取。

由于采用正旋方式成形内齿轮，材料充填入芯模凹槽从杯底开始，随旋轮进给逐步向口部延伸，未变形区域材料对变形区材料的约束作用逐渐减小，材料的轴向流动也更容易。相应地，材料充填高度由杯底到杯口呈下降趋势。为了综合评价材料充填芯模凹槽的情况，在获取分析数据时，沿旋压制件的高度方向，从杯底到杯口选取五个横截面。在选取的截面内，沿轮齿和齿槽的齿廓分别选取若干个取样点（图 7-17），测出各点的壁厚，进而根据式（7-8）和式（7-9）计算出各截面内的相对齿高 λ 和齿顶不均匀度 ξ，最后采用平均化处理，得到该制件的相对齿高 λ 和齿顶不均匀度 ξ。

2. 几何参数对材料充填情况的影响

轮齿的成形过程就是材料在旋轮作用下充填芯模凹槽的过程，而芯模凹槽的参数与所需成形内齿轮轮齿的几何参数一一对应，因此轮齿和旋轮的几何参数将直接影响成形过程中的材料流动。

1）轮齿参数对材料充填的影响

内齿轮的轮齿由材料充填芯模凹槽而成形，所成形轮齿的几何参数由芯模决定。因此，通过改变单个轮齿参数，固定其余轮齿参数的方法，来探讨轮齿参数变化对成形过程中材料流动的影响。成形所用的压下量 $\Delta = 2\text{mm}$，其余参数如表 7-6 所示。

（1）齿厚对材料充填的影响。

轮齿成形过程中，材料填入芯模凹槽时流动通道（对应于轮齿齿根处的齿厚）的宽窄直接影响材料的流动。在齿根圆直径 d_f 和其他参数不变的情况下，齿数的增加将直接导致齿根处齿厚（下文简称"齿厚"）的减小。图 7-39 为齿形角 $\alpha' = 20°$、外径 $d_\text{e} = 80\text{mm}$、齿根圆直径 $d_\text{f} = 76\text{mm}$、齿高 $h = 2\text{mm}$ 时，齿数变化对轮齿成形过程中材料径向和切向流动影响的柱状图。由图可见，随着齿数的增加，齿厚减小，轮齿的成形高度有所下降；而齿顶不均匀度先增加后减少。

随着齿数的增加，材料径向流动通道（芯模凹槽入口）变窄，材料径向流动阻力随之上升，材料充填芯模凹槽的难度有所增加，所以成形齿高 h 有所下降。齿顶不均匀度受两方面因素的影响：一是材料径向流动阻力分布，二是填充芯模凹槽所需要的材料体积。随着齿数的增加，芯模齿槽尺寸减小，因此在同一个芯模齿槽内材料流动受摩擦阻力导致的不均匀性增加，使齿顶不均匀度增加；但随着齿数的增加，充满芯模齿槽所需要的材料体积逐渐减小，有利于材料填充，导致齿顶不均匀度减小。因此，这两个因素对齿顶不均匀度的影响趋势相反。在齿数由 9 增加至 18 时，前者的影响起主要作用，所以增加齿数时齿顶不均匀度增加；而齿数大于 18 之后，后者的影响起主要作用，即增加齿数时齿顶不均匀度减小。

（2）齿高对材料充填的影响。

成形轮齿的齿高越大，充填芯模凹槽所需的材料越多。相应地，所需的压下量也随之增加。图 7-40 为齿形角 $\alpha' = 20°$、齿数 $Z = 18$、外径 $d_e = 80\text{mm}$、齿根圆直径 $d_f = 76\text{mm}$ 和齿高 $h = 3\text{mm}$ 时，压下量 Δ 变化对成形轮齿的平均高度 $\bar{h}$ 和齿顶不均匀度 ξ 的影响柱状图。其中，轮齿的平均齿高 $\bar{h}$ 为各采样点（图 7-17）齿高的平均值。由图可见，随着压下量的增加，平均齿高和齿顶不均匀度均有所增加。这是因为充填入芯模凹槽的材料随压下量的增加而增多，一方面使得轮齿的径向充填高度出现增加；另一方面导致材料与芯模凹槽侧壁的接触面积随之增加，来自侧壁的摩擦力阻碍了材料的充填，使得齿顶流动的不均匀程度有所增加。基于同样的原因，摩擦力的增加要求增大压下量来提高材料的变形力，以保证材料的充填，因此平均齿高与压下量的比值随压下量的增加而逐渐下降，即随着成形齿高的增加，轮齿增加相同高度所需的充填材料更多。

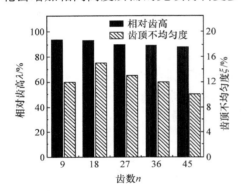

图 7-39　齿数对材料充填的影响

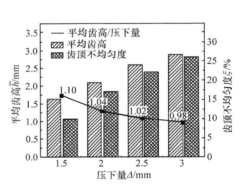

图 7-40　压下量对材料充填的影响

（3）齿形角对材料充填的影响。

研究齿形角对内齿轮成形影响的目的在于探讨齿面倾斜程度对材料流动的影响。图 7-41 为齿数 $Z = 18$、外径 $d_e = 80\text{mm}$、齿根圆直径 $d_f = 76\text{mm}$ 和齿高 $h = 2\text{mm}$ 时，齿形角 α' 变化对成形轮齿的相对齿高 λ 和齿顶不均匀度 ξ 影响的柱状图。由图可见，随着齿形角的增加，成形齿高先增加后减小，而齿顶充填的不均匀程度则先减小后增加。

这是因为当齿廓倾斜时，作用在变形材料上的径向载荷可分解为平行齿廓和垂直齿廓两个方向的分力，其中平行齿廓的分力推动材料进行填充，有利于材料的变形和流动；而垂直齿廓的分力使流动的摩擦力增加，不利于材料的变形和流动。在齿形角由 0° 增至 20° 时，平行齿廓的分力占优势，故芯模凹槽的充填情况获得改善；当齿形角超过 20° 时，垂直齿廓的摩擦分力占优势，故芯模凹槽的充填情况有所下降。因此，轮齿的充填高度先增加后减小，而材料的切向不均匀度则相反。

由模拟结果可知,齿形角为 20°时,轮齿成形情况最好,不仅轮齿径向充填情况好,材料的切向流动也最为均匀;齿形角为 0°时,所成形轮齿即为矩形齿,由于齿廓垂直,不利于材料的流动,故成形齿高和材料的切向流动流动情况均最差;而齿形角超过 20°时,轮齿的相对齿高虽然减小,但减小量很小,仅为 2.54%。这是因为当齿廓倾斜时,材料充填芯模凹槽的过程类似一个变截面挤压的过程,随齿形角增大,轮齿的横截面面积减小,成形轮齿所需的材料也随之减少,故虽然充填材料的体积随齿形角的增大而有所减小,但成形齿高的变化很小。

(4) 轮齿分布对材料充填的影响。

对于内花键,齿槽宽度 b' 大于轮齿齿厚 s;对于标准的渐开线内齿轮,齿槽宽度 b' 则要稍大于轮齿齿厚 s。因此,实际成形的内齿轮轮齿分布也就有上述两种。内齿轮成形过程中,当旋轮加载于轮齿处材料时,类似对外径受限的毛坯进行"镦挤",故轮齿两侧齿槽材料的多少可能会对轮齿的成形产生影响。图 7-42 为齿根圆直径 $d_f=76\text{mm}$、齿高 $h=2\text{mm}$、齿形角 $\alpha'=20°$、齿根处齿厚 $s=7.18\text{mm}$ 时,槽宽变化对成形轮齿的相对齿高 λ 和齿顶不均匀度 ξ 影响的柱状图。由图可见,在齿厚不变的情况下,随着槽宽的增加,轮齿径向充填高度和齿顶不均匀度呈下降趋势,但减小的量很小,槽宽 b' 与齿厚 s 的比值从 1 增至 11,相对齿高的减小量不超过 2%。

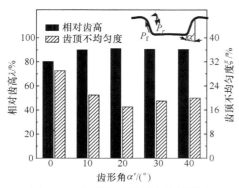

图 7-41 齿形角对材料充填的影响

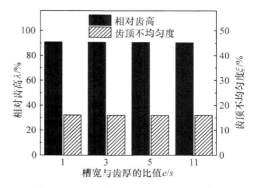

图 7-42 轮齿分布对材料充填的影响

轮齿的成形情况与充填入芯模凹槽的体积有关。成形时,齿槽部分的材料在旋轮作用下发生分流,沿切向分别流入齿槽两侧的轮齿(图 7-34(c))。内齿轮旋压属于局部连续加载成形,任一时间内旋轮仅与部分毛坯发生接触,且变形仅发生在接触区及其周围区域很小的范围内,故材料在变形时,仅受其周围很小一部分材料的影响。因此,齿槽处材料体积的增加,对齿槽处材料切向流动的影响很小(图 7-34(b)),即流入芯模凹槽的材料并没有随着齿槽处材料体积的改变而出现明显变化,所以轮齿的分布情况对轮齿成形的影响很小。

（5）齿廓对材料充填的影响。

内齿轮制件有两种不同类型的齿廓,一种为直线,另一种为渐开线。图 7-43 为齿形角为 20°时梯形内齿轮与标准渐开线形内齿轮的齿廓示意图。由图可见,当两者的齿厚相等时,渐开线形齿廓齿轮齿根处的齿厚稍大于梯形齿,而齿顶处齿厚则稍小于梯形齿。因此,在成形渐开线形齿廓内齿轮时,不仅材料更容易充填入芯模凹槽,且成形渐开线形齿廓轮齿所需的材料更少。但在高度不变的情况下,梯形齿的齿廓线要比渐开线形齿廓线长。因此,渐开线形轮齿成形时,材料与芯模凹槽侧壁的接触面积要大于梯形齿;相应地,材料所受的摩擦力也大。同时,渐开线形齿廓的曲率也会影响材料的流动,这些均不利于渐开线轮齿的成形。因此,将梯形齿廓改为标准渐开线时,轮齿的径向和齿顶充填情况均要比梯形齿廓差（图 7-44）。

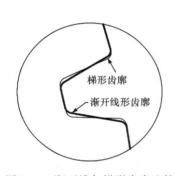

图 7-43　渐开线与梯形齿廓比较

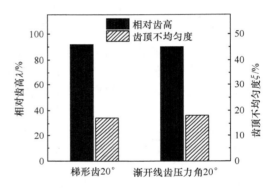

图 7-44　齿廓对材料充填的影响

尽管 7.3.3 节的讨论对象为直廓齿廓的内齿轮,但其研究结果同样适用于渐开线形内齿轮。对于渐开线形内齿轮,除了标准型,还存在另一类非标准的渐开线齿轮,即变位齿轮。出于配凑中心距或提高承载能力的需要,变位内齿轮获得了广泛的应用[51]。变位齿轮与同参数的标准齿轮相比,它们的齿廓曲线属同一个基圆上的渐开线,只是由于选取的部位不同,齿廓的曲率也有所不同。正变位齿轮的齿顶圆和齿根圆半径均要大于标准齿轮,因此正变位齿轮齿根处的齿厚要大于标准齿轮,而齿廓曲率则要小于标准轮齿;负变位齿轮则相反。由前文的分析可知,齿根处齿厚的增加和齿廓曲率的减小,均有利于材料的流动,因此正变位齿轮的成形情况要稍好于标准齿轮,而负变位的成形情况则稍差。

（6）轮齿参数对材料充填的影响。

由上述分析可知,轮齿各几何参数对成形过程中轮齿充填情况的影响呈现出以下规律:齿高对轮齿成形的影响最大,随着成形轮齿齿高的增加,所需的压下量也增大。其次是齿厚,随着齿厚的减小,材料充填入芯模凹槽的难度有所增加,所需的压下量也增加。齿形角和齿廓对轮齿成形有一定的影响,但并不显著,其中齿形角的影响要稍大于齿廓;随着齿形角的增加,这种影响会逐步变小。轮齿的分布情况对轮齿的成形几乎没有影响。

2) 旋轮参数对材料充填的影响

如 7.2.3 节所述,旋轮是旋压成形的主要工具之一,旋轮设计的合理与否对旋压制件的成形精度、表面质量以及成形所需旋压力的变化都具有重要的影响。

(1) 旋轮型面对材料充填的影响。

旋压用旋轮的旋轮型面多种多样。7.2.3 节的研究结果表明,采用圆弧形旋轮旋压时工件的齿高高于采用台阶形旋轮时的工件,但采用台阶形旋轮旋压时工件的齿形沿轴向和周向的填充均匀度要优于采用圆弧形旋轮旋压时的工件。

此处,对圆弧形旋轮及双锥面旋轮再次进行分析对比。模拟时所用压下量 Δ 为 1.7mm,其余工艺参数如表 7-6 所示,模拟的结果如图 7-45 所示。由图可见,与 7.2.3 节的研究相同,圆弧形旋轮在成形齿高方面要好于双锥面旋轮;而后者成形轮齿的齿顶充填均匀程度则要优于前者。

(2) 旋轮圆角半径 r_ρ 对材料充填的影响。

如第 2 章所述,旋轮圆角半径是影响旋压成形过程的重要因素。图 7-46 为不同旋轮圆角半径的圆弧形旋轮对轮齿成形影响的柱状图。由图可见,随着旋轮圆角半径的增大,轮齿的成形高度和轮齿齿顶的不均匀度均出现增加,且后者较前者更为明显,这将为轮齿成形后期材料充填芯模底部端角带来一定的困难。

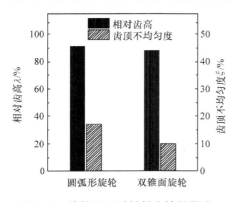

图 7-45　旋轮型面对材料充填的影响

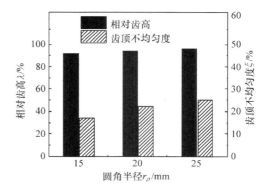

图 7-46　圆弧形旋轮圆角半径对材料充填的影响

值得注意的是,随着旋压圆角半径的增加,旋轮与毛坯间的接触面积有所增加,旋压力 P(稳定阶段的平均值)也随之增加(图 7-47)。但旋压力在三个方向的增幅并不一致,其中轴向旋压力 P_a 的增加比例最大,切向旋压力 P_θ 增加比例最小;相应地,毛坯的轴向流动受到一定的抑制,切向流动有所增加,因此成形轮齿的径向高度和齿顶不均匀程度均有所增加。此外,随着旋轮圆角半径的增加,旋压力上升趋势有所增长,成形齿高的上升趋势则趋缓。这意味着齿高的少量增加是以成形工具和成形设备承受更大载荷为代价的。因此,对于内齿轮的成形,旋轮圆角并非越大越好,需要结合实际情况进行选择。

(3) 旋轮参数对材料充填的影响。

由前述分析可知,与双锥面旋轮相比,圆弧形旋轮更有利于轮齿的增高,但材料充填的均匀程度有所下降;且随着圆弧旋轮圆角半径的增加,充填均匀程度下降的趋势有所增强。此外,随着旋轮圆角半径的增加,旋压力将出现较大的增幅,这可能会对内齿轮制件的成形产生影响。因此,在选择旋轮型面和几何参数时,除了要考虑轮齿的成形情况,还需要考虑成形制件所用材料和成形设备的情况。

3. 工艺参数对材料充填的影响

影响轮齿成形的因素众多,除了成形工具的几何形状,成形工艺参数对成形过程中材料充填芯模齿槽的影响也非常显著。由于主轴转速对旋压成形过程的影响不显著[52],在综合考虑成形所用材料和进给比范围后,将内齿轮旋压成形的转速设定为 200r/min。

1) 道次压下量 Δ 对材料充填的影响

图 7-48 为毛坯壁厚为 4.5mm、其他工艺参数不变(表 7-6)的情况下,压下量 Δ 对成形轮齿的相对齿高 λ 和齿顶不均匀度 ξ 影响的柱状图。由图可见,随着压下量 Δ 的增加,材料径向流动趋势增大,对芯模凹槽的填充更加充分,成形出的轮齿高度更接近目标齿高;但当压下量超过 2.3mm 后,相对齿高的增长趋势出现逆转,变形材料的径向流动趋势减缓。齿顶不均匀度则随压下量的增加,经历先增加、后减小、再增加的过程。

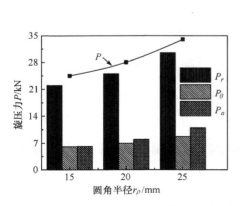

图 7-47　圆弧形旋轮圆角半径
对各旋压分力的影响

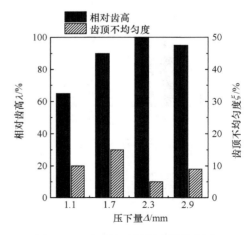

图 7-48　压下量对材料充填的影响

随着压下量的增大,材料将产生两种流动趋势(图 7-32),一是轮齿处材料径向增厚变形增加,二是齿槽处轴向伸长变形增加。前者有利于增加齿高,后者不利于增加齿高。当压下量由 1.1mm 增加至 2.3mm 时,前者起主要作用;压下量超过 2.3mm 时,后者起主要作用。而齿顶不均匀度不仅受相对齿高的影响,还与齿顶的最大高度位置是否与芯模齿槽底部接触有关,如果已经接触并且材料继续产生径向流动,将有效填充芯模齿槽的圆角部分,即明显降低齿顶不均匀度。由图 7-48 可见,压下量为 2.3mm 时,相对齿高已达 100%,说明齿顶的局部已达到设计高度,并且材料已向芯模齿槽圆角部分填充,所以此时的齿顶不均匀度较小,即填充的均匀性较好。

2) 旋轮进给比 f 对材料充填的影响

旋轮进给比是除压下量以外,另一个关键的成形工艺参数。进给比过大可能降低旋压制件表面精度,过小则不利于制件贴模[53],故将分析对象范围设定为 0.5~2.5mm/r。图 7-49 为压下量为 2mm、其他工艺参数不变(表 7-6)的情况下,进给比 f 对成形轮齿的相对齿高 λ 和轮齿不均匀度 ξ 影响的柱状图。由图可见,随着旋轮进给比 f 的增加,轮齿的充填高度有所增加;而材料的齿顶充填均匀程度有所下降。

在进行筒形件流动旋压时,随着旋轮进给比的增加,将导致厚度减薄率减小,因此轴向伸长量减小。内齿轮旋压成形时,芯模齿顶部位的成形情况与筒形件流动旋压相似,随着旋轮进给比的增加,此处的材料轴向流动量减小,有利于变形材料向芯模齿槽部位填充,即有利于增加齿高。但变形材料在与芯模齿槽底部接触之前,径向流动的不均匀性仍然如前述分析,随着齿高的增加,齿顶不均匀度也会增加。

与压下量 Δ 相比,进给比 f 对轮齿成形的影响并不显著。实际应用中,在保证材料稳定变形的前提下,可适当提高旋轮的进给比[54],以提高生产效率。

3) 毛坯壁厚 t_0 对材料充填的影响

内齿轮制件不同于壁厚沿圆周方向均匀分布的筒形件,其壁厚呈周期性变化,除工艺参数外,是否有足够的材料用于轮齿成形是影响材料充填情况的另一个因素。

图 7-50 为压下量为 2.3mm、进给比为 1mm/r,其余各工艺参数保持不变(表 7-6)的情况下,毛坯壁厚 t_0 对成形轮齿相对齿高 λ 和齿顶不均匀度 ξ 影响的柱状图。由图可见,相对齿高随毛坯壁厚增加而增加,但趋势逐渐减缓甚至略有下降;齿顶不均匀度则相反。这主要是因为随着毛坯壁厚的增加,材料填充更多的是依靠芯模齿槽部位变形材料的径向位移(图 7-34(c)中的材料流 2),而不是芯模齿顶部位变形材料的切向转移(图 7-34(c)中的材料流 4、6),因此有利于提高齿高和齿顶均匀性。

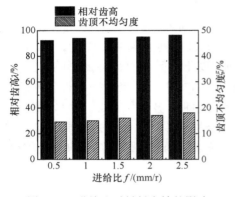

图 7-49　进给比对材料充填的影响

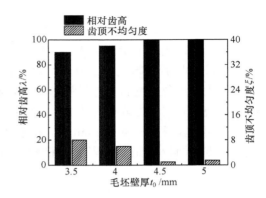

图 7-50　毛坯壁厚对材料充填的影响

由图 7-50 可见,当毛坯壁厚增至 5mm 时,成形轮齿的高度出现少量下降。这是因为当毛坯壁厚增加到一定程度时,变形穿透壁厚的能力开始下降,即在毛坯外侧施加相同压下量时,毛坯内侧的材料变形有所减小。模拟结果表明,当毛坯壁厚增加至 5mm 时,需将压下量由 2.3mm 增大至 2.4mm,方能获得合格的轮齿(成形轮齿的径向位移如图 7-51 所示)。

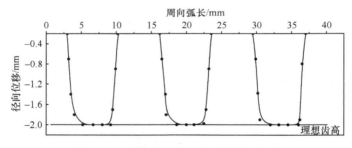

图 7-51　壁厚为 5mm 时齿轮径向位移

因此,在选择毛坯壁厚时,不仅要考虑成形时过大的材料减薄率是否会导致制件内侧出现断裂或裂纹等缺陷,还要考虑引起轮齿高度下降、工件外侧凹陷等问题。

4) 毛坯与芯模间隙 c' 对材料充填的影响

内齿轮旋压属于冷成形,为了将杯形毛坯顺利地套到芯模上,毛坯与芯模间需要采用间隙配合。二者之间的间隙大小,将会影响轮齿成形时材料的流动情况。图 7-52 为毛坯与芯模间隙 c' 对轮齿成形过程中材料充填情况影响的柱状图,模拟所用工艺参数如表 7-6 所示。由图可见,在毛坯与芯模间隙 c' 分别为 0mm(理想状态)和 0.1mm 时,二者的材料充填情况几乎一样,轮齿成形情况很理想。当间隙达到 0.3mm 时,材料的径向充填高度、齿顶充填的均匀程度开始有所下降,但并不明显；当间隙超过 0.3mm 后，材料充填情况明显变差。

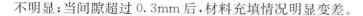

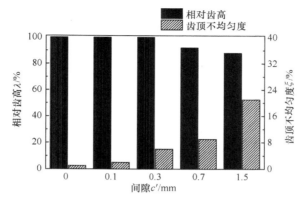

图 7-52　毛坯与芯模间隙对材料充填的影响

　　当毛坯内径过大时，毛坯和芯模之间存在一个较大的间隙。旋压过程中，首先是毛坯内侧贴模，这一过程相当于管形件缩径旋压，这时所产生的压下量对填充轮齿没有起到作用，而且缩径过程中还会导致壁厚有所减薄。两方面的共同作用导致轮齿成形高度和齿顶均匀度均出现下降。因此，内齿轮轮齿成形时，要控制毛坯与芯模间隙，尽可能采用小间隙配合。

　　5）工艺参数对材料充填的影响

　　由上述分析可知，工艺参数对内齿轮成形的影响呈现出以下规律：压下量对轮齿成形的影响最为显著；毛坯壁厚对轮齿成形有明显的影响；毛坯与芯模间隙对轮齿成形有一定的影响，当将芯模间隙控制到一定范围内（≤0.3mm）时，这一影响变得很小；进给比对轮齿成形的影响很小。

7.4　杯形薄壁内齿轮旋压的试验研究

　　工艺试验的主要目的是对数值模拟的结果进行检验；在验证数值模拟分析结果后，将其作为工艺试验分析的依据，对内齿轮旋压成形中的关键问题，如旋轮设计、工艺参数选择和内齿轮类型对成形的影响进行探讨；最后，对旋压成形内齿轮的显微组织和硬度进行分析。这些研究将为内齿轮旋压制件的工业应用奠定基础。

7.4.1　试验条件

1. 试验设备及工装

　　试验用材料分别为 6061T1（退火态）及 Q235，相关的材料性能参数分别如

表 7-3 及表 7-5 所示。工艺试验在自行研制的型号为 HGPX-WSM 的多功能卧式数控旋压机(图 7-53)上进行。成形所用工艺装备包括框架式三旋轮旋压成形装置、芯模、液压弹顶卸料以及尾座等装置,其中框架式三旋轮成形装置是整个成形装备的关键[9]。出于降低成形功率和改善设备受力情况考虑,成形装置采用三旋轮均匀分布的结构布局,且每个旋轮在轴向和径向均可单独调整。旋轮径向进给量由数控系统调整,旋轮间的轴向距离则可通过更换垫圈来调整,故该设备既可用于等距旋压成形,也可用于错距旋压成形。

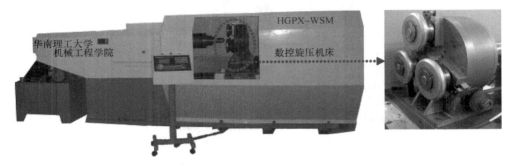

图 7-53　HGPX-WSM 型多功能卧式数控旋压机床

为了便于比对,工艺试验采用单道次方式进行,成形对象以及工艺装备(图 7-54(a))的相关参数与数值模拟给定的一致。以图 7-28 所示内齿轮样件(几何参数如图 7-28(a)所示)为成形目标,参照 7.2.3 节设计并加工出如图 7-54(b)所示的芯模。该芯模采用 Cr12 制成,淬火至 $58\sim60$HRC,并进行磨削处理,以保证齿轮内壁良好的贴模和表面质量。成形所用圆弧旋轮的旋轮圆角半径 r_ρ 为 15mm,旋轮直径 D_R 为 200mm(图 7-54(c))。

(a) 成形工艺装备　　　　　　(b) 制齿芯模　　　　　　(c) 旋轮

图 7-54　内齿轮成形用工艺装备

1-主轴;2-芯模;3-毛坯;4-旋轮;5-尾顶

2. 毛坯制备

杯形薄壁内齿轮旋压所用的杯形预制坯通常采用拉深成形工艺来生产,但是拉深成形所采用的工装模具较多、模具加工精度要求较高、生产准备周期较长,提高了产品的生产成本。因此,本试验所用杯形预制坯采用单道次拉深旋压成形工艺获得。预制坯的生产工艺为:排样—落料、冲孔—单道次拉深旋压(图 7-55)[13]。

排样　　　　　　　　落料、冲孔　　　　　　　　毛坯

杯形毛坯　　　　单道次拉深旋压结束　　　　单道次拉深旋压开始

图 7-55　杯形预制坯制作过程工艺流程图

制坯所用芯模如图 7-56 所示[14]。为了保证毛坯底部紧贴制齿芯模,制坯芯模底部圆角取值与制齿芯模底部圆角保持一致。由于内齿轮旋压采用冷成形,为了便于毛坯的安装,应使毛坯内径与芯模外径具有尽量小的配合间隙[52];7.3.3 节有限元分析表明,当毛坯与制坯芯模之间的间隙小于 0.3mm 时,才不会对内齿轮成形产生影响,故毛坯内径比制齿芯模外径大 0.2mm(单边间隙为 0.1mm)。

3. 试验数据测量

为了获得工艺试验中成形内齿轮的相关数据,采用型号为 Global Performance 7.10.7 的三维坐标测量仪对成形工件的横截面进行激光扫描,以获取该截面内、外轮廓各点的坐标值,扫描所用步长为 0.1mm。

4. 试验数据处理

在试验过程中,将产生大量的数据需要处理,传统的手工计算和常规的计算机

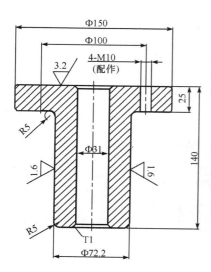

图 7-56 杯形预制坯制备用芯模(单位:mm)

处理手段已无法满足数据处理的需求,需要借助科学软件来进行数学计算,通过算法开发来完成与试验相关的数据分析和可视化显示。MATLAB 是矩阵实验室(Matrix Laboratory)的简称,与 Mathematica、Maple 一起并称为三大数学软件。它可以进行矩阵运算、绘制函数和数据、实现算法、创建用户界面、连接其他编程语言编写的程序[55]。因此,本节采用 MATLAB 来完成试验过程中的方差分析、统计分析计算、二次多元函数回归及其图形化显示等工作。

7.4.2 数值模拟结果的验证

1. 轮齿成形情况

内齿轮旋压的目的是在杯形件内侧面成形出轮齿,是否有充足的材料充填芯模凹槽是轮齿成形的关键。为此,试验就不同压下量对轮齿的成形影响展开研究。图 7-57 为毛坯壁厚 4.5mm、主轴转速 200r/min、进给比 0.8mm/r 时,不同压下量下相对齿高的分布情况。从变化趋势来看,工艺试验与数值模拟结果一致。从数值来看,工艺试验的结果要小于数值模拟,最大的相对误差约为 8%。考虑到数值模拟模型是对实际成形工艺的一种简化,且建模过程中并未考虑影响成形的随机因素,这个误差值在允许范围内。

工艺试验的结果同时也表明,不合理的工艺参数将导致各种轮齿缺陷的产生。这些缺陷在 7.2.3 节及 7.3 节都有涉及,相关成因也都有分析。表 7-7 将这些缺陷与相应的分析内容一并列出。由此可知,数值模拟中关于轮齿成形的材料流动分析是合理的。

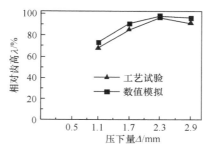

图 7-57　工艺试验与数值模拟结果的对比

表 7-7　材料流动分析及相应的轮齿缺陷

缺陷种类	工艺试验结果	原因分析所在章节	缺陷种类	工艺试验结果	原因分析所在章节
轮齿轴向充填不均		7.2.3 节 7.3.2 节	齿面不对称		7.3.3 节
断裂		7.3.3 节	轮齿切向充填不均		7.2.3 节
过渡圆角充填不满		7.3.2 节	工件外表面的凹陷		7.3.3 节

2. 齿槽成形情况

数值模拟分析的结果显示,内齿轮旋压制件齿槽的成形精度非常理想,该处的直径和圆度与芯模外径一致。为了验证这一结果,从已成形的内齿轮制件中抽取三个样本(图 7-58),对内齿轮样件的齿根圆直径和成形用芯模的外径分别进行检测,检测结果如表 7-8 所示。检测结果表明,内齿轮制件齿

图 7-58　被检内齿轮试样

根圆直径的成形精度与芯模外径的精度相当,这说明数值模拟分析的结果是正确的。

表 7-8　内齿轮试样齿根圆直径尺寸和芯模外径尺寸

试样编号	试样齿根圆直径/mm	试样圆度误差/mm	芯模外径/mm	芯模圆度误差/mm
1	76.0372	0.0515		
2	76.0414	0.0442	76.039	0.046
3	76.0433	0.0473		

作为连接件,直廓内齿轮既可采用大径定心,也可采用小径定心,即大径(齿根圆直径)和小径(齿顶圆直径)均可作为空间约束来实现装配中的固定。出于加工工艺性和稳定性的考虑,目前主要选择小径定心作为花键配合方式。这是因为传统的内齿轮采用切削方式加工,相对于大径,切削工艺更易保证小径的加工精度。至于大径定心的内外花键配合方式,仅在有加工条件的前提下,进行单件小批量生产。对内齿轮旋压制件齿槽进行的检测表明,通过控制芯模外径的成形精度,可以有效地保证内齿轮旋压制件齿根圆的精度。因此,采用旋压方式成形的直廓内齿轮,在装配时可采用大径定心[15]。

7.4.3　内齿轮旋压成形关键问题讨论

数值模拟模型的本质是一个理想的数学模型,并不考虑成形过程中存在的毛坯成形误差、材料批次差异、成形工装变形误差等因素,而这些因素都将对内齿轮的成形产生影响,故数值模拟并不能完全代替对实际成形过程的研究。为此,有必要采用工艺试验的方法,对影响内齿轮成形的关键问题进行探讨。

1. 旋轮型面的选择

数值模拟的结果表明,圆弧形旋轮、双锥面旋轮及台阶形旋轮均可用于内齿轮的成形,在成形齿高方面,圆弧形旋轮要好于双锥面旋轮及台阶形旋轮,后者在轮齿齿顶充填均匀程度方面则稍强。图 7-59 为旋轮型面对纯铝材料内齿旋压过程的影响示意图。其中,台阶形旋轮型面结构参数如图 7-26 所示,圆弧形旋轮的圆角半径 r_ρ 为 15mm。试验采用的工艺参数如下:压下量 Δ 为 1.5mm,进给比 f 为 0.6mm/r,毛坯壁厚 t_0 为 4.0mm。

由图 7-59(c)可以看出,在相同的道次压下量下,采用圆弧形旋轮旋压后的工件高度低于采用台阶形旋轮旋压后的工件,从而说明圆弧形旋轮有利于齿高的成形。

(a) 台阶形旋轮　　　　　　　　　　　(b) 圆弧形旋轮

(c) 旋轮型面对轴向伸长量的影响

图 7-59　旋轮型面对内齿轮旋压的影响示意图

图 7-60 为旋轮型面对 Q235 材料内齿旋压过程的影响示意图。其中，双锥面旋轮的圆角半径 r_ρ 为 6mm、退出角 δ_ρ 为 5°，圆弧形旋轮的圆角半径 r_ρ 为 15mm，旋轮直径 D_R 均为 200mm。试验采用的工艺参数如下：压下量 Δ 为 1.7mm，进给比 f 为 0.8mm/r，毛坯壁厚 t_0 为 4.5mm。由图 7-60(b) 和 (c) 中的数据可以看出，在相同的道次压下量下，采用双锥面旋轮进行旋压时工件的齿形沿切向的填充均匀度要优于采用圆弧形旋轮时的情况。该结果与数值模拟结果一致。

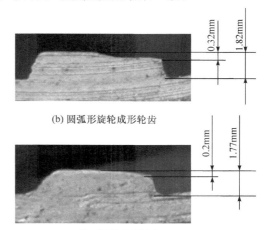

(b) 圆弧形旋轮成形轮齿

(a) 双锥面旋轮　　　　　　　　　　(c) 双锥面旋轮成形轮齿

图 7-60　工艺试验用旋轮以及成形轮齿

由此可见,虽然内齿轮旋压成形时,材料受力变形的目的不是整体减薄而是局部增厚。圆弧形旋轮有利于金属材料的径向流动、有利于齿高的形成;而双锥面旋轮主要用于强力变薄旋压,有利于金属材料的轴向流动。与圆弧形旋轮相比,相同压下量时双锥面旋轮与毛坯的接触面积更小,更容易造成局部小范围的材料径向流动,即有利于图 7-34(c) 所示 P 侧材料的流动,从而减小与 Q 侧材料流动的差别,导致齿顶均匀度提高。由此也可以看出,内齿轮旋压成形的变形特征更接近于筒形件流动旋压成形。

2. 工艺参数对内齿轮成形的影响

前文数值模拟结果表明,在诸多工艺参数和毛坯设计参数中,以压下量 Δ 对轮齿成形的影响最大,其余依次为毛坯壁厚 t_0、进给比 f。为了全面、准确地评价工艺参数对内齿轮成形质量的影响,采用部分析因试验设计和方差分析技术,以考察参数之间的交互效应,为成形工艺的优化奠定基础。

选择析因试验设计的原因在于[56]:该方法可以利用相对较少的样本,获取更多的信息,尤其是因素间的交互效应。考虑到分析中存在以下趋势:主效应大于两因素间的交互效应,两因素间的交互效应又大于三因素间的交互效应。因此,三因素以上的高级交互效应在分析中往往可以忽略。于是,统计学家在析因设计的基础上利用因子混杂技术,将某效应与一些事实上并不存在或很小的效应相混淆,以大大减小试验次数,所产生的这种设计称为"部分析因设计"。两水平析因设计是析因设计中的一种,其特点是试验次数少,试验结果易于分析和解释,该方法适合研究之初的因素筛选,现已成为改进产品或过程的重要工具[56]。因此,采用两水平部分析因设计来保证分析过程的高效性。

对于试验数据的分析,本章选择方差分析来进行。方差分析是一种典型的"还原论"思想,该方法通过将全部试验值的变异(总变异)按设计和需要分解成两个或多个组成部分来进行变异来源和大小的分析,从而找出各个分析因素对质量指标总体方差的贡献程度,以及分析因素之间的交互效应[57]。

1) 评价指标

作为连接及传动零件,内齿轮成形精度控制主要包括轮齿和齿槽两个部位[58]。其中,轮齿部分需要控制尺寸精度和形位精度,而齿槽部位则主要控制齿根圆直径的尺寸精度。从前文的分析来看,内齿轮旋压制件的齿根圆直径精度取决于芯模精度,与成形参数有关的成形精度问题主要集中在成形轮齿上(表 7-7)。此外,传动过程中齿轮所受载荷主要由轮齿承担,而轮齿的齿廓总偏差将直接影响传动的平稳性。因此,讨论成形参数对内齿轮成形的影响时,仅考察轮齿部分的成形质量。

在考察齿轮的成形质量时,常通过评定加工齿轮制件的齿距累积误差、螺旋线总偏差和齿廓总偏差是否合乎公差要求来进行[59]。内齿轮旋压制件成形过程中,采用尾顶来保证毛坯与芯模的同步,因此所成形内齿轮制件的累积齿间误差很小,足以满足使用需求。而旋轮的局部加载和材料流动不均导致的轮齿径向和轴向充填不满是轮齿成形精度难控制的主要原因,所以内齿轮旋压制件的误差主要表现在齿形和齿向这两个方面。轮齿径向和轴向充填不满及齿面不对称等缺陷,均可归结为芯模凹槽的充填问题,即成形轮齿的横截面面积(图 7-17 标记为 S 的区域)没有达到所需值。因此,采用轮齿饱和度 S_r 作为评价轮齿成形质量的特性指标:

$$S_r = \frac{S - S_t}{S} \tag{7-10}$$

式中,S 为理想轮齿的横截面面积;S_t 为芯模凹槽内未填充区域的横截面面积。试验所用芯模齿槽的长度为 25mm,而成形内齿轮的高度超过 45mm。由于齿槽底端对材料的轴向流动有一定的抑制作用,故制件口部的轮齿成形质量要好于其他部位[13];内齿轮旋压属局部成形,底部轮齿的充填情况要好于工件的中部。为此,选择轮齿成形质量最差处——距杯底 15mm 处的横截面作为评价指标的测量截面。

2) 分析因素

选择合适的参数是保证内齿轮旋压制件质量的重要条件[10]。内齿轮的成形目的是要在毛坯的内侧成形出轮齿,影响轮齿成形精度的因素除工艺参数外,还有毛坯的几何参数。为此,须在综合工程实践需求和试验条件的基础上,进行分析因素选择和确定各因素的取值。

(1) 因素选择。

分析中涉及的工艺参数主要有压下量 Δ 和进给比 f。除了工艺参数,在析因试验中还增加了毛坯设计参数。分析毛坯几何参数对内齿轮成形的影响是希望为内齿轮成形用毛坯的设计提供依据。除了数值模拟分析涉及的毛坯壁厚 t_0、毛坯与芯模间隙 c',试验中还增加了毛坯壁厚偏差 Δt 作为分析因素。这是因为内齿轮成形时材料变形以体积转移方式进行,与回转轴线正交的任一平面内材料分布的均匀性对成形都很重要。由于在数值模拟模型中很难设置毛坯壁厚的分布情况,故在数值模拟分析时并未考虑该因素的影响,采用了理想壁厚的毛坯。

为此,选择的分析因素为:压下量 Δ、进给比 f、毛坯壁厚 t_0、毛坯与芯模间隙 c' 和毛坯壁厚偏差 Δt,共 5 个。

(2) 因素范围确定。

要成形出齿高为 2mm 的轮齿,一方面要保证变形材料的体积,即压下量 Δ 和壁厚 t_0 都不能太小;另一方面,由于毛坯采用拉深旋压的方式制备获得,按拉深旋压可达到的加工精度,将壁厚偏差控制在 0.02mm 左右(内径小于 150mm 的制件)[60],而常规方式加工,壁厚偏差不会大于 0.25mm。为了将杯形毛坯安装到芯模上,必须保证毛坯内径与芯模外侧的间隙。数值模拟分析表明,当二者的间隙取较小的值时,不会对内齿轮成形产生影响,故选择毛坯与芯模的单边间隙小于0.2mm。为此,各试验因素选择为如表7-9所示的两个不同水平。

表 7-9　试验因素及其不同的水平

因素名称	压下量 Δ/mm	进给比 f/(mm/r)	毛坯与芯模间隙 c'/mm	毛坯壁厚 t_0/mm	毛坯壁厚偏差 Δt/mm
水平 1	1.5	0.5	0.1	3.5	0.1
水平 2	2.6	1.5	0.2	5	0.25

3) 试验设计

析因分析法的主要目的是找出各个分类变量对模型总体方差的贡献程度,以此来判断该因素是否显著。如果显著,说明此分类获得的反应变量均值存在差异,可进一步分析各变量之间的交互效应[61]。试验分为两组进行,两组试验在不同的时间由不同的操作人员完成,主要是为了分析噪声因素,如环境、操作人员的失误等对成形的影响。利用正交表构造一个 $L_8(2^3)$ 的试验方案,两组共有 16 个试验,试验参数的设置如表 7-10 所示。

表 7-10　试验方案及结果

组别	试验编号	压下量 Δ/mm	进给比 f/(mm/r)	毛坯与芯模间隙 c'/mm	毛坯壁厚 t_0/mm	毛坯壁厚偏差 Δt/mm	饱和度 S_r/%
1	1	1.5	1.5	0.1	5.0	0.25	73.28
1	2	2.6	0.5	0.2	5.0	0.1	99.32
1	3	1.5	0.5	0.1	3.5	0.1	76.24
1	4	2.6	1.5	0.1	3.5	0.1	83.34
1	5	1.5	1.5	0.2	5.0	0.1	73.12
1	6	2.6	0.5	0.1	5.0	0.25	99.30
1	7	2.6	1.5	0.2	3.5	0.25	83.14
1	8	1.5	0.5	0.2	3.5	0.25	76.11
2	9	2.6	1.5	0.1	5.0	0.25	99.55
2	10	2.6	0.5	0.2	3.5	0.1	82.53
2	11	1.5	1.5	0.1	3.5	0.25	76.92
2	12	1.5	0.5	0.2	5.0	0.25	72.97
2	13	1.5	1.5	0.2	3.5	0.1	76.43
2	14	2.6	0.5	0.1	3.5	0.25	82.27
2	15	2.6	1.5	0.1	5.0	0.1	99.69
2	16	1.5	0.5	0.1	5.0	0.1	72.99

（1）试验数据处理及分析。

对试验结果（图 7-61）进行检测，并进行数据处理，处理结果如表 7-10 所示。在此基础上对试验数据进行分析，可确定以下内容：其一，噪声因素是否对试验结果产生影响；其二，考察每个因素对质量指标的主效应，比较各个因素对试验目标的影响程度，选出试验目标的显著因素；其三，确定因素之间是否存在交互效应，以及这些交互效应对于质量指标的影响；其四，对试验因素进行有效性选择，为进一步的试验提供可靠的依据。

图 7-61　部分试验结果

（2）噪声因素对评价指标的影响。

采用方差分析中的 F 检验统计量进行噪声因素的分析[57]：

$$F = \frac{\mathrm{SS_b}}{\mathrm{SS_w}} \tag{7-11}$$

式中，$\mathrm{SS_b}$ 为组间差异；$\mathrm{SS_w}$ 为组内差异。

$$\mathrm{SS_b} = \frac{\sum\limits_{i=1}^{k} n_i\ (\overline{x}_i - \overline{\overline{x}})^2}{r-1} \tag{7-12}$$

式中，n_i 为第 i 种水平的观察值个数；$\overline{x}_i$ 为第 i 种水平的样本均值；$\overline{\overline{x}}$ 为计算总均值；r 为自由度。

$$\overline{x}_i = \sum\limits_{j=1}^{n_i} x_{ij}/n_i \tag{7-13}$$

式中，x_{ij} 为第 i 种水平下的第 j 个观察值。

$$\overline{\overline{x}} = \frac{\sum\limits_{i=1}^{k}\sum\limits_{j=1}^{n_i} x_{ij}}{n} \tag{7-14}$$

式中，n 为观察值的总个数。

$$\mathrm{SS_w} = \frac{\sum\limits_{i=1}^{k}\sum\limits_{j=1}^{n_i}\ (x_{ij} - \overline{x})^2}{n-r} \tag{7-15}$$

F 检验通过组间差异与组内差异的比值来判定噪声因素是否对试验结果存在影响。如果组间差异 SS_b 与组内差异 SS_w 的比值比较大,大到超过 F 抽样分布上的显著性水平(根据费希尔的定义取 α 为 0.05)的临界值,那么就可认为总体的差异来自各组总体平均数之间的差异,即各组总体平均数之间确实有本质差异;如果组间差异 SS_b 与组内差异 SS_w 的比值比较小,小于 F 抽样分布上的显著性水平的临界值,那么就可认为总体的差异是由抽样误差引起的,即各组总体平均数之间没有本质差异[62]。试验数据的方差处理结果如表 7-11 所示。其中,离均差平方和表示每个观察值与平均值的平方和;自由度表示不受限制的变量个数;均方差即标准差;F 是检验计量模型的总体显著水平;P 是样本为真时所得样本观察结果出现的概率;$F\text{-crit}$ 是相应显著水平下的 F 临界值。结果显示,组间效应不明显,即噪声因素对试验结果没有显著影响。据此,在下文的分析中可以不考虑组间效应的影响。

表 7-11　方差分析结果

差异源	离均差平方和	自由度	均方差	F	P	$F\text{-crit}$
组间	0.015625	1	0.015625	0.000132	0.99098	4.60011
组内	1651.519	14	117.9657			
总计	1651.535	15				

（3）影响内齿轮成形质量的主效应因素。

主效应是指同一因素在不同水平下的变化导致响应的平均变化情况,主效应图是主效应的图形显示。图中,直线的斜率越大,则表示该因素对分析指标的影响越大[63]。图 7-62 为试验因素对内齿轮成形质量影响的主效应图。由图可见,在诸多的工艺参数中,以压下量 Δ 对轮齿成形的影响最为显著,这是因为压下量从径向控制工件的变形量,决定了参与变形材料的体积。其次是毛坯壁厚 t_0,这是因

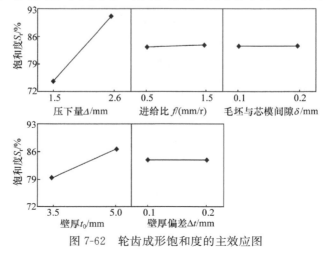

图 7-62　轮齿成形饱和度的主效应图

为材料的整体变形程度(式(7-7))既与压下量 Δ 有关,又与材料的毛坯壁厚 t_0 有关。再次是进给比 f,这是因为进给比 f 的增大,意味着成形过程中旋轮与已成形区域的重合部分在减少,变形材料的轴向流动量减小,有利于成形质量的提高;但在所选进给比 f 范围内,该因素的影响并不显著。最后分别是毛坯与芯模间隙 c' 和壁厚偏差 Δt,这两个因素在所选择范围内对成形几乎没有影响。其中,本章分析所用毛坯的壁厚偏差范围由加工方式给定,这说明拉深成形的毛坯所具有的壁厚偏差 Δt 完全能够满足内齿轮成形的需要。

(4) 影响内齿轮成形质量的两因素交互效应。

交互效应是指当其他因素的水平改变时,某一主因素作用的平均变化量。可以用交互效应图的方式将两个因素与质量指标的关系表示出来,如图 7-63 所示。当横坐标的一个试验因素从低水平过渡到高水平时,该因素对指标的影响程度如果随着另外一个因素在它的试验范围内有较大改变,那么这两个因素之间就存在交互效应。也就是说,在两个因素正交的地方,如果它们的质量指标曲线明显相交,则这两个因素间存在显著的交互效应[64]。

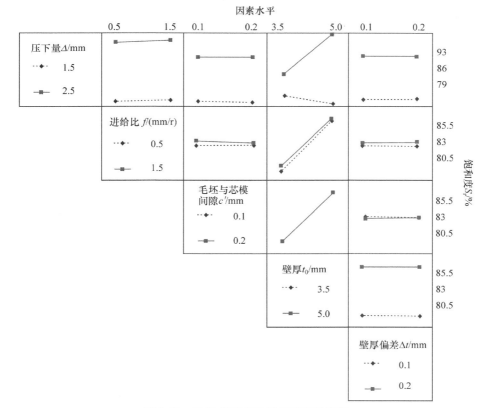

图 7-63　轮齿成形饱和度的交互效应图

由图 7-63 可见，对于所考察的质量指标——轮齿饱和度，主要存在一个明显的交互效应，那就是压下量 Δ 与毛坯壁厚 t_0 之间存在交互效应。这是因为在成形的过程中，当齿槽部分的变薄率 Ψ_t 过大时，将会导致充填轮齿材料得不到及时补充，从而在内齿轮制件外侧出现凹陷，影响齿轮的整体成形质量。

（5）工艺参数对内齿轮成形质量的影响。

进行析因试验的目的在于从诸多的试验因素中选出与分析指标密切相关的因素，包括主效应因素和存在交互关系的因素，为进一步的试验提供可靠依据，避免依靠经验进行试验因素选择而导致的分析结果不可靠。仅获得相关的因素还不能满足分析的需要，还应将相关参数按对成形质量影响的重要程度进行排序，以便为今后的质量改进提供依据。

帕累托图（Pareto chart）又称排列图、主次图，是按照发生频率大小顺序绘制的直方图，表示有多少结果是由已确认类型或范畴的原因所造成的[65]。为了直观地表示出各因素对内齿轮成形质量的重要程度，以帕累托图的形式将单因素的主效应和因素间的交互效应按降序进行排列（图 7-64）。由图可见，对于内齿轮的成形质量，有六个（对）因素对其产生影响，三个单因素、三个交互因素，将其按影响程度依次排列为：压下量 Δ、压下量 Δ/毛坯壁厚 t_0、毛坯壁厚 t_0、进给比 f、进给比 f/毛坯壁厚 t_0 以及壁厚偏差 Δt。

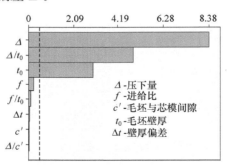

图 7-64　轮齿成形饱和度的帕累托图

设显著水平 α 为 0.05，即可在图中给出参考线（虚线）。如因素（或交互因素）位于参考线的左侧，则表明该因素或因素组合对内齿轮成形质量的影响较弱；反之，则表明该因素或因素组合对齿轮成形的影响较强。超出参考线越多，说明该因素或因素组合对内齿轮成形质量的影响越大。由此可知，对内齿轮成形质量产生显著影响的因素（或交互因素）主要有三个，依次为压下量 Δ、压下量 Δ/毛坯壁厚 t_0 和毛坯壁厚 t_0，其中压下量 Δ 与毛坯壁厚 t_0 的交互影响甚至超过毛坯壁厚 t_0，其他的因素对齿轮成形的质量影响甚小，在进一步的试验中可以不予考虑。

尽管有限元模拟分析和工艺试验采用了不同的分析指标，前者分别采用相对

齿高 λ 和齿顶不均匀度 ξ 来衡量不同参数对成形过程中材料流动的影响,而后者则采用轮齿饱和度 S_r 来衡量参数对轮齿成形质量的影响,但它们的本质是一样的,即评价轮齿的充填情况。将二者的分析结果进行比较可以发现,二者得出的结论是一致的。

3. 轮齿类型对内齿轮成形的影响

如 7.2.1 节所述,从成形零件的齿廓来看,可将零件分为直廓和渐开线齿两类。实际上,除了齿廓上的差异,这两类零件还存在另一个明显的差异,那就是成形轮齿的(齿根处)齿厚。前者的齿厚与内齿轮的齿根圆直径有关,随着齿根圆直径的增加而增加,如齿根圆大于 50mm,即齿厚超过了 6mm;而后者的齿厚主要与模数有关,对于旋压成形的小模数内齿轮,一般齿高不超过 5mm,其齿厚也不超过 5mm。由计算可知,直廓的齿厚与齿高之比大于 3,最大甚至可达 5.3,而渐开线齿的齿厚与齿高的比值则不会超过 1。

在研究轮齿类型对内齿轮成形影响时,梯形内齿轮采用前文研究相同的内齿轮样件,相关几何参数如图 7-28(a)所示,成形所用芯模如图 7-54(b)所示。而渐开线内齿轮则为某齿轮厂的产品(图 7-65(a)),相关几何参数如表 7-12 所示,成形所用芯模如图 7-65(b)所示。二者的齿高和齿根圆直径相同,均为 2mm。成形所用工艺参数相同:压下量 Δ 为 2.3mm、毛坯壁厚 t_0 为 4.2mm、主轴转速 n 为 200r/min、进给比 f 为 0.8mm/r。

表 7-12　渐开线轮齿的几何参数

序号	参数名称	参　数	序号	参数名称	参　数
1	齿数	57	9	全齿高/mm	$2^{0}_{-0.10}$
2	法向模数/mm	1.25	10	分度圆弧齿厚及偏差/mm	$2.772^{+0.08}_{-0.16}$
3	压力角/(°)	20	11	公法线平均长度(mm)/跨齿数	$25.313^{+0.075}_{-0.150}/18$
4	分度圆直径/mm	71.25	12	精度等级	8-GB/T 10095
5	基圆直径/mm	66.953	13	齿距累积总偏差/mm	0.052
6	变位系数	+0.8889	14	单个齿距极限偏差/mm	±0.015
7	齿顶圆直径/mm	$\Phi 75.72^{0}_{-0.10}$	15	齿向跳动公差/mm	0.042
8	齿根圆直径/mm	$\Phi 71.72^{0}_{-0.10}$	16	齿面粗糙度 R_a/μm	0.8

图 7-66 为试验所得成形轮齿及制件外表面照片。由图可见,梯形轮齿充填饱满(图 7-66(a)),而渐开线内齿则未能填充饱满(图 7-66(c))。计算表明,渐开线内齿轮件的轮齿饱和度为 95.15%。这说明试验结果与数值模拟的分析是一致的:

在其他参数相同的情况下,轮齿齿厚的减小不利于材料充填芯模的凹槽。

(a) 渐开线内齿轮

(b) 成形所用芯模

图 7-65　渐开线内齿轮及成形用芯模

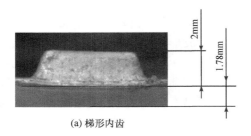

(a) 梯形内齿

(b) 梯形内齿轮的外表面

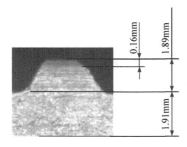

(c) 渐开线内齿

(d) 渐开线内齿轮的外表面

图 7-66　成形轮齿及制件外表面

1) 梯形内齿轮外表面成形质量

除了轮齿充填质量方面的差异,这两类制件外表面的成形精度也不相同,具体表现为梯形轮齿的壁厚偏低。检查发现,尽管梯形内齿轮旋压制件的外侧表面并未出现明显的凹陷,但逆光观察时,仍可发现外表面留有周期性印痕(图 7-66(b))。印痕所处位置的内侧即为轮齿,这一点与 7.3.3 节的分析是一致的。对该工件的

外径进行测量，发现印痕处的外径要小于齿槽处，二者间差值的平均值为
0.28mm。相比之下，渐开线内齿轮并未出现梯形内齿轮同样的问题，在它的外表
面没有发现印痕(图 7-66(d))。两类内齿轮在制件外表面成形精度上的差异，主
要是因为轮齿齿厚的变化。与梯形轮齿相比，渐开线轮齿的齿厚不足前者的 1/3。
齿厚的减小，一方面使得材料充填芯模凹槽时的入口变窄，材料在齿廓与轮齿中部
的径向变形趋于均匀；另一方面使得渐开线轮齿成形所需充填材料的体积大幅度
下降，相应地，由充填材料缺乏而导致制件外表面出现凹陷的可能性也随着下降。
因此，渐开线内齿旋压件的外表面尺寸精度要高一些。

　　2) 渐开线内齿轮的脱模问题

　　除了轮齿成形精度，渐开线内齿轮的成形还出现了另一个问题——脱模。内
齿轮成形设备的卸料装置可以很顺利地完成梯形内齿轮的脱模工作，但无法完成
渐开线内齿轮的脱模。用于试验研究的梯形内齿轮与渐开线内齿轮除了齿廓、齿
厚和齿数不同，其他所有的参数均相同。其中，齿廓的改变和齿数的增加，使得齿
廓与芯模凹槽的接触面积大大增加，同时接触区域内的摩擦力也随之增加，这可能
对成形制件的顺利脱模产生影响。此外，数值模拟结果显示，成形时毛坯内侧材料
沿芯模外轮廓流入芯模凹槽，一方面有利于内齿轮齿根圆直径成形精度的提高；另
一方面也使得轮齿处材料产生了切向收缩。而数值模拟结果显示，在制件内侧，轮
齿处的切向压应变要大于齿槽处的切向拉应变，尽管差值很小，但材料的收缩可能
导致内齿轮制件的内侧出现缩径，并且随着齿数的增加这一可能性有增加的趋势。
渐开线内齿轮的齿数已达到 57，远远超过梯形内齿轮的 18 齿，因此制件在成形中
出现缩径可能是影响内齿轮脱模的另一个原因。

　　为了判断摩擦力是否是影响脱模的主要原因，对成形用芯模进行了改进，将芯
模外轮廓的粗糙度由 $R_a 1.6\mu m$ 降至 $R_a 0.8\mu m$，希望通过降低芯模粗糙度来减小
摩擦力。将改进后的芯模重新用于试验，并在芯模与毛坯间加入机油润滑，但仍然
无法将成形的内齿轮制件从芯模上卸下来。由此可以判断，接触面积的增加，并非
渐开线内齿轮旋压制件无法脱模的主要原因。因此，在试验中从缩径的角度来考
虑如何解决工件的脱模问题。为此，在渐开线内齿轮成形完毕后，增加一个旋压道
次，尝试采用圆形旋轮轻压制件[66]，使其内径产生轻微胀大，结果顺利地实现了渐
开线内齿轮的脱模。由此可以判断，渐开线内齿轮出现的脱模难问题主要是由制
件产生的轻微缩径所导致的。

　　3) 轮齿类型对成形的影响

　　从结果比对来看，工艺试验验证了数值模拟所进行的分析，而且运用前文所得
的材料流动规律，能够很好地解释内齿轮成形中出现的表面质量较差和脱模问题。
这说明运用数值模拟技术对内齿轮旋压成形所做的分析，是符合客观实际的。由
数值模拟对轮齿参数对材料流动的分析可知，无论齿廓、齿形角，还是齿厚的变化，

都无法改变内齿轮成形时材料的流动规律,改变的仅是材料在径向、轴向和切向的变形量。各方向变形量的改变,又对轮齿和外表面的成形质量产生了直接影响。因此,以梯形齿为代表的齿厚大、齿数少的直廓内齿轮和以渐开线齿为代表的齿厚小、齿数多的曲线齿廓内齿轮,在工艺试验中尽管表现出了不同的成形特点,但两者在材料流动规律上是一致的。

7.4.4　内齿轮旋压件显微组织和硬度的变化

与切削方式相比,采用旋压方式加工内齿轮,不仅能保证产品质量的稳定性,而且能提高产品的综合性能。这是因为旋压这种成形方式使内齿轮制件具有了连续的沿齿廓合理分布的金属流线和轮齿内部致密而均匀的微观组织。

1. 内齿轮旋压件显微组织的变化

为探明旋压成形后显微组织的变化情况,采用 ZEISS AXIOVERT 大型金相显微镜对内齿轮旋压样件(所用工艺参数如表 7-6 所示)的金相组织进行观测。

图 7-67 和图 7-68 分别为板坯的纵、横向剖面金相显微组织图。由于 Q235 板坯为热轧钢板,板坯的显微组织为铁素体和珠光体,晶粒呈无序排列。

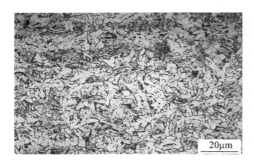 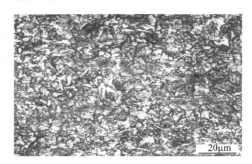

图 7-67　板料件纵向金相组织图　　　　　图 7-68　板料件横向金相组织图

图 7-69 和图 7-70 为杯形件纵、横向剖面金相显微组织图。由图可见,显微组织状态、形貌经过拉深旋压后已有所改变,沿拉深方向晶粒变形拉长,且渐呈有序分布状,但晶粒细化并不明显,这是因为拉深旋压过程中材料的变形较小。

图 7-71 和图 7-72 分别为旋压后齿槽处纵、横向剖面金相显微组织图。由图可见,材料经旋压成形后,晶粒出现明显的细化,且形状发生变化,沿纵向被拉长。此外,晶体内原为任意取向的各个晶粒,其取向的变化趋势大体与材料的宏观变形一致。

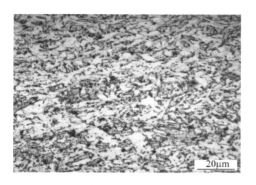

图 7-69　杯形件纵向金相组织图

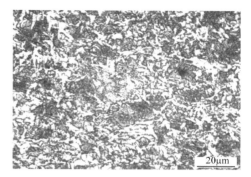

图 7-70　杯形件横向金相组织图

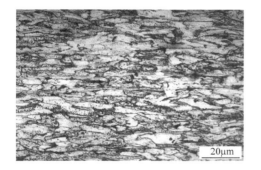

图 7-71　齿槽纵向金相组织图

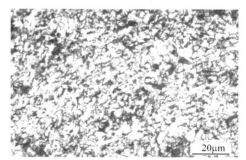

图 7-72　齿槽横向金相组织图

　　图 7-73 和图 7-74 分别为旋压后轮齿区域纵、横向金相显微组织图。由图可见,轮齿试样中,晶粒同样沿加工方向被拉长,横向则出现明显的晶粒细化,且分布变得均匀,这与材料的剧烈变形有关。但晶粒的变形及细化程度,要稍小于齿槽处的晶粒。这说明成形时,轮齿区域材料的变形要小于齿槽处。这也符合使用过程中齿轮对齿槽的要求。

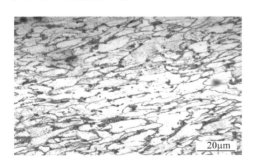

图 7-73　轮齿纵向金相组织图

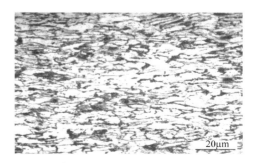

图 7-74　轮齿横向金相组织图

2. 内齿轮旋压件的硬度变化

在冷加工的条件下,材料在变形的同时将产生加工硬化。数值模拟分析表明,内齿轮旋压成形过程中,齿廓处的材料变形程度比轮齿内部更大,因而齿廓处的材料硬化也更为明显。

HV-5 型小负荷维氏硬度计是一种测试小型精密零件硬度的仪器,该仪器可在不影响试样外观和使用性能的前提下,检测出表面硬化层和有效硬化层的硬度。图 7-75 为采用该硬度计分别对内齿轮成形用 Q235 板材、梯形内齿和渐开线内齿进行压痕试验的结果。由图可见,成形结束后,内齿齿廓的硬度有了显著的提高,其中梯形内齿的硬度提高了 51.06%,而渐开线内齿的硬度则提高了 53.19%。根据碳钢硬度与强度间的近似关系进行换算,梯形内齿齿廓处材料的抗拉强度达到了 744MPa,渐开线内齿齿廓处材料的抗拉强度为 753MPa。内齿齿廓硬度的提高将使内齿轮旋压制件在耐磨损、抗腐蚀方面的性能得以提高。此外,检测结果还表明,渐开线内齿的力学性能要高于梯形内齿,但并不明显。数值模拟中关于轮齿参数对材料充填影响的分析表明,相比于直廓的梯形齿槽,曲线的渐开线齿槽更不利于轮齿成形过程中的材料充填,故渐开线轮齿齿面处材料的等效应变要稍大,但由于成形轮齿的高度较小,二者的差异并不明显。因此,检测结果与数值模拟的分析也是一致的。

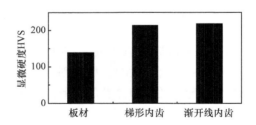

图 7-75　板材、梯形内齿和渐开线内齿的硬度

7.5　内齿轮旋压成形工艺的优化

针对不同类型内齿轮进行的成形工艺试验表明,渐开线内齿轮和梯形内齿轮的旋压成形有着不同的成形特点。这是因为内齿轮几何参数的差异导致轮齿成形时对充填材料需求和成形过程中齿轮的流动发生了变化。因此,尽管渐开线内齿轮和梯形内齿轮的齿高相同,但二者在成形时所需的工艺参数不同,而且制件成形过程中存在的问题也不同。事实上,渐开线内齿轮代表的是一类齿轮,这类内齿轮的共同特点就是齿厚小、齿数多,连接用的渐开线花键和传动用的渐开线内齿轮均

属于这一类型。要想采用旋压技术来实现这类齿轮的成形,必须解决两个问题:第一,成形结束时如何保证制件的顺利脱模;第二,如何保证轮齿充填得饱满,因为齿形和齿向加工误差的控制是保证这类内齿轮加工精度的关键。为此,以成形出合格渐开线内齿轮为目标,就成形工艺和工艺参数的优化开展研究。

7.5.1　渐开线内齿轮成形的工艺优化

内齿轮齿数的增加,使轮齿处材料的切向收缩累积成为缩径,需要采用圆弧形旋轮轻压制件,方能将内齿轮制件从芯模上卸下来。为此,考虑采用两道次旋压来成形渐开线内齿轮;增加的一个旋压道次,用于解决渐开线内齿轮的脱模问题。为了考察两道次成形对渐开线内齿轮成形质量的影响,进行了工艺试验。由于大圆角半径的内齿轮有利于旋压制件产生扩径[66],所以采用圆角半径 r_ρ 为 32mm 的圆形旋轮作为渐开线内齿轮第二道次成形用旋轮(图 7-76)。

图 7-76　脱模用旋轮

工艺试验的结果表明,当压下量 Δ 取 0.15~0.3mm、进给比 f 为 0.8mm/r时,既可保证内齿轮制件的顺利脱模,又可保证轮齿的成形质量。对脱模后的工件进行检测,轮齿成形饱满,饱和度达到了 99.53%。由于无法检测脱模前渐开线内齿轮齿顶圆和齿根圆处的成形情况,于是将该制件与轮齿饱和度为 99.45% 的梯形内齿轮(单道次成形,未经过脱模)进行比较,以了解第二道次成形对渐开线内齿轮齿槽和轮齿成形的影响。对两类内齿轮制件齿根圆和齿顶圆的成形精度进行检测,结果如表 7-13 所示。从结果来看,二者的齿顶成形精度相仿,但渐开线内齿轮齿根部位的成形精度明显低于梯形内齿轮。这说明第二道次的成形对内齿轮的齿根部位的成形精度有一定影响,但仍控制在 IT12 级以内。对于渐开线内齿轮,齿根部位并非精度控制部位,因此只要合理选择第二道次的工艺参数,采用两道次旋压成形的方法即可成形出合格的内齿轮制件。

表 7-13　脱模后内齿轮制件的成形误差

类型	齿根圆直径误差 Δd_f/mm	齿根圆圆度误差 Δr_f/mm	齿顶圆直径误差 Δd_a/mm	齿顶圆圆度误差 Δr_a/mm
梯形内齿轮	0.0455	0.0502	0.0827	0.0923
渐开线内齿轮	0.1136	0.1454	0.0659	0.0601

7.5.2　渐开线内齿轮成形工艺参数的优化

尽管渐开线内齿轮采用了两道次旋压成形,但轮齿的成形在第一道次即已完成,而第二道次的成形对于轮齿的成形没有贡献,仅用于齿根部位成形情况的改善。渐开线内齿轮不同于直廓的内齿轮,控制成形质量的关键不在于内齿轮的齿顶圆和齿根圆,而在于轮齿的齿形和齿向误差。因此,对于第二道次成形参数的选择,只需保证内齿轮齿根部位的成形误差不高于 IT12 级即可。为了保证轮齿的成形质量,有必要对第一道次的成形参数进行优化,以获得最佳的成形参数组合。据此,可将渐开线内齿轮成形参数的优化视为一个单目标多变量的优化问题。内齿轮的旋压成形是一个复杂的塑性成形过程,利用现有的塑性成形理论尚不能推导出可供实践应用的计算公式。为此,有必要对影响材料流动的各参数进行综合研究,找出参数间的配合关系,建立一个能反映参数间定量关系的数学模型,既可用于内齿轮变形的预测和控制,也可用于参数组合的寻优。

尽管工艺参数和工(模)具几何参数均会对内齿轮制件的成形产生影响,但本章仅选择工艺参数作为数学模型的设计变量,成形工(模)具几何参数不在考虑之列。原因如下:①芯模几何参数与成形内齿轮制件的相对应,内齿轮不仅几何参数众多,而且取值范围广,如将内齿轮的几何参数作为分析因素,不仅难以满足分析所需的试验条件,而且分析成本也会剧增。②旋轮型面对内齿轮成形影响的分析表明,在选择旋轮的几何参数时,不仅要考虑内齿轮的成形质量,还要考虑设备的承载能力,因此不宜将旋轮的几何参数作为优化变量。③进行工艺试验的最终目的是要在成形质量指标和诸多工艺参数之间建立起一个可供生产实践使用的数学模型,如该模型涉及参数过多,不仅模型构建的难度增加,模型的实用性也同样会降低,因此减少分析模型涉及的参数数量更符合实际应用的需求。

1. 分析流程

近几十年以来,以统计学理论和优化方法为基础的结构可靠性设计和稳健设计等优化方法也逐渐拓广到其他学科领域，其中以近似模型法的应用最为广泛[67,68]。近似模型法包括响应面法（response surface method，RSM）、变复杂度模型（improving variable complexity model，VCM）、径向基函数（radial basis function，RBF）、Taylor 模型法、Kriging 函数法等[69~71]。运用该方法可建立一个能够反映设计变量与质量特性关系的模型，其计算结果与数值分析或物理试验结果相近。在塑性成形的工程实践中，该模型可代替实际模型，用以确定设计变量的最佳组合[72~74]。采用该方法构建的模型不仅能够将设计变量对质量特性的影响显式化，而且该模型还具有计算量小、计算周期短等优点。因此，采用试验设计的方法来构建近似模型，然后利用该模型确定工艺参数的最佳组合。

如果将工艺参数视为输入变量、质量特性指标视为输出变量，成形过程就是衔接输入变量和输出变量的工具，那么参数的配置问题就被转换为如何建立一个能反映工艺参数与质量特性指标之间关系的数学模型，对这个数学模型进行求解，即可获得所需参数组合。响应面法是由 Box 和 Hunter 提出的以试验设计为基础、用于进行多变量问题建模和分析的方法[71]。通过对试验输出特性值的统计处理，可建立一个能够反映响应与输入参数间统计规律的响应面模型（线性或非线性的响应函数）。与目前旋压成形中常用的工艺参数优化方法——正交试验[75~77]相比，响应面模型对试验涉及参数进行的是连续分析，而不是孤立的试验点。因此，该方法更适合快速参数分析、优化设计或设计决策。有鉴于此，采用响应面法来构建质量特性指标与设计变量间的关系，该函数关系表达式根据回归精度要求可以是一次多项式函数，也可以是二次多元函数。整个分析的流程如图 7-77 所示。

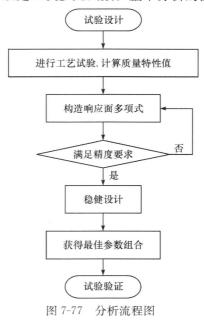

图 7-77　分析流程图

2. 试验设计

由图 7-64 可知,对内齿轮成形质量有显著影响的,包括两个单因素的主效应和一个因素间的交互效应,因此所构建的响应面模型是一个二次多元函数:

$$\hat{y} = b_0 + \sum_{i=1}^{k} b_i x_i + \sum_{i=1}^{k} b_{ii} x_i^2 + \sum \sum_{i<j} b_{ij} x_i x_j \tag{7-16}$$

式中,k 为随机输入变量的个数;b_0 为常数项;$b_i(i=1,\cdots,n)$ 为线性项系数;$b_{ij}(i=1,\cdots,n,j=1,\cdots,n)$ 为二次项系数,这些系数可以采用回归的方法获得。

由试验获得的质量特性输出值是回归分析的基础,这些特性输出值的质量将直接影响回归响应面的精度。一个良好的试验设计方案,不仅能够保证分析数据精度,而且能够兼顾试验分析的成本。常用的试验设计方法有析因试验设计、中心复合设计(central composite design,CCD)、Box-Behnken 设计以及 D-最优设计等[78]。考虑到 CCD 运用顶点、中心点与轴向点数据相结合进行回归分析,有利于二次项的分析,因此采用中心复合设计法进行试验设计。

1) 试验参数

采用响应面进行参数优化的前提是构建模型的试验点必须包括最佳试验条件,如果试验点选取不合理,将无法达到优化的目的。前文就工艺参数对内齿轮成形影响所做的定量分析表明,如果将工艺参数压下量 Δ 和毛坯壁厚 t_0 视为输入变量,质量特性指标轮齿饱和度 S_r 视为输出变量,那么可将参数的配置问题转换为一个数学模型的建立问题,对这个数学模型进行求解,即可获得所需参数组合。

成形对象为图 7-66(a)所示产品,该制件轮齿高为 2mm,为了保证成形后产品的尺寸,将分析因素压下量 Δ 的最低和最高水平分别定为 1.77mm 和 3.03mm,毛坯壁厚 t_0 的最低和最高水平分别定为 3.67mm 和 4.93mm。其余的工艺参数如下:进给比 f 为 0.8mm/r、主轴转速 n 为 144r/min、壁厚偏差 Δt 为 ±0.1mm。

2) 试验设计

CCD 有外切中心复合设计(circumscribed CCD,CCC)、嵌套中心复合设计(inscribed CCD,CCI)、面心立方设计(face centered CCD,CCF)等三种[79]。由于前文采用数值模拟和工艺试验手段对内齿轮的成形进行了较为详细的分析,对最优试验区域可以进行有效的估计,因此选择 CCC。根据 CCC 的要求,对试验的样本点做如下设计:根据每个因素的 ±1 两个水平值(分别代表该因素的最高和最低水平),利用正交表构造一个 $L_4(2^2)$ 的试验方案作为角点样本点,用于估计一阶项和交互作用项;中心点处的试验数量关系着试验设计的一致精度(uniform precision)[80],为防止预测方差的失衡,在中心点做五次重复试验。轴点的设置是在每个因素的坐标轴上,而臂长的选择将影响试验范围的稳健性。因此,取臂长为

±1.41421的两个对称点作为试验样本点,两个因素共有 $2×2$ 个点。因此,试验总共取了 13(＝4＋5＋4) 个样本点。这 13 个点分布在以中心点为球心的两个同心球上,具体的试验方案如表 7-14 所示。

表 7-14　中心复合试验安排及结果

试验编号	样本点类型	压下量 Δ/mm	毛坯壁厚 t_0/mm	轮齿饱和度 S_r/%
1		1.9	3.8	76.42
2	角点	2.9	3.8	82.82
3		1.9	4.8	74.15
4		2.9	4.8	99.81
5		2.4	4.3	97.39
6		2.4	4.3	97.67
7	中心点	2.4	4.3	97.29
8		2.4	4.3	97.10
9		2.4	4.3	97.93
10		1.77	4.3	73.12
11	轴点	3.03	4.3	93.47
12		2.4	3.67	87.32
13		2.4	4.93	96.15

3. 结果分析

通常可通过最小二乘法(least squares,LS)确定回归多项式系数[81]。LS 在方法上较为成熟,在理论上较为完善,是一种很常用的最优拟合方法。对表 7-14 的试验结果采用最小二乘法进行回归处理,可得到二次多元多项式回归公式:

$$\gamma = -3.01720 + 1.15704X_1 + 1.04972X_2 + 0.1926X_1X_2 - 0.38008X_1^2 - 0.16743X_2^2$$

$$(7\text{-}17)$$

式中,X_1 为压下量 Δ(mm);X_2 为毛坯壁厚 t_0(mm)。

1) 响应面模型的统计检验

建立的近似模型(7-17)能否替代真实模型,需要对其预测精度进行检验。

(1) 拟合优度检验。

为检验试验结果与回归模型拟合值之间的符合程度,本章对回归模型的拟合优度进行检验,结果如表 7-15 所示。通常根据模型的统计量——判定系数 R^2 与调整后判定系数 $R^2_{(adj)}$ 来判定响应面与真值之间的差异程度,即拟合优度。拟合优度越接近于 1,说明模型的拟合程度越好。由于前文采用数值模拟和工艺试验的方法对内齿轮的旋压成形进行了较为深入的研究,为设计空间中优化值位置的预测奠定了良好的基础,因此近似模型的拟合度很高,响应面模型的判定系数 R^2 与调整后判定系数 $R^2_{(adj)}$ 均已超过 0.99。

表 7-15　拟合优度检验

方差来源	离均差平方和	自由度	均方差	F	P
拟合不足	4.07	3	1.36	12.71	0.0163
误差	0.43	4	0.13		
判定系数 $R^2 = 0.9963$			调整的判定系数 $R^2_{(adj)} = 0.9936$		

(2) 模型的显著性检验。

为检验模型所用的自变量是否对轮齿饱和度确有影响,本章对回归模型进行显著性检验,结果如表 7-16 所示。计算显示,所建模型的 F 值为 373.55,远高于显著水平 0.05 所要求的 3.97,因此可以判定模型的回归方程显著。

表 7-16　方程的显著性检验

方差来源	离均差平方和	自由度	均方差	F	P
回归模型	1200.76	5	240.15	373.55	<0.0001
残差	4.50	7	0.64		
总计	1205.26	12			

(3) 变量的显著性检验。

由于本章模型的回归方程为二次多元方程,方程关系的显著并不意味着每个自变量对应变量的影响都是显著的,因此进行自变量显著性检验,检验结果如表 7-17 所示。结果表明,每个自变量的不显著可能性低于 0.1%,即方程的每个自变量都显著,均须作为解析变量保留在模型中。这也表明 7.4.3 节关于工艺参数对轮齿成形影响的显著性分析结论不仅适用于直廓内齿轮,同样适用于渐开线内齿轮。

表 7-17　变量的显著性检验

回归项	回归系数	回归系数标准差	P
X_1	−1.15704	464.02	<0.0001
X_2	1.04972	93.10	<0.0001
$X_1 X_2$	0.1926	92.74	<0.0001
$X_1 X_1$	−0.38008	458.70	<0.0001
$X_2 X_2$	−0.16743	89.01	<0.0001

2) 工艺参数的稳健性分析

对回归所获得近似模型进行统计检验表明,该模型拟合精度良好,可用于内齿轮旋压成形轮齿饱和度的预测;同时应用该模型还可实现压下量和毛坯壁厚的合理配置,以提高内齿轮旋压制件质量。

利用 MATLAB 可将回归模型进行图形化显示,图 7-78(a)为回归响应面的三维图形,图 7-78(b)为回归响应面的等值线图。由图 7-78(b)可知,要想成形出图 7-65(a)所示的产品,并使其轮齿的饱和度为 100%,成形时压下量必须超过 2.4mm,而毛坯的壁厚则不能小于 4.3mm。同时从等值线的分布情况可知,成形轮齿的饱和度 S_r 对压下量 Δ 和毛坯壁厚 t_0 的变化均很敏感。为了保证成形轮齿的高度,所需的压下量和毛坯壁厚均需较大。

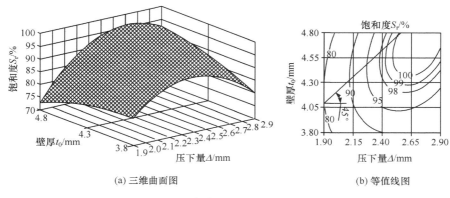

(a) 三维曲面图　　　　　　　　　(b) 等值线图

图 7-78　轮齿成形饱和度响应面

由于成形过程中,芯模仅保证轮齿的成形,并不影响内齿轮外表面的成形,内齿轮外径的尺寸由旋轮与芯模间隙控制。因此,采用一个芯模,改变毛坯的壁厚 t_0 和压下量 Δ,可以成形出轮齿规格相同、但齿槽壁厚不同的内齿轮。由于成形结束后内齿轮制件出现的回弹很小,所以成形齿槽壁厚为毛坯壁厚 t_0 与压下量 Δ 之差。据此,可运用响应面的等值线图来求解成形内齿轮样件所需的最佳压下量 Δ 和毛坯壁厚 t_0 组合。内齿轮产品要求的壁厚为 2mm,由于成形结束前需要增加一道次的轻压,工艺试验表明该道次的压下量设为 0.15~0.3mm 时,既可保证脱模又可保证内齿轮的成形精度。试验中,将第二道次的压下量取为 0.2mm,第一道次成形结束后,毛坯的壁厚为 2.2mm。因此,通过坐标点(1.9,4.1)作一条 45°的斜线,斜线与标定为 100%的等值线交点处的坐标值即为所需的参数组合。经计算,当压下量 Δ 为 2.52mm、毛坯壁厚 t_0 为 4.72mm 时,可成形出合格的内齿轮产品。

3) 试验验证

为了验证这一参数组合的可靠性,进行了产品试制。试验所用工艺参数如下:进给比 f 为 0.8mm/r,主轴转速 n 为 144r/min,壁厚偏差 Δt 为 ±0.1mm,压下量 Δ 为 2.53mm,毛坯壁厚 t_0 为 4.53mm,成形的部分产品如图 7-79 所示(加工余量已被切削)。由图可见,所成形轮齿填充饱满,齿廓形状规整。对该批样件进行激光扫描,并计算出饱和度。计算表明(表 7-18),最小轮齿饱和度为 99.14%,与响应面模型计算结果的相对误差仅为 0.86%。由此可知,由响应面模型获得的工艺参数组合可满足实际使用的需要。

图 7-79　部分渐开线内齿轮样件

表 7-18　样件试制结果

编号	1	2	3	4	5	6
轮齿饱和度 S_r/%	99.53	99.65	99.43	99.37	99.21	99.14
相对误差/%	0.46	0.34	0.56	0.63	0.79	0.85

为了进一步检验旋压成形齿轮的精度,将成形的部分渐开线齿轮样件送交某齿轮厂的检测中心进行检测。由于轮齿以材料充填入芯模凹槽的方式成形,芯模的精度将以映射的方式传递到内齿轮旋压制件上。试验所用芯模的精度为八级,故该批渐开线内齿轮的精度达到九级即可判定工件合格。检测结果如表 7-19 所示。结果表明,该批样件已达到设计要求。由此可知,本章提出的渐开线内齿轮优化工艺是可行的,由响应面法获得的近似模型可用于实际生产。

表 7-19　渐开线内齿轮检测结果

检测项目	齿廓偏差 F_α	径向跳动 F_r	螺旋线偏差 F_β
九级精度的公差要求/mm	0.023	0.059	0.025
产品公差/mm	0.022	0.057	0.025

7.6　本章小结

内齿轮的旋压成形不同于传统的普通旋压和强力旋压,成形过程中材料除了沿径向和轴向流动,还有明显的切向流动。本章以杯形薄壁内齿轮旋压为研究对象,采用有限元数值模拟与工艺试验相结合的方法,对其旋压成形方法、成形机理、工艺参数之间的相互制约关系及其规律进行了研究,获得了一种齿轮旋压成形方法及其装置(发明专利号:ZL200510036018.8)。主要结论如下。

(1) 获得了合理可行的内齿轮件旋压成形方法。内齿旋压是在杯形毛坯内壁上单面成形出复杂的齿形,毛坯一部分金属(轮齿部分)增厚,另一部分金属(齿槽部分)减薄,故既不属于普通旋压,也不能简单地将其归类于强力旋压。但由于轮齿部分增厚所需要的材料主要来源于齿槽部分的材料减薄,故可考虑采用与带芯模强力旋压类似的工艺方法成形。利用错距旋压某种程度上抑制了材料的轴向流动,使材料更多地沿径向流动,采用错距旋压时齿形填充的均匀度优于等距旋压。

(2) 解决了内齿轮件旋压成形数值模拟关键技术。针对内齿轮旋压模拟中普遍存在的计算效率低下的问题,提出了采用网格局部细化和循环对称技术来降低数值模拟模型的求解规模,在兼顾计算精度的同时,可减少计算时间。实践证明,该方法有助于提高数值模拟的计算效率。

(3) 探索出了内齿轮件旋压成形机理。内齿轮件的旋压需要在杯形毛坯的内侧成形出复杂的齿形,成形过程中旋轮的局部加载,再加上成形轮齿和齿槽处明显的壁厚差异,使得毛坯在横截面内的受力情况异常复杂。尽管成形过程中接触区材料三向受压,但沿壁厚方向,存在着明显的应力和应变梯度,尤其是轮齿部分最为明显。此外,轮齿和齿槽处壁厚差异,使得内齿轮的成形类似"镦挤"复合成形,齿槽部分的变形类似"镦粗",壁厚明显减小;轮齿成形前期的变形类似"挤压",壁厚有所增加,而后期变形类似"镦粗"。

(4) 对旋压成形内齿轮进行了分类。按制件的齿厚与齿高比将旋压成形内齿轮分为两大类,渐开线内齿轮(通常比值小于 1)和直廓内齿轮(通常比值大于 3)。针对渐开线内齿轮旋压成形过程中出现的脱模难问题,提出采用两道次方式成形,在第二个旋压道次中,用大圆角半径的圆弧旋轮轻压内齿轮制件,使工件产生少量的扩径,以帮助脱模。

(5) 获得了内齿轮旋压件成形质量的影响因素及规律。

① 轮齿几何参数。由于轮齿以材料充填入芯模凹槽的方式成形,芯模凹槽的几何参数与成形轮齿的几何参数相对应,故轮齿几何参数变化将导致成形时的材料流动发生变化。在诸多参数中,以齿高对轮齿成形的影响最大,随着齿高的增加,压下量与成形轮齿高度的比值将下降;其次是齿厚,在其他工艺参数相同的情况下,齿厚的增加,有利于材料充填入芯模凹槽;齿形角和齿廓曲率对轮齿成形有一定影响,但并不显著;而轮齿的分布情况对材料流动的影响很小。

② 旋轮型面及几何参数。内齿轮件旋压成形过程中材料受力变形的目的不是整体减薄,而是局部增厚。在传统旋压成形过程中,圆弧形旋轮主要用于普通旋

压,因为其利于金属材料的径向流动;双锥面及台阶形旋轮主要用于强力变薄旋压,因为其利于金属材料的轴向流动。但就内齿轮件旋压成形而言,虽然普通旋压成形用圆弧形旋轮有助于提高轮齿的成形高度,但流动旋压用双锥面及台阶形旋轮更有利于齿轮的充填。由此也可以看出,内齿轮旋压成形的变形特征更接近于筒形件流动旋压成形。

③ 旋压成形工艺参数。压下量是主导轮齿充填高度的因素,其次是毛坯的壁厚,而进给比和毛坯内径对轮齿成形的影响不大,但毛坯与芯模间隙过大将会对轮齿成形产生负面影响。方差分析的结果表明,压下量和毛坯壁厚之间存在的交互效应对轮齿的成形有显著影响。

(6) 对于内齿轮成形优化问题,可先筛选出对质量特性指标有显著影响的设计参数;然后以此为基础,运用响应面法构建出一个能反映设计参数与质量特性指标的数学模型;最后利用该模型实现工艺参数的优化设计。

参 考 文 献

[1] 寺田ほか. スピニング加工の絞り成形シミュレーション(第 1 報)//日本機械学会. 第 29 回塑性加工連合講演会講演論文集. 東京:日本塑性加工学会,1998:395-396.

[2] 寺田ほか. スピニング加工の絞り成形シミュレーション(第 2 報)//日本機械学会. 第 30 回塑性加工春季講演会講演論文集. 東京:日本塑性加工学会,1999:71-72.

[3] 寺田ほか. スピニング加工の絞り成形シミュレーション(第 3 報)//日本機械学会. 第 31 回塑性加工春季講演会講演論文集. 東京:日本塑性加工学会,2000:473-474.

[4] Xia Q X,Xiao G F,Long H,et al. A review of process advancement of novel metal spinning. International Journal of Machine Tools & Manufacture,2014,85:100-121.

[5] 王玉辉,夏琴香,杨明辉,等. 数控旋压机床的发展历程及其研究现状. 锻压技术,2005,(4):97-100.

[6] 程秀全,许业华,夏琴香. 框架式三旋轮错距旋压成形装置的研制. 锻压装备与制造技术,2005,(6):31-35.

[7] 王智灵. 略论 CDC-S60 立式数控旋压机设计. 化工之友,2007,(1):2-3.

[8] Costanzo P,Paolo L,Elisabetta A. Application of robust design techniques to sheet metal forming process. Proceedings of NUMISHEET. Dearborn:Ohio State University,1996:165-172.

[9] 夏琴香,杨明辉,胡昱,等. 杯形薄壁矩形内齿旋压成形数值模拟及试验研究. 机械工程学报,2006,42(12):192-196.

[10] 杨明辉. 杯形薄壁矩形内齿旋压成形规律的研究. 广州:华南理工大学硕士学位论文,2006.

[11] 胡昱. 杯形薄壁矩形内齿旋压成形工艺及有限元模拟研究. 广州:华南理工大学硕士学位论文,2007.

[12] 李小曼. 杯形薄壁梯形内齿轮旋压数值模拟及质量研究. 广州:华南理工大学硕士学位论文,2007.

[13] 尚越. 杯形薄壁梯形内齿旋压成形方法及试验研究. 广州:华南理工大学硕士学位论文,2008.

[14] 罗杜宇. 杯形薄壁内齿旋压成形工艺分析及质量评定研究. 广州:华南理工大学硕士学位论文,2009.

[15] 孙凌燕. 杯形薄壁内齿旋压成形机理及工艺优化研究. 广州:华南理工大学博士学位论文,2010.

[16] 张利鹏,刘智冲,周宏宇,等. 带内筋筒形件强力旋压成形试验研究. 锻压装备与制造技术,2005,(4):86-88.

[17] 薛克敏,江树勇,康达昌. 带纵向内筋薄壁筒形件强旋成形. 材料科学与工艺,2002,10(3):287-290.

[18] 许春停,薛克敏,李萍. 带纵向内筋筒形件滚珠反旋工艺模拟和缺陷分析. 河南科技大学学报,2006,27(4):9-11,21.

[19] 江树勇. 带纵向内筋薄壁筒形件滚珠旋压成形分析与模拟. 哈尔滨:哈尔滨工业大学博士学位论文,2005.

[20] 邹长庚. 现代汽车电子控制系统构造原理与故障诊断(下)——车身与底盘部分. 北京:北京理工大学出版社,2006.

[21] 李继贞,祝昕. 带内齿工件的旋压成形. 锻压技术,1997,(2):36-37.

[22] 虹姜,王小椿. 具有非对称结构的限滑差速器:中国,ZL2007100640440,2009-4-15.

[23] 田福祥,孙宗强,刘晓玲. 新型内齿轮精锻模结构及参数计算. 模具工业,2000,(4):38-41.

[24] Nägele H,Wörner H,Hirschvogel M. Automotive parts produced by optimizing the process flow forming-machining. Journal of Materials Processing Technology,2000,98(2):171-175.

[25] 李五庆,王清涛. 大模数内齿圈加工工艺. 金属加工,2008,(14):57-58.

[26] 庄中. 汽车齿轮加工的新技术和发展动向. 汽车工艺与材料,2008,(6):43-47.

[27] 赵正书. 干式切削及其在齿轮加工中的应用. 机械工艺师,2000,(9):62-63.

[28] 杨叔子,吴波. 先进制造技术及其发展趋势. 机械工程学报,2003,9(10):73-78.

[29] Dean T A. The net-shape forming of gears. Materials & Design,2000,21(4):271-278.

[30] 康凤,曹洋,李祖荣. 内花键套复合挤压的数值模拟仿真分析. 模具工业,2006,32(8):52-54.

[31] Toshio M,Masao K,Kaoru Y. Process for forming internal gear profile cup-shaped member and apparatus therefor:US,473964,1988-4-26.

[32] 韩豫,陈忠家,王强. 直齿内齿轮冷精锻成形工艺研究. 合肥工业大学学报(自然科学版),2008,31(12):1965-1968.

[33] Choi J,Cho H,Choi J,et al. A study on the forging of gear-like components. Journal of Mechanical Science and Technology,1998,12(4):615-623.

[34] Robinson M,Kuhn H A. A workability analysis of the cold forging of gears with integral teeth. Journal of Mechanical Working Technology,1978,1(3):215-230.

[35] 西山三朗. スピニング加工技術の課題と製品例. 塑性と加工, 2002, (11):24-28.

[36] 米栋, 尹泽勇, 胡柏安. MARC 软件在航空发动机接触分析中的应用. 中国航空学会发动机结构强度振动学术讨论会, 威海, 2002:334-337.

[37] 李哲明, 胡志清, 蔡中义, 等. 自由曲面工件的连续高效塑性成形方法. 吉林大学学报, 2007, 37(3):489-494.

[38] 宋玉泉. 连续局部塑性成形的发展前景. 机械工程学报, 2000, 11(Z1):65-67.

[39] 陈适先, 等. 锻压手册. 北京: 机械工业出版社, 2002.

[40] 杨何发, 程秀全, 胡昱, 等. 旋压技术在内齿轮制造中的应用及展望. 锻压装备与制造技术, 2007, (1):62-64.

[41] 孙凌燕, 叶邦彦, 郝少华, 等. 杯形薄壁梯形内齿轮旋压成形的机理. 华南理工大学学报(自然科学版), 2010, 38(2):49-54.

[42] Xue K M, Lu Y, Zhao X M. The disposal of key problems in the FEM analysis of tube stagger spinning. Journal of Materials Processing Technology, 1997, (69):176-179.

[43] Xue K M. A study of the rational matching relationships among technical parameters in stagger spinning. Journal of Materials Processing Technology, 1997, (69):167-171.

[44] 王俊祥. 塑变成形成形旋轮的形状及应用. 金属成形工艺, 1996, 14(6):13-14.

[45] Chen K X. Metal spinning technique in China and throughout of the world in 1980's. Proceeding of 3rd ICRF, Beijing, 1989, (10):75-78.

[46] 叶山益次郎, 工藤泽明. 旋压加工的研究. 重型机械, 1977, (1):39-51.

[47] 俞汉青, 陈金德. 金属塑性成形原理. 北京: 机械工业出版社, 1999.

[48] Xiao G F, Xia Q X, Cheng X Q, et al. Research on the grain refinement method of cylindrical parts by power spinning. International Journal of Manufacture Technology, 2015, 78:971-979.

[49] 夏琴香, 杨明辉, 陈家华, 等. 工艺参数对杯形薄壁内啮合齿轮旋压成形影响的数值模拟研究. 塑性工程学报, 2006, 13(4):1-5.

[50] 程秀全, 尚越, 夏琴香, 等. 杯形薄壁梯形内齿旋压成形工艺的试验研究. 锻压技术, 2009, 34(1):56-59.

[51] 薛卫东, 郑银玲. 变位内齿轮齿形系数的研究. 机械科学与技术, 1997, 16(2):205-208.

[52] 王成和, 刘克璋. 旋压技术. 北京: 机械工业出版社, 1986.

[53] 张晋辉, 杨合, 詹梅, 等. 旋轮参数对大型变壁厚椭圆封头强力旋压成形的影响. 塑性工程学报, 2011, 18(2):114-119.

[54] 陈适先, 贾文铎, 曹庚顺, 等. 强力旋压工艺与设备. 北京: 国防工业出版社, 1986.

[55] 刘卫国. MATLAB 程序设计与应用. 北京: 高等教育出版社, 2006.

[56] 黄自兴. 稳健性设计技术——(III)稳健性实验的设计. 化学工业与工程技术, 1996, 17(2):19-25.

[57] 王松桂, 陈敏, 陈立萍. 线性统计模型——线性回归与方差分析. 北京: 高等教育出版社, 1999

[58] 朱东华,樊智敏. 机械设计基础. 北京:机械工业出版社,2003.

[59] 国家质量监督检验检疫总局,中国国家标准化管理委员会. GB/Z 18620.1—2008. 圆柱齿轮 检验实施规范 第 1 部分:齿轮同侧齿面的检验. 北京:中国标准出版社,2008.

[60] 徐洪烈. 强力旋压技术. 北京:国防工业出版社,1984.

[61] 董朵. 基于析因设计的汽车车身的多变量抗撞性优化. 长沙:湖南大学硕士学位论文,2012.

[62] 陈希孺. 概率论与数理统计. 北京:科学出版社,2003.

[63] 洪楠,侯军. MINITAB 统计分析教程. 北京:电子工业出版社,2007.

[64] 张志莲,江波. 注射成型工艺参数间的交互作用. 化工学报,2006,57(2):448-452.

[65] Hart K A,Steinfeldt B A,Braun R D. Formulation and application of a probabilistic Pareto chart. The 56th AIAA/ASCE/AHS/ASC Structures, Structural Dynamics, and Materials Conference,Kissimmee,2015:1-10.

[66] 日本塑性加工学会. 旋压成形技术. 陈敬之,译. 北京:机械工业出版社,1984.

[67] 李恩颖,李光耀. 基于智能布点技术的近似模型优化研究及其在冲压成形中的应用. 系统仿真学报,2009,45(8):3824-3829.

[68] 潘锋. 组合近似模型方法研究及其在轿车车身轻量化设计的应用. 上海:上海交通大学博士学位论文,2011.

[69] 杨艳慧,刘东,贺子延,等. 基于响应面法(RSM)的锻造预成形多目标优化设计. 稀有金属材料与工程,2009,38(6):1019-1024.

[70] 李玉强,崔振山,陈军,等. 基于双响应面模型的 6σ 稳健设计. 机械强度,2006,28(5):690-694.

[71] Box G E P,Hunter J S. Multifactor experimental designs for exploring response surfaces. The Annals of Mathematical Statistics,1957,28:195-241.

[72] 胡龙飞,刘全坤,王成勇,等. 基于响应面模型的铝合金壁板挤压成形优化设计. 中国机械工程,2008,19(13):1630-1633.

[73] Wang H,Li G Y,Zhong Z H. Optimization of sheet metal forming processes by adaptive response surface based on intelligent sampling method. Journal of Materials Processing Technology,2008,197(1-3):77-88.

[74] 王刚,王进,陈军,等. 基于稳健设计的钛合金波纹管超塑成形工艺. 中国有色金属学报,2006,16(2):247-252.

[75] 吕昕宇,侯红亮,张士宏,等. 基于正交优化的 TC4 合金剪切旋压数值模拟与实验验证. 第九届全国塑性工程学术年会暨第二届全球华人先进塑性加工技术研讨会,太原,2005:185-188.

[76] 韩志仁,陶华. 筒形件强力内旋压工艺的正交试验研究. 锻压技术,2005,30(2):29-31.

[77] Xia Q X,Feng W L,Hu Y,et al. Orthogonal analysis of offset tube neck-spinning based on numerical simulation. The 3rd China-Japan Conference on Mechatronics,Fuzhou:Fujian Science & Technology Publishing House,2006:330-333.

[78] Morris M D, Mitchell T J. Exploratory designs for computational experiments. Journal of Statistical Planning and Inference, 1995, 43(3): 381-402.

[79] 张志红, 何桢, 郭伟, 等. 在响应曲面方法中三类中心复合设计的比较研究. 沈阳航空工业学院学报, 2007, 24(1): 87-91.

[80] Raymond H, Myers D, Montgomery C. Response Surface Methodology: Process and Produce Optimization Using Designed Experiments. New York: John Wiley & Sons, 1995.

[81] 何晓群, 刘文卿. 应用回归分析. 2版. 北京: 中国人民大学出版社, 2007.